STARK

ABITUR

Prüfungsaufgaben
mit Lösungen

2013

Mathematik

Gymnasium
Thüringen
2009 – 2012

STARK

ISBN 978-3-8490-0138-4

16. ergänzte Auflage
www.stark-verlag.de

Inhalt

Abiturprüfung 2011

Abiturprüfung 2012

Jeweils zu Beginn des neuen Schuljahres erscheinen die
neuen Ausgaben der Abiturprüfungsaufgaben mit Lösungen.

Autoren:

Irmhild Kantel, Gotha (2009: Lösungen ohne CAS; 2010–2012: Lösungen, Hinweise und Tipps zu A1, B2 und C)
Norbert Köhler, Geraberg (2010: Lösungen, Hinweise und Tipps zu A2 und B1)
Dr. Hubert Langlotz, Wutha-Farnroda (2009: Lösungen mit CAS, Hinweise und Tipps)
Dr. Wilfried Zappe, Ilmenau (Übungsaufgaben; 2011–2012: Lösungen, Hinweise und Tipps zu A2 und B1)

Vorwort

Liebe Abiturientinnen und Abiturienten,

dieses Buch hilft Ihnen, sich frühzeitig und umfassend auf die **Abiturprüfung 2013 im Kernfach Mathematik** der neu gestalteten Oberstufe vorzubereiten. Dazu enthält es neben den **Prüfungsaufgaben der Jahre 2011 und 2012** speziell auf die neuen Anforderungen abgestimmte **Übungsaufgaben** sowie die weiterhin prüfungsrelevanten **Abituraufgaben** für den Grundkurs Mathematik der Jahre 2009 und 2010. Wenn Sie anhand dieser Aufgaben die Prüfungssituation „durchspielen", sollten Sie sich sowohl an der vorgegebenen Bearbeitungszeit orientieren als auch die Situation des „Auswählen-Müssens" von bestimmten Aufgaben berücksichtigen.

Neben den Lösungen zu den herkömmlichen Abituraufgaben finden Sie in diesem Buch auch die Aufgabenstellungen und Lösungen – oder zumindest Lösungshinweise – zum **CAS-Abitur**. Speziell hierfür haben wir in diesem Buch „Hinweise und Tipps zum Lösen von Abituraufgaben mit CAS-Rechnern" ergänzt. Um unnötige Wiederholungen zu vermeiden, wird für die meisten Aufgaben nur ein Lösungsteil angeboten. Dabei sind in der Lösung ohne CAS klare Hinweise gegeben, wie Sie die Lösung mit dem Taschencomputer erzielen können. Aufgaben des CAS-Abiturs, die vom herkömmlichen Abitur abweichen, sind ausführlich anhand des Taschencomputers vorgerechnet. (Die Bildschirmausdrucke im Lösungsteil wurden teils mit einem TI-Voyage, teils mit einem TI-Nspire erstellt. Sie sind aber jeweils in gleicher Weise mit einem TI-Nspire bzw. TI-Voyage oder auch TI-89 bzw. Casio ClassPad reproduzierbar.)

Weiter finden Sie zusätzliche **Hinweise und Tipps**, die zwischen den Aufgaben und Lösungen stehen und für jede Teilaufgabe ausgearbeitet sind. Diese liefern Denkanstöße zur Lösung und sind nach zunehmendem Grad der Hilfestellung geordnet. Sollten Sie bei einer Aufgabe also keinen eigenen Lösungsansatz finden, so lesen Sie zunächst den **ersten Tipp** zu der entsprechenden Teilaufgabe und verdecken die weiteren Tipps mit einem Blatt. Denken Sie über den Tipp nach und versuchen Sie nun selbst einen Ansatz zu schaffen. Sollten Sie gar nicht weiterkommen, dann lesen Sie den **nächsten Tipp** usw. Schlagen Sie in der Lösung erst nach, wenn Sie mit allen zu der Aufgabe gehörenden Tipps nicht weiterkommen. Im Lösungsteil werden zudem ausführliche **Hinweise** gegeben, die Ihnen die vorgerechnete **Lösung erläutern und erklären**, sodass Sie die Lösung selbstständig nachvollziehen und verstehen können. Bei der Lösungsdarstellung werden teilweise auch alternative Lösungswege aufgezeigt, damit Sie Ihre angefertigte Lösung korrigieren können und um zu zeigen, dass es oft eine Vielfalt von mathematischen Lösungsansätzen gibt.

Sollten nach Erscheinen dieses Bandes noch wichtige Änderungen in der Abitur-Prüfung 2013 vom Ministerium für Bildung, Wissenschaft und Kultur bekannt gegeben werden, finden Sie aktuelle Informationen dazu im Internet unter:
http://www.stark-verlag.de/info.asp?zentrale-pruefung-aktuell

Viel Erfolg!

Ihr Autorenteam

Stichwortverzeichnis

Das Verzeichnis gliedert sich in drei Themenbereiche:

A = Analysis
B = Analytische Geometrie
C = Stochastik

Folgende Abkürzungen wurden zur Kennzeichnung der einzelnen Aufgaben gewählt:

ÜA 1b	**Ü**bungsaufgaben **A**nalysis, Aufgabe **1**, Teilaufgabe **b**
ÜG 3c	**Ü**bungsaufgaben Analytische **G**eometrie, Aufgabe **3**, Teilaufgabe **c**
09-34 c	Abitur 2009, Seite 20**09-34**, Teilaufgabe **c**
10-2 a CAS	**CAS**-Abitur 2010, Seite 20**10-2**, Teilaufgabe **a**

A Analysis

B Analytische Geometrie

C Stochastik

Hinweise und Tipps zur schriftlichen Abiturprüfung

1 Ablauf der Prüfung

Im Freistaat Thüringen gibt es im Fach Mathematik ein zentrales schriftliches Abitur. Auf der Grundlage eines Abiturerlasses des Thüringer Kultusministeriums werden die Aufgaben durch eine Abituraufgabenkommission erstellt, in der erfahrene Lehrerinnen und Lehrer mitarbeiten.

Aufbau der Prüfungsaufgaben

In der Abiturprüfung wird Ihnen ein Aufgabenvorschlag mit insgesamt fünf komplexen Aufgaben vorgelegt, von dem Sie drei Aufgaben auswählen und bearbeiten müssen. Die Prüfungsarbeit hat folgende Struktur:

Analysis A1	Analysis A2
Vektorrechnung / Analytische Geometrie B1	Stochastik B2
Themenübergreifende Aufgabe C	

Dabei können Sie von den ersten beiden Aufgaben A1 und A2, die aus dem Stoffgebiet Analysis stammen, eine zur Bearbeitung auswählen. Im zweiten Teil können Sie zwischen den Aufgaben B1 aus dem Stoffgebiet Lineare Algebra / Analytische Geometrie und der Aufgabe B2 aus dem Stoffgebiet Stochastik wählen. Bei dieser Wahl sollten Sie sich daran orientieren, welcher Schwerpunkt im Unterricht der Klassenstufe 12 gesetzt wurde. Die themenübergreifende Aufgabe C muss von allen Prüfungsteilnehmern bearbeitet werden. Bei dieser Aufgabe C werden Kenntnisse aus Analysis, Vektorrechnung / Analytische Geometrie I und Stochastik I geprüft.

Dauer der Prüfung

Die Bearbeitungszeit beträgt 270 Minuten.

Zugelassene Hilfsmittel

In allen Prüfungen sind ein Wörterbuch zur deutschen Rechtschreibung sowie die im Unterricht verwendete Formelsammlung zugelassen.
Als Rechenhilfsmittel ist ein Taschenrechner (nicht programmierbar, nicht grafikfähig) oder ein Taschencomputer mit Computeralgebrasystem (CAS) erlaubt. Eine Entscheidung darüber, welches dieser Rechenhilfsmittel bei der Prüfung zugelassen ist, trifft Ihre Schule.

Beachten Sie, dass es im Allgemeinen verschiedene Aufgabenstellungen für das Abitur mit bzw. ohne CAS gibt. Ausführungen zur Verwendung eines CAS-Rechners beziehen sich in diesem Buch auf die Rechner TI-Voyage und TI-Nspire-CAS. Sie sind sinngemäß übertragbar auf andere CAS-Rechner, wie z. B. TI-89, TI-Nspire-CAS mit Touchpad, Casio ClassPad 300 oder ClassPad 330.
Eventuell zusätzlich benötigte Stochastiktabellen sind im Anhang der jeweiligen Prüfungsaufgaben enthalten.

2 Inhalte und Schwerpunktthemen

Die verbindlichen Lehrplanvorgaben, nach denen in den vier Kurshalbjahren der Qualifikationsphase der gymnasialen Oberstufe unterrichtet wird, bestimmen die inhaltlichen Anforderungen.
Unter *http://www.thillm.de/thillm/start_serv.html* finden Sie eine ausführliche Darstellung des Mathematiklehrplans. Eine Übersicht über wichtige, abiturrelevante Kompetenzen ist nachstehend aufgeführt. Sie ist entnommen den seit dem Abitur 2011 zusätzlich zum Lehrplan von 1999 geltenden „Zielen und inhaltlichen Orientierungen für die Qualifikationsphase der gymnasialen Oberstufe im Fach Mathematik". Sie finden dieses Dokument ebenfalls vollständig unter der angegebenen Internetadresse. Die gegenüber dem Lehrplan für das Grundfach neuen Anforderungen sind nachfolgend mit (∗) gekennzeichnet. Diese Stoffgebiete können Sie gezielt mit den angebotenen Übungsaufgaben einüben.

Analysis

- Zahlenfolgen
- Grenzwerte von Zahlenfolgen und Funktionen
- Zusammenhänge zwischen Funktionen und ihren Ableitungen
- Stetigkeit und Differenzierbarkeit
- Sätze über stetige und differenzierbare Funktionen sowie über bestimmte Integrale (z. B. notwendige und hinreichende Bedingungen, Hauptsatz)
- Ableitungen von ganz- und gebrochenrationalen Funktionen, von $y = x^p$ mit $p \in \mathbb{Q}$, $y = \sin x$ (∗), $y = \cos x$ (∗), $y = e^x$, $y = \ln x$ sowie Verknüpfungen und Verkettungen dieser Funktionen
- Gleichungen von Tangenten und Normalen (∗)
- Funktionen mit höchstens einem Parameter und ihre Graphen auf charakteristische Eigenschaften untersuchen, (ganzrationale, (einfache) gebrochenrationale Funktionen, Exponential- und Logarithmusfunktionen)
- Gleichungen von Funktionen aus vorgegebenen Eigenschaften ermitteln
- Extremwertaufgaben
- Wachstumsprozesse
- Stammfunktionen ermitteln (Grundintegrale und Integration durch lineare Substitution)
- ein Näherungsverfahren zur Ermittlung bestimmter Integrale
- bestimmte Integrale mithilfe des Hauptsatzes berechnen
- Flächeninhalte bestimmen
- Größen, die sich als Flächeninhalte interpretieren lassen, bestimmen (∗)

Vektorrechnung/Analytische Geometrie I

- geometrische Objekte in ebenen und räumlichen Koordinatensystemen darstellen und erkennen
- Vektoren zeichnerisch und analytisch addieren und vervielfachen

- Eigenschaften der Vektoraddition
- Vektoren auf Parallelität und Komplanarität untersuchen
- Skalarprodukt

Alternative 1: Vektorrechnung/Analytische Geometrie II

- Geraden und Ebenen im Raum durch Parametergleichungen beschreiben
- Koordinatengleichungen von Ebenen (*)
  (Dabei ist die Nutzung des Vektorprodukts sinnvoll.)
- Lage von Punkten, Geraden und Ebenen im Raum beschreiben
- gegenseitige Lage zweier Geraden und einer Geraden mit einer Ebene ermitteln und die Schnittmenge bestimmen
- Größe von Schnittwinkeln bestimmen
- Abstände zwischen Punkt–Punkt, Punkt–Gerade, Punkt–Ebene, parallelen Geraden, Gerade–Ebene und parallelen Ebenen berechnen
- Streckenlängen, Flächeninhalte und Volumina ermitteln

Alternative 2: Stochastik II

- Einflüsse von Parametern der Binomialverteilung auf Histogramme interpretieren
- Wahrscheinlichkeiten binomialverteilter Zufallsgrößen mithilfe von Formeln, Tabellen, Taschenrechnern, CAS oder mathematischer Software berechnen
- Hypothesen aufstellen, Alternativ- und Signifikanztests durchführen und die zugehörigen Entscheidungsregeln formulieren
- Fehler 1. Art und 2. Art

Außerdem heißt es in den „Zielen und inhaltlichen Orientierungen für die Qualifikationsphase der gymnasialen Oberstufe im Fach Mathematik" u. a.:
„Der Schüler kann … mathematische Werkzeuge wie Formelsammlungen, Taschenrechner, Software, Computeralgebrasystem (CAS) sinnvoll und verständig einsetzen …"

3 Leistungsanforderungen und Bewertung

Bei den Leistungsanforderungen werden drei Anforderungsbereiche[1] unterschieden, die in den Prüfungsaufgaben angemessen repräsentiert sein sollen:

Anforderungsbereich I (Reproduktion)
umfasst die Wiedergabe von mathematischen Sachverhalten im gelernten Zusammenhang sowie die Beschreibung und Verwendung geübter Arbeitstechniken und Verfahrensweisen.

Anforderungsbereich II (analoge Rekonstruktion)
umfasst den selbstständigen Umgang mit bekannten mathematischen Sachverhalten und Zusammenhängen sowie das selbstständige Übertragen auf vergleichbare Sachverhalte.

Anforderungsbereich III (schöpferische Konstruktion)
umfasst methodenbewusste Problemlösung mit kritischer Interpretation der Resultate.

Für die Bewertung der Prüfungsarbeit gibt die Aufgabenkommission einen Bewertungsvorschlag und einen Bewertungsmaßstab vor. Auf dieser Grundlage erfolgt die Bewertung Ihrer Abiturarbeit durch zwei Korrektoren. Selbstverständlich werden unkonventionelle aber richtige Lösungen entsprechend gewürdigt.

1 Vgl. Thüringer Kultusministerium: Lehrplan für das Gymnasium, Mathematik, Erfurt 1999, Seite 8

Die Erstkorrektur nimmt im Regelfall Ihr Fachlehrer vor. Die unabhängige Zweitkorrektur erfolgt durch einen anderen Mathematiklehrer Ihres oder eines anderen Gymnasiums. Einigen sich Erst- und Zweitkorrektor nicht auf eine abschließende Bewertung, entscheidet der Prüfungsvorsitzende ggf. unter Einbeziehung weiterer Gutachten über die Endnote.

Bei der Bewertung der Prüfungsarbeit können Sie insgesamt 60 Bewertungseinheiten (BE) erreichen, die sich folgendermaßen verteilen:
- Bei der Aufgabe A1 bzw. A2 werden maximal 30 BE vergeben,
- Bei der Aufgabe B1 bzw. B2 werden maximal 20 BE vergeben,
- Bei der themenübergreifenden Aufgabe C werden maximal 10 BE vergeben.

Natürlich sind fachliche Richtigkeit und Vollständigkeit die wichtigsten Grundlagen für die Bewertung. Dabei sollten Sie bei der Anfertigung Ihrer Prüfungsarbeit darauf achten, bei der Lösung der Aufgaben alle Ansätze in mathematisch korrekter Form zu notieren. Wesentliche Zwischenschritte müssen aus Gründen der Nachvollziehbarkeit und wegen der Anerkennung möglicher Folgefehler aufgeschrieben werden.
Bei Verstößen gegen die äußere oder die mathematische Form können bis zu zwei Punkte abgezogen werden.

4 Operatoren

Bei der Formulierung von zentralen Prüfungsaufgaben werden häufig sogenannte „Operatoren" verwendet, die sicherstellen sollen, dass alle Schüler und Lehrer unter einer bestimmten Aufgabenstellung das Gleiche verstehen. Damit Sie die Aufgabenstellungen korrekt erfassen können, ist es wichtig, sich mit diesen Operatoren auseinanderzusetzen. Eine Auswahl solcher in den letzten Jahren im Thüringer Mathematikabitur häufig verwendeter Operatoren ist in der folgenden Übersicht zusammengestellt. Außerdem sind Beispiele für Abituraufgaben angegeben, in denen solche Operatoren vorkommen.

Operatoren	**Charakterisierung**	**Beispiele**
Nennen Sie … Geben Sie … an	Formulieren eines Sachverhaltes oder Aufzählung von Fakten ohne Begründung bzw. ohne Lösungsweg.	2009; C b) 2011; B2d) 2012; A1a)
Skizzieren Sie Zeichnen Sie	Grafische Darstellung wesentlicher Eigenschaften eines Objektes, auch saubere Freihandskizze möglich.	2009; A2a) 2010; A2c)
Beschreiben Sie Erläutern Sie	Systematische Darstellung eines Sachverhaltes; Belegen von Feststellungen (Sachverhalten) durch Aufzeigen der zugrunde liegenden Gesetzmäßigkeiten, Regeln und Beziehungen.	2009; B2c) 2010; C d) 2012; A2 c) (mit CAS)
Bestimmen Sie Berechnen Sie Ermitteln Sie	Ein nachvollziehbarer Lösungsweg muss angegeben werden. Ggf. vorgegebene Hilfsmittel bzw. Verfahren sind einzuhalten. Keine Hilfsmittelangabe bedeutet: Alle erlaubten Hilfsmittel sind zulässig!	2009; A2c) 2010; C b) 2011; B2a) 2012; B1b)
Begründen Sie	Verbale Darstellung der Zusammenhänge zwischen Sachverhalten unter dem Gesichtspunkt der Kausalität (Ursache – Wirkung, Gegebenes – Gesuchtes, Wahrheit – Falschheit).	2009; C e) 2010; B1c) 2011; B1c) 2012; A1e)

Zeigen Sie Weisen Sie nach	Lückenlose Beweisführung im mathematisch strengen Sinne, durch logische Schlüsse von bekannten Sachverhalten zu den beweisenden Aussagen zu gelangen.	2009; A1b) 2010; A1b) 2012; B1a)
Untersuchen Sie	Herausfinden charakteristischer Merkmale (z. B. einer Funktion) durch Anwenden theoretischer Kenntnisse; ggf. Fallunterscheidungen vornehmen.	2009; A1a) 2010; B1a) 2011; A2a)
Interpretieren Sie	Zuordnung eines konkreten Gegenstandsbereiches zu einem formalen System; z. B. Zuordnung der Ausdrücke eines Kalküls zu Aussagen einer Theorie oder Interpretieren von Gleichungen, Diagrammen.	
Diskutieren Sie	In der Prüfungssituation ist damit nicht eine Gesprächsform gemeint, sondern z. B. die Beschreibung und Begründung der Abhängigkeit eines mathematischen Merkmals von gewissen Parametern.	

5 Methodische Hinweise und allgemeine Tipps zur schriftlichen Prüfung

Vorbereitung

- Fangen Sie nicht zu spät mit der Vorbereitung auf die schriftliche Prüfung an. Warten Sie damit nicht auf eine Aufforderung durch Ihre Lehrerin oder Ihren Lehrer. Sie sind selbst verantwortlich für Ihren Prüfungserfolg.
- Pauken allein nützt nichts. Gelerntes muss möglichst vielfältig im Kopf vernetzt werden und wirklich verstanden worden sein.
- Fertigen Sie sich exakte und überschaubare Aufzeichnungen an, auf die Sie in der unmittelbaren Prüfungsvorbereitung rasch zurückgreifen können.
- Stellen Sie sicher, dass Sie wirklich mit den zugelassenen Hilfsmitteln umgehen können.
- Versuchen Sie die Aufgaben in diesem Übungsbuch zunächst allein und ohne sofortige Zuhilfenahme des Lösungsteils zu bearbeiten. Sprechen Sie dann mit einem Partner über Ihre Lösungswege, versuchen Sie auch dessen Lösungsideen zu verstehen. Fragen Sie ggf. Ihre Lehrerin oder Ihren Lehrer, wenn Sie fachliche Unklarheiten nicht selbst beseitigen können.

Prüfungssituation

- Gehen Sie ausgeruht und möglichst gelassen zur Prüfung.
- Legen Sie schon am Tag vorher die notwendigen Hilfsmittel und Utensilien zurecht.
- Sie müssen sich für Aufgaben entscheiden. Lesen Sie deshalb die Texte genau durch.
- Markieren Sie Schlüsselworte in Aufgabenstellungen ggf. farbig.
- Überlegen Sie, was die Operatoren von Ihnen verlangen.
- Beißen Sie sich nicht zu lange an für Sie schwierigen Aufgabenteilen fest. Mitunter ist es hilfreich, erst einmal eine andere Teilaufgabe zu lösen und dann mit einer neuen Idee zur schwierigen Aufgabe zurückzukehren.
- Die für Teilaufgaben vorgesehenen Punktanzahlen geben Ihnen eine gewisse Orientierung über den Umfang der von Ihnen erwarteten Kenntnisse.

- Schreiben Sie nicht alles zunächst ins „Unreine“, sondern fertigen Sie bei Anforderungen, die Ihnen leicht und vertraut vorkommen, sofort eine Reinschrift an. Das spart Zeit.
- Schreiben Sie sauber und übersichtlich, das freut nicht nur die Korrektoren und erspart unnötigen Punktabzug, sondern erleichtert Ihnen selbst die Orientierung in Ihren Aufzeichnungen.

Lösungsplan

Aufgrund des Umfangs und der Komplexität von Aufgaben auf Abiturniveau empfiehlt es sich, beim Lösen systematisch zu arbeiten. Folgende Vorgehensweise hilft Ihnen dabei:

Schritt 1:
Nehmen Sie sich ausreichend Zeit zum **Analysieren** der Aufgabenstellung. Stellen Sie fest, zu welchem Themenbereich die Aufgabe gehört. Sammeln Sie alle Informationen, welche direkt gegeben sind, und achten Sie darauf, ob evtl. versteckte Informationen enthalten sind.

Schritt 2:
Markieren Sie die **Operatoren** in der Aufgabenstellung. Diese geben an, was in der Aufgabe von Ihnen verlangt wird. Vergegenwärtigen Sie sich die Bedeutung der verwendeten Fachbegriffe.

Schritt 3:
Versuchen Sie, den Sachverhalt zu veranschaulichen. Fertigen Sie gegebenenfalls mithilfe der Angaben und Zwischenergebnisse aus vorherigen Teilaufgaben eine **Skizze** an. Versuchen Sie Vermutungen zum Ergebnis zu formulieren.

Schritt 4:
Erarbeiten Sie nun schrittweise den **Lösungsplan**, um aus den gegebenen Größen die gesuchte Größe zu erhalten. Notieren Sie sich, welche Einzel- bzw. Zwischenschritte auf dem Lösungsweg notwendig sind. Prinzipiell haben Sie zwei Möglichkeiten, oft hilft auch eine Kombination beider Vorgehensweisen:

- Sie gehen vom Gegebenen aus und versuchen, das Gesuchte zu erschließen.
- Sie gehen von dem Gesuchten aus und überlegen „rückwärts“, wie Sie zur Ausgangssituation kommen.

Bei diesem Schritt wird dann sukzessive die **Lösung dargestellt**.

Schritt 5:
Suchen Sie nach geeigneten Möglichkeiten, das Endergebnis zu **kontrollieren**. Oftmals sind bereits Überschlagsrechnungen, Punktproben oder Grobskizzen ausreichend.

Beispielaufgabe ohne CAS-Rechner

Gegeben ist die Funktion durch die Gleichung $f(x) = -x^3 + 4x^2$. Der Graph von f sei G.

a) Untersuchen Sie G auf Extrempunkte.

b) Zeigen Sie: Eine Stammfunktion der Funktion f ist F mit

$$F(x) = \frac{-1}{4}x^4 + \frac{4}{3}x^3.$$

Berechnen Sie die Fläche, die G mit der x-Achse einschließt.

Lösungsvorschlag für Teilaufgabe a:

Schritt 1:
- Themenbereich: Kurvendiskussion einer Funktion
- Der Definitionsbereich ist nicht angegeben, daher wird $\mathbb{R}$ als der größtmögliche angenommen.

Schritt 2:
- Der Operator „Untersuchen Sie" bedeutet, mögliche Eigenschaften festzustellen und anzugeben.
- Unter Extrempunkten versteht man Hoch- oder Tiefpunkte.

Schritt 3:
Eine Veranschaulichung ist nur schwer möglich, da Anzahl, Art und Lage der Extrempunkte nicht klar sind. Eine Skizze ist daher wenig sinnvoll.

Schritt 4:
Ausgehend von der gegebenen Funktion werden mögliche Extremstellen berechnet und damit Art und Lage der Extrempunkte bestimmt:
- f(x) ist ein Polynom und lässt sich ableiten (Summenregel, Faktorregel, Potenzregel):

  $$f'(x) = -3x^2 + 8x$$

  Die Nullstellen der Ableitung sind mögliche Extremstellen:

  $$-3x^2 + 8x = x \cdot (-3x + 8) = 0 \quad \Leftrightarrow \quad x = 0 \ \vee \ x = \tfrac{8}{3}$$

- Ob tatsächlich Extremstellen vorliegen, lässt sich durch Einsetzen in die zweite Ableitung überprüfen:

  $$f''(x) = -6x + 8$$

  $$f''(0) = 8 > 0 \quad \Rightarrow \quad \text{Minimum bei } x = 0$$

  $$f''\left(\tfrac{8}{3}\right) = -6 \cdot \left(\tfrac{8}{3}\right) + 8 = -8 < 0 \quad \Rightarrow \quad \text{Maximum bei } x = \tfrac{8}{3}$$

- Um die Lage angeben zu können, braucht man noch die y-Koordinate. Dazu werden die Extremstellen in den Funktionsterm f eingesetzt:

  $$f(0) = 0$$

  $$f\left(\tfrac{8}{3}\right) = -1\left(\tfrac{8}{3}\right)^3 + 4\left(\tfrac{8}{3}\right)^2 = -\tfrac{512}{27} + \tfrac{256 \cdot 3}{3 \cdot 9} = \tfrac{256}{27}$$

- Ergebnis:

  Tiefpunkt (0; 0) und Hochpunkt $\left(\tfrac{8}{3}; \tfrac{256}{27}\right)$

Schritt 5:
Um das Ergebnis zu überprüfen, könnte man den Graphen der Funktion f skizzieren. Dazu muss eine Wertetabelle erstellt werden. Ablesen der Extrempunkte aus dem Graphen ermöglicht einen Vergleich mit den berechneten Punkten.

Lösungsvorschlag für Teilaufgabe b:

Schritt 1:
- Themenbereich: Flächenberechnung mithilfe eines Integrals
- Es sind die Funktion und die Stammfunktion gegeben. Weiter ist implizit gegeben, dass die Funktion mindestens zwei verschiedene Nullstellen hat, weil der Graph eine Fläche mit der x-Achse einschließt.

Schritt 2:

- Der erste Operator ist „Zeigen Sie", das bedeutet, dass Sie die Aussage mithilfe von Berechnungen bestätigen sollen. Die Funktion und die zugehörige Stammfunktion sind dabei gegeben.
- Um zu zeigen, dass F eine Stammfunktion von f ist, kann entweder f integriert oder F abgeleitet werden. Es muss dann $F'(x) = f(x)$ gelten. Da das Bilden der Ableitung leichter ist als die Funktion zu integrieren, bietet es sich hier an, die Stammfunktion abzuleiten.

$$F(x) = -\frac{1}{4}x^4 + \frac{4}{3}x^3$$

$$F'(x) = -x^3 + 4x^2 \quad \Rightarrow \quad F'(x) = f(x) \quad \text{q. e. d.}$$

- Der zweite Operator in der Aufgabe ist „Berechnen Sie", das bedeutet, dass Sie das Ergebnis durch Berechnungen erzielen sollen.

Schritt 3:

Nutzen Sie die Lage des Hochpunkts, um den Graphen zu skizzieren.

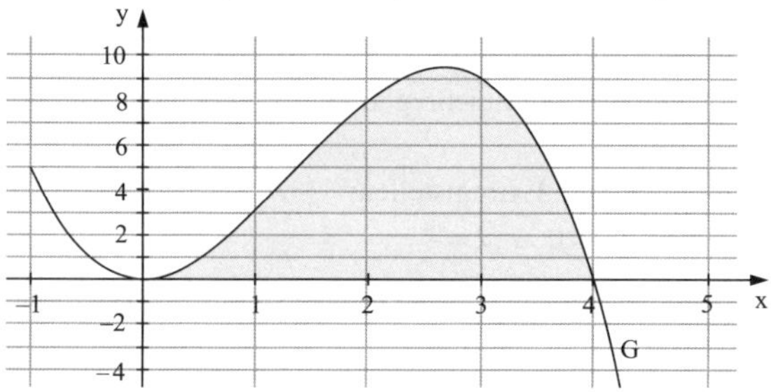

Schritt 4: Vom Gegebenen zum Gesuchten

Wie Sie an der Lösungsskizze erkennen, brauchen Sie für die Bestimmung der Fläche die beiden Nullstellen:

$$-x^3 + 4x^2 = 0 \quad \Leftrightarrow \quad x^2(-x+4) = 0 \quad \Leftrightarrow \quad x_{1,2} = 0 \ \vee \ x_3 = 4$$

Für die Berechnung der Fläche lässt sich die Stammfunktion der Funktion nutzen, die angegeben ist:

$$\int_0^4 f(x)\,dx = [F(x)]_0^4 = \left[-\frac{1}{4}x^4 + \frac{4}{3}x^3\right]_0^4 = -\frac{256}{4} + \frac{256}{3} = \frac{256}{12} = \frac{64}{3}$$

Schritt 4: Vom Gesuchten zum Gegebenen

Um die gesuchte Fläche zu berechnen, lässt sich die Stammfunktion der Funktion nutzen, die angegeben ist:

$$\int_{x_1}^{x_2} f(x)\,dx = [F(x)]_{x_1}^{x_2} = \left[-\frac{1}{4}x^4 + \frac{4}{3}x^3\right]_{x_1}^{x_2}$$

Für die Berechnung des Integrals benötigen Sie die Integralgrenzen. Diese sind die Nullstellen der Funktion, wie Sie an der Lösungsskizze erkennen können.

$$-x^3 + 4x^2 = 0 \quad \Leftrightarrow \quad x^2(-x+4) = 0 \quad \Leftrightarrow \quad x_{1,2} = 0 \ \vee \ x_3 = 4$$

Damit ergibt sich für das Integral:

$$\left[-\frac{1}{4}x^4 + \frac{4}{3}x^3\right]_{x_1}^{x_2} = \left[-\frac{1}{4}x^4 + \frac{4}{3}x^3\right]_0^4 = -\frac{256}{4} + \frac{256}{3} = \frac{256}{12} = \frac{64}{3}$$

Schritt 5:
Um die Fläche abzuschätzen, können Sie in der Skizze die Kästchen abzählen, die von dem Graphen und der x-Achse eingeschlossen werden. Man erhält ca. 21 Kästchen, das passt gut zu dem errechneten Wert.

Beispielaufgabe mit dem CAS-Rechner

Vor allem bei Analysisaufgaben werden die Aufgabenstellungen für Schülerinnen und Schüler, die mit einem CAS-Taschencomputer arbeiten, von der Aufgabenkommission meistens etwas verändert, um eine Gleichwertigkeit des Abiturs anzustreben.

Gegeben sind Funktionen f_k (k ist ein Parameter) durch die Gleichung $f_k(x) = k \cdot x^3 + 4x^2$ mit $k \in \mathbb{R} \setminus \{0\}$. Der Graph von f_k sei G_k.

a) Untersuchen Sie den Einfluss des Parameters k auf die Lage und Art der lokalen Extrempunkte von G_k.

b) Der Graph G_k schließt mit der x-Achse eine Fläche ein. Ermitteln Sie die Werte des Parameters k, für die der Inhalt dieser Fläche $\frac{512}{3}$ FE beträgt.

Lösungsvorschlag für Teilaufgabe a:

Schritt 1:
- Themenbereich: Kurvendiskussion einer Funktionenschar
- Lage und Art lokaler Extrempunkte in Abhängigkeit von k sind zu bestimmen.
- Für den reellen Parameter k gilt $k \neq 0$.

Schritt 2 (Operatoren):
Der Operator „Untersuchen Sie“ bedeutet, charakteristische Merkmale durch Anwenden theoretischer Kenntnisse herauszufinden und ggf. Fallunterscheidungen vorzunehmen.

Schritt 3 (Veranschaulichung, Vermutungen):
- Eine Veranschaulichung für positive und negative Werte des Parameters k ergibt folgendes Bild:

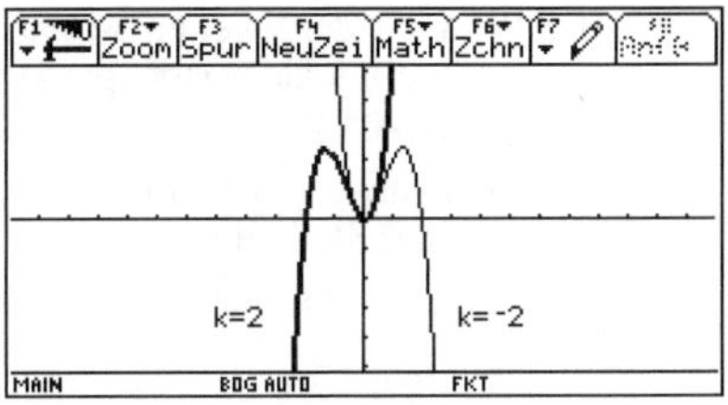

- Eine Veranschaulichung für verschieden große positive bzw. negative Werte von k zeigen die nächsten Bilder:

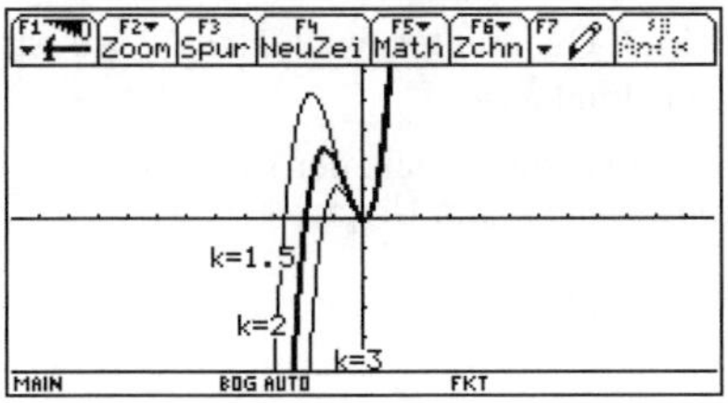

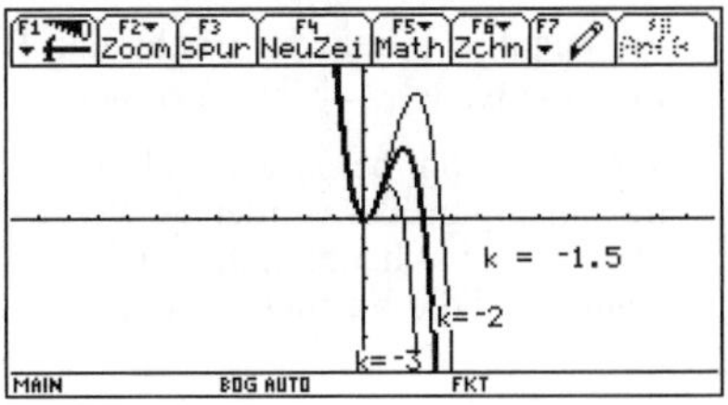

- Vermutungen zur Lage der Extremstellen:
  k > 0: Hochpunkt im II. Quadranten, k < 0: Hochpunkt im I. Quadranten
  Betrag von k zunehmend: Hochpunkt rückt näher an den Ursprung heran
  Unabhängig von k existiert ein lokaler Tiefpunkt im Ursprung.

  Vermutung zur Art der Extremstellen:
  Es gibt einen „fixen“ Tiefpunkt im Ursprung.
  Es gibt einen Hochpunkt in Abhängigkeit von k, aber mit stets positiver Ordinate.

Schritt 4 (Lösungsplan und -darstellung):

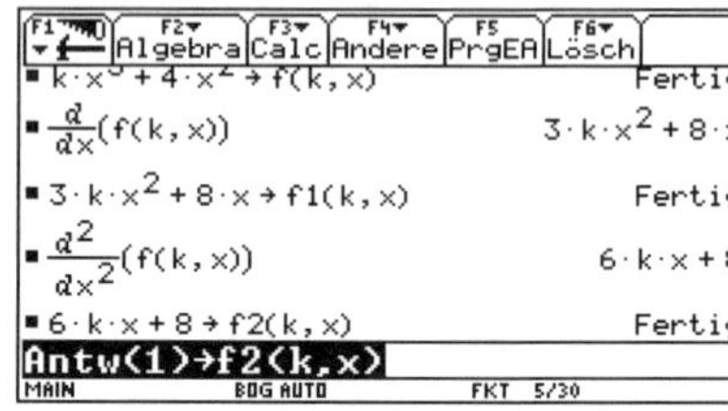

- 1. und 2. Ableitung von f_k bilden: Geben Sie die Funktionsgleichung ein und bilden Sie die Ableitungsfunktionen, speichern Sie die Funktion und die Ableitungen.
- Notieren Sie die gefundenen Funktionen auf dem Prüfungsbogen. Die Gleichungen der Ableitungsfunktionen sind:

  $f_k'(x) = 3kx^2 + 8x$

  $f_k''(x) = 6kx + 8$

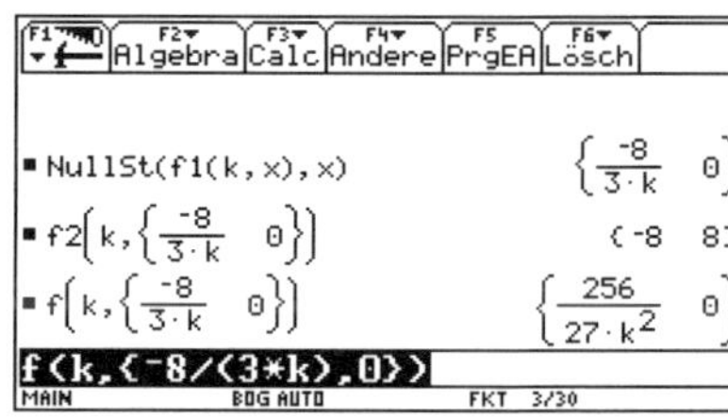

- Notwendige Bedingung für lokale Extremstellen untersuchen und notieren: Die Nullstellen von $f_k'(x)$, also mögliche Extremstellen, sind:

  $x_{e1} = \frac{-8}{3k}$ sowie $x_{e2} = 0$

- Hinreichende Bedingung für lokale Extrempunkte untersuchen und notieren:

  $f_k''\left(\frac{-8}{3k}\right) = -8 < 0$

  Da der Wert −8 der zweiten Ableitung an der Stelle x_{e1} unabhängig von k ist, liegt hier also stets ein lokaler Hochpunkt vor.

  $f_k''(0) = 8 > 0$

  Auch an der Stelle x_{e2} ist die 2. Ableitung unabhängig von k und zwar stets 8, also gibt es an dieser Stelle immer einen lokalen Tiefpunkt.

- Berechnen Sie die Ordinaten $f(x_e)$ und geben Sie die geordneten Paare $(x_e; y_e)$ an

  Hochpunkt $H\left(\frac{-8}{3k}; \frac{256}{27k^2}\right)$ Tiefpunkt T(0; 0)

  Interpretation der Ergebnisse:

  Für alle $k \neq 0$ gilt $\frac{256}{27k^2} > 0$, also liegt H immer oberhalb der x-Achse.

  Für negative k liegt der Hochpunkt H immer im I. Quadranten, weil dann $\frac{-8}{3k} > 0$ ist.
  Für positive k ist $\frac{-8}{3k} < 0$, also liegt H im II. Quadranten.

  Weil k sowohl bei x_e als auch bei y_e nur im Nenner steht, rückt der Hochpunkt für betragsmäßig größer werdende Werte von k immer näher zum Ursprung.
  Der Tiefpunkt hängt nicht von k ab.
  Damit sind die Vermutungen aus dem Schritt 3 bestätigt.

Schritt 5 (Probe):
Berechnen der Extrempunkte für k = –2 aus dem Grafikbildschirm und Vergleich mit den berechneten Extrempunkten für k = –2 zeigt Übereinstimmung.

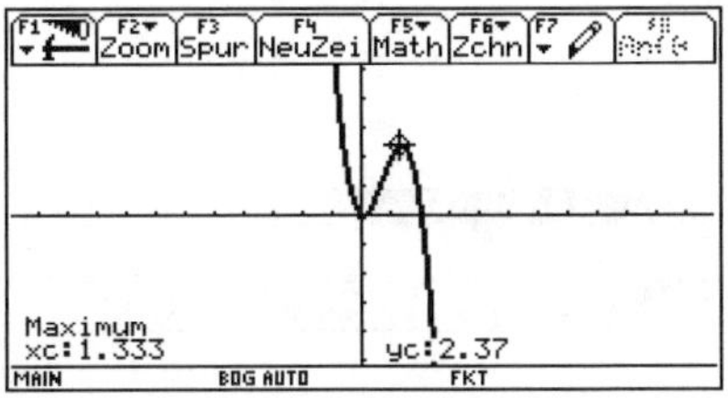

Lösungsvorschlag für Teilaufgabe b:

Schritt 1:
- Themenbereich: Flächenberechnung mithilfe des bestimmten Integrals
- Indirekt gegeben und durch die Beispiele in Teilaufgabe a verdeutlicht: Integrationsgrenzen sind die beiden Nullstellen von f_k
  Es muss (mindestens) zwei Werte für k geben.

Schritt 2 (Operatoren):
„Ermitteln Sie" heißt: Ein nachvollziehbarer Lösungsweg muss angegeben werden.

Schritt 3 (Veranschaulichung, Vermutungen):
Aus der Lage der Graphen von Funktionen mit entgegengesetztem k kann man vermuten, dass diese symmetrisch bezüglich der y-Achse sind. In diesem Falle müssen aus Symmetriegründen die von G_k und der x-Achse eingeschlossenen Flächen gleich groß sein. Da eine kubische Funktion nicht mehr als zwei lokale Extrempunkte haben kann, gibt es auch keine weiteren Nullstellen als die auf dem Bildschirm dargestellten. Es müsste deshalb genau zwei Werte für k geben.

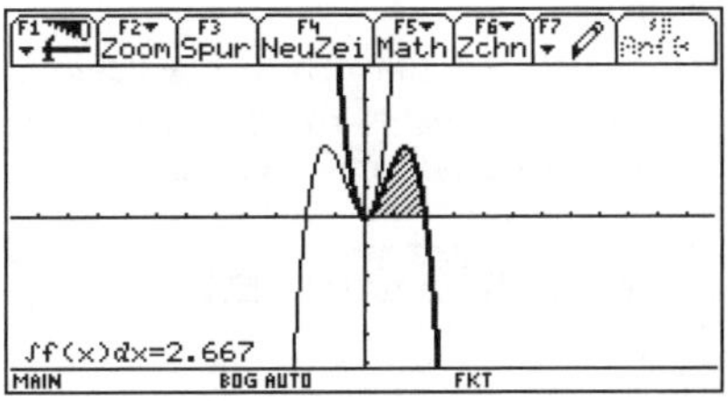

Schritt 4 (Lösungsplan und -darstellung):

- Die Nullstellen von $f_k(x) = k \cdot x^3 + 4x^2 = x^2 \cdot (k \cdot x + 4)$ sind $x_{01} = 0$ und $x_{02} = \frac{-4}{k}$.
- Es gibt also genau zwei Nullstellen für jede Funktion f_k.

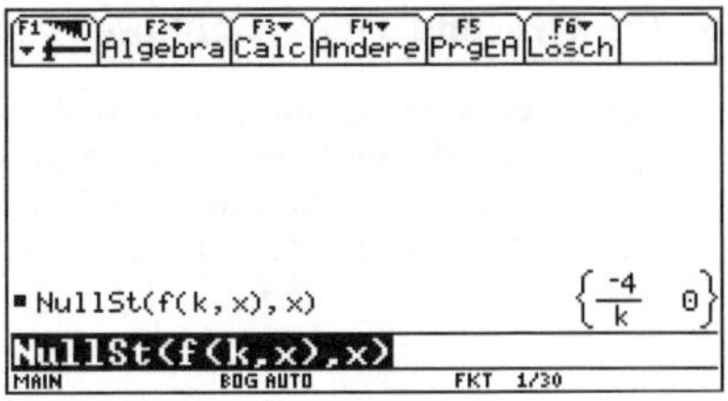

- Wenn die Graphen der Funktionen f_k und f_{-k} achsensymmetrisch bezüglich der y-Achse sind, so muss für alle reellen x gelten:
  $f_k(-x) = f_{-k}(x)$
  Diese Gleichung wird durch den CAS-Rechner als „wahr" bestätigt.

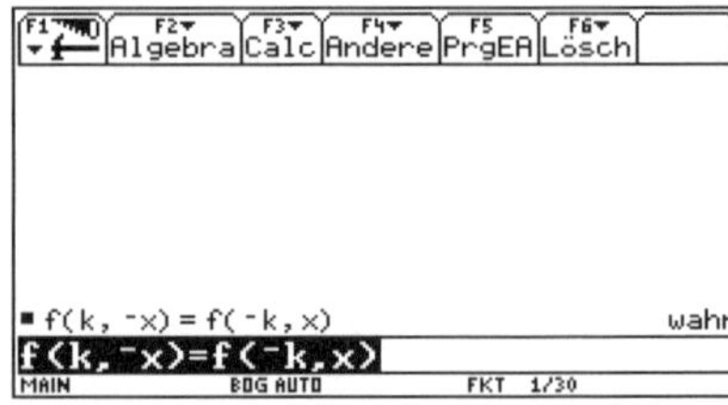

- Für negative k liegt die von null verschiedene Nullstelle rechts von null. Sie kommt also dann als obere Integrationsgrenze in Frage. Der Ansatz für die Flächenberechnung $\int_0^{\frac{-4}{k}} f_k(x)\,dx = \frac{512}{3}$ liefert $k = \frac{-1}{2}$ als Ergebnis.

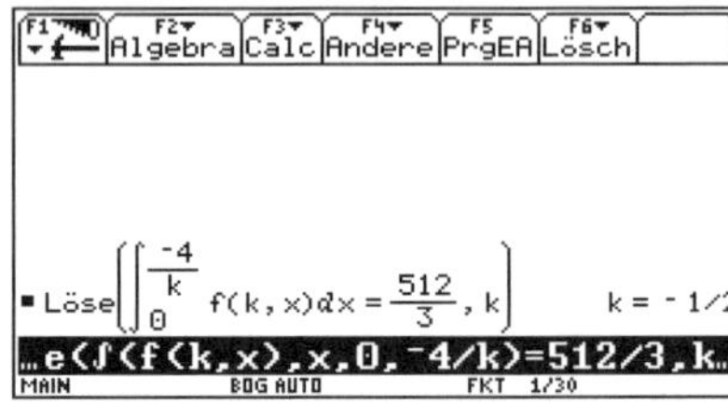

- Wegen der genannten und nachgewiesenen Symmetrie muss auch für $k = \frac{1}{2}$ der Graph von G_k mit der x-Achse eine Fläche von $\frac{512}{3}$ FE einschließen.

Schritt 5 (Probe):

Mit dem CAS-Rechner werden die beiden Integrale $\int_0^{\frac{-4}{k}} f_k(x)\,dx$ für $k = -\frac{1}{2}$ und $k = \frac{1}{2}$ berechnet.

Im ersten Fall ergibt sich als Flächeninhalt $\frac{512}{3}$ FE. Im zweiten Fall ergibt sich $-\frac{512}{3}$ FE. Das Minuszeichen ist dadurch zu erklären, dass für positive k die Integrationsgrenzen vertauscht werden müssen. Auch eine Flächenberechnung im Grafikbildschirm bestätigt die Ergebnisse.

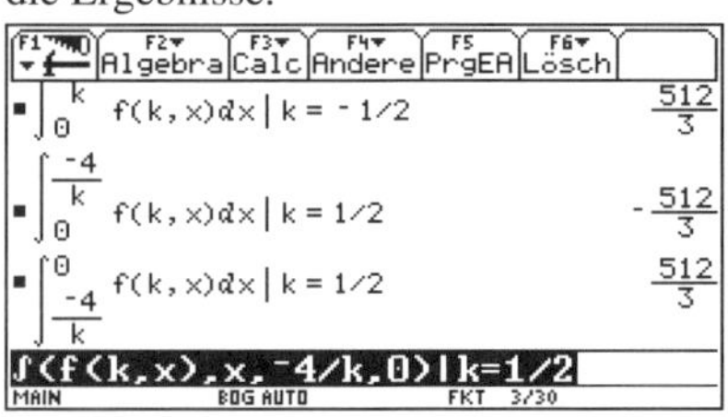

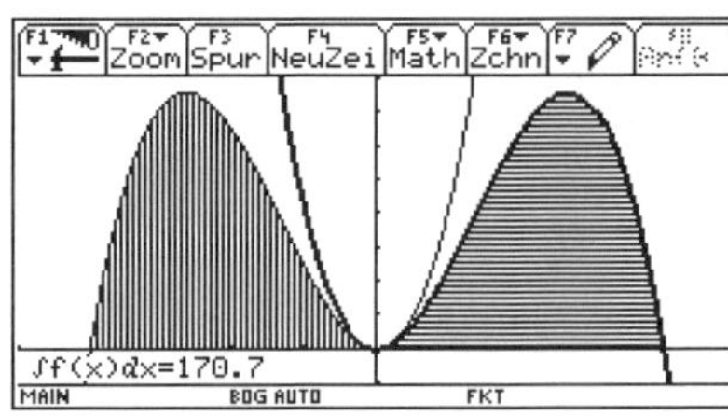

6 Hinweise und Tipps zum Lösen von Abituraufgaben mit CAS-Rechnern

Schülerinnen und Schüler, die im Unterricht der gymnasialen Oberstufe mit Taschencomputern gearbeitet haben, dürfen diese selbstverständlich auch im schriftlichen Abitur einsetzen. Damit Sie die damit verbundenen Vorteile auch effektiv nutzen können, sind hier einige Hinweise für das Lösen von Abituraufgaben mit CAS-Rechnern[2] aufgelistet.

2 Diese Hinweise haben keinen Anspruch auf Vollständigkeit und können das Handbuch nicht ersetzen, sollen aber auf Sachverhalte hinweisen, die erfahrungsgemäß einigen Schülern Probleme bereiten. Sie beziehen sich auf Rechner vom Typ TI-Voyage, können aber sinngemäß auch auf andere Rechner übertragen werden.

1. Das Thüringer Kultusministerium verlangt wegen der Gleichwertigkeit der äußeren Bedingungen, dass bei der Prüfung verwendete Taschencomputer **vor dem Beginn des schriftlichen Mathematikabiturs** durch **ein RESET** in einen für alle Abiturienten einheitlichen Ausgangszustand mit leerem Arbeitsspeicher zurückgesetzt werden. Dieses RESET sollten Sie bereits spätestens am Vortag zu Hause vornehmen. So können Sie wichtige Dateien von Ihrem Taschencomputer auf einen PC übertragen und abspeichern, um sie später wieder zur Verfügung zu haben. Bei der Gelegenheit sollten Sie auch den technischen Zustand Ihres Taschencomputers überprüfen, eventuell neue Batterien einsetzen oder die Akkus aufladen. Schaden kann es auch nicht, wenn Sie Ersatzbatterien für den Prüfungstag bereithalten.

2. Empfehlenswert ist es, jede neue größere Aufgabe mit dem im Bildschirmausdruck angezeigten Befehl **NeuAufg**[3] zu beginnen. Dadurch werden alle aus einem Buchstaben bestehenden Variablen und der Bildschirm gelöscht, sodass es nicht so leicht zu Missverständnissen bei der Verwendung dieser Buchstaben im Zusammenhang mit der neuen Aufgabe kommen kann.

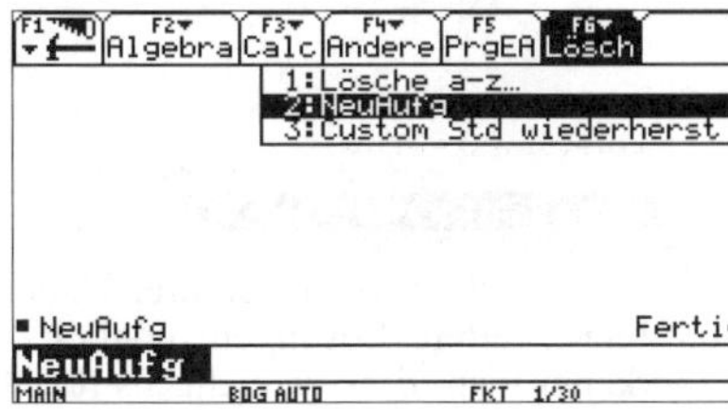

Ebenso ist es möglich, für jede neue Aufgabe einen entsprechenden Unterordner anzulegen[4] und zum Bearbeiten der Aufgabe in diesen Unterordner zu wechseln[5]. Dies hat den Vorteil, dass Sie die einmal gespeicherten Funktionen auch zu einem späteren Zeitpunkt immer zur Verfügung haben, da die Variablen sich nur auf den aktuellen Ordner beziehen.

3. Beim Abspeichern z. B. von Ableitungsfunktionen mit Parametern muss man **„dynamische Definitionen vermeiden"**.

Beispiel:
Für $f(x) = k \cdot x^2$ ist bekanntlich die 1. Ableitungsfunktion $f'(x) = 2k \cdot x$ und damit gilt für die 1. Ableitung von f an der Stelle k: $f'(k) = 2k^2$

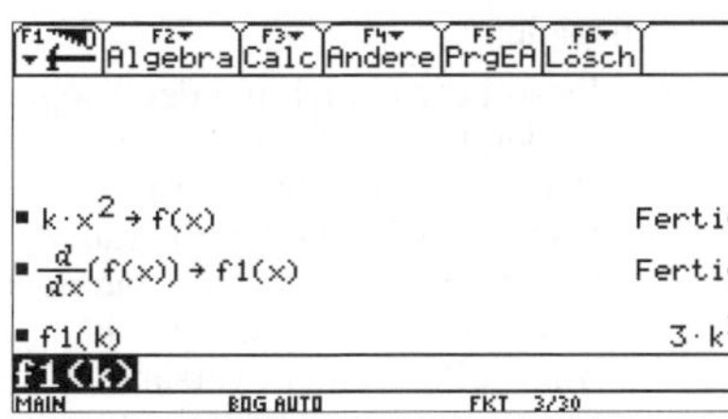

Der Taschencomputer gibt bei folgendem – **falschen!** – Vorgehen aber den Term $f'(k) = 3 \cdot k^2$ an.
Woran liegt das? Speichert man wie im Beispiel nur die Vorschrift zum Bilden der 1. Ableitung unter dem Namen f1(x) ab, so rechnet der Taschencomputer erst den Wert von f(x) an der Stelle x = k aus und bildet davon die 1. Ableitung nach k:
$f(k) = k \cdot k^2 = k^3$ und damit $f'(k) = 3k^2$
Man vermeidet dynamische Definitionen, indem man immer erst den Term der Ableitungsfunktion ausgeben lässt und den Funktionsterm dann (ggf. unter Verwendung der [ANS]-Taste) unter einem geeigneten Namen abspeichert, wie es für dieses Beispiel gezeigt wird:

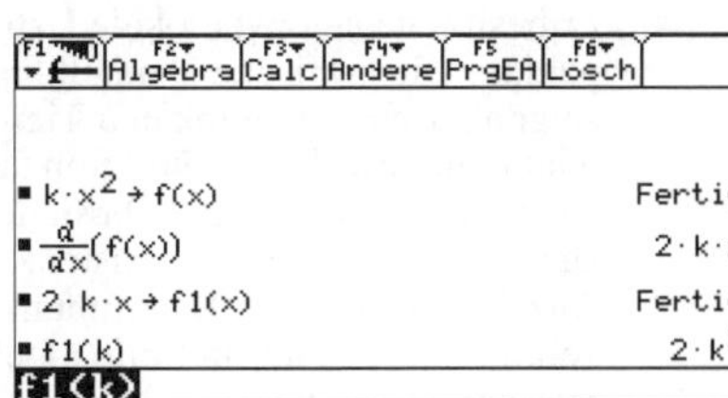

3 [HOME]; [F6]; 2: (engl: Newprob)
4 [VAR-LINK]; [F1]; 5: Verzeichnis anlegen (engl.: Create Folder)
5 [MODE] 2: akt. Verzeichnis (engl.: Current Folder)

4. Es kommt nicht oft vor, aber man kann es nicht völlig ausschließen, dass der Taschencomputer an seine **technischen Grenzen** stößt. Deshalb sollte man **Warnhinweise** des Rechners **ernst nehmen** und versuchen, die **Lösung auf einem anderen Lösungsweg abzusichern**.[6]

   Beispiel:
   Die Lösungen der Gleichung $\sin x = e^x$ werden mit dem Taschencomputer auf algebraischem Wege ermittelt.

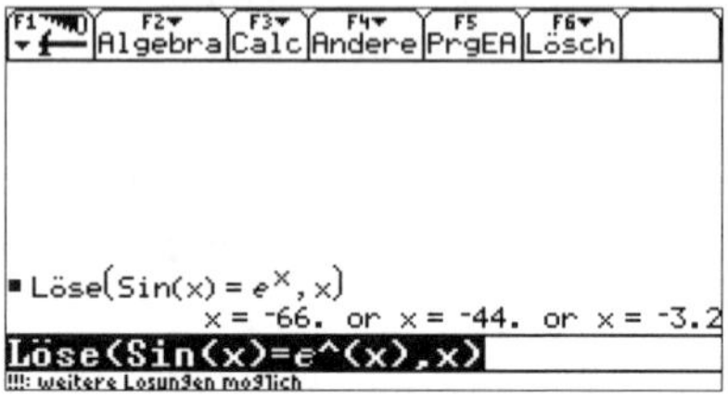

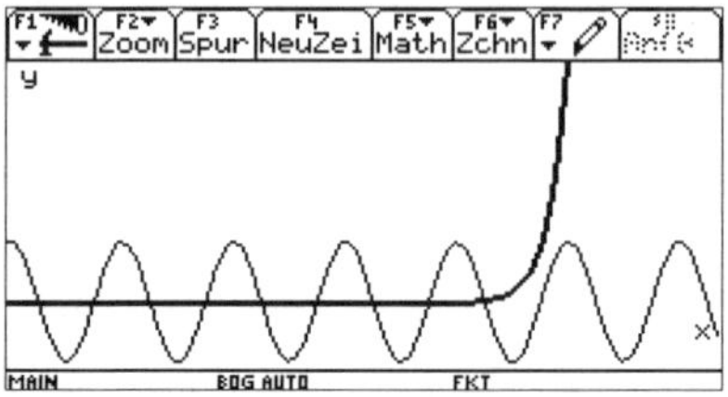

   Algebraisch werden nur drei Näherungslösungen ermittelt, aber es wird eine Warnung „weitere Lösungen möglich“ angezeigt. In der grafischen Veranschaulichung erkennt man, dass es mehr als drei Lösungen geben muss. Durch inhaltliche Überlegungen (Periodizität der Sinusfunktion und asymptotisches Verhalten der e-Funktion bezüglich der negativen x-Achse) wird klar, dass es sogar unendlich viele Lösungen dieser Gleichung gibt.

5. Auch wenn der Taschencomputer keinen Warnhinweis anzeigt, kann die **Kontrolle auf einem anderen Lösungsweg** helfen, Fehler zu vermeiden, die z. B. durch falsche inhaltliche Überlegungen oder Eingabefehler entstehen können.

   Beispiele:

   a) Es soll die Gleichung der Tangente t an den Graphen von $f_k(x) = k \cdot x^2$ in $P(1; f_k(1))$ ermittelt werden. Durch inhaltliche Überlegungen kommt man zu der Tangentengleichung $y = t_k(x) = 2k \cdot x - k$. Man sollte es nicht versäumen, dieses algebraisch ermittelte Ergebnis anhand einiger Beispiele grafisch zu verifizieren.

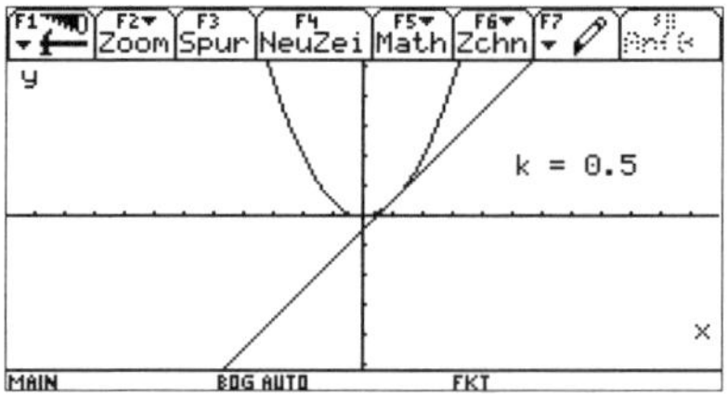

   b) Der Graph der Funktion $y = f(x) = \frac{(x-5)\cdot(x+3)}{x+4}$ soll auf lokale Extrempunkte untersucht werden. Er besitzt genau zwei lokale Extrempunkte. Die grafische Darstellung[7] zeigt aber nur einen lokalen Tiefpunkt an, obwohl die Funktion auch einen lokalen Hochpunkt besitzt. Der Nachweis über die Existenz und Anzahl aller lokalen Extrempunkte gelingt letztlich nur mithilfe algebraischer Methoden.

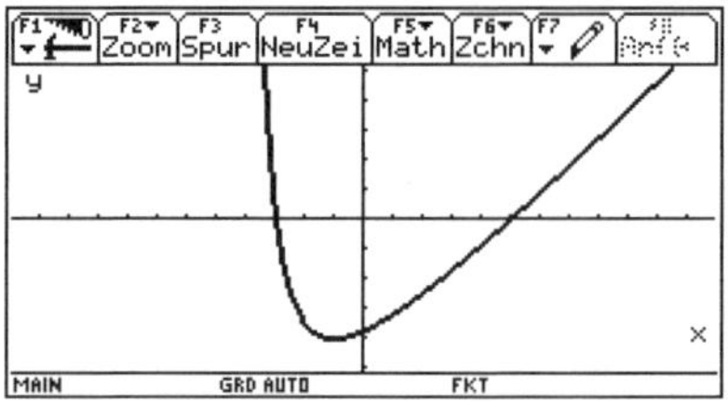

6 Nicht jeder Warnhinweis ist berechtigt.
7 Dies ist natürlich abhängig von den eingestellten Fensterparametern.

6. Rechnungen lassen sich weitgehend an den CAS-Rechner übertragen. Das spart Zeit und vermeidet Rechenfehler. Sie sollten stets sehr **sorgfältig die Eingabe** in den Rechner **kontrollieren**, um Eingabefehler zu vermeiden. Auch bei der Auswahl der Variablenbezeichnungen muss man aufpassen, dass keine rechnerinternen Überschneidungen entstehen.

   Beispiel:
   Es führt zu einem Fehler, innerhalb ein und derselben Aufgabe die Variable t gleichzeitig als Parameter für den Ortsvektor eines Punktes d(t) und außerdem als Bezeichnung eines anderen Objektes wie einer Geraden zu verwenden.

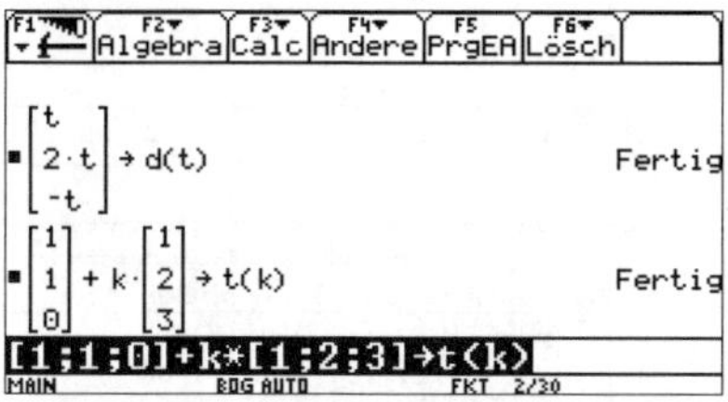

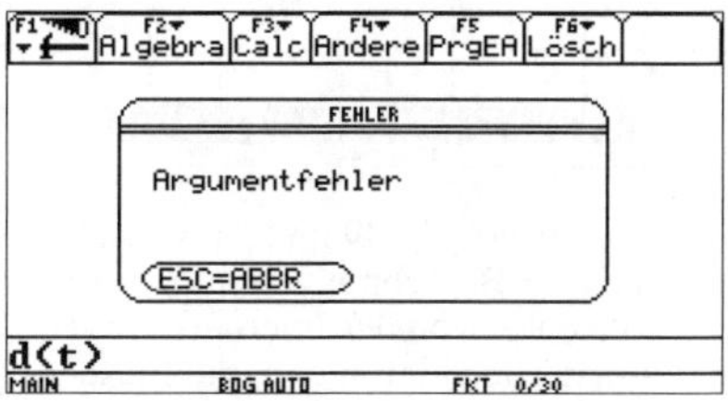

   Die Fehlermeldung kommt dadurch zustande, dass der Rechner bei d(t) für t die Eingabe einer Variablen oder Zahl erwartet, aber t hier als ein Vektor abgespeichert ist.

7. Um Rundungsfehler zu vermeiden, sollte man die **Zwischenergebnisse** direkt **über Kopieren und Einfügen** im weiteren Rechengang **nutzen**.[8]

   Beispiel:
   Eine Stadt hatte 70 000 Einwohner im Jahr 2000, im Jahr 2006 sind es 85 000. Unter der Annahme, dass exponentielles Wachstum vorliegt, soll das Jahr berechnet werden, in dem sich die Bevölkerungszahl gegenüber dem Jahr 2000 verdoppelt hat.
   Aus dem Ansatz ergibt sich ein exakter Wachstumsfaktor oder ein als Dezimalbruch angegebener Faktor mit vielen Nachkommastellen (siehe Bildschirmausdruck). Man ist versucht, mit einem gerundeten Wert weiterzurechnen, beispielsweise hier mit x = 1,03. Mit diesem gerundeten Zwischenergebnis erhält man eine Abweichung von fast zwei Jahren gegenüber dem Ergebnis, das aus dem nicht gerundeten Wert entsteht.

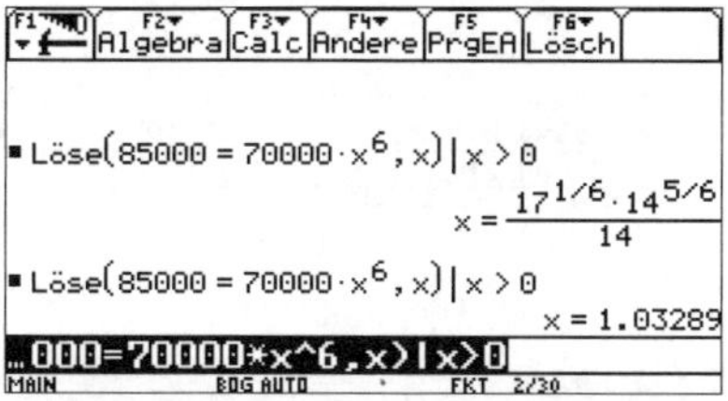

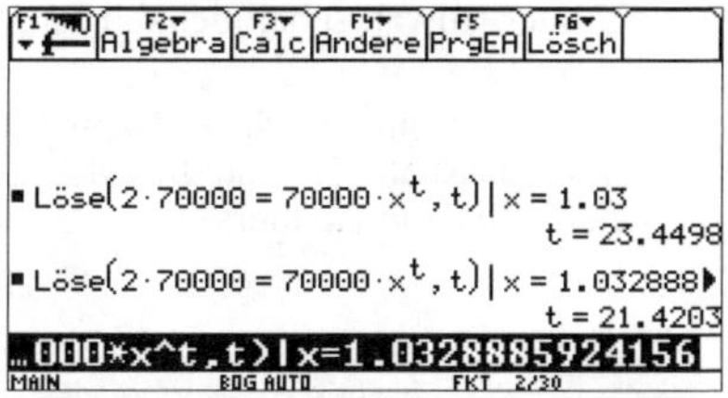

8. Weil der Taschencomputer Ihnen viel Arbeit abnimmt, kann es passieren, dass Ihre Lösungsdarstellung zu knapp ausfällt. Gewöhnen Sie sich beizeiten daran, den Lösungsweg immer so zu notieren, dass er von anderen gut nachvollzogen werden kann. **Kommentieren Sie Ihre Lösungsansätze, notieren Sie Zwischenschritte und nehmen Sie in der Antwort immer Bezug auf die gestellte Aufgabe.** So haben Sie eine nachträgliche Kontrolle, ob Sie wirklich alle gestellten Aufgabenteile bearbeitet haben. Eventuell ist es dann auch möglich, bei der Korrektur Folgefehler anzuerkennen. Selbstverständlich trägt eine saubere und übersichtliche Darstellung des Lösungsweges zu einem positiven Gesamteindruck Ihrer Abiturarbeit bei.

8 [HOME]; [F1]; 5 bzw. [HOME]; [F1]; 6

9. In der analytischen Geometrie werden z. B. bei Schnittproblemen **Gleichungssysteme in vektorieller Form** angegeben. Diese können moderne CAS auch in dieser Form **lösen**.

   Beispiel (Schnitt zweier Geraden):

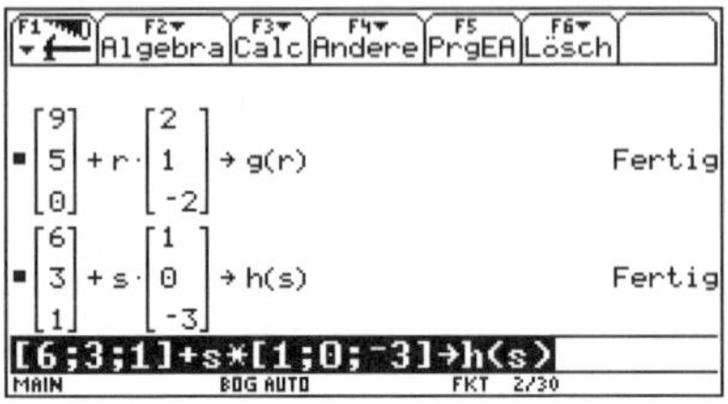

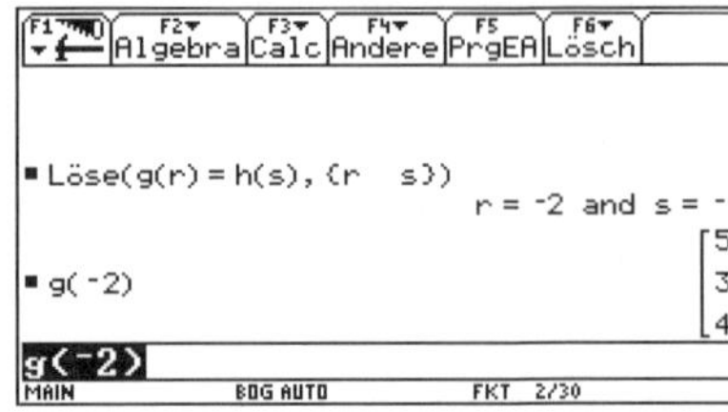

10. Nutzer von TI-89 und TI-Voyage können sich für Berechnungen in der Stochastik kostenlos von der Internetseite www.education.ti.com die Flash-Applikation „Statistik mit Listeneditor" herunterladen. Dieses Zusatzprogramm, das beim Reset nicht gelöscht wird, beinhaltet u. a. die Funktionen binompdf (berechnet eine diskrete Einzelwahrscheinlichkeit) und binomcdf (berechnet eine Intervallwahrscheinlichkeit) für die Berechnungen zu Binomialverteilungen. Diese Funktionen finden Sie dann z. B. im Katalog [CATALOG] unter [F3].

   Beispiel:
   Berechnen Sie für eine binomialverteilte Zufallsgröße die Einzelwahrscheinlichkeit für n = 10, p = 0,8 und k = 8 sowie die Intervallwahrscheinlichkeit für $8 \leq k \leq 10$.

   Bei CAS-Rechnern wie TI-Nspire oder Casio ClassPad 330 sind diese Funktionen bereits vorinstalliert.

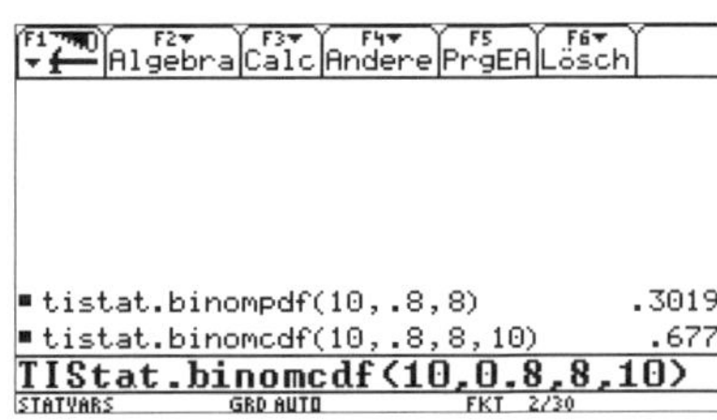

Kernfach Mathematik (Thüringen)
Übungsaufgaben Analysis

Aufgabe 1

Der Querschnitt einer 500 cm langen Rinne lässt sich näherungsweise beschreiben durch den Graphen der Funktion

$y = f(x) = -\cos x + 1$ mit $-\pi \leq x \leq \pi$ und x, y in cm.

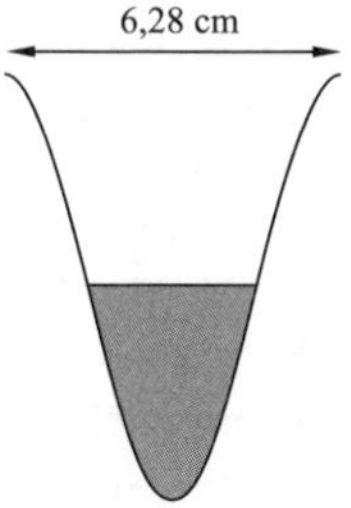

a) Zeichnen Sie den Graphen der Funktion f.

b) Ermitteln Sie, an welchen Punkten der Rand der Rinne am steilsten ist.

c) Die Rinne ist bis zur halben Höhe mit Wasser gefüllt. Berechnen Sie das Volumen (in Liter) des Wassers in der Rinne.

Aufgabe 2

Die Oberfläche eines Gewässers in Utopia wird von einer sich rasch ausbreitenden Algenart immer mehr zugewachsen. Zu Beobachtungsbeginn wurde eine algenbedeckte Fläche von ca. 2,0 m^2 gemessen, einen Tag später wurden 2,5 m^2 und wieder einen Tag darauf etwa 3,1 m^2 geschätzt, die von der Alge bedeckt waren. Das Gewässer hat eine Gesamtoberfläche von ca. 10 ha.

a) Es wird vermutet, dass sich die Größe der von Algen bedeckten Wasseroberfläche durch eine Exponentialgleichung $y = f(t) = a \cdot e^{k \cdot t}$ beschreiben lässt, wobei t für die Zeit in Tagen seit Beobachtungsbeginn steht. Ermitteln Sie aufgrund der gegebenen Daten die Größe der Parameter a und k für diese Exponentialgleichung.

b) Berechnen Sie, wie groß die algenbedeckte Fläche fünf Tage nach Beobachtungsbeginn sein wird.

c) Wie groß war die von Algen bedeckte Fläche zwölf Stunden vor Beobachtungsbeginn?

d) Bestimmen Sie die Verdopplungszeit für die Größe der von Algen bedeckten Fläche.

e) Wann wird das Gewässer vermutlich zur Hälfte von Algen zugewuchert sein, wenn dieses exponentielle Wachstum nicht begrenzt werden kann?
Wie viele Tage dauert es dann noch, bis die gesamte Wasseroberfläche zugewachsen ist?

f) Ermitteln Sie, wie groß die momentane Zuwachsrate an Algenfläche am Ende des zehnten Tages nach Beobachtungsbeginn ist.

g) Nach intensiven Bemühungen gelingt es, durch Verstreuen einer für Anwohner unschädlichen chemischen Substanz das Wachstum der Algen zu bremsen. Vom Beginn des elften Tages nach Beobachtungsbeginn an kann dadurch das Wachstum so verlangsamt werden, dass es nicht mehr exponentiell, sondern nur noch linear mit der zuvor in Teilaufgabe f ermittelten aktuellen Zuwachsrate pro Tag verläuft. Wie lange dauert es nun, bis die Gewässeroberfläche ganz zugewachsen ist?
Geben Sie dieses Ergebnis auch in Jahren an (1 Jahr $\widehat{=}$ 365 Tage).

Aufgabe 3

Gegeben ist die Funktion $y = f(x) = 6 - 4{,}5 \cdot e^{-0{,}5x}$ $(x \in \mathbb{R})$.

a) Untersuchen Sie die Funktion f auf Nullstellen, Extremstellen und Asymptoten.

b) Zeichnen Sie den Graphen der Funktion f im Intervall $0 \le x \le 12$.

c) Zeigen Sie durch algebraische Umformungen, dass sich für $x > 2 \cdot \ln 4\,500$ der Funktionswert von f um weniger als 10^{-3} von $y = 6$ unterscheidet.

d) Berechnen Sie den Inhalt der Fläche, die der Graph der Funktion f mit der x-Achse und den Geraden $x = 2$ und $x = 4$ einschließt.

Aufgabe 4

Der Anfahrweg eines Pkw soll durch eine Funktion

$v(t) = a - b \cdot e^{-k \cdot t}$ $(a, b, k \in \mathbb{R};\ a, b, k > 0)$

beschrieben werden. Die Zeit t wird dabei in Sekunden, die Geschwindigkeit v in $\frac{m}{s}$ angegeben. Gemessen wurden zu Beobachtungsbeginn $1\,\frac{m}{s}$, nach 10 s betrug die Geschwindigkeit $12\,\frac{m}{s}$ und 20 s nach Beobachtungsbeginn $18\,\frac{m}{s}$.

a) Ermitteln Sie aus diesen Angaben die Größe der Parameter a, b und k für die Gleichung der Geschwindigkeit $v(t) = a - b \cdot e^{-k \cdot t}$.
[Ergebnis zur Kontrolle: $v(t) \approx 25{,}2 - 24{,}2 \cdot e^{-0{,}0606 \cdot t}$]

b) Begründen Sie, dass der Graph der Funktion v streng monoton steigend ist und eine waagerechte Asymptote besitzt („Sättigungskurve“).
Zeichnen Sie das Geschwindigkeit-Zeit-Diagramm für $0 \le t \le 180$.

c) Geben Sie die Geschwindigkeit für $t = 180$ s in $\frac{km}{h}$ an.
Wie viele Minuten vor dem Beobachtungsbeginn startete der Pkw?

d) Die Beschleunigung entspricht der 1. Ableitung der Geschwindigkeit nach der Zeit. Bestimmen Sie die Beschleunigung des Pkw zu Beobachtungsbeginn. Ermitteln Sie, zu welchem Zeitpunkt die Beschleunigung des Pkw $1\,\frac{m}{s^2}$ beträgt.

Erläutern Sie, wie man aus dem v-t-Diagramm aus Teilaufgabe b auf den Verlauf des Beschleunigung-Zeit-Diagramms schließen kann. Skizzieren Sie auch unter Verwendung der berechneten Werte den Verlauf des Beschleunigung-Zeit-Diagramms für $0 \le t \le 180$.

e) Der Inhalt der grau getönten Fläche unter dem Graphen im Geschwindigkeit-Zeit-Diagramm kann als der im Intervall $[t_1; t_2]$ zurückgelegte Weg gedeutet werden.
Berechnen Sie, welche Wegstrecke der Pkw in den ersten drei Minuten seit dem Beobachtungsbeginn zurückgelegt hat.

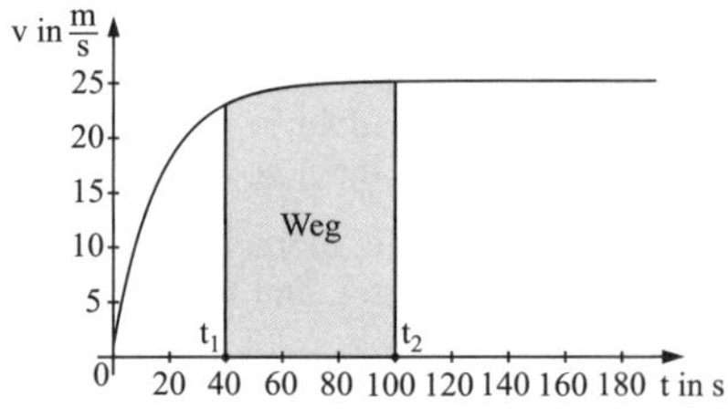

f) Eine Faustformel für den Bremsweg, wie sie in Fahrschullehrbüchern angegeben wird, lautet: „Der Bremsweg in Metern ist ungefähr das Quadrat eines Zehntels der Geschwindigkeit in $\frac{km}{h}$.“

Berechnen Sie nach dieser Faustformel den Bremsweg des Pkw, wenn der Fahrer drei Minuten nach Beobachtungsbeginn den Bremsvorgang einleitet.

Aufgabe 5

Gegeben ist der Graph der Funktion f mit

$$y = f(x) = \ln(2 - \cos x).$$

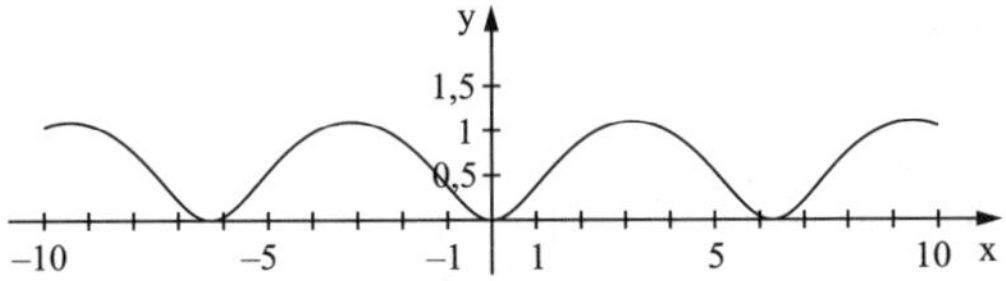

a) Begründen Sie, weshalb die Nullstellen x_0 von f durch $x_0 = k \cdot 2\pi$ mit $k \in \mathbb{Z}$ angegeben werden können.

b) Der Graph von f besitzt im Intervall $0 < x < 2\pi$ einen Hochpunkt H. Ermitteln Sie rechnerisch die Koordinaten von H. (Auf den Nachweis der hinreichenden Bedingung für die Existenz von H kann verzichtet werden.)

Für die Berechnung des Inhalts der Fläche, die der Graph von f im Intervall $0 \leq x \leq 2\pi$ mit der x-Achse einschließt, müsste das Integral

$$\int_0^{2\pi} \ln(2 - \cos x)\, dx$$

bestimmt werden. Dieses Integral ist nur schwierig zu ermitteln. Deshalb soll dieser Flächeninhalt im Folgenden näherungsweise ermittelt werden.

c) Der Graph von f wird im Intervall $0 \leq x \leq 2\pi$ näherungsweise durch eine Parabel p ersetzt, die durch die Punkte P(0; 0), Q(2π; 0) und den Hochpunkt H verläuft. Ermitteln Sie eine Gleichung der Parabel p.

d) Ermitteln Sie mithilfe der Parabel p einen Näherungswert für den Inhalt der Fläche, die der Graph von f im Intervall $0 \leq x \leq 2\pi$ mit der x-Achse einschließt.

Aufgabe 6

Der kleine Chris spielt am Abflussstöpsel der gefüllten Badewanne. Dabei fließen in 20 Minuten 80 % der Wannenfüllung ab. Die momentane Abflussmenge (in Liter/Minute) kann durch das Diagramm rechts veranschaulicht werden.
Ermitteln Sie, wie viel Liter Wasser in der Wanne waren.

Hinweis: Im letzten Zeitabschnitt wird die momentane Abflussmenge durch den Abschnitt einer Parabel mit dem Scheitelpunkt S(20; 0) beschrieben.

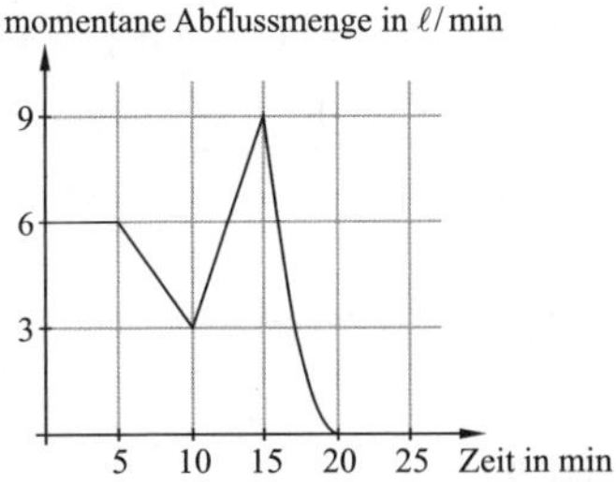

Aufgabe 7

Gegeben ist die Funktion f mit

$y = f(x) = 2\sin(2x)$ im Intervall $0 \le x \le \frac{\pi}{2}$.

Der Graph von f schließt mit der x-Achse eine Fläche mit dem Inhalt A_1 ein.
Die Tangenten und die Normalen an den Graphen von f in den Punkten P(0; 0) und $Q\left(\frac{\pi}{2}; 0\right)$ bestimmen ein Viereck mit dem Flächeninhalt A_2.
Ermitteln Sie, in welchem Verhältnis die Inhalte der Flächen A_1 und A_2 zueinander stehen.

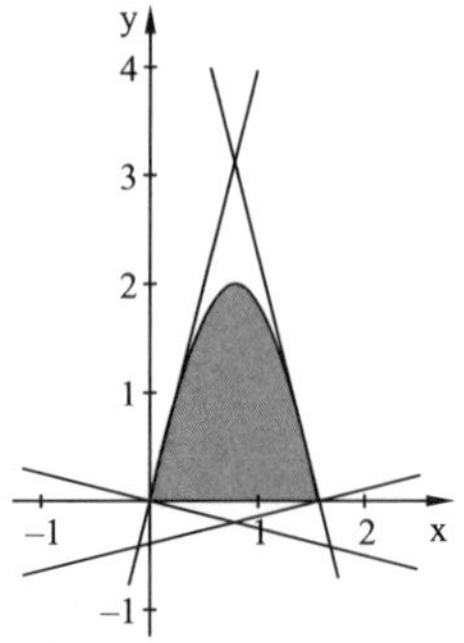

Aufgabe 8

Gegeben ist die Funktion f mit

$y = f(x) = \frac{1}{x+2} + x + 1 \quad (x \in \mathbb{R},\ x \neq -2)$.

Ein Teil des Graphen von f ist im Bild rechts zu sehen.

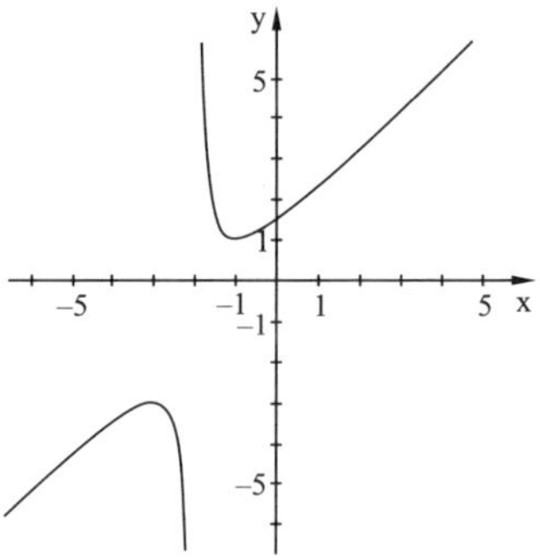

a) Zeigen Sie, dass sich die Funktionsgleichung von f auch durch

$y = f(x) = \frac{x^2 + 3x + 3}{x+2} \quad (x \in \mathbb{R},\ x \neq -2)$

angeben lässt.
Begründen Sie, weshalb die Funktion f bei $x = -2$ eine senkrechte Asymptote besitzt.
Untersuchen Sie, ob weitere Asymptoten und Nullstellen der Funktion f existieren.

b) Untersuchen Sie den Einfluss des Parameters a ($a \in \mathbb{R}$) auf Asymptoten von

$y = f_a(x) = \frac{1}{x+2} + x + a \quad (x \in \mathbb{R},\ x \neq -2)$.

c) Für welche Werte des Parameters a besitzt die Funktion f_a genau eine Nullstelle?

Aufgabe 9

a) Die Graphen der Funktionen $y = f(x) = (x-2)^2 + 2$ und $y = g(x) = x$ schließen eine Fläche ein. Stellen Sie den Sachverhalt grafisch dar und berechnen Sie den Inhalt der Fläche.

b) Beschreiben Sie den Einfluss des Parameters a ($a \in \mathbb{R}$) auf den Graphen der Funktion $y = g_a(x) = a \cdot x$. Berechnen Sie Werte von a so, dass die Graphen der Funktionen $y = f(x) = (x-2)^2 + 2$ und $y = g_a(x) = a \cdot x$ einander in genau einem Punkt berühren.

c) Erläutern Sie den Einfluss des Parameters b ($b \in \mathbb{R}$) auf den Graphen der Funktion $y = f_b(x) = (x-b)^2 + 2$. Ermitteln Sie alle Werte des Parameters b so, dass die Graphen der Funktionen $y = f_b(x) = (x-b)^2 + 2$ und $y = g(x) = x$ keine gemeinsamen Punkte besitzen.

d) Untersuchen Sie, ob es möglich ist, die Werte der reellen Parameter a und b so zu bestimmen, dass die Graphen von f_b und g_a einander im Punkt P(1; 1) schneiden.

Aufgabe 10

Der Graph einer ganzrationalen Funktion f mit

$y = f(x) = a \cdot x^3 + b \cdot x^2 + c \cdot x + d.$

verläuft durch die Punkte A(1; –1), B(0; 1), C(–1; 3) und D(2; 3).

a) Ermitteln Sie eine Gleichung der Funktion f.

b) Berechnen Sie die Koordinaten der Extrempunkte und des Wendepunktes der Funktion f. Zeichnen Sie den Graphen der Funktion f.

c) Die Normale im Wendepunkt von f schneidet den Graphen von f in zwei weiteren Punkten P und Q. Bestimmen Sie die Länge der Strecke $\overline{PQ}$.

d) Bestimmen Sie denjenigen Punkt auf der Normalen von Teilaufgabe b, der den kleinsten Abstand vom Ursprung hat.

Aufgabe 11

Der Zusammenhang zwischen den Tagen eines Jahres und der Tageslänge lässt sich i. Allg. näherungsweise gut durch eine Sinusfunktion beschreiben. Die Tageslänge ist die Zeitspanne zwischen Sonnenaufgang und Sonnenuntergang. Zum Beispiel ging am 1. März 2008 die Sonne in Ilmenau um 7 Uhr auf und um 17:58 Uhr unter. Die Tageslänge betrug also 10 Stunden und 58 Minuten bzw. 10,97 Stunden. Der 1. März 2008 war der 61. Tag dieses Jahres. Diese Angaben lassen sich kurz zusammenfassen im Wertepaar (61; 10,97).
Die Wertepaare (n; t) für den Tag n des Jahres und die zugehörige Tageslänge t liegen in guter Näherung auf dem Graphen der Funktion f mit

$$y = f(x) = 4{,}177 \cdot \sin(0{,}017x - 1{,}318) + 12{,}135 \quad (x \in \mathbb{R}; 0 \leq x \leq 366).$$

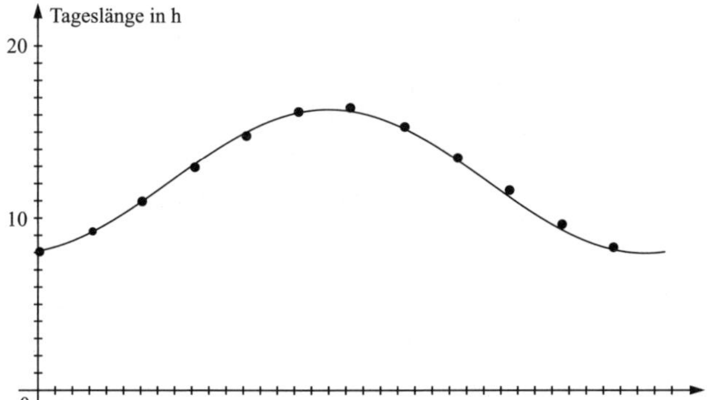

Bearbeiten Sie mit diesem mathematischen Modell die folgenden Problemstellungen für Ilmenau und das Jahr 2008.

a) Bestimmen Sie die Tageslänge in Stunden und Minuten für den 20. März 2008.

b) Berechnen Sie, an welchen Tagen im Jahr 2008 es die „Tagundnachtgleiche" (Äquinoktium) gab.

c) Ermitteln Sie rechnerisch, an welchen Tagen die Tageslänge maximal bzw. minimal war, wenn man alle Tage des Jahres 2008 betrachtet.
Geben Sie auch das Datum dieser Tage und die Tageslänge in Stunden an.

d) Untersuchen Sie, an welchen Tagen die Zunahme der Tageslänge maximal bzw. minimal gewesen ist. Geben Sie das Datum dieser Tage an.

Hinweise und Tipps

Aufgabe 1

- Überlegen Sie, wie der Graph von f aus dem Graphen der Funktion $y = \cos x$ hervorgeht. Beachten Sie das Intervall.
- Ein Maß für die „Steilheit" des Randes können Sie über Werte der 1. und 2. Ableitungsfunktion ermitteln.
- Ermitteln Sie zunächst die Gesamthöhe der Rinne aus den Eigenschaften der Kosinusfunktion. Der Inhalt der Querschnittsfläche kann als Fläche zwischen den Graphen zweier geeigneter Funktionen mithilfe des bestimmten Integrals ermittelt werden.

Aufgabe 2

- Setzen Sie zwei Wertepaare aus den gegebenen Daten in die Gleichung $y = f(t) = a \cdot e^{k \cdot t}$ ein (t für die Zeit in Tagen, y für die Größe der bedeckten Wasseroberfläche in m^2) und ermitteln Sie daraus die Größe der Parameter a und k. Überprüfen Sie, ob die so erhaltene Gleichung auch für das dritte Wertepaar gilt.
- Berechnen Sie die in b und c gesuchten Werte durch Einsetzen in den Funktionsterm.
- Die Verdopplungszeit kann aus dem Ansatz $2a = a \cdot e^{k \cdot t}$ gewonnen werden.
- Beachten Sie für e die Umwandlung von ha in m^2 und verwenden Sie Ihr Ergebnis aus d.
- Die momentane Zuwachsrate entspricht dem Wert der 1. Ableitung.
- Ermitteln Sie den Anstieg der Tangente über die 1. Ableitung der Wachstumsfunktion.
- Berührpunkt und Anstieg der Tangente ergeben eine Gleichung der Tangente, mit der Sie weiterarbeiten können.
- Darstellung des veränderten Wachstumsverhaltens:

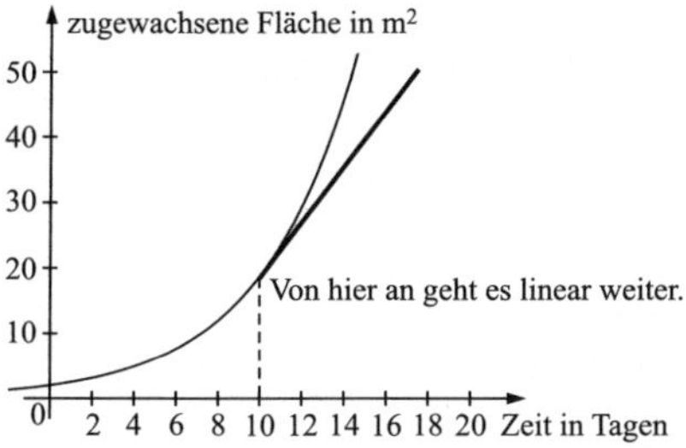

Aufgabe 3

- Zur Berechnung der Nullstellen setzen Sie $y = 0$.
- Für die Existenz von Extremstellen überprüfen Sie, ob die 1. Ableitungsfunktion von f Nullstellen besitzt.
- Zeichnen Sie den Graphen unter Verwendung bisheriger Ergebnisse und mithilfe einiger zusätzlicher Werte im angegebenen Intervall.
- Wenn sich der y-Wert von f um weniger als 10^{-3} von $y = 6$ unterscheiden soll, so muss die Ungleichung $6 - f(x) < 10^{-3}$ untersucht werden.
- Zur Berechnung des Flächeninhaltes nutzen Sie den Hauptsatz der Differenzial- und Integralrechnung.

Aufgabe 4

- Setzen Sie die gegebenen Wertepaare (Zeit; Geschwindigkeit) in die allgemeine Funktionsgleichung $v(t) = a - b \cdot e^{-k \cdot t}$ ein und lösen Sie das entstehende nichtlineare Gleichungssystem.
- Verwenden Sie dazu das Einsetzungsverfahren und substituieren Sie geeignet.
- Begründen Sie die Monotonie mithilfe von Eigenschaften der Funktion $y = e^{-x}$. Die waagerechte Asymptote finden Sie durch die Grenzwertbetrachtung $\lim\limits_{t \to \infty} v(t)$.
- Verwenden Sie zum Zeichnen des Geschwindigkeit-Zeit-Diagramms die gegebenen Werte und berechnen Sie einige weitere Werte für das vorgegebene Intervall.
- Nutzen Sie zum Berechnen der gesuchten Werte für $t = 180$ s bzw. $v = 0\ \frac{m}{s}$ die Funktion v(t).
- Bilden Sie die 1. Ableitung der Funktion v(t). Beachten Sie die Kettenregel.
- Um die Wegstrecke zu berechnen, muss das bestimmte Integral verwendet werden.

Aufgabe 5

- Beachten Sie, dass die Funktion $y = \ln x$ für $x = 1$ eine Nullstelle besitzt.
- Für die Untersuchung der notwendigen Bedingung für die Existenz des Hochpunktes wird die 1. Ableitung der Funktion f gebraucht.
- Berechnen Sie die Nullstelle der 1. Ableitungsfunktion von f.
- Der Ansatz für eine Parabel ist durch $y = p(x) = a \cdot x^2 + b \cdot x + c$ oder $p(x) = a \cdot (x - x_1) \cdot (x - x_2)$ gegeben, wobei x_1 und x_2 die Nullstellen der Parabel sind.
- Die Flächenberechnung erfolgt mithilfe des bestimmten Integrals.

Aufgabe 6

- Die abgeflossene Wassermenge kann als Fläche unter der Kurve gedeutet werden.
- Ermitteln Sie diese Fläche für jeden Zeitabschnitt (jeweils 5 Minuten) gesondert.
- Für die ersten drei Abschnitte können Sie die Fläche elementar berechnen.
- Die Gleichung des Parabelabschnitts lässt sich am einfachsten über die Scheitelpunktform bestimmen.

Aufgabe 7

- Berechnen Sie A_1 über ein geeignetes Integral.
- Ermitteln Sie die Gleichungen der Tangenten und der Normalen.
- Beachten Sie dabei den Zusammenhang zwischen den Anstiegen von Tangente und zugehöriger Normale.
- Berechnen Sie die Schnittpunkte der Tangenten bzw. der Normalen.
- Berechnen Sie mithilfe dieser Schnittpunkte den Flächeninhalt des Vierecks.
- Achten Sie auf die besondere Art des Vierecks.

Aufgabe 8

- Asymptoten: Betrachten Sie Funktionswerte von f in der Umgebung von $x = -2$ sowie für $x \to \pm\infty$.
- Nullstellen: Setzen Sie $y = 0$ und untersuchen Sie die entstehende Gleichung auf ihre Lösungsmenge.

Aufgabe 9

- Berechnen Sie die Schnittstellen beider Graphen und ermitteln Sie den Flächeninhalt mithilfe eines bestimmten Integrals.
- Eine Berührung liegt dann vor, wenn Parabel und Gerade genau einen Schnittpunkt haben.
- Parabel und Gerade haben keine Schnittpunkte, wenn die Diskriminante in der aus der Schnittbedingung entstehenden quadratischen Gleichung negativ ist.
- Die Koordinaten des Punktes P(1; 1) müssen die Gleichungen beider Funktionen g_a und f_b erfüllen, wenn P Schnittpunkt ist. Außerdem müssen sich a und b aus dieser Bedingung eindeutig bestimmen lassen.

Aufgabe 10

- Setzen Sie die Koordinaten der Punkte A, B, C und D in die Gleichung von f ein und lösen Sie das Gleichungssystem.
- Extrempunkte und Wendepunkt können mithilfe von Ableitungsfunktionen bestimmt werden.
- Der Graph von f kann mit den berechneten und bereits bekannten Punkten skizziert werden.
- Die Normale im Wendepunkt $W(x_W; f(x_W))$ hat den Anstieg $m = -\frac{1}{f'(x_W)}$.
- Die Länge einer Strecke kann mit dem Satz des Pythagoras bestimmt werden.
- Die Ermittlung des kleinsten Abstands eines Punktes von einer Geraden ist als Extremalproblem lösbar.

Aufgabe 11

- Diese Übungsaufgabe ist mit einem CAS-Rechner am effektivsten zu bearbeiten. Ihre Lösung ist aber auch mit herkömmlichen Hilfsmitteln möglich. Zu beiden Varianten werden deshalb Hinweise und Lösungen angeboten.
- Überlegen Sie, der wievielte Tag des Jahres 2008 der 20. März war. Beachten Sie, dass das Jahr 2008 ein Schaltjahr gewesen ist.
- Berechnen Sie f(80). Rechnen Sie das Ergebnis in Stunden und Minuten um.
- Eine „Tagundnachtgleiche" ist theoretisch dann erreicht, wenn die Tageslänge 12 Stunden beträgt.
- Lösen Sie die Gleichung $f(x) = 12$.
- Für die Bestimmung des Maximums bzw. Minimums der Tageslänge werden die lokalen Extrempunkte von f im Intervall $0 \leq x \leq 366$ bestimmt.
- Da die Zunahme der Tageslänge untersucht werden soll, ist nach dem Maximum bzw. Minimum der Änderungsrate der Tageslänge gefragt.
- Bestimmen Sie die 1. und die 2. Ableitung von f' und ermitteln Sie das lokale Maximum bzw. Minimum der 1. Ableitungsfunktion von f.

Lösungen

Aufgabe 1

a) Der Graph der Funktion $y = f(x) = -\cos x + 1$ geht aus dem Graphen der Funktion $y = \cos x$ durch eine Spiegelung an der x-Achse und eine Verschiebung in Richtung der y-Achse um eine Einheit nach oben hervor. Unter Beachtung der Intervallgrenzen ergibt sich folgender Graph:

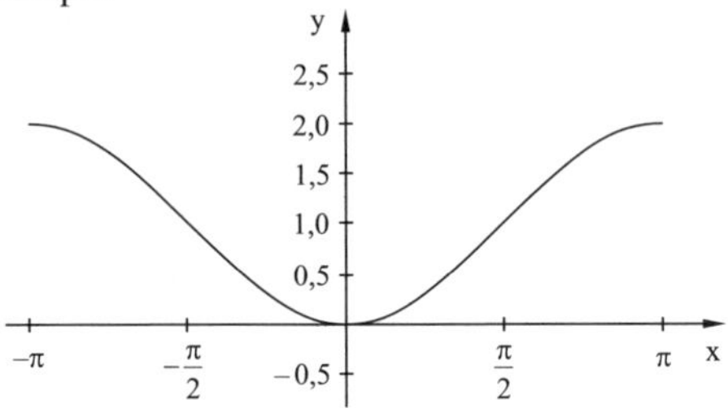

b) Der Rand ist dort am steilsten, wo der Anstieg der Kurve ein Maximum bzw. ein Minimum hat. Das bedeutet, es ist die 1. Ableitungsfunktion auf ein lokales Extremum zu untersuchen (Wendepunkte von f gesucht).

$f'(x) = \sin x \quad \text{mit } -\pi \le x \le \pi$

$f''(x) = \cos x \quad \text{mit } -\pi \le x \le \pi$

$f'''(x) = -\sin x \quad \text{mit } -\pi \le x \le \pi$

Notwendige Bedingung

$$f''(x) = 0 \quad \Rightarrow \quad x \in \left\{-\frac{\pi}{2}; \frac{\pi}{2}\right\}$$

Hinreichende Bedingung

$$f'''\left(-\frac{\pi}{2}\right) = -\sin\left(-\frac{\pi}{2}\right) = 1 \neq 0$$

$$f'''\left(\frac{\pi}{2}\right) = -\sin\frac{\pi}{2} = -1 \neq 0$$

Der Rand ist am steilsten in den Punkten $\left(-\frac{\pi}{2}; 1\right)$ und $\left(\frac{\pi}{2}; 1\right)$.

c) Halbe Höhe h heißt hier $h = 1$, denn die Funktion f hat als Wertebereich $y \in \mathbb{R}$ mit $0 \le y \le 2$. Die Gerade $y = g(x) = 1$ schneidet den Graphen von f in den Punkten, an denen der Rand am steilsten ist (siehe Teilaufgabe b).
Die Querschnittsfläche A ist als Fläche zwischen den Graphen von $y = 1$ und $y = f(x) = -\cos x + 1$ in den Grenzen $-\frac{\pi}{2} \le x \le \frac{\pi}{2}$ zu berechnen.

$$A = \int_{-\frac{\pi}{2}}^{\frac{\pi}{2}} (1 - (-\cos x + 1))\, dx = \int_{-\frac{\pi}{2}}^{\frac{\pi}{2}} \cos x\, dx = \sin\frac{\pi}{2} - \sin\left(-\frac{\pi}{2}\right) = 1 - (-1) = 2$$

Das Wasservolumen beträgt dann $V = 2\ \text{cm}^2 \cdot 500\ \text{cm} = 1\,000\ \text{cm}^3 = 1\ \text{dm}^3 = 1$ Liter.

Hinweis für CAS-Nutzer

Die Bestimmung der Maximumstelle der 1. Ableitung und die Berechnung des Integrals können mit den Algebrawerkzeugen des CAS durchgeführt werden.

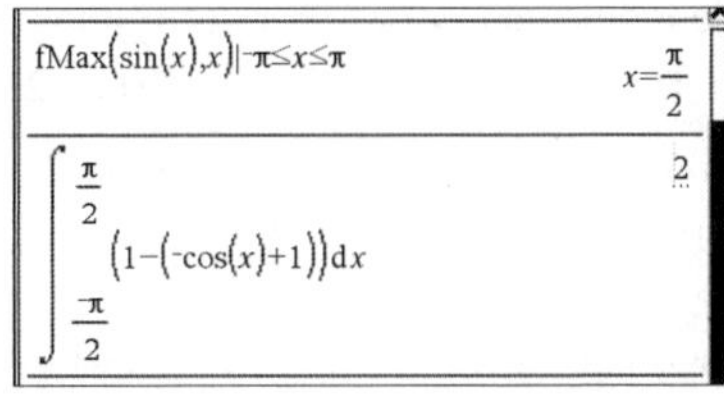

Aufgabe 2

a) **Tabelle der gegebenen Werte**

Tag	0	1	2
mit Algen bedeckte Wasseroberfläche in m^2	2,0	2,5	3,1

Berechnung der Parameter a und k unter Verwendung der Angaben für den Beobachtungsbeginn (0. Tag) und den 1. Tag

Anmerkung: Ermittelt man die Parameter a und k aus anderen Angaben (1. und 2. Tag oder 0. und 2. Tag), erhält man etwas andere Ergebnisse als in der folgenden Rechnung.

$y = f(t) = a \cdot e^{k \cdot t}$

$2{,}0 = f(0) = a \cdot e^{k \cdot 0} \quad \Rightarrow \quad a = 2{,}0$

$2{,}5 = f(1) = 2{,}0 \cdot e^{k \cdot 1} \quad \Rightarrow \quad 1{,}25 = e^k \quad \Rightarrow \quad k = \ln 1{,}25 \approx 0{,}2231$

Damit gilt: $y = f(t) \approx 2{,}0 \cdot e^{0{,}2231 \cdot t}$

Zur Probe:

$y = f(2) \approx 2{,}0 \cdot e^{0{,}2231 \cdot 2} \approx 3{,}1$

b) $y = f(5) \approx 2{,}0 \cdot e^{0{,}2231 \cdot 5} \approx 6{,}1$

Nach fünf Tagen werden etwa 6,1 m^2 bedeckt sein.

c) 12 Stunden vorher entspricht einem Zeitwert von $t = -0{,}5$ Tagen:

$y = f(-0{,}5) \approx 2{,}0 \cdot e^{0{,}2231 \cdot (-0{,}5)} \approx 1{,}8$

12 Stunden vor Beobachtungsbeginn waren etwa 1,8 m^2 von Algen bedeckt.

d) Die Verdopplungszeit wird über $2a = a \cdot e^{k \cdot t}$ ermittelt:

$2 = e^{0{,}2231 \cdot t} \quad \Rightarrow \quad t = \dfrac{\ln 2}{0{,}2231} \approx 3{,}1$

In etwa 3,1 Tagen verdoppelt sich die von Algen bedeckte Wasseroberfläche.

e) Die Hälfte der Wasseroberfläche entspricht 5 ha = 50 000 m^2.

$50\,000 = f(t) \approx 2{,}0 \cdot e^{0{,}2231 \cdot t} \quad \Rightarrow \quad 25\,000 = e^{0{,}2231 \cdot t} \quad \Rightarrow \quad t = \dfrac{\ln 25\,000}{0{,}2231} \approx 45{,}4$

Es dauert ca. 45,4 Tage, bis das Gewässer halb zugewachsen ist, und dann noch 3,1 Tage (Verdopplungszeit!), also insgesamt 48,5 Tage, bis es ganz zugewuchert ist.

f) Die momentane Zuwachsrate ergibt sich aus der 1. Ableitungsfunktion (Kettenregel!):

$y = f(t) \approx 2{,}0 \cdot e^{0{,}2231 \cdot t} \quad \Rightarrow \quad f'(t) \approx 2{,}0 \cdot 0{,}2231 \cdot e^{0{,}2231 \cdot t} = 0{,}4462 \cdot e^{0{,}2231 \cdot t}$

Am Ende des zehnten Tages beträgt die momentane Zuwachsrate ca. 4,2 m^2/Tag:

$f'(10) = 0{,}4462 \cdot e^{0{,}2231 \cdot 10} \approx 4{,}2$

g) Bis zum Ende des zehnten Tages ist das Wachstum exponentiell:

$y = f(10) \approx 2{,}0 \cdot e^{0{,}2231 \cdot 10} \approx 18{,}6$

Es sind also bis zu diesem Zeitpunkt ca. 18,6 m^2 zugewachsen.

Ab Beginn des elften Tages geht es linear weiter. Bis das Gewässer ganz zugewachsen ist, müssen noch 100 000 m^2 – 18,6 m^2 = 99 981,4 m^2 zuwachsen. Bei einem linearen Zuwachs von 4,2 m^2 pro Tag dauert dies 99 981,4 m^2 : (4,2 m^2/Tag) ≈ 23 805 Tage.

Insgesamt wuchert das Gewässer nun erst in 23 815 Tagen vollständig zu, das sind rund 65,2 Jahre.

Hinweise für CAS-Nutzer

Berechnung der Parameter a und k und Definition der Exponentialfunktion:

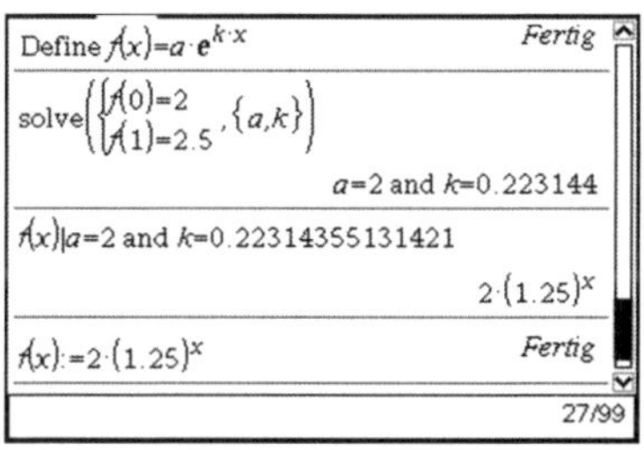

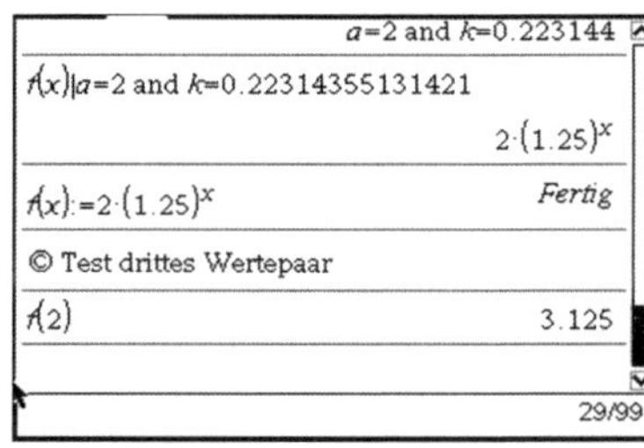

Weitere Rechnung:

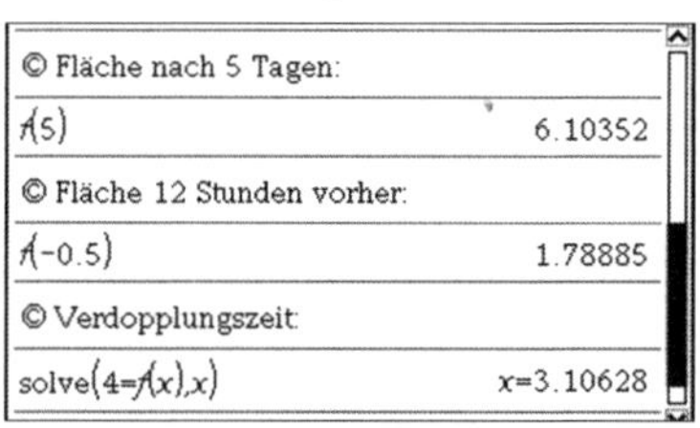

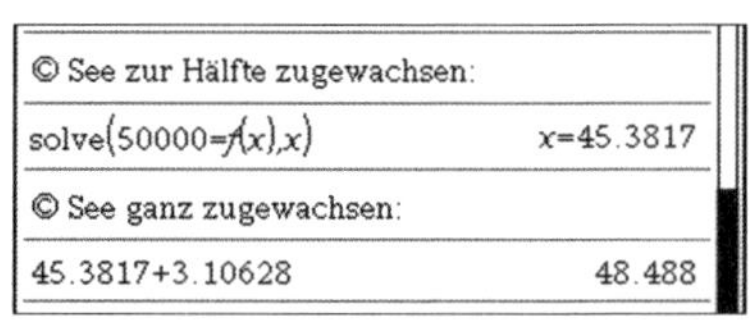

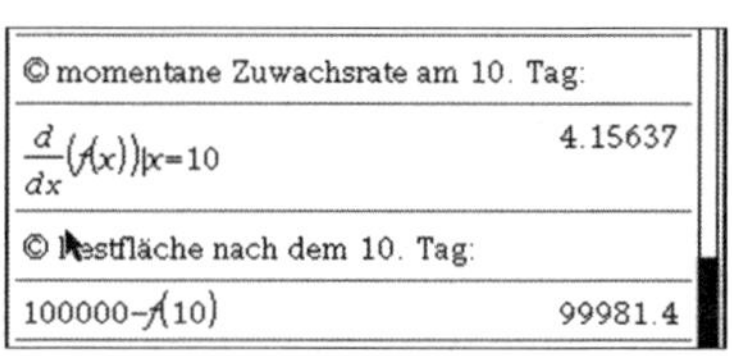

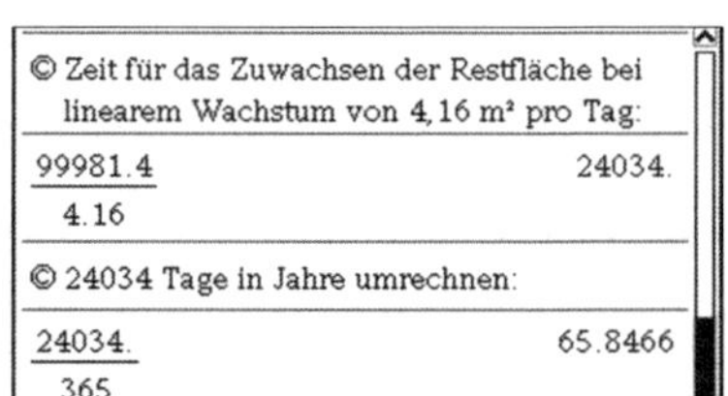

Aufgabe 3

a) **Nullstellen**

In der Funktionsgleichung wird $y = 0$ gesetzt:

$$6 - 4{,}5 \cdot e^{-0{,}5x} = 0$$
$$6 = 4{,}5 \cdot e^{-0{,}5x}$$
$$\frac{6}{4{,}5} = e^{-0{,}5x}$$
$$\ln\frac{4}{3} = -0{,}5x$$
$$x = -2 \cdot \ln\frac{4}{3} \approx -0{,}58$$

Extremstellen

$y = f(x) = 6 - 4{,}5 \cdot e^{-0{,}5x} \quad (x \in \mathbb{R})$

$y = f'(x) = 0 - 4{,}5 \cdot (-0{,}5) \cdot e^{-0{,}5x} = 2{,}25 \cdot e^{-0{,}5x}$

Da die Funktion $h(x) = e^{-0{,}5x} \neq 0$ für alle reellen Zahlen x ist, besitzt f'(x) keine Nullstellen. Demzufolge hat die Funktion f keine Extremstellen.

Asymptoten

$\lim\limits_{x \to +\infty} (6 - 4{,}5 \cdot e^{-0{,}5x}) = 6 - 4{,}5 \cdot 0 = 6 \qquad \lim\limits_{x \to -\infty} (6 - 4{,}5 \cdot e^{-0{,}5x}) = -\infty$

$y = 6$ ist waagerechte Asymptote.

b) **Wertetabelle**

x	0	1	2	3	4	5	6	7	8	9	10	11	12
y	1,50	3,27	4,34	5,00	5,39	5,63	5,78	5,86	5,92	5,95	5,97	5,98	5,99

Zeichnung

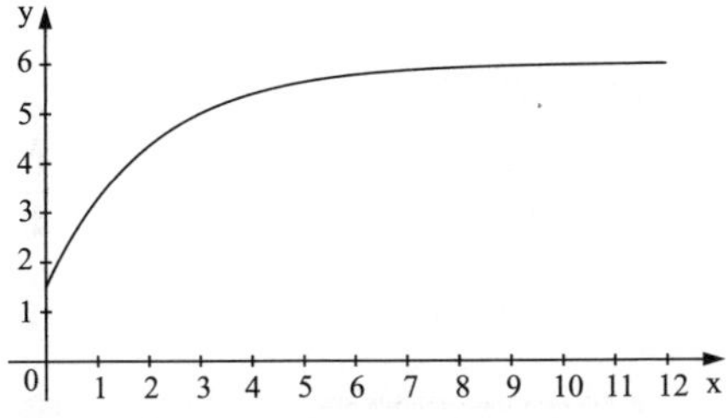

c) Der y-Wert von f soll sich für $x > 2 \cdot \ln 4\,500$ um weniger als 10^{-3} von $y = 6$ unterscheiden:

$$6 - f(x) < 10^{-3}$$
$$6 - (6 - 4{,}5 \cdot e^{-0{,}5x}) < 10^{-3}$$
$$4{,}5 \cdot e^{-0{,}5x} < 10^{-3}$$
$$e^{-0{,}5x} < \frac{10^{-3}}{4{,}5}$$

Beide Seiten sind positiv, es darf logarithmiert werden. Da die ln-Funktion streng monoton steigend ist, bleibt das Relationszeichen erhalten:

$-0{,}5x < \ln(4{,}5^{-1} \cdot 10^{-3})$

Nach Multiplikation mit –2 kehrt sich das Relationszeichen um. Durch Anwenden des Logarithmusgesetzes $\ln x^r = r \cdot \ln x$ wird die weitere Umformung eingeleitet:

$x > -2 \cdot \ln(4{,}5^{-1} \cdot 10^{-3}) = 2 \cdot \ln(4{,}5^{-1} \cdot 10^{-3})^{-1} = 2 \cdot \ln(4{,}5 \cdot 10^{3}) = 2 \cdot \ln 4\,500$

d) **Skizze**

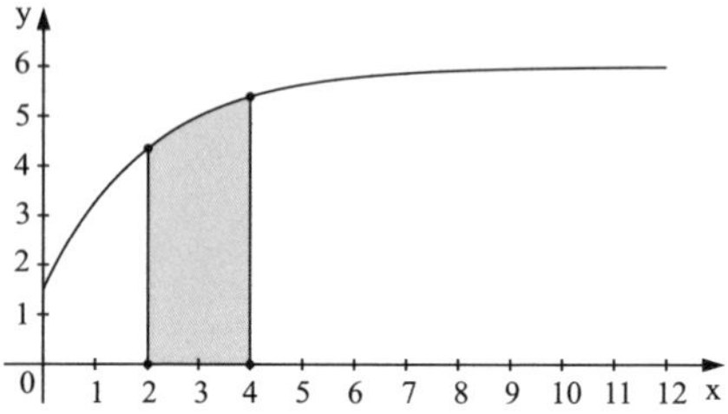

Flächeninhalt

$$A = \int_2^4 f(x)\,dx = \int_2^4 (6 - 4{,}5 \cdot e^{-0{,}5x})\,dx = \left[6x - 4{,}5 \cdot e^{-0{,}5x} \cdot \frac{1}{-0{,}5}\right]_2^4 = \left[6x + 9 \cdot e^{-0{,}5x}\right]_2^4$$

$$A = (6 \cdot 4 + 9 \cdot e^{-2}) - (6 \cdot 2 + 9 \cdot e^{-1}) = 12 + 9 \cdot (e^{-2} - e^{-1}) \approx 9{,}91 \text{ FE}$$

Hinweise für CAS-Nutzer

Die Rechnungen können weitgehend (bis auf Teilaufgabe c) dem CAS überlassen werden, müssen aber durch Ansätze und Anmerkungen kommentiert werden.

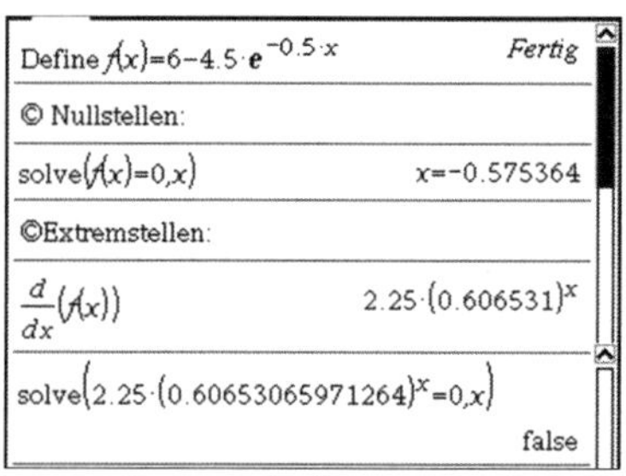

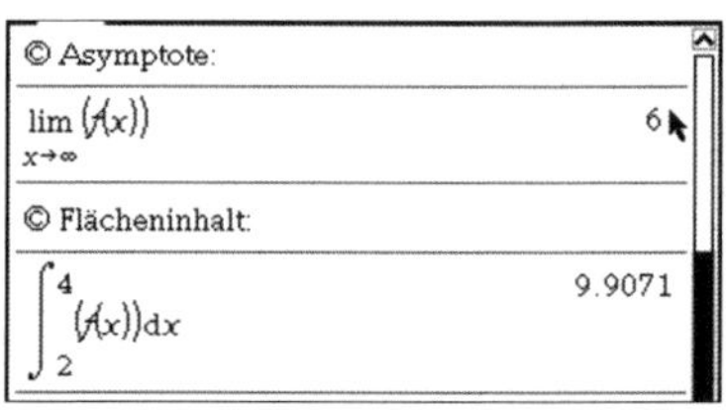

Die grafische Darstellung kann ebenso mit Unterstützung des CAS erfolgen.

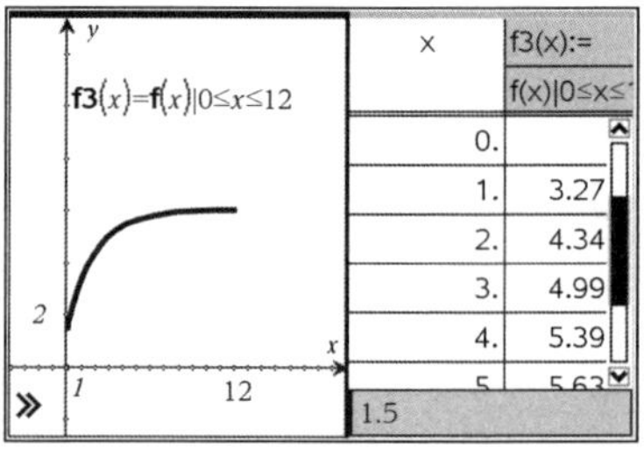

Aufgabe 4

a) **Tabelle der gegebenen Werte**

Zeit in s	0	10	20
Geschwindigkeit in $\frac{m}{s}$	1	12	18

Berechnung der Parameter a, b und k

$v(t) = a - b \cdot e^{-k \cdot t}$

(1) $1 = a - b \cdot e^{-k \cdot 0}$
(2) $12 = a - b \cdot e^{-k \cdot 10}$
(3) $18 = a - b \cdot e^{-k \cdot 20}$

Aus (1) folgt wegen $e^0 = 1$: $a = 1 + b$. Dies einsetzen in (2) und (3) ergibt:

(4) $12 = 1 + b - b \cdot e^{-10k}$
(5) $18 = 1 + b - b \cdot e^{-20k}$

Wegen $e^{-20k} = (e^{-10k})^2$ folgt:

(6) $11 = b - b \cdot e^{-10k}$
(7) $17 = b - b \cdot (e^{-10k})^2$

Substitution $z := e^{-10k}$ und Ausklammern ergibt:

(8) $11 = b \cdot (1 - z)$
(9) $17 = b \cdot (1 - z^2)$

Beide Gleichungen nach b umstellen und gleichsetzen:

(10) $\frac{11}{1-z} = \frac{17}{1-z^2}$ mit $z \neq \pm 1$

Nach Multiplikation mit $(1-z)$ erhält man unter Beachtung der dritten binomischen Formel:

(11) $11 = \frac{17}{1+z} \Rightarrow 1 + z = \frac{17}{11} \Rightarrow z = \frac{6}{11}$

Rücksubstitution:

$e^{-10k} = \frac{6}{11} \Rightarrow k = -\frac{1}{10} \cdot \ln \frac{6}{11} \approx 0{,}0606$

Betrachtung der oben ausgeschlossenen Fälle $z = \pm 1$:

$z = 1$ ergibt $e^{-10k} = 1 \Rightarrow k = 0$
Dies kann wegen $k > 0$ ausgeschlossen werden.

$z = -1$ ergibt $e^{-10k} = -1$
Dieser Fall kann nicht eintreten, da $e^x > 0$ für alle reellen Zahlen x ist.

Nach (8) folgt: $b = \frac{11}{1-z} = \frac{11}{1-\frac{6}{11}} = \frac{11}{\frac{5}{11}} = \frac{121}{5} = 24{,}2$

Nach (1) gilt $a = 1 + b$ und damit: $a = 1 + \frac{121}{5} = \frac{126}{5} = 25{,}2$

Die gesuchte Funktion lautet $v(t) \approx 25{,}2 - 24{,}2 \cdot e^{-0{,}0606 \cdot t}$.

b) **Monotonie**

Der Graph der Funktion $y = e^{-0{,}0606t}$ ist streng monoton fallend. Demzufolge wird in $v(t) \approx 25{,}2 - 24{,}2 \cdot e^{-0{,}0606 \cdot t}$ von 25,2 mit steigendem t ein immer kleiner werdender Betrag $24{,}2 \cdot e^{-0{,}0606 \cdot t}$ subtrahiert. Also wird v(t) mit steigendem t immer größer, die Funktion v(t) ist streng monoton wachsend.

Waagerechte Asymptote

Geht in $v(t) \approx 25{,}2 - 24{,}2 \cdot e^{-0{,}0606 \cdot t}$ die Variable $t \to \infty$, so geht der Term $e^{-0{,}0606 \cdot t} \to 0$. Die Gleichung der waagerechten Asymptote lautet also $y = 25{,}2$.

Geschwindigkeit-Zeit-Diagramm für $0 \leq t \leq 180$:

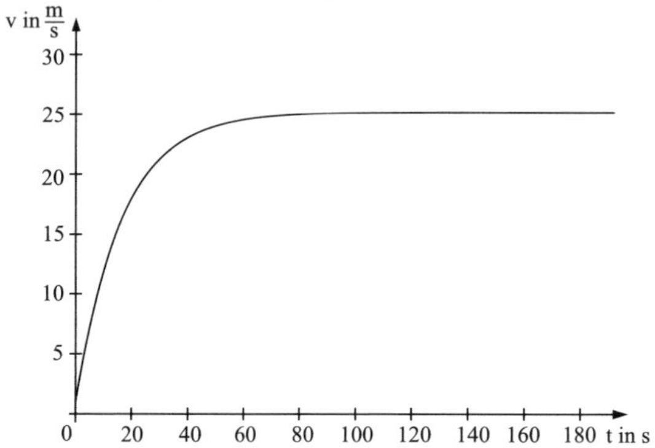

c) Mit $v(t) \approx 25{,}2 - 24{,}2 \cdot e^{-0{,}0606 \cdot t}$ und $t = 180$ s folgt:

$$v(180) \approx 25{,}2\,\frac{m}{s} = 90{,}72\,\frac{km}{h}$$

$v(t) = 0$ setzen ergibt:

$$0 = 25{,}2 - 24{,}2 \cdot e^{-0{,}0606 \cdot t} \quad \Rightarrow \quad t \approx \frac{\ln \frac{25{,}2}{24{,}2}}{-0{,}0606} \quad \Rightarrow \quad t \approx -0{,}7$$

Etwa 0,7 s vor Beobachtungsbeginn startete der Pkw.

d) Die 1. Ableitung von v(t) ergibt die Beschleunigung a(t) in $\frac{m}{s^2}$:

$$v(t) \approx 25{,}2 - 24{,}2 \cdot e^{-0{,}0606 \cdot t} \quad \Rightarrow \quad v'(t) = (-0{,}0606) \cdot (-24{,}2 \cdot e^{-0{,}0606t})$$

$$\Rightarrow \quad a(t) \approx 1{,}47 \cdot e^{-0{,}0606t}$$

Beschleunigung zu Beobachtungsbeginn $(t = 0)$:

$$a(0) \approx 1{,}47\,\frac{m}{s^2}$$

Zeitpunkt mit Beschleunigung von $1\,\frac{m}{s^2}$:

$$1 = 1{,}47 \cdot e^{-0{,}0606t} \quad \Rightarrow \quad t = \frac{\ln \frac{1}{1{,}47}}{-0{,}0606} \approx 6{,}4$$

Etwa 6,4 s nach Beobachtungsbeginn beträgt die Beschleunigung $1\,\frac{m}{s^2}$.

Skizze für das Beschleunigung-Zeit-Diagramm

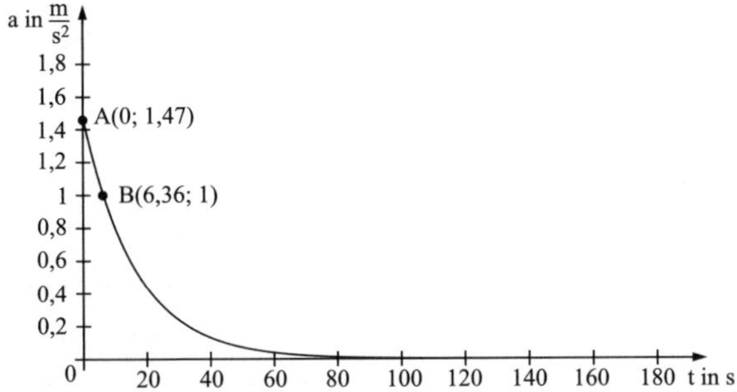

Der Anstieg im v-t-Diagramm flacht mit steigendem t ab, deshalb muss das a-t-Diagramm eine streng monoton fallende Kurve zeigen.
Da die Geschwindigkeit mit steigendem t einem konstanten Wert immer näher kommt, geht die Beschleunigung gegen null.

e) Der in den ersten drei Minuten seit Beobachtungsbeginn (also von t = 0 s bis t = 180 s) zurückgelegte Weg wird durch das bestimmte Integral ermittelt:

$$s = \int_0^{180} v(t)\,dt = \int_0^{180} (25{,}2 - 24{,}2 \cdot e^{-0{,}0606t})\,dt$$

$$s = \left[25{,}2t - \frac{24{,}2}{-0{,}0606} \cdot e^{-0{,}0606t}\right]_0^{180} = \left[25{,}2t + 399{,}34 \cdot e^{-0{,}0606t}\right]_0^{180} \approx 4\,137 \ \text{[m]}$$

Der Pkw legt in den ersten drei Minuten etwa 4,1 km zurück.

f) Faustformel für den Bremsweg:

$$s(v) = \left(\frac{v}{10}\right)^2$$

Die Geschwindigkeit nach drei Minuten, also für t = 180 s, beträgt ca. 90,72 $\frac{km}{h}$ (vgl. Teilaufgabe c). Damit ergibt sich für den Bremsweg:

$$s(90{,}72) = \left(\frac{90{,}72}{10}\right)^2 \approx 82{,}3 \text{ m}$$

Hinweise für CAS-Nutzer

Alle Rechnungen können mit dem CAS durchgeführt bzw. überprüft werden, etwa so, wie es die Bildschirmdarstellungen zeigen.

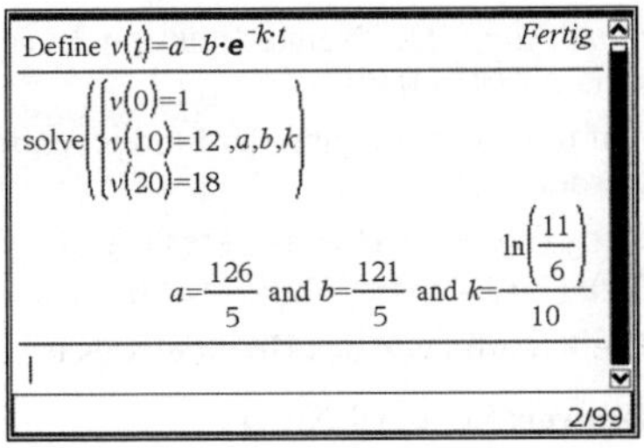

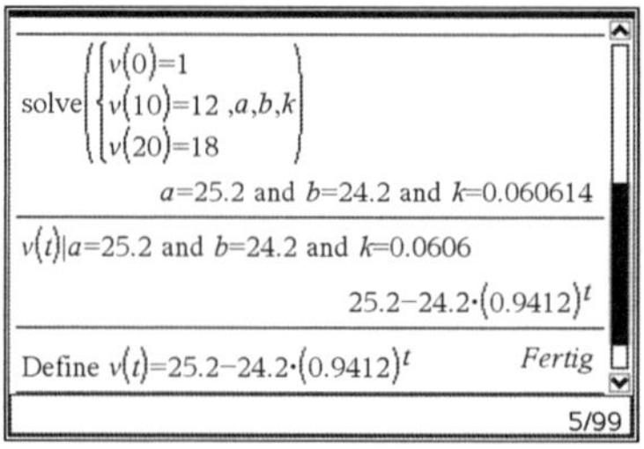

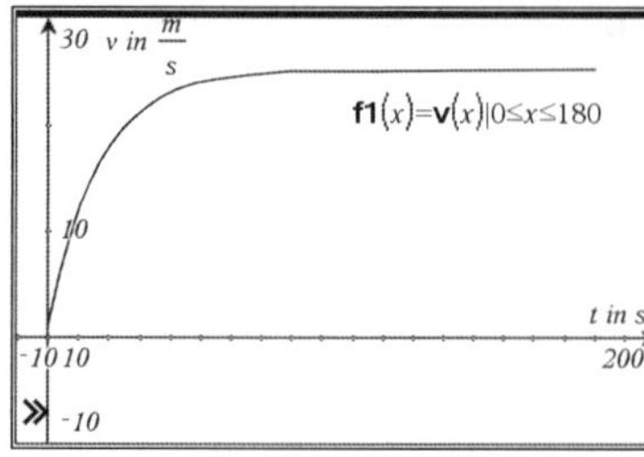

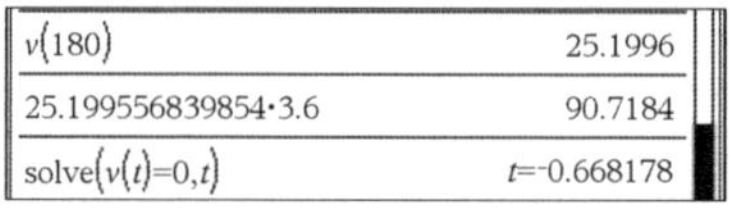

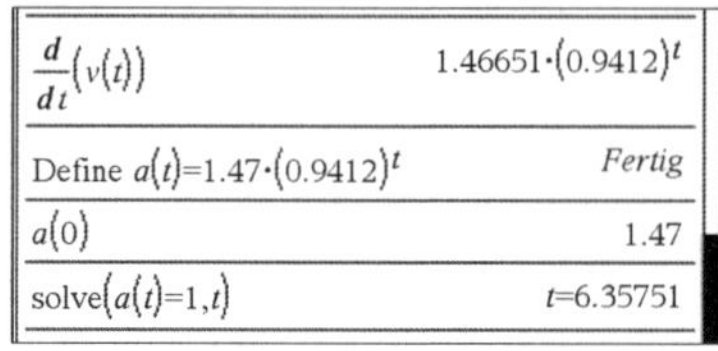

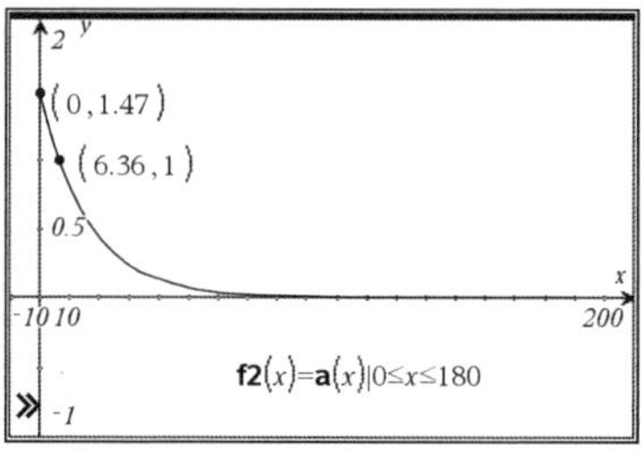

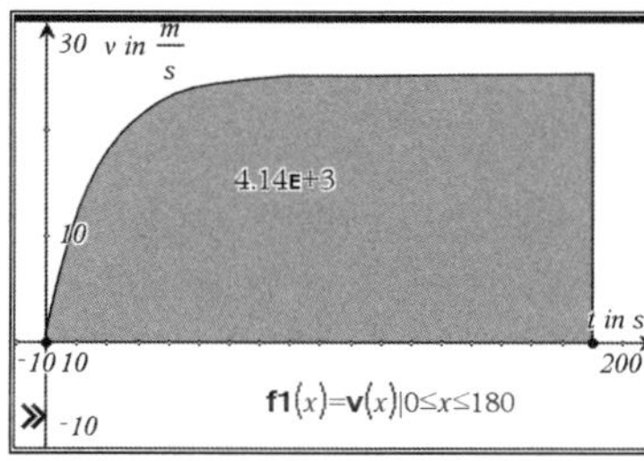

Aufgabe 5

a) Die Funktion $y = \ln(2 - \cos x)$ besitzt Nullstellen genau dort, wo $2 - \cos x = 1$ gilt. Dies ist der Fall, wenn $\cos x = 1$ ist. Dafür ergibt sich als Lösungsmenge $\mathbb{L} = \{k \cdot 2\pi \mid k \in \mathbb{Z}\}$.

b) Die 1. Ableitung von f wird unter Beachtung der Kettenregel gebildet:

$$f'(x) = \frac{1}{2 - \cos x} \cdot \sin x = \frac{\sin x}{2 - \cos x}$$

Die Nullstelle der 1. Ableitung im Intervall $0 < x < 2\pi$ ist für $\sin x = 0$ gegeben, also für $x = \pi$.

Bemerkung: Die Nennerfunktion $2 - \cos x$ ist für $x = \pi$ gleich $2 - \cos \pi = 2 - (-1) = 3 \neq 0$, sodass $f'(\pi) = 0$ gilt.

Auf die Untersuchung der hinreichenden Bedingung kann laut Aufgabenstellung verzichtet werden.

Der y-Wert des Hochpunktes ergibt sich aus:
$f(\pi) = \ln(2 - \cos \pi) = \ln(2 - (-1)) = \ln 3 \approx 1{,}1$

Die Koordinaten des Hochpunktes im Intervall $0 < x < 2\pi$ lauten $H(\pi; \ln 3)$.

Hinweis für CAS-Nutzer

Die Koordinaten des Hochpunktes H können mit dem CAS ermittelt werden.

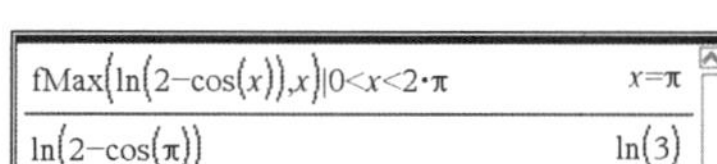

c) Einsetzen der Koordinaten von P, Q und H in die Parabelgleichung $y = p(x) = a \cdot x^2 + b \cdot x + c$ führt auf ein lineares Gleichungssystem:

P: $0 = a \cdot 0^2 + b \cdot 0 + c \quad \Rightarrow \quad c = 0$
Q: $0 = a \cdot (2\pi)^2 + b \cdot 2\pi$ (c = 0 wurde bereits berücksichtigt)
H: $\ln 3 = a \cdot \pi^2 + b \cdot \pi$

(1) $4\pi^2 \cdot a + 2\pi \cdot b = 0$
(2) $\pi^2 \cdot a + \pi \cdot b = \ln 3$

Gleichung (2) mit –2 multiplizieren und dann zu Gleichung (1) addieren ergibt:

$$2\pi^2 \cdot a = -2\ln 3 \quad \Rightarrow \quad a = \frac{-2\ln 3}{2\pi^2} = \frac{-\ln 3}{\pi^2} \approx -0{,}111$$

Dieses Ergebnis in Gleichung (2) einsetzen und b berechnen führt zu:

$$\pi^2 \cdot \frac{-\ln 3}{\pi^2} + \pi \cdot b = \ln 3 \quad \Rightarrow \quad b = \frac{2 \cdot \ln 3}{\pi} \approx 0{,}699$$

Hinweis für CAS-Nutzer

Die Lösung des Gleichungssystems gelingt rasch und fehlerfrei mit dem CAS.

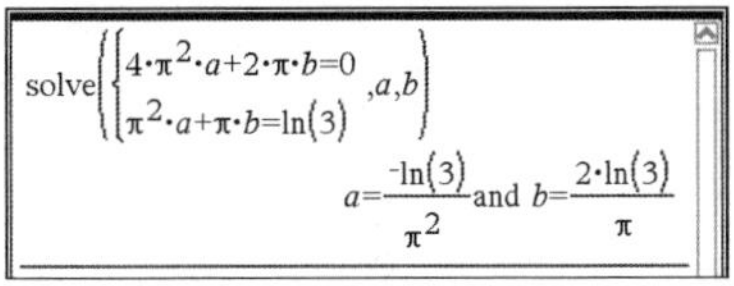

Die Parabel p hat somit die Gleichung:

$$p(x) = \frac{-\ln 3}{\pi^2} \cdot x^2 + \frac{2\ln 3}{\pi} \cdot x \approx -0{,}111 \cdot x^2 + 0{,}699 \cdot x$$

Alternative Lösung:
Da zwei Nullstellen $x_1 = 0$ und $x_2 = 2\pi$ der Parabel gegeben sind, kann man auch folgenden Ansatz wählen:

$p(x) = a \cdot x \cdot (x - 2\pi)$

Einsetzen von H(π; ln 3) führt auf:

$$\ln 3 = a \cdot \pi \cdot (\pi - 2\pi) \quad \Rightarrow \quad a = \frac{-\ln 3}{\pi^2}$$

Damit ergibt sich:

$$p(x) = \frac{-\ln 3}{\pi^2} \cdot x \cdot (x - 2\pi) \approx -0{,}111 \cdot x \cdot (x - 6{,}283)$$

Hinweis für CAS-Nutzer

Eine grafische Kontrolle der Näherung durch die Parabel im Bereich $0 \le x \le 2\pi$ ist sinnvoll (die punktierte Linie gehört zum Graphen der Parabel p).

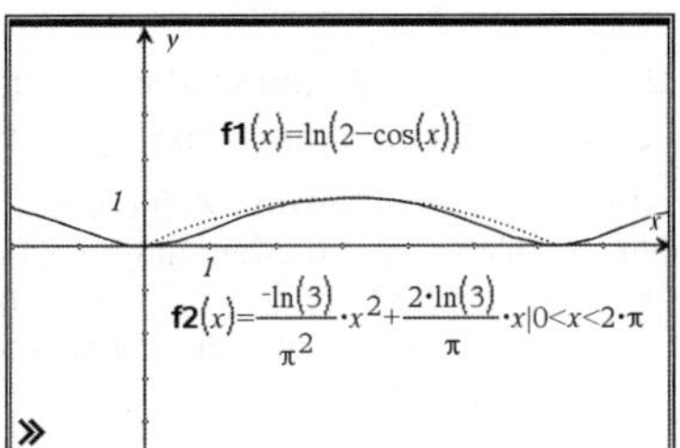

d) **Flächenberechnung**

$$A \approx \int_0^{2\pi} p(x)\,dx = \int_0^{2\pi} \left(\frac{-\ln 3}{\pi^2} \cdot x^2 + \frac{2\ln 3}{\pi} \cdot x \right) dx = \left[\frac{-\ln 3}{3 \cdot \pi^2} \cdot x^3 + \frac{2\ln 3}{2 \cdot \pi} \cdot x^2 \right]_0^{2\pi}$$

$$= \frac{-\ln 3}{3\pi^2} \cdot (2\pi)^3 + \frac{\ln 3}{\pi} \cdot (2\pi)^2 = \frac{-8\ln 3 \cdot \pi}{3} + \frac{12\ln 3 \cdot \pi}{3} = \frac{4\ln 3 \cdot \pi}{3} \approx 4{,}60 \text{ [FE]}$$

Rechnet man mit den Näherungswerten, so erhält man:

$$A \approx \int_0^{6{,}283} (-0{,}111 \cdot x^2 + 0{,}699 \cdot x)\,dx = \left[\frac{-0{,}111}{3} \cdot x^3 + \frac{0{,}699}{2} \cdot x^2 \right]_0^{6{,}283} \approx 4{,}62$$

Hinweis für CAS-Nutzer

Die Berechnung des Flächeninhaltes kann ebenfalls mit dem CAS erfolgen.

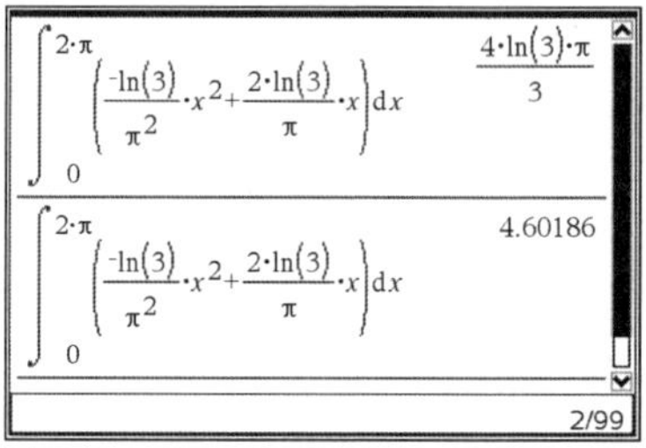

Hinweis: Das CAS kann das unbestimmte Integral $\int \ln(2 - \cos x)\,dx$ nicht bestimmen, berechnet aber einen Näherungswert für $\int_0^{2\pi} \ln(2 - \cos x)\,dx$.

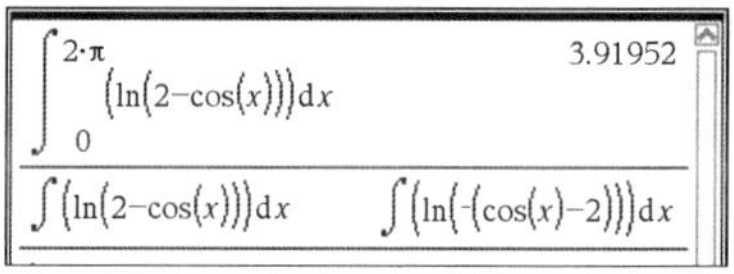

Aufgabe 6

Im Abschnitt $0 \le t < 5$ fließen gleichmäßig 6 Liter pro Minute ab, das sind also 30 Liter Wasser in den ersten fünf Minuten.

Im Abschnitt $5 \le t < 10$ nimmt die momentane Abflussmenge gleichförmig ab. Die Fläche unter dem Geradenstück setzt sich zusammen aus einer Dreiecksfläche von $\frac{3 \cdot 5}{2} = 7{,}5$ FE und einer Rechteckfläche von $5 \cdot 3 = 15$ FE. Insgesamt fließen also im zweiten Zeitabschnitt 22,5 Liter Wasser ab.

Im Abschnitt $10 \le t < 15$ nimmt die momentane Abflussmenge gleichförmig zu. Analog zum zweiten Abschnitt erhält man hier $\frac{6 \cdot 5}{2} + 3 \cdot 5 = 30$ Liter Wasser, die abfließen.

Die Abflussmenge im letzten Zeitabschnitt $(15 \le t < 20)$ kann man nicht mehr elementar berechnen. Zunächst ist die Gleichung der Parabel zu bestimmen. Die Scheitelpunktform einer Parabel lautet $y = f(x) = a \cdot (x - e)^2 + d$, wobei der Scheitelpunkt S die Koordinaten S(e; d) hat. Hier ist S(20; 0); damit kann die Parabelgleichung bereits angegeben werden durch:

$$y = f(x) = a \cdot (x - 20)^2$$

Da der Punkt P(15; 9) ebenfalls auf der Parabel liegt, kann durch Einsetzen dieser Koordinaten die Größe des Parameters a bestimmt werden:

$$9 = a \cdot (15-20)^2 \quad \Rightarrow \quad a = \frac{9}{25}$$

Die Parabel hat die Gleichung:

$$y = f(x) = \frac{9}{25} \cdot (x-20)^2$$

Damit kann die Fläche unter der Parabel mithilfe der Integralrechnung ermittelt werden:

$$A = \int_{15}^{20} \left(\frac{9}{25} \cdot (x-20)^2 \right) dx = \left[\frac{9}{25} \cdot \frac{1}{3} \cdot (x-20)^3 \right]_{15}^{20} = \frac{3}{25} \cdot \left((20-20)^3 - (15-20)^3 \right)$$

$$A = \frac{3}{25} \cdot 125 = 15$$

Im letzten Zeitabschnitt sind also 15 Liter Wasser abgeflossen.

Insgesamt sind (30 + 22,5 + 30 + 15) Liter = 97,5 Liter Wasser abgeflossen. Diese 97,5 Liter entsprechen laut Aufgabentext 80 % der ursprünglichen Wassermenge, 1 % sind dann $\frac{97{,}5 \text{ Liter}}{80} \approx 1{,}22$ Liter. Also waren ursprünglich etwa 122 Liter Wasser in der Wanne.

Hinweise für CAS-Nutzer

Der Graph der momentanen Abflussrate lässt sich auch durch eine abschnittsweise definierte Funktion beschreiben. Die Fläche unter dem Graphen kann dann als Ganzes mithilfe eines bestimmten Integrals berechnet werden.

Die Geradengleichungen für den zweiten und dritten Abschnitt lassen sich leicht ermitteln, da jeweils zwei Punkte gegeben sind. So sind z. B. im zweiten Abschnitt die Punkte R(5; 6) und Q(10; 3) leicht abzulesen.

Die Parameter m und n der Geradengleichung y = mx + n werden durch Einsetzen der Punktkoordinaten über ein lineares Gleichungssystem ermittelt.

Die ganze Funktion und den Flächeninhalt kann man dem unteren Bild entnehmen.

$$\text{solve}\left(\begin{cases} 6=m\cdot 5+n \\ 3=m\cdot 10+n \end{cases}, m,n\right) \qquad m=-0.6 \text{ and } n=9.$$

$$\text{Define } f(x)=\begin{cases} 6, & 0\le x<5 \\ -0.6\cdot x+9, & 5\le x<10 \\ 1.2\cdot x-9, & 10\le x<15 \\ \frac{9}{25}\cdot(x-20)^2, & 15\le x\le 20 \end{cases} \qquad \text{Fertig}$$

$$\int_0^{20} (f(x))\,dx \qquad 97.5$$

Aufgabe 7

Flächeninhalt A_1

Die Fläche zwischen dem Graphen von f und der x-Achse ergibt sich als bestimmtes Integral:

$$A_1 = \int_0^{\frac{\pi}{2}} 2\sin(2x)\,dx = \left[\frac{2\cdot(-\cos(2x))}{2} \right]_0^{\frac{\pi}{2}} = -\cos\left(2\cdot\frac{\pi}{2}\right) - (-\cos(2\cdot 0)) = 1+1 = 2$$

Aufstellen der Tangentengleichungen

Bilden der 1. Ableitung von f unter Beachtung der Kettenregel:

$$f'(x) = 2\cdot\cos(2x)\cdot 2 = 4\cdot\cos(2x)$$

Anstiege der Tangenten:

$$m_1 = f'(0) = 4 \cdot \cos(2 \cdot 0) = 4; \quad m_2 = f'\left(\frac{\pi}{2}\right) = 4 \cdot \cos\left(2 \cdot \frac{\pi}{2}\right) = -4$$

Der y-Achsendurchgang der Tangente im Ursprung ist $n = 0$, sodass diese Tangente t_1 die Gleichung $y = 4x$ hat.

Der y-Achsendurchgang der Tangente im Punkt $Q\left(\frac{\pi}{2}; 0\right)$ wird durch Einsetzen der Punktkoordinaten und von m_2 in $y = mx + n$ bestimmt:

$$0 = -4 \cdot \frac{\pi}{2} + n \quad \Rightarrow \quad n = 2\pi$$

Die Tangente t_2 hat die Gleichung:

$$y = -4x + 2\pi$$

Aufstellen der Normalengleichungen

Für die Anstiege m einer Tangente und $\overline{m}$ der zugehörigen Normalen gilt die Beziehung:

$$m \cdot \overline{m} = -1$$

Die Normale n_1 zu t_1 hat demzufolge die Gleichung:

$$y = -\frac{1}{4}x$$

Die Normale n_2 zu t_2 hat den Anstieg $\overline{m}_2 = \frac{1}{4}$. Dies und die Koordinaten von Q einsetzen in $y = mx + n$ ergibt:

$$0 = \frac{1}{4} \cdot \frac{\pi}{2} + n \quad \Rightarrow \quad n = -\frac{\pi}{8}$$

Die Normale n_2 zur Tangente t_2 hat die Gleichung:

$$y = \frac{1}{4} \cdot x - \frac{\pi}{8}$$

Schnittpunkt T der Tangenten

Gleichsetzen der Tangentengleichungen:

$$4x = -4x + 2\pi \quad \Rightarrow \quad x_T = \frac{\pi}{4}$$

Einsetzen in Tangentengleichung t_1:

$$y_T = 4 \cdot \frac{\pi}{4} = \pi \quad \Rightarrow \quad T\left(\frac{\pi}{4}; \pi\right)$$

Schnittpunkt N der Normalen

Gleichsetzen der Normalengleichungen:

$$-\frac{x}{4} = \frac{x}{4} - \frac{\pi}{8} \quad \Rightarrow \quad x_N = \frac{\pi}{4}$$

Einsetzen in Normalengleichung n_1:

$$y_N = -\frac{1}{4} \cdot \frac{\pi}{4} = -\frac{\pi}{16} \quad \Rightarrow \quad N\left(\frac{\pi}{4}; -\frac{\pi}{16}\right)$$

Flächeninhalt A_2

Das aus Tangenten und Normalen gebildete Viereck ist ein Drachenviereck. Der Flächeninhalt eines Drachenvierecks ergibt sich aus dem halben Produkt seiner Diagonalen:

$$A_2 = \frac{1}{2} \cdot \frac{\pi}{2} \cdot \left(\left| -\frac{\pi}{16} \right| + \pi \right) = \frac{17}{64} \cdot \pi^2 \text{ FE}$$

Das Verhältnis beider Flächen ist somit:

$$\frac{A_1}{A_2} = \frac{2}{\frac{17}{64} \cdot \pi^2} = \frac{128}{17 \cdot \pi^2} \approx 0{,}763$$

Hinweise für CAS-Nutzer

Alle Rechnungen können mit dem CAS durchgeführt bzw. überprüft werden, etwa so, wie es die Bildschirmdarstellungen zeigen.

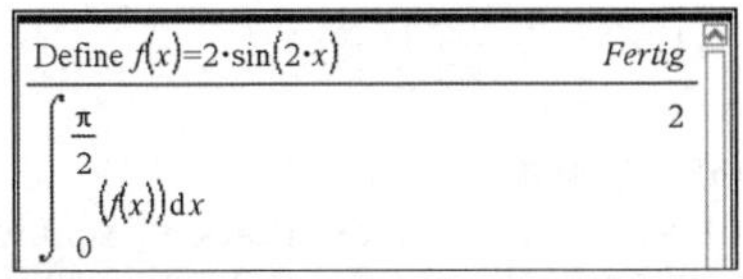

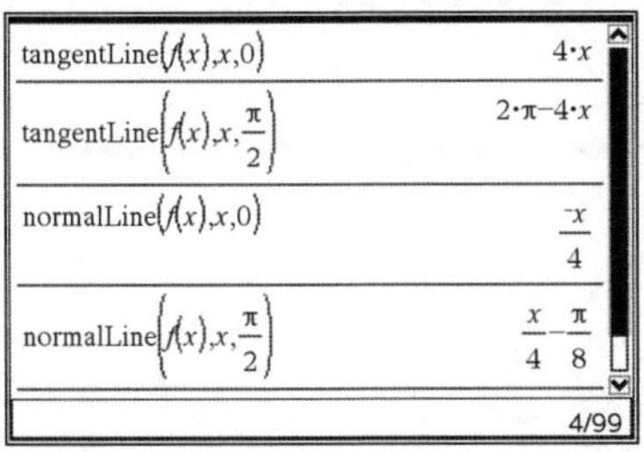

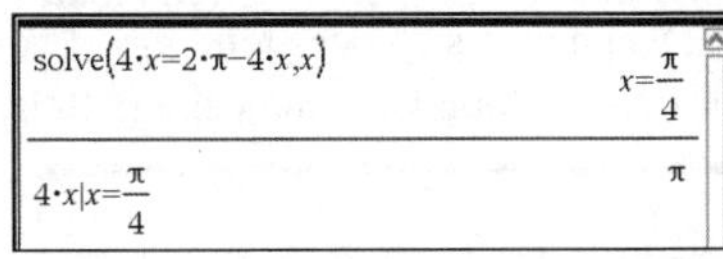

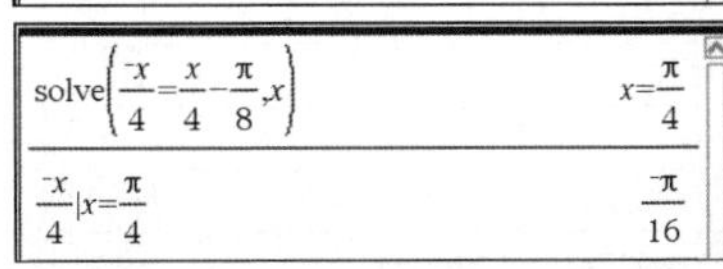

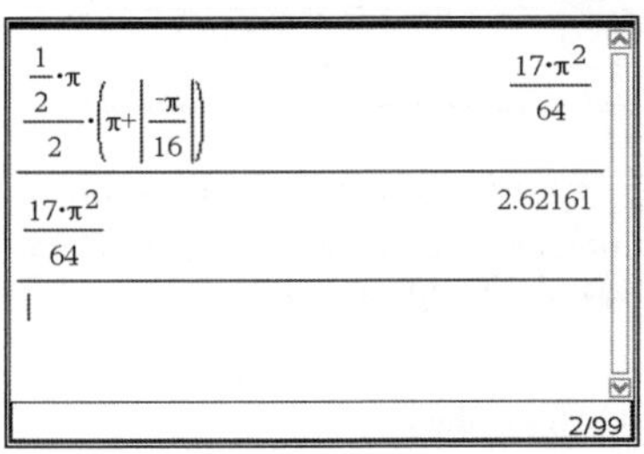

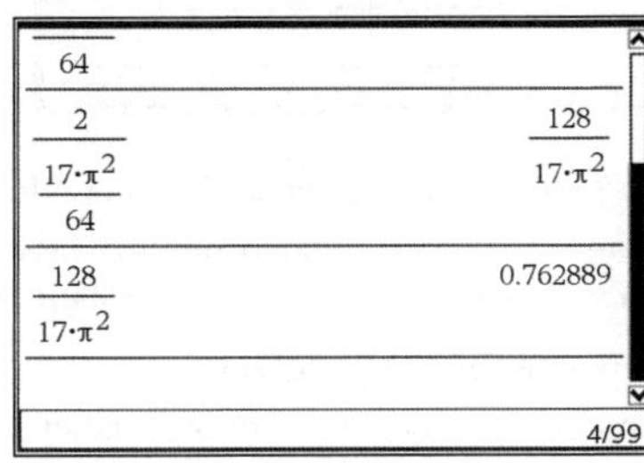

Das Ergebnis lässt sich auch grafisch ermitteln.

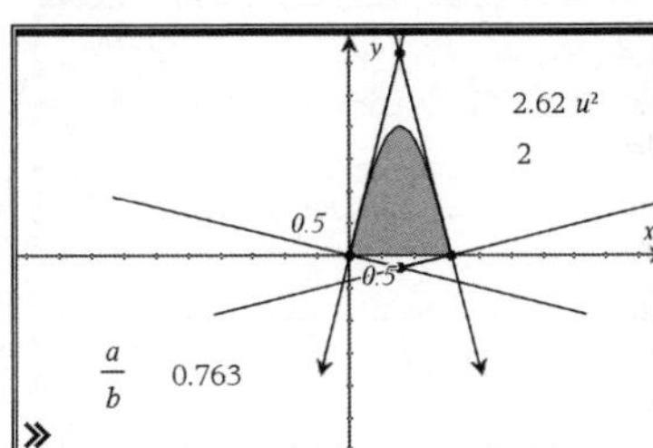

Aufgabe 8

a) **Umformung**

$$y = f(x) = \frac{1}{x+2} + x + 1 \qquad \text{| Hauptnenner bilden}$$

$$y = f(x) = \frac{1}{x+2} + \frac{(x+2)\cdot(x+1)}{x+2} \qquad \text{| Ausmultiplizieren}$$

$$y = f(x) = \frac{1 + x^2 + 2x + x + 2}{x+2} \qquad \text{| Zusammenfassen}$$

$$y = f(x) = \frac{x^2 + 3x + 3}{x+2}$$

Asymptoten

An der Stelle $x = -2$ existiert eine senkrechte Asymptote, denn für $x \to -2$ verlaufen die Funktionswerte gegen $-\infty$, wenn man sich der Stelle $x = -2$ von links nähert bzw. gegen $+\infty$, wenn man sich der Stelle $x = -2$ von rechts nähert.

Zur Überprüfung kann man einige Beispiele berechnen:

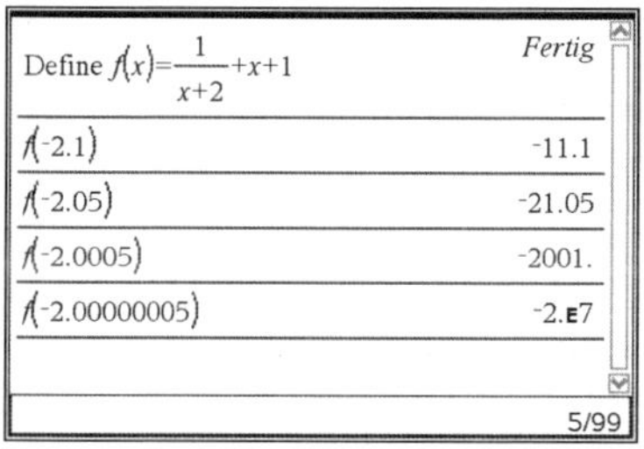

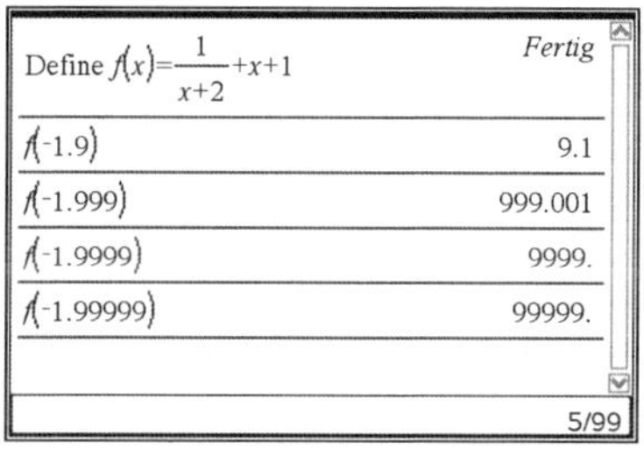

Für $x \to \pm\infty$ geht der erste Summand in $y = f(x) = \frac{1}{x+2} + x + 1$ gegen null, die Funktionswerte von f unterscheiden sich für dasselbe Argument immer weniger von denen der Geraden $y = x + 1$. Diese Gerade ist deshalb schiefe Asymptote des Graphen von f.

Hinweise für CAS-Nutzer

Die Untersuchung des Grenzverhaltens kann mit dem CAS erfolgen:

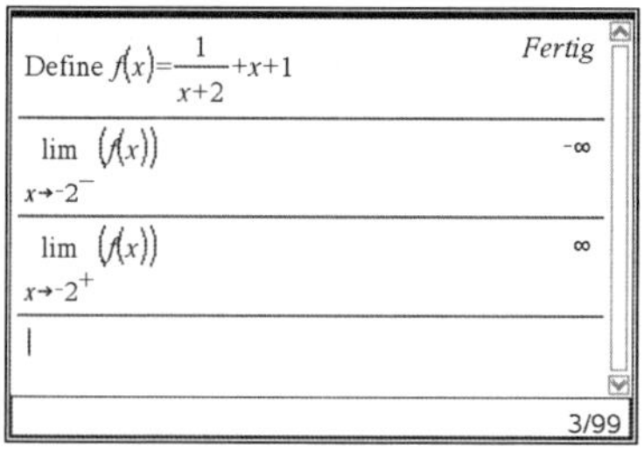

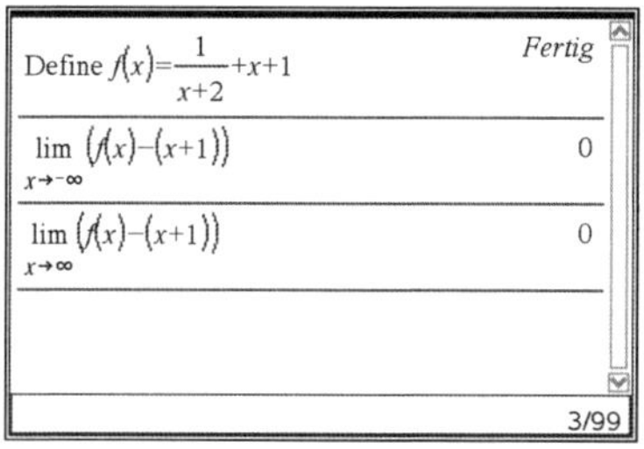

Nullstellen

In der Funktionsgleichung $y = f(x) = \frac{1}{x+2} + x + 1$ wird $y = 0$ gesetzt:

$$0 = \frac{1}{x+2} + x + 1 \qquad |\cdot(x+2)$$

$$0 = 1 + (x+1)\cdot(x+2) \qquad |\text{Normalform der quadratischen Gleichung herstellen}$$

$$x^2 + 3x + 3 = 0 \qquad |\text{Lösungsformel anwenden}$$

$$x_{1/2} = -1{,}5 \pm \sqrt{2{,}25 - 3} \qquad |\text{Diskriminante D untersuchen}$$

$D = 2{,}25 - 3 = -0{,}75 < 0$

$\Rightarrow$ Die quadratische Gleichung hat keine Lösungen, die Funktion f besitzt also keine Nullstellen.

Alternative Lösung:

Zur Nullstellenberechnung lässt sich auch die Funktionsgleichung $y = f(x) = \frac{x^2 + 3x + 3}{x+2}$ verwenden. Diese Funktion hat Nullstellen, wenn die Zählerfunktion $z(x) = x^2 + 3x + 3$ Nullstellen besitzt, die keine Nullstellen der Nennerfunktion $n(x) = x + 2$ sind. Die Zählerfunktion z(x) besitzt aber keine Nullstellen (siehe oben), sodass auch f(x) keine Nullstellen hat.

Hinweise für CAS-Nutzer

Mit dem CAS kann man leicht überprüfen, dass f keine Nullstellen besitzt.

Define $f(x)=\frac{1}{x+2}+x+1$	*Fertig*
solve$(f(x)=0,x)$	false

b) Der Graph der Funktion $y = f_a(x) = \frac{1}{x+2} + x + a$ geht aus dem Graphen der Funktion $y = f(x) = \frac{1}{x+2} + x + 1$ durch Verschiebung um $(a-1)$ Einheiten in Richtung der y-Achse hervor:

$$y = f_a(x) = \frac{1}{x+2} + x + a = \frac{1}{x+2} + x + 1 + (a-1) = f(x) + (a-1)$$

Für die Asymptoten von f_a bedeutet das:
- Die senkrechte Asymptote bei $x = -2$ bleibt erhalten.
- Die schiefe Asymptote hat die Gleichung $y = x + a$.

c) In der Funktionsgleichung $y = f_a(x) = \frac{1}{x+2} + x + a$ wird $y = 0$ gesetzt.

$$0 = \frac{1}{x+2} + x + a \qquad |\cdot(x+2)$$

$$0 = 1 + (x+a)\cdot(x+2) \qquad |\text{Normalform der quadratischen Gleichung herstellen}$$

$$0 = x^2 + (a+2)\cdot x + 2a + 1 \qquad |\text{Lösungsformel anwenden}$$

$$x_{1/2} = -\frac{a+2}{2} \pm \sqrt{\left(\frac{a+2}{2}\right)^2 - (2a+1)}$$

Um genau eine Nullstelle zu erhalten, muss die Diskriminante $D = 0$ sein:

$$D = \left(\frac{a+2}{2}\right)^2 - (2a+1) = \frac{a^2 + 4a + 4}{4} - \frac{4\cdot(2a+1)}{4} = \frac{a^2 + 4a + 4 - 8a - 4}{4} = \frac{a^2 - 4a}{4}$$

Die Diskriminante D wird null, wenn der Zählerterm gleich 0 ist:

$a^2 - 4a = a \cdot (a-4) = 0$

$a_1 = 0$ oder $a_2 = 4$

Die Funktion f_a besitzt genau eine Nullstelle für $a_1 = 0$ und für $a_2 = 4$.

Hinweis für CAS-Nutzer

Die Nullstellen von f_a werden mit dem CAS ermittelt. Die Diskriminante wird wie oben beschrieben ausgewertet.

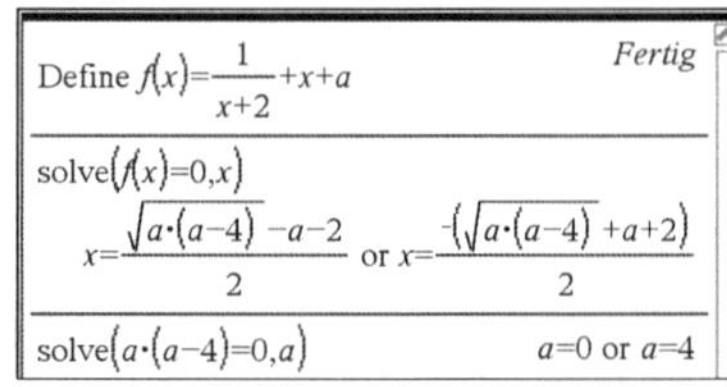

Aufgabe 9

a) **Grafische Veranschaulichung**

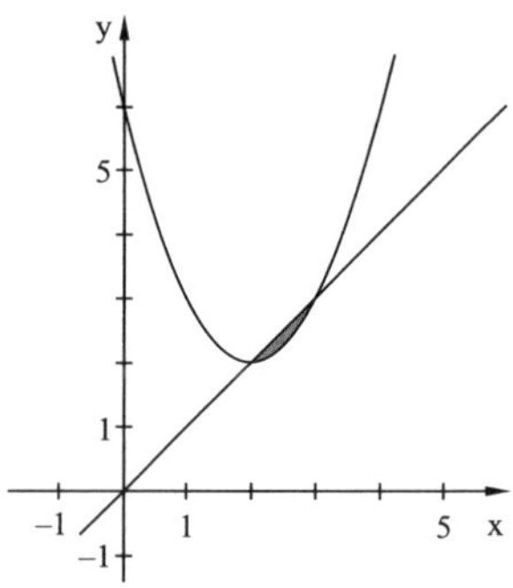

Berechnung der Schnittstellen durch Gleichsetzen

$$(x-2)^2 + 2 = x$$

$$x^2 - 4x + 4 + 2 = x$$

$$x^2 - 5x + 6 = 0$$

$$x_{1/2} = \frac{5}{2} \pm \sqrt{\frac{25}{4} - 6} = \frac{5}{2} \pm \sqrt{\frac{1}{4}}$$

$$x_1 = 3 \text{ und } x_2 = 2$$

Berechnung des Flächeninhaltes

$$A = \int_2^3 (x - ((x-2)^2 + 2))\,dx = \int_2^3 (-x^2 + 5x - 6)\,dx = \left[-\frac{x^3}{3} + \frac{5x^2}{2} - 6x\right]_2^3$$

$$A = \left(-\frac{27}{3} + \frac{45}{2} - 18\right) - \left(-\frac{8}{3} + \frac{20}{2} - 12\right) = \frac{1}{6}\text{ FE}$$

Hinweise für CAS-Nutzer

Die Berechnung der Schnittstellen sowie des Flächeninhalts kann mit dem CAS durchgeführt werden.

$\text{solve}\left(x=(x-2)^2+2,x\right)$	$x=2$ or $x=3$
$\int_2^3 \left(x-\left((x-2)^2+2\right)\right)dx$	$\frac{1}{6}$

b) Der Parameter a in $y=g_a(x)=a\cdot x$ bringt die Steigung der Geraden g_a zum Ausdruck:

$$a=\frac{a\cdot x_2-a\cdot x_1}{x_2-x_1}=\frac{g(x_2)-g(x_1)}{x_2-x_1},\quad (x_1\neq x_2)$$

Für $a>0$ ist die Gerade streng monoton steigend.
Für $a<0$ ist die Gerade streng monoton fallend.

Eine Parabel (Graph von f) und eine Gerade (Graph von g_a) haben entweder zwei gemeinsame Punkte, genau einen gemeinsamen Punkt (Berührpunkt!) oder keine gemeinsamen Punkte. Parabel und Gerade berühren einander, wenn sich aus der Schnittbedingung für beide Funktionen genau eine Lösung ergibt.

Gleichsetzen der beiden Funktionsterme:

$$a\cdot x=(x-2)^2+2 \qquad |\text{ Normalform herstellen}$$
$$a\cdot x=x^2-4x+6$$
$$x^2-(4+a)\cdot x+6=0 \qquad |\text{ Lösungsformel anwenden}$$
$$x_{1/2}=\frac{4+a}{2}\pm\sqrt{\frac{(4+a)^2}{4}-6} \qquad |\text{ Diskriminante D gleich null setzen}$$
$$D=\frac{(4+a)^2}{4}-6=0$$
$$\frac{16+8a+a^2-24}{4}=0$$
$$a^2+8a-8=0$$
$$a_{1/2}=-4\pm\sqrt{16-(-8)}=-4\pm\sqrt{24}=-4\pm 2\cdot\sqrt{6}$$

Die Gerade g_a und die Parabel $y=f(x)=(x-2)^2+2$ berühren einander genau dann, wenn $a=-4+2\cdot\sqrt{6}$ oder $a=-4-2\cdot\sqrt{6}$ ist.

c) Der Parameter b in $y=f_b(x)=(x-b)^2+2$ bewirkt eine Verschiebung der Parabel mit der Gleichung $y=x^2+2$ in Richtung der x-Achse. Für $b>0$ wird die Parabel um b Einheiten nach rechts, für $b<0$ um b Einheiten nach links verschoben.

Die sich aus der Schnittbedingung für beide Graphen ergebende quadratische Gleichung darf keine Lösung haben, wenn sich die Graphen nicht schneiden bzw. berühren sollen.

Gleichsetzen der beiden Funktionsterme:

$$x=(x-b)^2+2 \qquad |\text{ Normalform herstellen}$$
$$x=x^2-2b\cdot x+b^2+2$$
$$x^2-(2b+1)\cdot x+b^2+2=0 \qquad |\text{ Lösungsformel anwenden}$$
$$x_{1/2}=\frac{2b+1}{2}\pm\sqrt{\frac{(2b+1)^2}{4}-b^2-2} \qquad |\text{ D muss kleiner null sein}$$

$$D = \frac{(2b+1)^2}{4} - b^2 - 2 = \frac{4b^2 + 4b + 1 - 4b^2 - 8}{4} < 0$$

$$4b - 7 < 0$$

$$b < \frac{7}{4}$$

Für $b < \frac{7}{4} = 1{,}75$ besitzen Parabel und Gerade keine gemeinsamen Punkte.

d) Die Scheitelpunkte der Parabeln zu $y = f_b(x) = (x - b)^2 + 2$ liegen alle auf der Geraden $y = 2$. Alle diese Parabeln sind nach oben geöffnet. Da die Scheitelpunkte demzufolge die Tiefpunkte der Parabeln sind, kann es unter ihnen keine Parabel geben, die den Funktionswert $y = 1$ annimmt. Man kann also b nicht so wählen, dass der Punkt P(1; 1) auf einer dieser Parabeln liegt. Deshalb ist es auch nicht möglich, dass sich f_b und g_a in diesem Punkt schneiden.

Alternative Lösung:
Wenn der Punkt P(1; 1) auf der Geraden $y = g_a(x) = a \cdot x$ liegen soll, dann muss wegen $x = 1$ und $y = 1$ auch $a = 1$ gelten.

Setzt man $a = 1$ und $x = 1$ in die Schnittbedingung $g_a(x) = f_b(x)$ ein, so ergibt sich:

$$1 = (1 - b)^2 + 2$$

$$1 = 1 - 2b + b^2 + 2$$

$$0 = b^2 - 2b + 2$$

$$b_{1/2} = 1 \pm \sqrt{1^2 - 2} = 1 \pm \sqrt{-1}$$

Die Diskriminante ist negativ, die quadratische Gleichung besitzt daher keine Lösung. Es ist also nicht möglich, a und b so zu wählen, dass die Graphen von g_a und f_b einander im Punkt P(1; 1) schneiden.

Hinweise für CAS-Nutzer

Alle Rechnungen lassen sich mit dem CAS ausführen. Die inhaltlichen Erläuterungen und Begründungen sind wie oben in einem knappen Text zusammenfassend darzustellen.

Für die Aufgabenteile b und c sind grafische „Probierverfahren“ als ein erster Zugang eventuell hilfreich, sie ersetzen jedoch nicht die Berechnungen, weil nur diese die exakten Werte liefern.

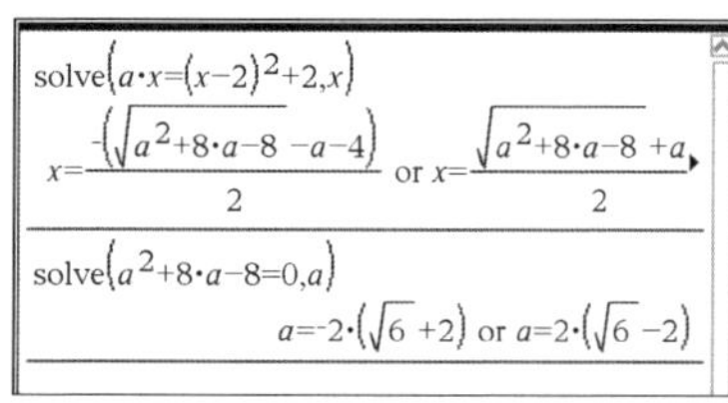

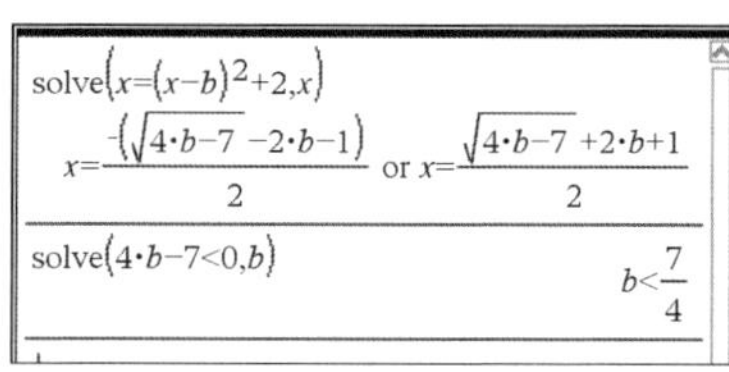

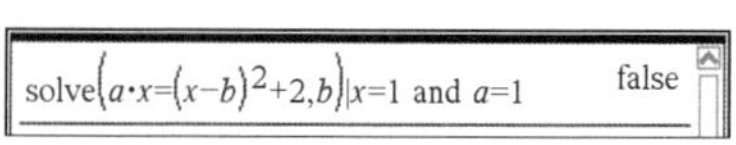

Aufgabe 10

a) Gleichungssystem aufstellen für $y = f(x) = a \cdot x^3 + b \cdot x^2 + c \cdot x + d$:

$A \rightarrow \ -1 = a + b + c + d$

$B \rightarrow \ 1 = d$

$C \rightarrow \ 3 = -a + b - c + d$

$D \rightarrow \ 3 = 8a + 4b + 2c + d$

Unter Berücksichtigung von $d = 1$ ergibt sich das Gleichungssystem (*):

(1) $a + b + c = -2$

(2) $-a + b - c = 2$

(3) $8a + 4b + 2c = 2$

Addiert man Gleichung (1) und (2), erhält man $2b = 0$, also ist $b = 0$. Dies eingesetzt in (1) ergibt $c = -2 - a$. Beides in (3) einsetzen führt auf:

$8a + 4 \cdot 0 + 2 \cdot (-2 - a) = 2 \ \Rightarrow \ a = 1$

Damit ist $c = -3$; das Gleichungssystem (*) hat die Lösungsmenge $\mathbb{L} = \{(1; 0; -3)\}$.

Die gesuchte Funktion hat die Gleichung $y = f(x) = x^3 - 3x + 1$.

Hinweis für CAS-Nutzer

Das Gleichungssystem zur Bestimmung der Funktionsgleichung kann mit dem CAS-Rechner gelöst werden

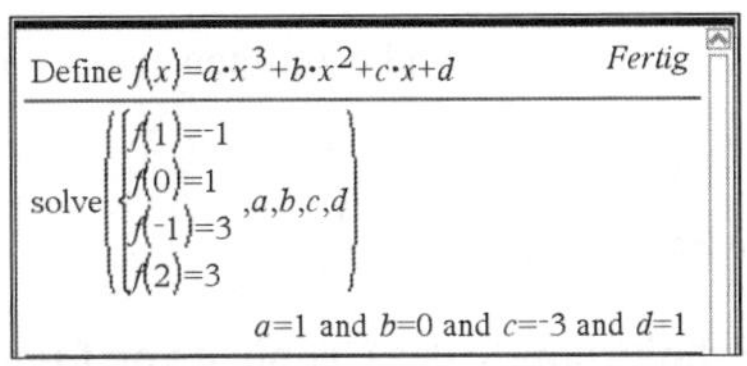

b) $y = f(x) = x^3 - 3x + 1$

Ableitungen von f bilden:

$f'(x) = 3x^2 - 3$

$f''(x) = 6x$

$f'''(x) = 6$

Extrempunkte

Notwendige Bedingung: $f'(x_E) = 0$

$3x^2 - 3 = 0 \ \Rightarrow \ x_{E1} = 1$ und $x_{E2} = -1$

Hinreichende Bedingung: $f''(x_E) \neq 0$

$f''(1) = 6 > 0$ und $f''(-1) = -6 < 0$

Hochpunkt $H(-1; 3)$ (Der Hochpunkt entspricht dem Punkt C.)

Tiefpunkt $T(1; -1)$ (Der Tiefpunkt entspricht dem Punkt A.)

Wendepunkt

Notwendige Bedingung: $f''(x_W) = 0$

$f''(x) = 0 \ \Rightarrow \ 6x = 0 \ \Rightarrow \ x_W = 0$

Hinreichende Bedingung: $f'''(x_W) \neq 0$

$f'''(x_W) = 6 \neq 0$

Die Koordinaten des Wendepunkts lauten $W(0; 1)$; der Wendepunkt entspricht dem Punkt B.

Zeichnung

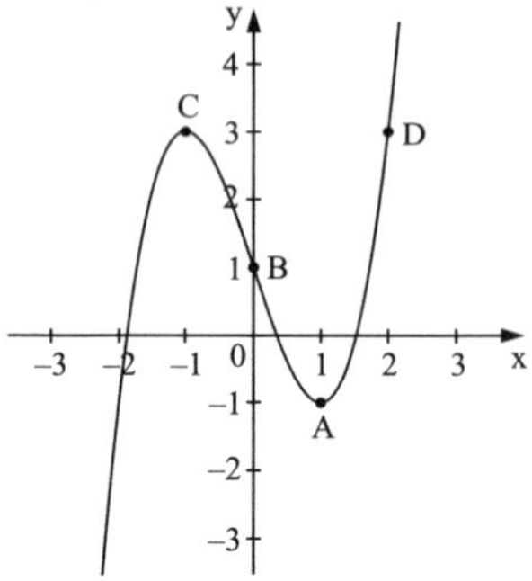

c) **Normale im Wendepunkt**

Anstieg der Normalen im Wendepunkt:

$$m = -\frac{1}{f'(x_W)} = -\frac{1}{-3} = \frac{1}{3}$$

Achsenabschnitt n bestimmen (W(0; 1) und m in $y = mx + n$ einsetzen):

$$1 = \frac{1}{3} \cdot 0 + n \quad \Rightarrow \quad n = 1$$

Wendenormale: $y = \frac{1}{3}x + 1$

Schnittpunkte des Graphen von f und der Wendenormale

$$x^3 - 3x + 1 = \frac{1}{3}x + 1$$

$$x^3 - \frac{10}{3}x = 0$$

$$x \cdot \left(x^2 - \frac{10}{3}\right) = 0$$

$$x_1 = 0; \ x_2 = \sqrt{\frac{10}{3}} \approx 1{,}83; \ x_3 = -\sqrt{\frac{10}{3}} \approx -1{,}83$$

Setzt man die Näherungswerte in die Gleichung von f ein, so ergeben sich neben dem Wendepunkt W(0; 1) als weitere Schnittpunkte näherungsweise P(1,83; 1,64) und Q(−1,83; 0,36).

Abstand der Punkte P und Q

$$\overline{PQ} = \sqrt{\Delta x^2 + \Delta y^2} \approx \sqrt{(1{,}83 - (-1{,}83))^2 + (1{,}64 - 0{,}36)^2} \approx 3{,}88 \text{ LE}$$

d) Der Abstand eines beliebigen Punktes $R\left(x; \frac{1}{3}x + 1\right)$ der Normalen vom Ursprung O(0; 0) lässt sich nach dem Satz des Pythagoras angeben durch:

$$\overline{OR} = \sqrt{(x-0)^2 + \left(\frac{1}{3}x + 1 - 0\right)^2} = \sqrt{x^2 + \frac{1}{9}x^2 + \frac{2}{3}x + 1} = \sqrt{\frac{10}{9}x^2 + \frac{2}{3}x + 1}$$

Der Wurzelausdruck wird minimal, wenn der Radikand minimal wird. Die Hilfsfunktion $h(x)=\frac{10}{9}x^2+\frac{2}{3}x+1$ wird dazu auf ihr Minimum untersucht:

$$h'(x)=\frac{20}{9}x+\frac{2}{3}$$

$$h''(x)=\frac{20}{9}$$

Notwendige Bedingung für das lokale Extremum: $h'(x_E)=0$

$$h'(x)=\frac{20}{9}x+\frac{2}{3}=0 \quad \Rightarrow \quad x_E=-\frac{3}{10}$$

Die hinreichende Bedingung für ein lokales Minimum ist erfüllt, denn $h''(x_E)=\frac{20}{9}>0$.

Setzt man noch x_E in die Normalengleichung ein, so erhält man insgesamt:
Der Punkt R(–0,3; 0,9) ist derjenige Punkt auf der Normalen, der vom Ursprung den kleinsten Abstand hat.

Hinweise für CAS-Nutzer

Die Normale und der Abstand können rechnerisch, aber auch grafisch ermittelt werden.

Der kleinste Abstand eines Punktes auf der Normalen zum Ursprung kann mit dem CAS bestimmt werden.

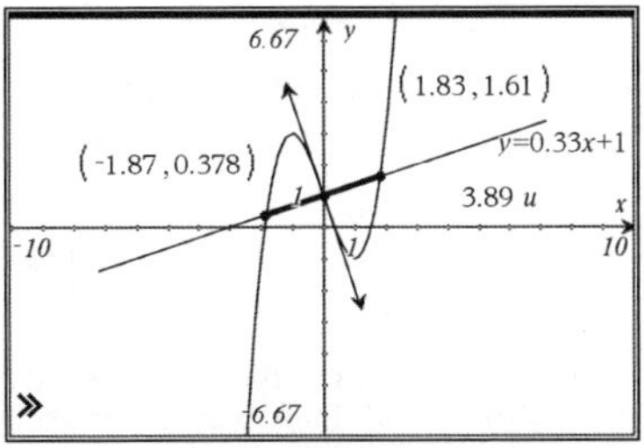

Die punktiert gezeichnete Gerade ist parallel zur Tangente im Wendepunkt und geht durch den Ursprung.

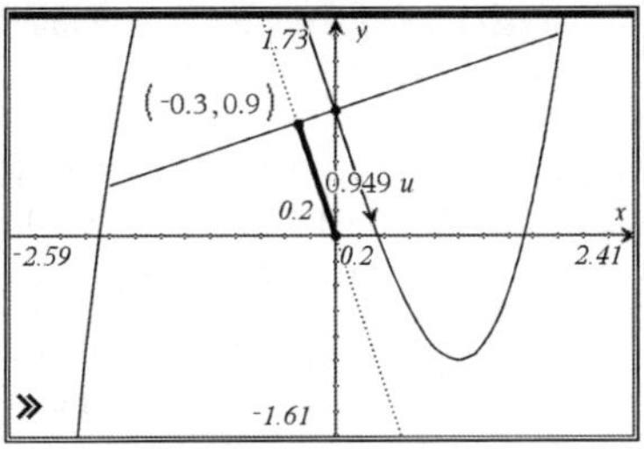

Alternative Lösung:
Denkt man sich eine Strecke zwischen dem Ursprung O und einem beliebigen Punkt R auf der Normalen, so hat die Strecke $\overline{OR}$ die kleinste Länge, wenn die Gerade g(OR) senkrecht auf der Normalen steht. Diese Gerade muss als Anstieg das negative Reziproke des Normalenanstiegs besitzen.

Die Gerade g(OR) hat also die Gleichung $y=-3x$. Der Schnittpunkt von g(OR) und Normale ergibt sich aus:

$$-3x=\frac{1}{3}x+1$$

$$x=-\frac{3}{10}=-0,3 \text{ und } y=\frac{9}{10}=0,9.$$

Der Punkt R(–0,3; 0,9) ist derjenige Punkt auf der Normalen, der vom Ursprung den kleinsten Abstand hat.

Aufgabe 11

a) Der 20. März 2008 war der 80. Tag des Jahres 2008.

Mit dem mathematischen Modell $y = f(x) = 4{,}177 \cdot \sin(0{,}017x - 1{,}318) + 12{,}135$ ergibt sich:
$f(80) = 4{,}177 \cdot \sin(0{,}017 \cdot 80 - 1{,}318) + 12{,}135 \approx 12{,}31$

Wegen $0{,}31 \cdot 60 = 18{,}6 \approx 19$ betrug die Tageslänge am 20. März 2008 etwa 12 Stunden und 19 Minuten.

b) Die Gleichung $f(x) = 12$ wird gelöst unter Beachtung, dass $x \in \mathbb{R}$ mit $0 \leq x \leq 366$ gilt:

$$12 = 4{,}177 \cdot \sin(0{,}017x - 1{,}318) + 12{,}135$$
$$-0{,}135 = 4{,}177 \cdot \sin(0{,}017x - 1{,}318)$$
$$-0{,}03232 = \sin(0{,}017x - 1{,}318)$$
$$-0{,}03232 = \sin z \quad \text{mit Substitution } z = 0{,}017x - 1{,}318$$

Wenn für x das Intervall $0 \leq x \leq 366$ gilt, dann lautet das Intervall für z (weil $z(x) = 0{,}017x - 1{,}318$ eine streng monoton steigende lineare Funktion ist):
$0{,}017 \cdot 0 - 1{,}318 \leq z \leq 0{,}017 \cdot 366 - 1{,}318 \quad \Rightarrow \quad -1{,}318 \leq z \leq 4{,}904$

Mit dem Taschenrechner ergibt sich als Lösung der Gleichung $-0{,}03232 = \sin z$:
$z_1 \approx -0{,}0323$ und wegen $\sin(-x) = \sin(\pi + x)$ auch $z_2 \approx \pi + 0{,}0323 \approx 3{,}174$

Rücksubstitution:

$0{,}017x_1 - 1{,}318 \approx -0{,}0323$ und $0{,}017x_2 - 1{,}318 \approx 3{,}174$

$x_1 \approx 75{,}6 \approx 76$ $\qquad$ $x_2 \approx 264{,}2 \approx 264$

Eine Tagundnachtgleiche gab es nach diesem Modell also etwa am 76. sowie am 264. Tag des Jahres 2008. Dies waren der 16. März und der 20. September 2008.

Anmerkung: Die Zeit der Tagundnachtgleiche entspricht dem Zeitpunkt des Durchgangs durch die beiden Äquinoktialpunkte: Frühlingspunkt und Herbstpunkt

c) $f(x) = 4{,}177 \cdot \sin(0{,}017x - 1{,}318) + 12{,}135$
$f'(x) = 4{,}177 \cdot 0{,}017 \cdot \cos(0{,}017x - 1{,}318) \approx 0{,}071 \cdot \cos(0{,}017x - 1{,}318)$
$f''(x) = -4{,}177 \cdot 0{,}017^2 \cdot \sin(0{,}017x - 1{,}318) \approx -0{,}0012 \cdot \sin(0{,}017x - 1{,}318)$

Notwendige Bedingung für lokale Extrempunkte:

$$f'(x) = 0 \quad \text{mit} \quad 0 \leq x \leq 366$$
$$0{,}071 \cdot \cos(0{,}017x - 1{,}318) = 0$$
$$\cos(0{,}017x - 1{,}318) = 0$$

Substitution:
$z = 0{,}017x - 1{,}318$ mit $-1{,}318 \leq z \leq 4{,}904$ (vgl. Teilaufgabe b)
$\cos z = 0 \quad \Rightarrow \quad z = \frac{\pi}{2} \cdot (2k + 1)$ mit $k \in \mathbb{Z}$ ist die allgemeine Lösung.

Für welche ganzzahligen Werte von k liegt dieses z im Intervall $-1{,}318 \leq z \leq 4{,}904$?

k	0	1
$z = \frac{\pi}{2} \cdot (2k+1)$ mit $k \in \mathbb{Z}$	$\frac{\pi}{2} \approx 1{,}57$	$\frac{3}{2}\pi \approx 4{,}71$

Rücksubstitution:

$0{,}017x_1 - 1{,}318 = \frac{\pi}{2}$ und $0{,}017x_2 - 1{,}318 = \frac{3\pi}{2}$

$x_1 \approx 169{,}9 \approx 170$ $\quad$ $x_2 \approx 354{,}73 \approx 355$

Hinreichende Bedingung für das lokale Maximum: $f''(x) < 0$

$f''(170) \approx -0{,}0012 \cdot \sin(0{,}017 \cdot 170 - 1{,}318) \approx -0{,}0012 < 0$

Die Tageslänge an diesem Tag ergibt sich aus f(170) zu ca. 16,3 Stunden.
Der längste Tag des Jahres 2008 war der 18. Juni 2008.

Hinreichende Bedingung für das lokale Minimum: $f''(x) > 0$

$f''(355) \approx -0{,}0012 \cdot \sin(0{,}017 \cdot 355 - 1{,}318) \approx 0{,}0012 > 0$

Die Tageslänge an diesem Tag ergibt sich aus f(355) zu ca. 8,0 Stunden.
Der kürzeste Tag des Jahres 2008 war der 20. Dezember 2008.

d) Die 1. Ableitungsfunktion von f beschreibt die Änderungsrate dieser Funktion. Deshalb lassen sich das Maximum bzw. das Minimum der Zunahme der Tageslänge über die Extremwerte der 1. Ableitungsfunktion von f bestimmen. Die gesuchten Werte entsprechen also den Wendepunkten der Funktion f.

$f'(x) = 0{,}071 \cdot \cos(0{,}017x - 1{,}318)$

$f''(x) = -0{,}0012 \cdot \sin(0{,}017x - 1{,}318)$

$f'''(x) = -0{,}0012 \cdot 0{,}017 \cdot \cos(0{,}017x - 1{,}318) \approx -0{,}00002 \cdot \cos(0{,}017x - 1{,}318)$

Notwendige Bedingung für Wendepunkte:

$f''(x) = 0$ mit $0 \le x \le 366$

$-0{,}0012 \cdot \sin(0{,}017x - 1{,}318) = 0$

$\sin(0{,}017x - 1{,}318) = 0$

Substitution:

$z = 0{,}017x - 1{,}318$ mit $-1{,}318 \le z \le 4{,}904$ (vgl. Teilaufgabe b)

$\sin z = 0 \quad \Rightarrow \quad z = k \cdot \pi$ mit $k \in \mathbb{Z}$ ist die allgemeine Lösung.

Für welche ganzzahligen Werte von k liegt dieses z im Intervall $-1{,}318 \le z \le 4{,}904$?

k	0	1
$z = k \cdot \pi$ mit $k \in \mathbb{Z}$	0	$\pi \approx 3{,}14$

Rücksubstitution:

$0{,}017x_1 - 1{,}318 = 0$ und $0{,}017x_2 - 1{,}318 = \pi$

$x_1 \approx 77{,}53 \approx 78$ $\quad$ $x_2 \approx 262{,}3 \approx 262$

Hinreichende Bedingung für Wendepunkte: $f'''(x) \ne 0$

$f'''(x_1) = f'''(78) \approx -0{,}00002 \cdot \cos(0{,}017 \cdot 78 - 1{,}318) \approx -0{,}00002 \ne 0$

$f'''(x_2) = f'''(262) \approx -0{,}00002 \cdot \cos(0{,}017 \cdot 262 - 1{,}318) \approx 0{,}00002 \ne 0$

Da $f'''(x_1) < 0$ ist, liegt dort ein Maximum der Zunahme der Tageslänge vor. Das Datum dafür war der 18. März 2008.

Wegen $f'''(x_2) > 0$, existiert an dieser Stelle ein Minimum der Zunahme der Tageslänge. Das war am 18. September 2008.

Es ist ein Zusammenhang zu Aufgabe b erkennbar:
Maximum und Minimum der Zunahme der Tageslänge hängen mit den in Aufgabe b ermittelten Näherungswerten für Frühlings- bzw. Herbstpunkt zusammen. Es sind „Wendepunkte“, der Trend kehrt sich um.

Hinweise für CAS-Nutzer

Zum Ermitteln des Zusammenhangs zwischen Tagesnummer und Datum ist eine Tabelle hilfreich, die Sie sich in der Tabellenkalkulation anlegen können (etwa wie im Bild rechts). Beachten Sie, dass 2008 ein Schaltjahr war.

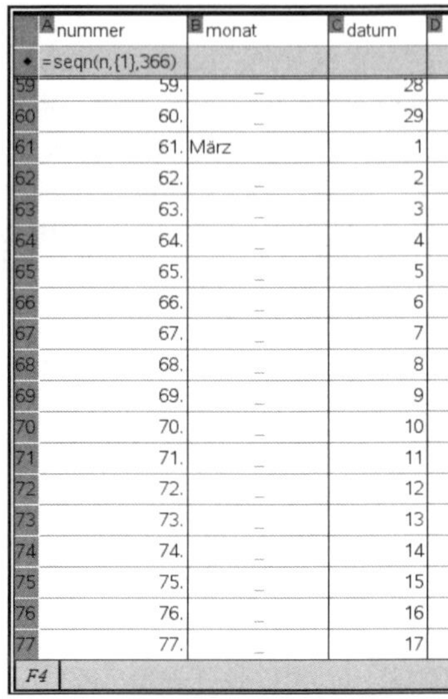

	A nummer	B monat	C datum	D
◆	=seqn(n,{1},366)			
59	59.	_	28	
60	60.	_	29	
61	61.	März	1	
62	62.	_	2	
63	63.	_	3	
64	64.	_	4	
65	65.	_	5	
66	66.	_	6	
67	67.	_	7	
68	68.	_	8	
69	69.	_	9	
70	70.	_	10	
71	71.	_	11	
72	72.	_	12	
73	73.	_	13	
74	74.	_	14	
75	75.	_	15	
76	76.	_	16	
77	77.	_	17	
F4				

Alle Rechnungen lassen sich mit dem CAS rasch durchführen. Vergessen Sie nicht, den Lösungsweg sauber, nachvollziehbar und ausreichend kommentiert aufzuschreiben!

Tageslänge am 20. März 2004:

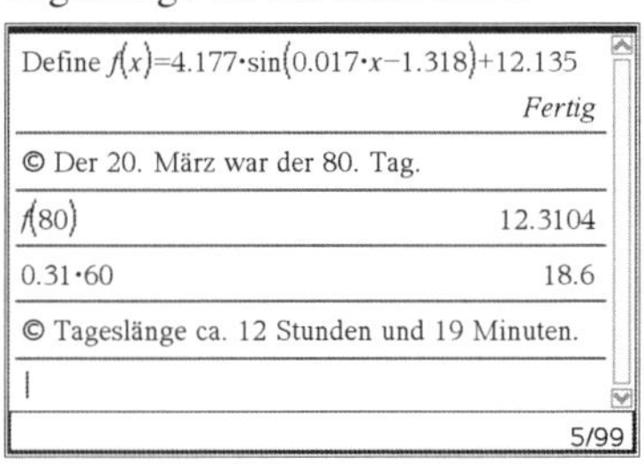

Tagundnachtgleiche:

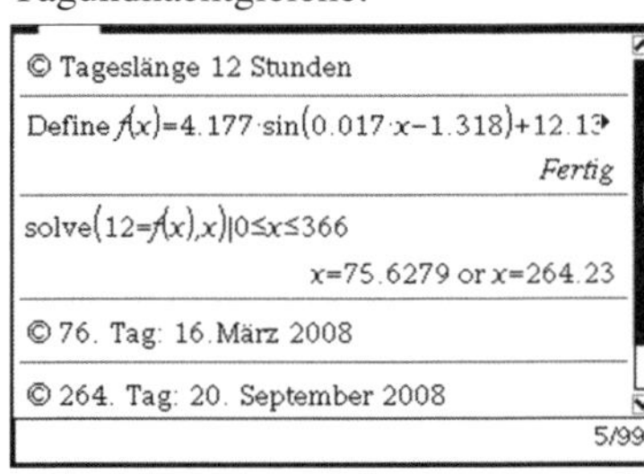

Maximale bzw. minimale Tageslänge

Ableitungen von f bestimmen und speichern:

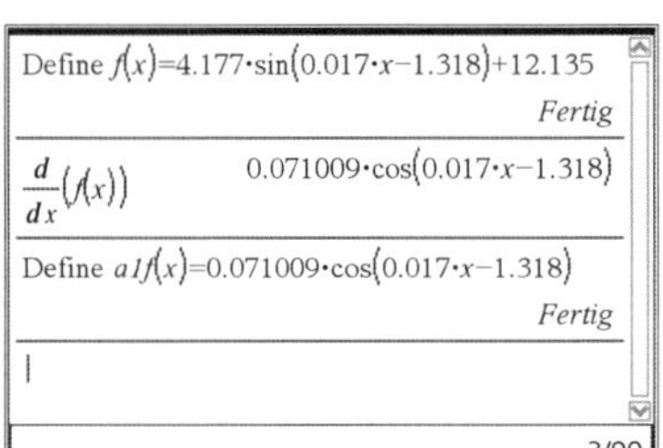

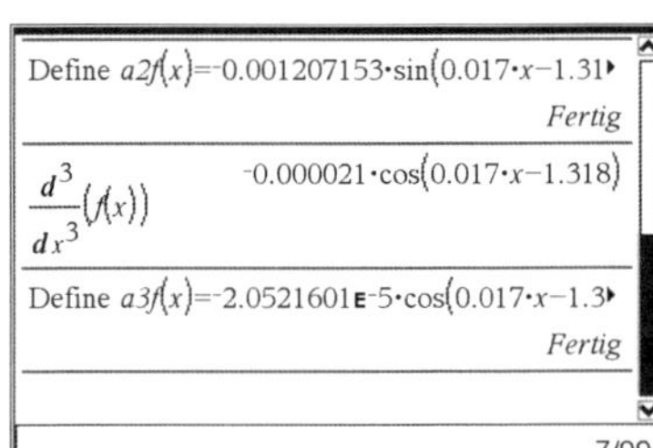

Nullstellen der 1. Ableitung bestimmen; Vorzeichen der 2. Ableitung und Funktionswerte berechnen (Die Rechnung ist verlangt!):

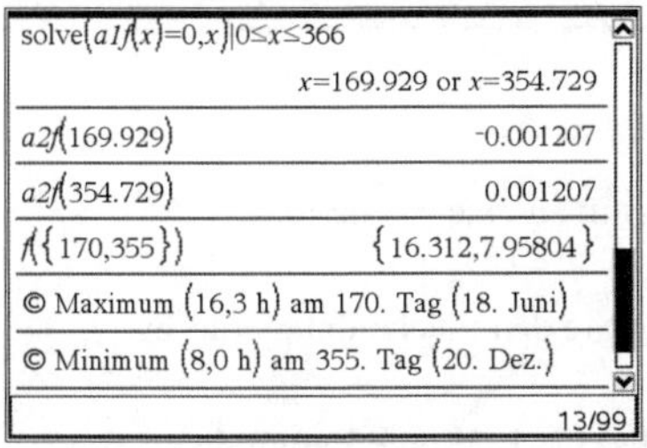

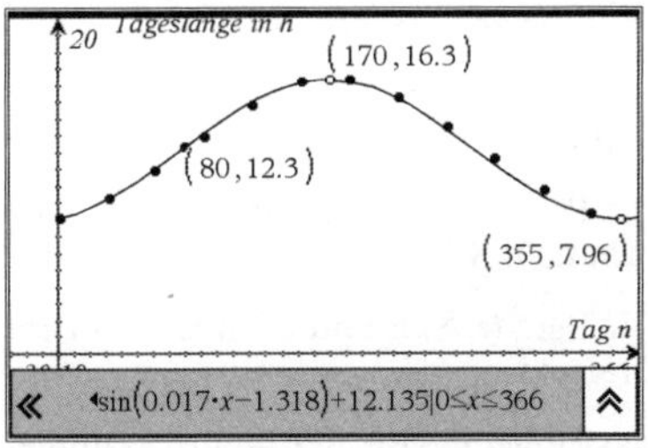

Zur Kontrolle kann man diese Punkte auch aus dem Diagramm ermitteln (siehe Bild rechts).

Tage mit maximaler bzw. minimaler Zunahme der Tageslänge

Nullstellen der 2. Ableitung, Vorzeichen der 3. Ableitung berechnen:

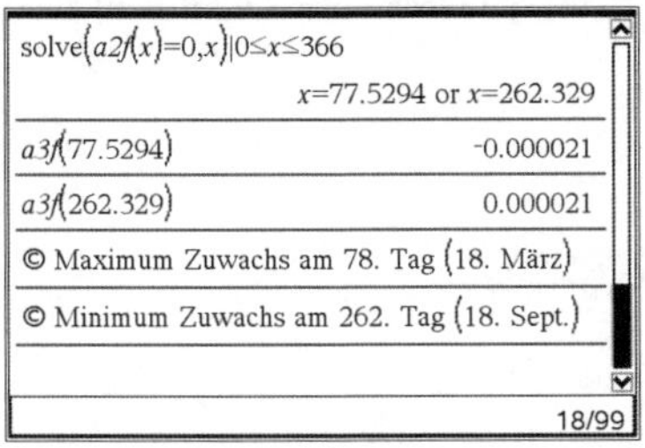

Kernfach Mathematik (Thüringen)
Übungsaufgaben Analytische Geometrie

Aufgabe 1

a) Die Punkte A(1; 2; 3), B(2; 3; 1) und C(–3; 0; 2) bestimmen eine Ebene E. Ermitteln Sie eine Koordinatengleichung für E.

b) Die Punkte A, B und C bilden ein Dreieck. Berechnen Sie den Flächeninhalt dieses Dreiecks.

c) Das Dreieck ABC bestimmt zusammen mit dem Punkt P(1; 1; 2) eine Pyramide. Berechnen Sie das Volumen dieser Pyramide.

d) Gegeben ist die Gerade g: $\vec{x} = \begin{pmatrix} 0 \\ 1 \\ -1 \end{pmatrix} + t \cdot \begin{pmatrix} 0 \\ 2 \\ 3 \end{pmatrix}$ $(t \in \mathbb{R})$.

Berechnen Sie die Koordinaten des Schnittpunktes S sowie die Größe des Schnittwinkels α von g und E.

Aufgabe 2

Gegeben sind eine Ebene E: $-2x + 3y - 6z + 4 = 0$ und eine Gerade

g: $\vec{x} = \begin{pmatrix} 0 \\ 1 \\ 2 \end{pmatrix} + t \cdot \begin{pmatrix} -1{,}5 \\ 1 \\ 1 \end{pmatrix}$ mit $t \in \mathbb{R}$.

a) Weisen Sie nach, dass die Gerade g echt parallel zur Ebene E ist.

b) Überprüfen Sie, ob der Punkt R(2; –1; –0,5) in der Ebene E liegt.

c) Erklären Sie, warum die Gerade h mit $\vec{x} = \begin{pmatrix} 1{,}5 \\ 0 \\ 1 \end{pmatrix} + r \cdot \begin{pmatrix} 2 \\ -3 \\ 6 \end{pmatrix}$ mit $r \in \mathbb{R}$ eine Lotgerade bezüglich der Ebene E ist.

d) Überprüfen Sie, ob sich die Geraden g und h schneiden. Geben Sie ggf. Schnittpunkt und Schnittwinkel beider Geraden an.

e) Berechnen Sie den Abstand der Geraden g zur Ebene E.

Aufgabe 3

Gegeben ist die Ebene E mit

E: $2x + y - 2z - 4 = 0$.

a) Bestimmen Sie denjenigen Punkt A der Ebene E, der den kleinsten Abstand zum Ursprung O(0; 0; 0) hat.

b) Ermitteln Sie die Koordinaten des Punktes B der Ebene E, der bei senkrechter Projektion auf die y-z-Ebene den Bildpunkt B'(0; 1; 2) besitzt.

c) Bestimmen Sie die Durchstoßpunkte X, Y und Z, die die Koordinatenachsen mit der Ebene E bilden.

d) Die Punkte O, X, Y, B' und O, X, Y, B sowie O, X, Y, Z bilden jeweils eine Pyramide. Es wird behauptet, dass diese drei Pyramiden dasselbe Volumen besitzen. Überprüfen Sie, ob diese Behauptung wahr ist.

Aufgabe 4

Gegeben sind eine Ebene E: $x + y = 4$, eine Gerade

$$g\colon\ \vec{x} = \begin{pmatrix} 4 \\ 4 \\ 4 \end{pmatrix} + t \cdot \begin{pmatrix} 0 \\ 0 \\ 1 \end{pmatrix}$$

und ein Punkt M(1; 2; 1).

a) Beschreiben Sie die Lage der Ebene E und der Geraden g bezüglich des Koordinatensystems. Begründen Sie, dass die Ebene E und die Gerade g echt parallel zueinander sind.

b) Bestimmen Sie den Abstand, den E und g zueinander haben.

c) Geben Sie eine Gleichung der Ebene F an, die senkrecht zu E ist und die die Gerade g enthält. Beschreiben Sie die besondere Lage der Ebene F.

d) Ermitteln Sie die Gleichung einer Geraden h, die durch den Punkt M verläuft, parallel zur x-y-Ebene ist und die Gerade g schneidet.
Berechnen Sie den Durchstoßpunkt T von h und E.

Aufgabe 5

Gegeben sind die Punkte A(0; 0; 0), B(1; 0; 0) und C(0; 1; 0).
Senkrecht über dem Schnittpunkt S der Seitenhalbierenden des Dreiecks ABC liegt in der Ebene E: $z = 1$ der Punkt D.

a) Veranschaulichen Sie den Sachverhalt in einer Skizze und berechnen Sie das Volumen der Pyramide ABCD. Ermitteln Sie die Koordinaten des Punktes D.

b) Die Ebene F: $z = 0{,}5$ schneidet die Pyramide ABCD. Geben Sie die Koordinaten der Schnittpunkte der Ebene F mit den Seitenkanten der Pyramide ABCD an.

c) Die Ebene F zerlegt die Pyramide ABCD in zwei Teilkörper. Ermitteln Sie, in welchem Verhältnis die Volumina der beiden Teilkörper stehen.

d) Der Punkt C sei nun nicht fest in (0; 1; 0), sondern es gelte $C_t(t;\ 1;\ 0)$ mit $t \in \mathbb{R}$. Begründen Sie, dass alle Pyramiden ABC_tD dasselbe Volumen besitzen.

e) Beschreiben Sie, auf welcher Kurve der Schnittpunkt der Seitenhalbierenden des Dreiecks ABC_t liegt.

Hinweise und Tipps

Aufgabe 1

- Die Koordinatengleichung von E lässt sich auf verschiedenen Wegen ermitteln, z. B.:
  (1) Stellen Sie zunächst eine Parametergleichung für E auf und eliminieren Sie dann die Parameter.
  (2) Bestimmen Sie zuerst mithilfe des Vektorprodukts den Normalenvektor von E, stellen Sie dann die Normalengleichung für E auf.
- Auch für die Berechnung des Flächeninhalts gibt es verschiedene Möglichkeiten, z. B.:
  (1) Bestimmen Sie die Längen zweier Seiten des Dreiecks und die Größe des von diesen Seiten eingeschlossenen Winkels und rechnen Sie mit der Formel $A = \frac{1}{2} \cdot a \cdot b \cdot \sin\gamma$ weiter.
  (2) Berechnen Sie den Flächeninhalt über das Vektorprodukt.
- Für das Pyramidenvolumen kann man als Grundfläche das Dreieck ABC verwenden. Die Höhe der Pyramide entspricht dann dem Abstand des Punktes P von der Ebene E.
- Setzen Sie die Koordinaten von g in die Koordinatenform der Ebenengleichung von E ein und lösen Sie die entstehende Gleichung nach t auf.
- Mit dem so erhaltenen Wert für t können Sie mithilfe der Geradengleichung die Koordinaten von S berechnen.
- Den Schnittwinkel von g und E können Sie über den Winkel bestimmen, den der Normalenvektor von E und der Richtungsvektor von g miteinander bilden.

Aufgabe 2

- Eine Gerade g ist echt parallel zu einer Ebene E, wenn der Richtungsvektor der Geraden senkrecht zum Normalenvektor der Ebene ist. Es muss ausgeschlossen werden, dass g in E liegt.
- Ein Punkt R liegt in einer Ebene E, wenn seine Koordinaten die Ebenengleichung erfüllen.
- Eine Lotgerade zu einer Ebene ist eine Gerade, die senkrecht zur Ebene verläuft. Der Richtungsvektor der Geraden muss also ein Vielfaches des Normalenvektors der Ebene sein.
- Zur Überprüfung der gegenseitigen Lage zweier Geraden wird überprüft, ob ihre Richtungsvektoren parallel sind oder nicht, und ob das durch Gleichsetzen der Geradengleichungen entstehende Gleichungssystem eine eindeutige Lösung besitzt.
- Der Schnittwinkel der Geraden wird über das Skalarprodukt ermittelt.
- Der Abstand eines Punktes P von einer Ebene E kann zum Beispiel mithilfe einer Lotgeraden zu E durch P bestimmt werden. Man bestimmt dazu den Durchstoßpunkt der Lotgeraden durch die Ebene und dann die Entfernung dieses Durchstoßpunktes vom Punkt P.

Aufgabe 3

- Der Punkt von E, der den kleinsten Abstand zum Ursprung O hat, muss auf der Lotgeraden zu E durch O liegen.
- Eine senkrechte Projektion auf die y-z-Ebene kann mit dem Richtungsvektors $\begin{pmatrix}1\\0\\0\end{pmatrix}$ beschrieben werden.
- Um zum Beispiel den Durchstoßpunkt der x-Achse durch eine Ebene zu erhalten, setzt man in der Ebenengleichung die beiden anderen Koordinaten $y = 0$ und $z = 0$.
- Um die Behauptung über das Pyramidenvolumen zu überprüfen, ist es sinnvoll, den Sachverhalt zu veranschaulichen. Beachten Sie auch, dass alle drei Pyramiden eine gemeinsame Seitenfläche besitzen. Treffen Sie Aussagen über die Höhen der Pyramiden, bezogen auf diese gemeinsame Seitenfläche.

Aufgabe 4

- Überlegen Sie, ob es Schnittpunkte der Ebene E mit den Koordinatenachsen gibt und bestimmen Sie ggf. deren Koordinaten. Überlegen Sie, welche besondere Lage der Richtungsvektor und der Aufpunkt der Geraden g besitzen.
- Für E || g muss der Normalenvektor von E senkrecht zum Richtungsvektor von g sein. Außerdem darf kein Punkt von g in E liegen.
- Da Ebene und Gerade in einer besonders überschaubaren Lage vorliegen, kann der Abstand elementargeometrisch ermittelt werden. Veranschaulichen Sie den Sachverhalt durch eine geeignete Skizze.
- Der Normalenvektor von F muss orthogonal zum Normalenvektor von E sein. Die Gleichung von g muss die Gleichung von F erfüllen. Ergänzen Sie Ihre Skizze durch die Ebene F und beschreiben Sie die besondere Lage von F in einem kurzen Text.
- Der Schnittpunkt S von h und g muss in gleicher Höhe über der x-y-Ebene wie M liegen. Außerdem erfüllt S die Gleichung von g. Ermitteln Sie aus diesen Bedingungen den Parameterwert t für S bezüglich g. Damit kann S bestimmt werden. Mit M und S ist dann auch die Gerade h eindeutig festgelegt.
- Setzen Sie die Koordinaten der Geraden h in die Gleichung von E ein, um T zu erhalten.

Aufgabe 5

- Berechnen Sie zunächst die Koordinaten des Schnittpunktes S der Seitenhalbierenden.
- Die Seitenhalbierenden verlaufen vom Mittelpunkt einer Dreiecksseite zum gegenüberliegenden Eckpunkt.
- Die durch die Ebene F abgeschnittene Spitze ist eine zur Pyramide ABCD ähnliche Pyramide. Beachten Sie, dass der Ähnlichkeitsfaktor k bei einer zentrischen Streckung im Raum in der dritten Potenz k^3 wirksam wird.
- Das Volumen des zweiten Teilkörpers kann über eine Differenzbildung ermittelt werden.
- Machen Sie sich klar, dass der Punkt C_t auf einer Parallelen zur x-Achse verläuft. Überlegen Sie, welche Auswirkungen diese Tatsache auf den Inhalt der Grundfläche hat.
- Überlegen Sie, welche Konsequenzen es hat, dass die Seitenhalbierenden im Dreieck einander immer im Verhältnis 1 : 2 teilen.

Lösungen

Aufgabe 1

a) *Lösungsweg 1:*
Parametergleichung für E aufstellen und dann die Parameter eliminieren:

$\vec{x} = \overrightarrow{OA} + s \cdot \overrightarrow{AB} + r \cdot \overrightarrow{AC}$ mit $s, r \in \mathbb{R}$

$$\vec{x} = \begin{pmatrix} 1 \\ 2 \\ 3 \end{pmatrix} + s \cdot \begin{pmatrix} 2-1 \\ 3-2 \\ 1-3 \end{pmatrix} + r \cdot \begin{pmatrix} -3-1 \\ 0-2 \\ 2-3 \end{pmatrix} = \begin{pmatrix} 1 \\ 2 \\ 3 \end{pmatrix} + s \cdot \begin{pmatrix} 1 \\ 1 \\ -2 \end{pmatrix} + r \cdot \begin{pmatrix} -4 \\ -2 \\ -1 \end{pmatrix}$$

Zeilenweise geschrieben:

(1) $x = 1 + s - 4r$

(2) $y = 2 + s - 2r$

(3) $z = 3 - 2s - r$

Parameter eliminieren:

$(1)-(2) \quad \rightarrow \quad (4) \quad x - y = -1 - 2r$

$2 \cdot (1) + (3) \quad \rightarrow \quad (5) \quad 2x + z = 5 - 9r$

$9 \cdot (4) - 2 \cdot (5) \quad \rightarrow \quad (6) \quad 5x - 9y - 2z = -19$

Die Ebenengleichung in Koordinatenform lautet E: $5x - 9y - 2z + 19 = 0$.

Lösungsweg 2:
Über das Vektorprodukt $\vec{n} = \overrightarrow{AB} \times \overrightarrow{AC}$ wird der Normalenvektor der Ebene E bestimmt:

$$\vec{n} = \overrightarrow{AB} \times \overrightarrow{AC} = \begin{pmatrix} 1 \\ 1 \\ -2 \end{pmatrix} \times \begin{pmatrix} -4 \\ -2 \\ -1 \end{pmatrix} = \begin{pmatrix} 1 \cdot (-1) - (-2) \cdot (-2) \\ (-2) \cdot (-4) - 1 \cdot (-1) \\ 1 \cdot (-2) - 1 \cdot (-4) \end{pmatrix} = \begin{pmatrix} -5 \\ 9 \\ 2 \end{pmatrix}$$

Die Normalengleichung der Ebene E wird über das Skalarprodukt $\vec{n} \circ \left(\begin{pmatrix} x \\ y \\ z \end{pmatrix} - \overrightarrow{OA} \right) = 0$ aufgestellt:

$$\begin{pmatrix} -5 \\ 9 \\ 2 \end{pmatrix} \circ \left(\begin{pmatrix} x \\ y \\ z \end{pmatrix} - \begin{pmatrix} 1 \\ 2 \\ 3 \end{pmatrix} \right) = 0 \quad \Rightarrow \quad -5x + 9y + 2z - 19 = 0$$

Nach Multiplikation mit (–1) ergibt sich dieselbe Koordinatengleichung wie beim ersten Lösungsweg:
E: $5x - 9y - 2z + 19 = 0$

Bemerkung: Der Lösungsweg über das Vektorprodukt ist im Allgemeinen kurz und effektiv, da sich der so erzeugte Normalenvektor auch für andere häufig vorkommende Fragestellungen, z. B. bei Flächenberechnungen und Abstandsproblemen, gut verwenden lässt. Die Berechnung des Vektorprodukts gelingt besonders rasch, wenn man einen geeigneten Taschenrechner zur Verfügung hat.

Lösungsweg 3:
Der Normalenvektor $\vec{n}$ kann auch über das Skalarprodukt berechnet werden; er muss senkrecht auf den beiden Richtungsvektoren der Ebene stehen, deshalb müssen die zugehörigen Skalarprodukte gleich null sein:

$$\vec{n} = \begin{pmatrix} a \\ b \\ c \end{pmatrix}; \quad \overrightarrow{AB} = \begin{pmatrix} 1 \\ 1 \\ -2 \end{pmatrix}; \quad \overrightarrow{AC} = \begin{pmatrix} -4 \\ -2 \\ -1 \end{pmatrix}$$

$\vec{n} \circ \overrightarrow{AB} = 0 \;\Rightarrow\; a + b - 2c = 0$ und $\vec{n} \circ \overrightarrow{AC} = 0 \;\Rightarrow\; -4a - 2b - c = 0$

Es liegt ein Gleichungssystem mit zwei Gleichungen und drei Unbekannten vor; deshalb wird c = 1 gesetzt und das neue Gleichungssystem nach a und b aufgelöst:

$$\begin{array}{rl} a + b - 2 = 0 & \\ \underline{-4a - 2b - 1 = 0} & |:2 \\ a + b - 2 = 0 & \\ \underline{-2a - b - 0{,}5 = 0} & |+ \\ -a - 2{,}5 = 0 & \Rightarrow\; a = -2{,}5 \;\Rightarrow\; b = 4{,}5 \end{array}$$

Damit kann der Normalenvektor durch $\vec{n} = \begin{pmatrix} -2{,}5 \\ 4{,}5 \\ 1 \end{pmatrix}$ und alle reellen Vielfachen davon dargestellt werden, also z. B. auch durch $\begin{pmatrix} -5 \\ 9 \\ 2 \end{pmatrix}$.

Die weitere Rechnung kann nun wie im 2. Lösungsweg beschrieben fortgeführt werden.

Hinweise für CAS-Nutzer

Die Rechnungen lassen sich leicht, effektiv und rasch mit dem CAS durchführen, erst recht, wenn das Vektorprodukt verwendet wird. Deshalb wird hier und im Folgenden auf den im 2. Lösungsweg beschriebenen Fall eingegangen.

Zunächst werden die Ortsvektoren der gegebenen Punkte definiert.

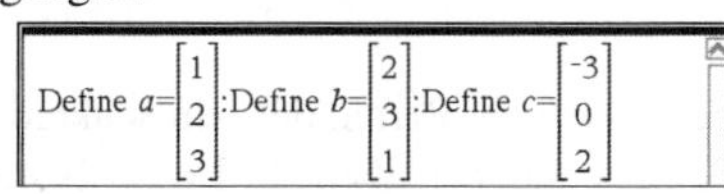

Der Normalenvektor der Ebene E wird über das Vektorprodukt ermittelt und abgespeichert.

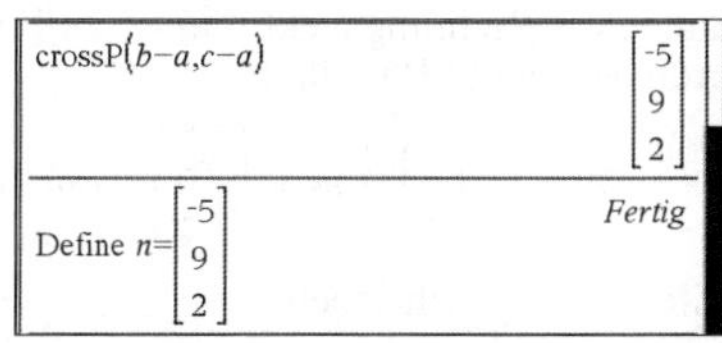

Die Ebenengleichung wird anschließend über das Skalarprodukt bestimmt.

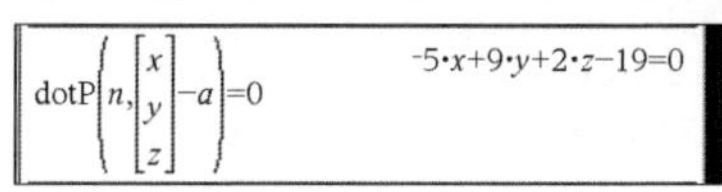

b) *Lösungsweg 1:*
Seitenlängen von $\overline{AB}$ und $\overline{AC}$ berechnen, dabei die entsprechenden Vektoren von Teilaufgabe a verwenden:

$$\overline{AB} = |\overrightarrow{AB}| = \left|\begin{pmatrix} 1 \\ 1 \\ -2 \end{pmatrix}\right| = \sqrt{1^2 + 1^2 + (-2)^2} = \sqrt{6} \approx 2{,}45 \text{ LE}$$

$$\overline{AC} = |\overrightarrow{AC}| = \left|\begin{pmatrix} -4 \\ -2 \\ -1 \end{pmatrix}\right| = \sqrt{(-4)^2 + (-2)^2 + (-1)^2} = \sqrt{21} \approx 4{,}58 \text{ LE}$$

Winkel berechnen, den die Vektoren $\overrightarrow{AB}$ und $\overrightarrow{AC}$ einschließen:

$$\cos\alpha = \frac{\overrightarrow{AB} \circ \overrightarrow{AC}}{|\overrightarrow{AB}| \cdot |\overrightarrow{AC}|} = \frac{\begin{pmatrix} 1 \\ 1 \\ -2 \end{pmatrix} \circ \begin{pmatrix} -4 \\ -2 \\ -1 \end{pmatrix}}{\sqrt{6} \cdot \sqrt{21}} = \frac{-4}{\sqrt{126}} \approx -0{,}3563 \;\Rightarrow\; \alpha \approx 110{,}88°$$

Flächeninhalt A berechnen:

$A = \frac{1}{2} \cdot |\overrightarrow{AB}| \cdot |\overrightarrow{AC}| \cdot \sin\alpha \approx 0{,}5 \cdot 2{,}45 \cdot 4{,}58 \cdot \sin 110{,}88° \approx 5{,}24$ FE

Lösungsweg 2:

Nach der geometrischen Deutung des Vektorprodukts entspricht die Länge des Normalenvektors $\vec{n} = \overrightarrow{AB} \times \overrightarrow{AC}$ dem Flächeninhalt des von $\overrightarrow{AB}$ und $\overrightarrow{AC}$ aufgespannten Parallelogramms. Die Hälfte von $|\vec{n}|$ kann also als Flächeninhalt des Dreiecks ABC gedeutet werden.

Der Normalenvektor $\vec{n}$ wurde in Teilaufgabe a bereits berechnet:

$$\vec{n} = \begin{pmatrix} -5 \\ 9 \\ 2 \end{pmatrix} \quad \Rightarrow \quad |\vec{n}| = \sqrt{(-5)^2 + 9^2 + 2^2} = \sqrt{110} \approx 10{,}49$$

$$A_{\Delta ABC} = \frac{1}{2} \cdot |\vec{n}| \approx 0{,}5 \cdot 10{,}49 \approx 5{,}24 \text{ FE}$$

Hinweis für CAS-Nutzer

Der Flächeninhalt des Dreiecks wird über den (halben) Betrag des Normalenvektors berechnet.

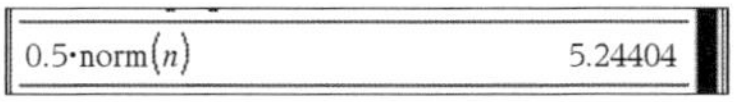

c) *Lösungsweg 1:*

Die Höhe h der Pyramide steht senkrecht auf der Grundfläche. Die Grundfläche (Dreieck ABC) liegt in der Ebene E. Da der Normalenvektor $\vec{n} = \overrightarrow{AB} \times \overrightarrow{AC}$ senkrecht auf E steht, kann er als Richtungsvektor einer zu E senkrechten Geraden g verwendet werden, die durch den Punkt P verläuft.

$$g\colon \vec{x} = \overrightarrow{OP} + t \cdot \vec{n} = \begin{pmatrix} 1 \\ 1 \\ 2 \end{pmatrix} + t \cdot \begin{pmatrix} -5 \\ 9 \\ 2 \end{pmatrix} \quad \text{mit } t \in \mathbb{R}$$

Zeilenweise geschrieben:

$x = 1 - 5t$

$y = 1 + 9t$

$z = 2 + 2t$

Die Gerade g durchstößt die Ebene E in einem Punkt S. Um die Koordinaten von S zu ermitteln, werden die Koordinaten von g in die Koordinatenform von E: $5x - 9y - 2z + 19 = 0$ eingesetzt:

$5 \cdot (1 - 5t) - 9 \cdot (1 + 9t) - 2 \cdot (2 + 2t) + 19 = 0$

Diese Gleichung wird nach t aufgelöst:

$$\begin{aligned} 5 - 25t - 9 - 81t - 4 - 4t + 19 &= 0 \\ 11 - 110t &= 0 \\ t &= 0{,}1 \end{aligned}$$

Durch Einsetzen in die Geradengleichung von g erhält man die Koordinaten von S:

$$\left.\begin{aligned} x &= 1 - 5 \cdot 0{,}1 = 0{,}5 \\ y &= 1 + 9 \cdot 0{,}1 = 1{,}9 \\ z &= 2 + 2 \cdot 0{,}1 = 2{,}2 \end{aligned}\right\} \quad \Rightarrow \quad S(0{,}5;\ 1{,}9;\ 2{,}2)$$

Die Höhe h entspricht dem Betrag des Vektors $\overrightarrow{SP}$:

$$|\overrightarrow{SP}| = \left|\begin{pmatrix} 1-0,5 \\ 1-1,9 \\ 2-2,2 \end{pmatrix}\right| = \left|\begin{pmatrix} 0,5 \\ -0,9 \\ -0,2 \end{pmatrix}\right| = \sqrt{0,5^2 + (-0,9)^2 + (-0,2)^2} = \sqrt{1,1} \approx 1,05 \text{ LE}$$

Das Volumen der Pyramide beträgt:

$$V = \frac{1}{3} \cdot A_{\Delta ABC} \cdot h \approx \frac{1}{3} \cdot 5,24 \cdot 1,05 \approx 1,83 \text{ VE}$$

Lösungsweg 2:

Der Abstand d eines Punktes P von einer Ebene E mit der Gleichung $\vec{n} \circ (\vec{x} - \vec{p}_0) = 0$ lässt sich berechnen durch $d = |\vec{n}_0 \circ (\vec{p} - \vec{p}_0)|$. Dabei ist $\vec{n}_0 = \frac{\vec{n}}{|\vec{n}|}$ der normierte Normalenvektor, d. h. $|\vec{n}_0| = 1$. Der Vektor $\vec{p}_0$ ist der Ortsvektor eines Punktes der Ebene.

Insbesondere gilt für den vorliegenden Sachverhalt, dass die Höhe h der Pyramide gleich dem Abstand der Spitze P von der Ebene E ist, in der die Grundfläche ABC liegt:

$$h = |\vec{n}_0 \circ (\overrightarrow{OP} - \overrightarrow{OA})| = |\vec{n}_0 \circ \overrightarrow{AP}|$$

$$h = \left| \frac{\begin{pmatrix} -5 \\ 9 \\ 2 \end{pmatrix}}{\sqrt{110}} \circ \begin{pmatrix} 1-1 \\ 1-2 \\ 2-3 \end{pmatrix} \right| \approx |-1,05| = 1,05$$

Mit diesem Wert wird das Volumen wie im ersten Lösungsweg berechnet.

Hinweise für CAS-Nutzer

Zunächst werden der Punkt P gespeichert und die Höhe h berechnet.

$\text{Define } p = \begin{bmatrix} 1 \\ 1 \\ 2 \end{bmatrix}$ Fertig

$\left|\text{dotP}\left(\frac{n}{\text{norm}(n)}, p-a\right)\right|$ $\frac{\sqrt{110}}{10}$

Anschließend wird das Volumen der Pyramide berechnet.

$\frac{1}{3} \cdot \frac{\sqrt{110}}{10} \cdot 5.2440442408 51$ 1.83333

d) **Koordinaten des Schnittpunktes S von Gerade und Ebene**

$$g\colon\ \vec{x} = \begin{pmatrix} 0 \\ 1 \\ -1 \end{pmatrix} + t \cdot \begin{pmatrix} 0 \\ 2 \\ 3 \end{pmatrix} \quad (t \in \mathbb{R}) \quad \text{und } E\colon 5x - 9y - 2z + 19 = 0$$

Einsetzen der Koordinaten von g in die Gleichung von E:

$$\begin{aligned} 5 \cdot (0 + 0 \cdot t) - 9 \cdot (1 + 2 \cdot t) - 2 \cdot (-1 + 3 \cdot t) + 19 &= 0 \\ -9 - 18t + 2 - 6t + 19 &= 0 \\ -24t + 12 &= 0 \\ t &= 0,5 \end{aligned}$$

Der Wert $t = 0,5$ wird in die Gleichung von g eingesetzt:

$$\vec{x} = \begin{pmatrix} 0 \\ 1 \\ -1 \end{pmatrix} + 0,5 \cdot \begin{pmatrix} 0 \\ 2 \\ 3 \end{pmatrix} = \begin{pmatrix} 0 \\ 2 \\ 0,5 \end{pmatrix}$$

Die Koordinaten des Schnittpunktes S der Geraden g und der Ebene E lauten S(0; 2; 0,5).

Berechnung des Schnittwinkels α

Der Schnittwinkel α zwischen einer Geraden und einer Ebene ergibt sich aus dem Winkel, den der Richtungsvektor $\vec{a}$ der Geraden und der Normalenvektor $\vec{n}$ der Ebene miteinander bilden, aus $\sin\alpha = \left|\frac{\vec{a} \circ \vec{n}}{|\vec{a}| \cdot |\vec{n}|}\right|$.

Mit $\vec{a} = \begin{pmatrix} 0 \\ 2 \\ 3 \end{pmatrix}$ und $\vec{n} = \begin{pmatrix} -5 \\ 9 \\ 2 \end{pmatrix}$ erhält man:

$$\sin\alpha = \left|\frac{\begin{pmatrix} 0 \\ 2 \\ 3 \end{pmatrix} \circ \begin{pmatrix} -5 \\ 9 \\ 2 \end{pmatrix}}{\left|\begin{pmatrix} 0 \\ 2 \\ 3 \end{pmatrix}\right| \cdot \left|\begin{pmatrix} -5 \\ 9 \\ 2 \end{pmatrix}\right|}\right| = \left|\frac{18+6}{\sqrt{13} \cdot \sqrt{110}}\right| = \frac{24}{\sqrt{13 \cdot 110}} \approx 0{,}6347 \quad \Rightarrow \quad \alpha \approx 39{,}4°$$

Hinweise für CAS-Nutzer

Die Rechnungen können jeweils mit dem CAS durchgeführt werden.

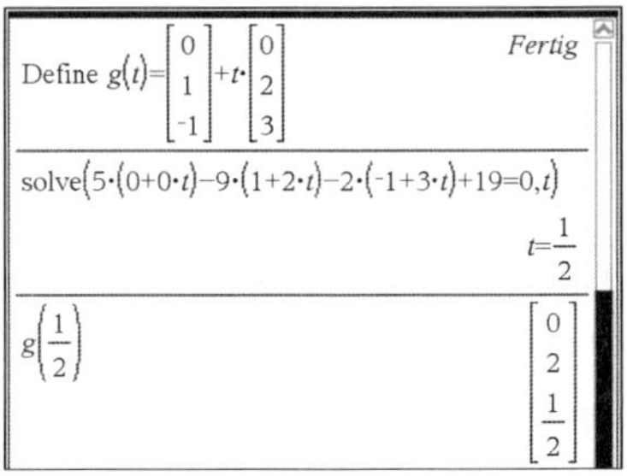

Bei der Winkelberechnung wird durch 1° dividiert, um die Anzeige des Winkels im Gradmaß zu erhalten.

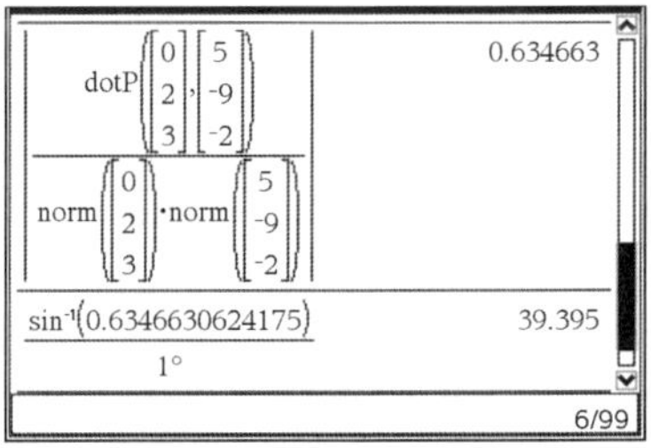

Aufgabe 2

a) *Lösungsweg 1:*

Wenn g || E gilt, müssen der Normalenvektor der Ebene und der Richtungsvektor der Geraden orthogonal zueinander sein, d. h., das Skalarprodukt beider Vektoren muss null ergeben:

$$\begin{pmatrix} -2 \\ 3 \\ -6 \end{pmatrix} \circ \begin{pmatrix} -1{,}5 \\ 1 \\ 1 \end{pmatrix} = 3+3-6 = 0$$

Die Gerade g ist also entweder parallel zu E oder sie liegt in E. Es muss deshalb überprüft werden, ob der Aufpunkt von g in E liegt. Wenn dies der Fall wäre, dann läge g in E, anderenfalls wäre g || E gezeigt.

Einsetzen von (0; 1; 2) in E:

$-2 \cdot 0 + 3 \cdot 1 - 6 \cdot 2 + 4 = -5 \neq 0$

Der Aufpunkt von g liegt nicht in E, die Gerade g ist somit echt parallel zur Ebene E.

Lösungsweg 2:
Die Koordinaten der Geradengleichung werden in die Ebenengleichung eingesetzt:

$$\begin{aligned}-2\cdot(0-1{,}5t)+3\cdot(1+t)-6\cdot(2+t)+4&=0\\ 3t+3+3t-12-6t+4&=0\\ 0\cdot t&=5\end{aligned}$$

Diese Gleichung kann durch keine reelle Zahl t erfüllt werden. Daraus lässt sich schließen, dass die Gerade g die Ebene E weder schneidet noch in ihr liegt, also echt parallel zu ihr ist.

b) Der Punkt R liegt in E, wenn seine Koordinaten die Ebenengleichung erfüllen:

$-2\cdot 2+3\cdot(-1)-6\cdot(-0{,}5)+4=0$ (wahre Aussage)

R liegt also in E.

c) Der Richtungsvektor der Geraden h ist der zum Normalenvektor der Ebene E entgegengesetzte Vektor. Aus diesem Grunde ist h eine Gerade, die senkrecht bezüglich der Ebene E verläuft, also eine Lotgerade.

d) **Lage der Geraden g und h**

$$g:\ \vec{x}=\begin{pmatrix}0\\1\\2\end{pmatrix}+t\cdot\begin{pmatrix}-1{,}5\\1\\1\end{pmatrix}\ \text{mit } t\in\mathbb{R}\quad\text{und}\quad h:\ \vec{x}=\begin{pmatrix}1{,}5\\0\\1\end{pmatrix}+r\cdot\begin{pmatrix}2\\-3\\6\end{pmatrix}\ \text{mit } r\in\mathbb{R}$$

Die Richtungsvektoren beider Geraden sind nicht parallel:

$$\begin{pmatrix}-1{,}5\\1\\1\end{pmatrix}=\lambda\cdot\begin{pmatrix}2\\-3\\6\end{pmatrix}\quad\Rightarrow\quad\begin{aligned}-1{,}5&=2\lambda\\1&=-3\lambda\\1&=6\lambda\end{aligned}\quad\Rightarrow\quad\begin{aligned}\lambda&=-0{,}75\\\lambda&=-\tfrac{1}{3}\\\lambda&=\tfrac{1}{6}\end{aligned}$$

Die Geraden sind also entweder windschief zueinander oder sie schneiden sich.

Bestimmung des Schnittpunkts

$$\begin{pmatrix}0\\1\\2\end{pmatrix}+t\cdot\begin{pmatrix}-1{,}5\\1\\1\end{pmatrix}=\begin{pmatrix}1{,}5\\0\\1\end{pmatrix}+r\cdot\begin{pmatrix}2\\-3\\6\end{pmatrix}$$

$$\begin{aligned}-1{,}5t&=1{,}5+2r\\1+t&=-3r\\2+t&=1+6r\end{aligned}$$

Dieses Gleichungssystem hat die Lösungen $r=0$ und $t=-1$. Die Geraden schneiden einander. Der Schnittpunkt ist S(1,5; 0; 1).

Bestimmung des Schnittwinkels

Da die Gerade g parallel zur Ebene E ist und die Gerade h senkrecht zu E verläuft, muss der Winkel zwischen den Geraden ebenfalls ein rechter Winkel sein.

Die übliche Rechnung bestätigt diese Überlegung. Der Schnittwinkel der Geraden entspricht dem Winkel zwischen ihren Richtungsvektoren:

$$\cos\alpha=\frac{\begin{pmatrix}-1{,}5\\1\\1\end{pmatrix}\circ\begin{pmatrix}2\\-3\\6\end{pmatrix}}{\sqrt{(-1{,}5)^2+1^2+1^2}\cdot\sqrt{2^2+(-3)^2+6^2}}=\frac{0}{\sqrt{4{,}25}\cdot\sqrt{49}}=0\quad\Rightarrow\quad\alpha=90^\circ$$

e) Der Abstand der Geraden g zur Ebene E kann mithilfe der bisherigen Überlegungen gefunden werden. Da h senkrecht zu E verläuft und g in S schneidet, muss der gesuchte Abstand gleich der Entfernung des Punktes S vom Durchstoßpunkt T der Geraden h mit der Ebene E sein.

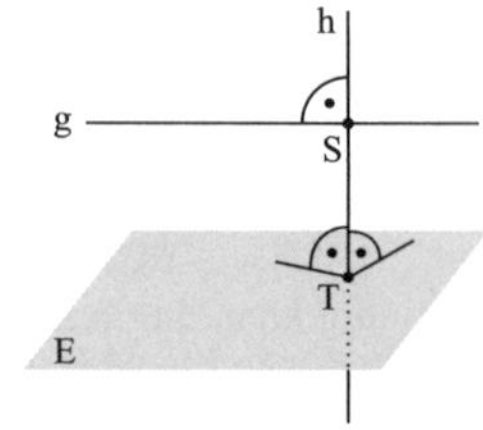

Berechnung des Durchstoßpunktes T

$$\text{h: } \vec{x} = \begin{pmatrix} 1{,}5 \\ 0 \\ 1 \end{pmatrix} + r \cdot \begin{pmatrix} 2 \\ -3 \\ 6 \end{pmatrix} \Rightarrow \begin{array}{l} x = 1{,}5 + 2r \\ y = -3r \\ z = 1 + 6r \end{array} \quad \text{mit } r \in \mathbb{R}$$

Einsetzen der Koordinaten in die Ebenengleichung E: $-2x + 3y - 6z + 4 = 0$ führt auf:

$$-2 \cdot (1{,}5 + 2r) + 3 \cdot (0 - 3r) - 6 \cdot (1 + 6r) + 4 = 0 \Rightarrow r = -\frac{5}{49}$$

Diesen Wert in h einsetzen ergibt:

$$T\left(\frac{127}{98}; \frac{15}{49}; \frac{19}{49}\right) \approx T(1{,}30; 0{,}31; 0{,}39)$$

Abstand der Geraden g zur Ebene E

Mit S(1,5; 0; 1) ergibt sich eine Strecke $\overline{ST}$ der Länge $|\overrightarrow{ST}| = \frac{5}{7} \approx 0{,}71$ LE.

Alternative Lösung:

Der Abstand der parallelen Geraden g zur Ebene E kann als Abstand ihres Aufpunktes von der Ebene bestimmt werden.

Der Abstand d eines Punktes P von einer Ebene E mit der Gleichung $\vec{n} \circ (\vec{x} - \vec{p}_0) = 0$ lässt sich berechnen durch $d = |\vec{n}_0 \circ (\vec{p} - \vec{p}_0)|$. Dabei ist $\vec{n}_0 = \frac{\vec{n}}{|\vec{n}|}$ der normierte Normalenvektor, d. h. $|\vec{n}_0| = 1$. Der Vektor $\vec{p}_0$ ist der Ortsvektor eines Punktes der Ebene. Hier wird der Punkt R von Teilaufgabe b als Punkt der Ebene verwendet:

$$\left| \frac{\begin{pmatrix} -2 \\ 3 \\ -6 \end{pmatrix}}{\sqrt{(-2)^2 + 3^2 + (-6)^2}} \circ \begin{pmatrix} 0 - 2 \\ 1 - (-1) \\ 2 - (-0{,}5) \end{pmatrix} \right| = \left| \frac{\begin{pmatrix} -2 \\ 3 \\ -6 \end{pmatrix}}{\sqrt{49}} \circ \begin{pmatrix} -2 \\ 2 \\ 2{,}5 \end{pmatrix} \right| = \left| \frac{-5}{\sqrt{49}} \right| = \frac{5}{7}$$

Hinweise für CAS-Nutzer

Die Rechnungen in den Teilaufgaben a, b, d und e können mit dem CAS durchgeführt bzw. überprüft werden, etwa so, wie es die Bildschirmdarstellungen zeigen.

Zunächst werden dazu die Gerade g und die Ebene E sowie der Richtungsvektor der Geraden und der Normalenvektor der Ebene definiert.

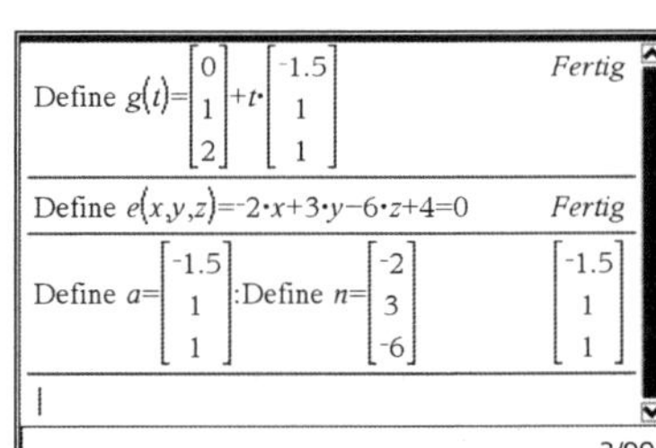

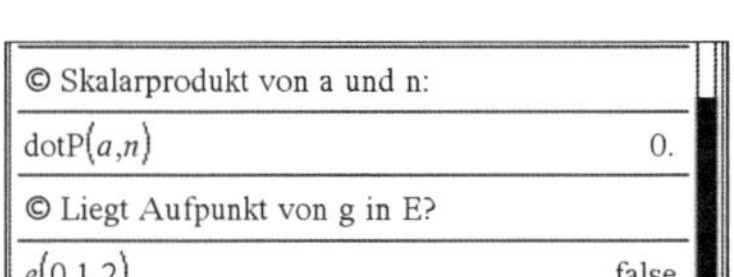

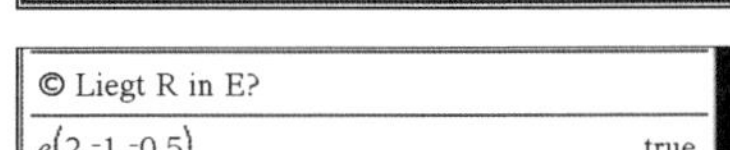

© Gleichung für Gerade h:

Define $h(r)=\begin{bmatrix}1.5\\0\\1\end{bmatrix}+r\cdot\begin{bmatrix}2\\-3\\6\end{bmatrix}$ *Fertig*

© Richtungsvektor b von h(r):

Define $b=\begin{bmatrix}2\\-3\\6\end{bmatrix}$ *Fertig*

© Schnittpunkt S berechnen und abspeichern:

g(-1) $\begin{bmatrix}1.5\\0\\1\end{bmatrix}$

Define $s=\begin{bmatrix}1.5\\0\\1\end{bmatrix}$ *Fertig*

© Durchstoßpunkt T berechnen:

solve(e(h(r)[1 1],h(r)[2 1],h(r)[3 1]),r)

r=-0.102041

h(r)|r=-0.10204081632653 $\begin{bmatrix}1.29592\\0.306122\\0.387755\end{bmatrix}$

© Parallelität von a und b untersuchen:

a ./ b $\begin{bmatrix}-0.75\\ \frac{-1}{3}\\ \frac{1}{6}\end{bmatrix}$

© Schnittwinkel (Achtung: Gradmaß einstellen!)

$\cos^{-1}\left(\frac{\text{dotP}(a,b)}{\text{norm}(a)\cdot\text{norm}(b)}\right)$ 90.

© T abspeichern:

Define $t=\begin{bmatrix}1.2959183673469\\0.30612244897959\\0.38775510204082\end{bmatrix}$ *Fertig*

© Abstand von g zu E als Länge der Strecke ST berechnen:

norm(t−s) 0.714286

Aufgabe 3

a) Zunächst wird die Lotgerade g zu E durch den Ursprung ermittelt:

$\vec{n}=\begin{pmatrix}2\\1\\-2\end{pmatrix}$ ist Normalenvektor von E $\Rightarrow$ Lotgerade g: $\vec{x}=t\cdot\vec{n}=t\cdot\begin{pmatrix}2\\1\\-2\end{pmatrix}$ mit $t\in\mathbb{R}$

Der Schnittpunkt der Lotgeraden g mit der Ebene E ist der gesuchte Punkt A.
Einsetzen der Koordinaten von g in E führt zu:

$$2\cdot 2t+1\cdot t-2\cdot(-2t)-4=0 \quad\Rightarrow\quad t=\frac{4}{9}$$

Einsetzen dieses Wertes in g liefert die Koordinaten von A:

$$\overrightarrow{OA}=\frac{4}{9}\cdot\begin{pmatrix}2\\1\\-2\end{pmatrix}=\begin{pmatrix}\frac{8}{9}\\ \frac{4}{9}\\ -\frac{8}{9}\end{pmatrix} \quad\Rightarrow\quad A\left(\frac{8}{9};\frac{4}{9};-\frac{8}{9}\right)$$

Hinweis für CAS-Nutzer

Die Rechnung kann mit dem CAS durchgeführt bzw. überprüft werden.

Dazu werden zunächst die Ebene E und die Lotgerade g definiert.

© Ebene E definieren:

Define e(x,y,z)=2·x+y−2·z−4=0 *Fertig*

© Lotgerade g zu E definieren:

Define $g(t)=\begin{bmatrix}2\\1\\-2\end{bmatrix}$ *Fertig*

Anschließend werden die Koordinaten der Geraden g in die Ebenengleichung E eingesetzt und der zugehörige Parameterwert bestimmt.

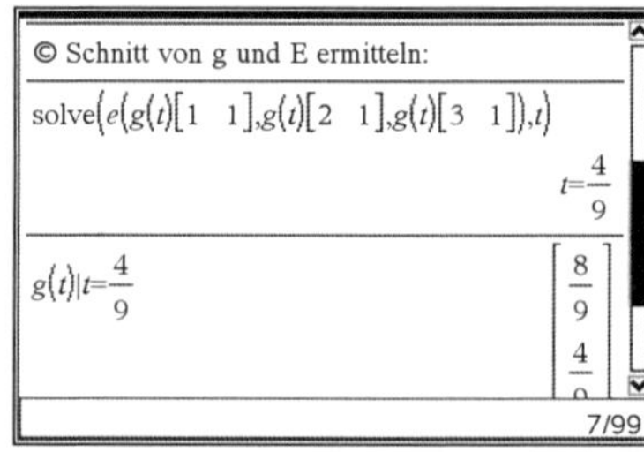

b) Die Lotgerade zur y-z-Ebene hat den Richtungsvektor $\vec{n} = \begin{pmatrix} 1 \\ 0 \\ 0 \end{pmatrix}$. Die Lotgerade g durch B' mit diesem Richtungsvektor schneidet E im gesuchten Punkt B.

$g\colon \vec{x} = \begin{pmatrix} 0 \\ 1 \\ 2 \end{pmatrix} + t \cdot \begin{pmatrix} 1 \\ 0 \\ 0 \end{pmatrix}$ mit $t \in \mathbb{R}$

Einsetzen der Koordinaten von g in die Ebenengleichung E: $2x + y - 2z - 4 = 0$ führt auf:

$$2 \cdot (0 + t) + 1 \cdot 1 - 2 \cdot 2 - 4 = 0$$
$$t = 3{,}5$$

Einsetzen in g liefert den Punkt B(3,5; 1; 2).

Alternative Lösung:
Die Koordinaten des Punktes B lassen sich auch einfacher ermitteln, indem man $y = 1$ und $z = 2$ in die Ebenengleichung einsetzt und den zugehörigen x-Wert bestimmt (bei der Projektion auf die y-z-Ebene wird nur die x-Koordinate null):

$$2 \cdot x + 1 - 2 \cdot 2 - 4 = 0$$
$$2x = 7$$
$$x = 3{,}5 \quad \Rightarrow \quad B(3{,}5; 1; 2)$$

c) **Durchstoßpunkt der x-Achse mit der Ebene E**

Man setzt in der Ebenengleichung $y = 0$ und $z = 0$ und erhält $x = 2$. $\Rightarrow$ X(2; 0; 0)

Analog ergeben sich Y(0; 4; 0) und Z(0; 0; –2).

d) **Veranschaulichung des Sachverhaltes für die Pyramiden OXYZ und OXYB'**

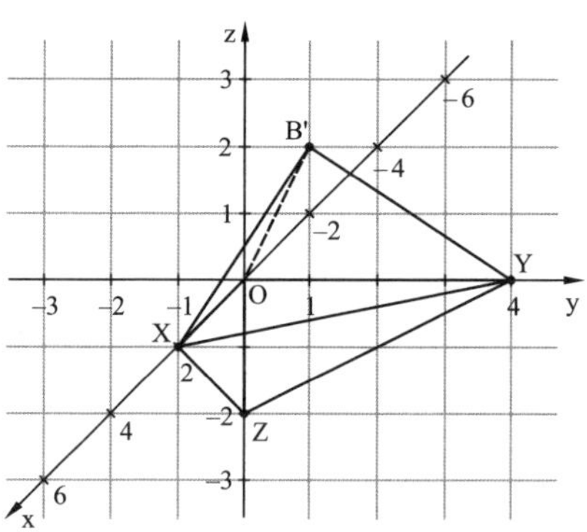

Alle drei Pyramiden besitzen dieselbe Grundfläche OXY.
Die Punkte Z(0; 0; –2), B'(0; 1; 2) und B(3,5; 1; 2) haben von der x-y-Ebene, in der die Grundfläche OXY liegt, denselben Abstand 2. Deshalb haben die drei Pyramiden auch dieselbe Höhe h = 2 LE.
Also ist die Behauptung wahr: Alle drei Pyramiden besitzen dasselbe Volumen
$V = \frac{1}{3} \cdot \left(\frac{1}{2} \cdot 2 \cdot 4\right) \cdot 2 = \frac{8}{3}$ VE

Hinweis für CAS-Nutzer

Die Rechnungen in den Teilaufgaben b, c und d sind einfach und brauchen deshalb keine Rechnerunterstützung.

Aufgabe 4

a) Die Ebene E schneidet die x-Achse im Punkt X(4; 0; 0) und die y-Achse im Punkt Y(0; 4; 0). Es gibt keinen Schnittpunkt mit der z-Achse, deshalb ist die Ebene E parallel zur z-Achse. Die Ebene E ist eine „Ebene in besonderer Lage". Der Normalenvektor von E hat die Koordinaten $\vec{n} = \begin{pmatrix} 1 \\ 1 \\ 0 \end{pmatrix}$. Die Ebene E ist also senkrecht zur x-y-Ebene und verläuft deshalb parallel zur z-Achse. Die Gerade g mit ihrem Richtungsvektor $\vec{a} = \begin{pmatrix} 0 \\ 0 \\ 1 \end{pmatrix}$ ist ebenfalls parallel zur z-Achse. Ebene E und Gerade g sind also entweder parallel zueinander oder g liegt in E. Letzteres kann man aber ausschließen, denn der Aufpunkt (4; 4; 4) von g erfüllt nicht die Ebenengleichung, sodass in der Tat $E \parallel g$ gilt.

b) Der Abstand von g zu E kann wegen der besonderen Lage dieser Objekte elementargeometrisch ermittelt werden. Projiziert man die Ebene E und die Gerade g in die x-y-Ebene, so ist zu erkennen, dass die Spurgerade der Ebene durch die Punkte A(4; 0; 0) und B(0; 4; 0) verläuft. Der Spurpunkt der Geraden g hat die Koordinaten S(4; 4; 0).

Der gesuchte Abstand d entspricht also der halben Diagonalenlänge eines Quadrates mit der Seitenlänge 4 LE:

$$\Rightarrow \quad d = \frac{1}{2} \cdot 4 \cdot \sqrt{2} = 2 \cdot \sqrt{2} \text{ LE}$$

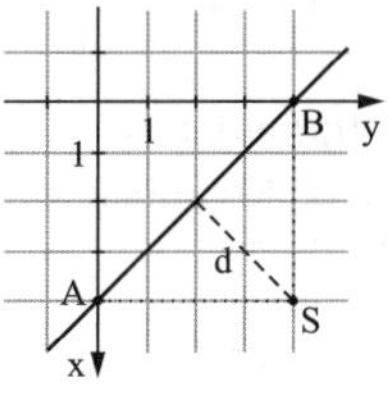

Alternative Lösung:
Der Abstand d eines Punktes P von einer Ebene E mit der Gleichung $\vec{n} \circ (\vec{x} - \vec{p}_0) = 0$ lässt sich berechnen durch $d = |\vec{n}_0 \circ (\vec{p} - \vec{p}_0)|$. Dabei ist $\vec{n}_0 = \frac{\vec{n}}{|\vec{n}|}$ der normierte Normalenvektor, d. h. $|\vec{n}_0| = 1$. Der Vektor $\vec{p}_0$ ist der Ortsvektor eines Punktes der Ebene, hier wird A(4; 0; 0) verwendet. Der Aufpunkt (4; 4; 4) der Geraden wird für P eingesetzt:

$$d = \left| \frac{\begin{pmatrix} 1 \\ 1 \\ 0 \end{pmatrix} \circ \left[\begin{pmatrix} 4 \\ 4 \\ 4 \end{pmatrix} - \begin{pmatrix} 4 \\ 0 \\ 0 \end{pmatrix} \right]}{\sqrt{1^2 + 1^2 + 0^2}} \right| = \frac{4}{\sqrt{2}} = \frac{4 \cdot \sqrt{2}}{2} = 2 \cdot \sqrt{2} \text{ LE}$$

c) Wie aus der Skizze in Aufgabe b ersichtlich ist, kann als Normalenvektor der gesuchten Ebene F zum Beispiel der Vektor $\overrightarrow{AB}=\begin{pmatrix}-4\\4\\0\end{pmatrix}$ verwendet werden. Da die Gerade g in F liegen soll, kann ihr Aufpunkt (4; 4; 4) als Aufpunkt von F dienen:

$$F:\ \begin{pmatrix}-4\\4\\0\end{pmatrix}\circ\left[\begin{pmatrix}x\\y\\z\end{pmatrix}-\begin{pmatrix}4\\4\\4\end{pmatrix}\right]=0 \;\Rightarrow\; F:\ -4x+4y=0 \;\Rightarrow\; F:\ x-y=0$$

Die Ebene F ist also auch senkrecht zur x-y-Ebene und enthält die z-Achse. Die Spurgerade von F in der x-y-Ebene stellt die Winkelhalbierende von x- und y-Achse dar.

Alternative Lösung:
Da nur eine Gleichung der Ebene F gefordert ist, kann man auch die Parametergleichung von F angeben. Diese lässt sich mithilfe der Gleichung von g und des Normalenvektors von E direkt angeben:

$$F:\ \vec{x}=\begin{pmatrix}4\\4\\4\end{pmatrix}+t\cdot\begin{pmatrix}0\\0\\1\end{pmatrix}+s\cdot\begin{pmatrix}1\\1\\0\end{pmatrix}$$

d) **Gleichung der Geraden h**

Da h den Punkt M enthalten und parallel zur x-y-Ebene verlaufen soll, muss der Schnittpunkt N von h und g die gleiche z-Koordinate wie M haben, also $N(x_N;\ y_N;\ 1)$. Außerdem muss N die Gleichung von g erfüllen:

$$\begin{pmatrix}x_N\\y_N\\1\end{pmatrix}=\begin{pmatrix}4\\4\\4\end{pmatrix}+t\cdot\begin{pmatrix}0\\0\\1\end{pmatrix} \;\Rightarrow\; 1=4+t\cdot 1 \;\Rightarrow\; t=-3 \;\Rightarrow\; N(4;\ 4;\ 1)$$

Eine Gleichung der Geraden h lautet somit:

$$h:\ \vec{x}=\overrightarrow{OM}+s\cdot\overrightarrow{MN}=\begin{pmatrix}1\\2\\1\end{pmatrix}+s\cdot\begin{pmatrix}3\\2\\0\end{pmatrix}\quad \text{mit } s\in\mathbb{R}$$

Durchstoßpunkt T von h und E

Einsetzen der Koordinaten der Geraden h in die Ebenengleichung von E liefert:

$$\begin{aligned}1+3s+2+2s&=4\\ 5s&=1\\ s&=0{,}2\end{aligned}$$

$$\overrightarrow{OT}=\begin{pmatrix}1\\2\\1\end{pmatrix}+0{,}2\cdot\begin{pmatrix}3\\2\\0\end{pmatrix}=\begin{pmatrix}1{,}6\\2{,}4\\1\end{pmatrix} \;\Rightarrow\; T(1{,}6;\ 2{,}4;\ 1)$$

Hinweis für CAS-Nutzer

Die Rechnungen können so einfach gehalten werden, dass das CAS nicht benötigt wird.

Aufgabe 5

a) **Skizze**

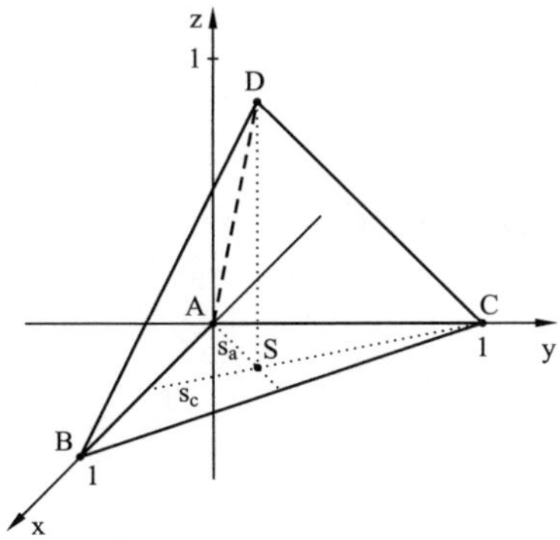

Volumen

$$V = \frac{1}{3} \cdot A_{\Delta ABC} \cdot h = \frac{1}{3} \cdot \frac{1}{2} \cdot 1 \cdot 1 \cdot 1 = \frac{1}{6}\text{ VE}$$

Koordinaten von D

Man braucht die Koordinaten von S, denn D liegt senkrecht über S in einer Höhe von $z = 1$. Die Koordinaten von S ergeben sich als Koordinaten des Schnittpunktes zweier Seitenhalbierenden des Dreiecks ABC, z. B. von s_a und s_c.

$$s_a: \vec{x} = s \cdot \begin{pmatrix} 0,5 \\ 0,5 \\ 0 \end{pmatrix} \quad s_c: \vec{x} = \begin{pmatrix} 0,5 \\ 0 \\ 0 \end{pmatrix} + r \cdot \begin{pmatrix} -0,5 \\ 1 \\ 0 \end{pmatrix} \quad \text{mit } s, r \in \mathbb{R}$$

Gleichsetzen führt zu:

$$\left.\begin{array}{ll} (1) & 0,5s = 0,5 - 0,5r \\ (2) & 0,5s = r \\ (3) & 0 = 0 \end{array}\right\} \Rightarrow r = 0,5 - 0,5r \Rightarrow \frac{3}{2}r = \frac{1}{2} \Rightarrow r = \frac{1}{3} \Rightarrow s = \frac{2}{3}$$

$$\overrightarrow{OS} = \frac{2}{3} \cdot \begin{pmatrix} \frac{1}{2} \\ \frac{1}{2} \\ 0 \end{pmatrix} = \begin{pmatrix} \frac{1}{3} \\ \frac{1}{3} \\ 0 \end{pmatrix} \Rightarrow S\left(\frac{1}{3}; \frac{1}{3}; 0\right)$$

Die Koordinaten von D ergeben sich daraus mit $z = 1$: $D\left(\frac{1}{3}; \frac{1}{3}; 1\right)$

b) Von der Ebene F werden die Seitenkanten $\overline{AD}$, $\overline{BD}$ und $\overline{CD}$ geschnitten. Die zugehörigen Geraden lauten:

$$g(AD): \vec{x} = \begin{pmatrix} 0 \\ 0 \\ 0 \end{pmatrix} + t \cdot \begin{pmatrix} \frac{1}{3} \\ \frac{1}{3} \\ 1 \end{pmatrix}; \quad g(BD): \vec{x} = \begin{pmatrix} 1 \\ 0 \\ 0 \end{pmatrix} + t \cdot \begin{pmatrix} -\frac{2}{3} \\ \frac{1}{3} \\ 1 \end{pmatrix}; \quad g(CD): \vec{x} = \begin{pmatrix} 0 \\ 1 \\ 0 \end{pmatrix} + t \cdot \begin{pmatrix} \frac{1}{3} \\ -\frac{2}{3} \\ 1 \end{pmatrix}$$

Die Bedingung $z = 0,5$ führt bei allen Geraden zu $t = 0,5$.

Schnittpunkt P_{AD} der Ebene F mit der Kante $\overline{AD}$

$$\vec{p}_{AD} = \frac{1}{2} \cdot \begin{pmatrix} \frac{1}{3} \\ \frac{1}{3} \\ 1 \end{pmatrix} = \begin{pmatrix} \frac{1}{6} \\ \frac{1}{6} \\ \frac{1}{2} \end{pmatrix} \quad \Rightarrow \quad P_{AD}\left(\frac{1}{6}; \frac{1}{6}; \frac{1}{2}\right)$$

Schnittpunkt P_{BD} der Ebene F mit der Kante $\overline{BD}$

$$\vec{p}_{BD} = \begin{pmatrix} 1 \\ 0 \\ 0 \end{pmatrix} + \frac{1}{2} \cdot \begin{pmatrix} -\frac{2}{3} \\ \frac{1}{3} \\ 1 \end{pmatrix} = \begin{pmatrix} \frac{2}{3} \\ \frac{1}{6} \\ \frac{1}{2} \end{pmatrix} \quad \Rightarrow \quad P_{BD}\left(\frac{2}{3}; \frac{1}{6}; \frac{1}{2}\right)$$

Schnittpunkt P_{CD} der Ebene F mit der Kante $\overline{CD}$

$$\vec{p}_{CD} = \begin{pmatrix} 0 \\ 1 \\ 0 \end{pmatrix} + \frac{1}{2} \cdot \begin{pmatrix} \frac{1}{3} \\ -\frac{2}{3} \\ 1 \end{pmatrix} = \begin{pmatrix} \frac{1}{6} \\ \frac{2}{3} \\ \frac{1}{2} \end{pmatrix} \quad \Rightarrow \quad P_{CD}\left(\frac{1}{6}; \frac{2}{3}; \frac{1}{2}\right)$$

c) Die Ebene F zerlegt die Pyramide ABCD in eine zu ihr ähnliche Pyramide $P_{AD}P_{BD}P_{CD}D$ und einen Pyramidenstumpf $ABCP_{AD}P_{BD}P_{CD}$.

Wegen des Ähnlichkeitsfaktors $k = \frac{1}{2}$ gilt für das Volumen der kleinen Pyramide:

$$V_{P_{AD}P_{BD}P_{CD}D} = \left(\frac{1}{2}\right)^3 \cdot V_{ABCD} = \frac{1}{8} \cdot V_{ABCD} = \frac{1}{8} \cdot \frac{1}{6} = \frac{1}{48}\ \text{VE}$$

Das Volumen des Pyramidenstumpfs ergibt sich als Differenz der Volumina von großer und kleiner Pyramide:

$$V_{Stumpf} = \frac{1}{6} - \frac{1}{48} = \frac{7}{48}\ \text{VE}$$

Das Verhältnis der Volumina beider Teilkörper beträgt also:

$$V_{P_{AD}P_{BD}P_{CD}D} : V_{ABCP_{AD}P_{BD}P_{CD}} = 1:7$$

d) Der Punkt $C_t(t;\,1;\,0)$ mit $t \in \mathbb{R}$ liegt auf einer Geraden h, die parallel zur x-Achse in der x-y-Ebene verläuft und von der x-Achse den Abstand 1 LE hat.

Die Grundfläche der Pyramide verändert zwar ihre Gestalt, aber nicht ihren Flächeninhalt, denn die Grundseite $\overline{AB}$ hat unverändert die Länge 1 LE und die Höhe des Dreiecks ABC_t beträgt stets 1 LE.

Die Spitze D der Pyramide ABC_tD verändert ebenfalls ihre Lage, weil sich mit C_t auch der Schnittpunkt der Seitenhalbierenden der Grundfläche ABC verändert. Im Folgenden wird deshalb dieser Punkt, da er wie C_t vom Parameter t abhängt, mit D_t bezeichnet. Da der Punkt D_t aber stets in der Ebene F: $z = 1$ verbleibt, ändert sich die Höhe der Pyramide ABC_tD_t nicht. Sie beträgt stets 1 LE.

Damit bleibt das Volumen der Pyramide ABC_tD_t konstant.

e) Da die Seitenhalbierenden einander im Verhältnis 1:2 teilen und die Spitze C_t des Dreiecks ABC_t auf einer Parallelen im Abstand 1 LE zur x-Achse verläuft, während die Punkte A und B unverändert auf der x-Achse liegen, muss der Schnittpunkt der Seitenhalbierenden stets $\frac{1}{3}$ LE von der x-Achse entfernt liegen.

Der Schnittpunkt der Seitenhalbierenden liegt also stets in der x-y-Ebene auf einer Geraden parallel zur x-Achse im Abstand $\frac{1}{3}$ LE von dieser Achse.

Diese Parallele hat die Gleichung $\vec{x} = \begin{pmatrix} 0 \\ \frac{1}{3} \\ 0 \end{pmatrix} + t \cdot \begin{pmatrix} 1 \\ 0 \\ 0 \end{pmatrix}$ $(t \in \mathbb{R})$.

Alternative Lösung:
Die Koordinaten von S ergeben sich als Koordinaten des Schnittpunktes zweier Seitenhalbierenden, z. B. von s_a und s_c:

$$s_a\colon\ \vec{x} = s \cdot \begin{pmatrix} \frac{t+1}{2} \\ \frac{1}{2} \\ 0 \end{pmatrix} \qquad s_c\colon\ \vec{x} = \begin{pmatrix} \frac{1}{2} \\ 0 \\ 0 \end{pmatrix} + r \cdot \begin{pmatrix} t - \frac{1}{2} \\ 1 - 0 \\ 0 - 0 \end{pmatrix}$$

Gleichsetzen ergibt:

$$\text{(1)}\quad \frac{t+1}{2} \cdot s = \frac{1}{2} + \left(t - \frac{1}{2}\right) \cdot r$$

$$\text{(2)}\quad \frac{1}{2} s = r$$

$$\text{(3)}\quad 0 = 0$$

Einsetzen von (2) in (1) führt zu:

$$\frac{t+1}{2} \cdot s = \frac{1}{2} + \left(t - \frac{1}{2}\right) \cdot \left(\frac{1}{2} s\right)$$

$$\frac{1}{2} st + \frac{1}{2} s = \frac{1}{2} + \frac{1}{2} st - \frac{1}{4} s$$

$$s = \frac{2}{3}$$

Mit der Gleichung von s_a ergibt sich damit der Schnittpunkt S_t der Seitenhalbierenden:

$$\vec{s}_t = \frac{2}{3} \cdot \begin{pmatrix} \frac{t+1}{2} \\ \frac{1}{2} \\ 0 \end{pmatrix} = \begin{pmatrix} \frac{t+1}{3} \\ \frac{1}{3} \\ 0 \end{pmatrix} \quad \Rightarrow \quad S_t\left(\frac{t+1}{3}; \frac{1}{3}; 0\right)$$

Da nur die x-Koordinate von S_t abhängig vom Parameter t ist, verläuft der Schnittpunkt S_t der Seitenhalbierenden in der x-y-Ebene auf einer Parallelen zur x-Achse im Abstand $\frac{1}{3}$ von dieser Achse.

Hinweis für CAS-Nutzer

Die Ortskurve des Schnittpunkts der Seitenhalbierenden kann auch elementargeometrisch mit der dynamischen Geometriesoftware des CAS bestimmt werden. Dazu wird das Dreieck ABC_t mit dem Schnittpunkt S_t der Seitenhalbierenden erzeugt.

Der Punkt C_t läuft dabei auf der Parallelen zur x-Achse im Abstand 1 LE und es wird die Ortskurve des Schnittpunktes S_t bezüglich C_t konstruiert.

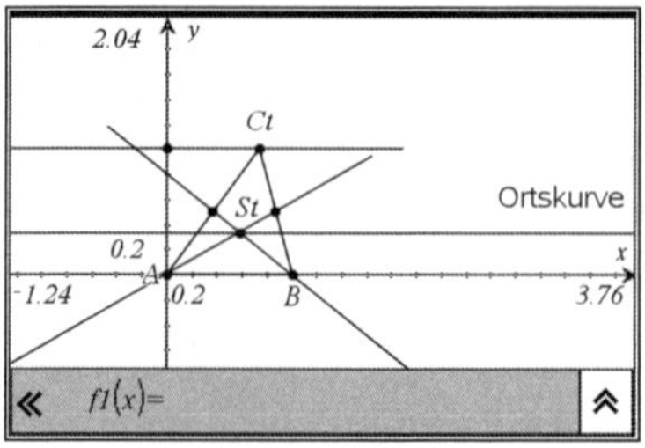

Grundkurs Mathematik (Thüringen): Abiturprüfung 2009
Aufgabe A1: Analysis

Gegeben ist die Funktion f durch

$y = f(x) = \ln(2x+1) - x.$

a) Geben Sie den größtmöglichen Definitionsbereich der Funktion f an!
Untersuchen Sie den Graphen von f auf den Schnittpunkt mit der y-Achse, auf lokale Extrempunkte und auf Wendepunkte!
Geben Sie gegebenenfalls deren Koordinaten an!
Skizzieren Sie den Graphen von f im Intervall $-0{,}4 \leq x \leq 8$!
Begründen Sie, dass außer $x = 0$ eine weitere Nullstelle existieren muss!
Geben Sie das Verhalten des Graphen von f bei Annäherung an die Gerade mit der Gleichung $x = -\frac{1}{2}$ an! (10 BE)

b) Weisen Sie nach, dass die Funktion F mit
$F(x) = \left(x + \frac{1}{2}\right) \cdot \ln(2x+1) - \frac{1}{2}x^2 - x$
eine Stammfunktion von f ist!
Der Graph der Funktion f, die x-Achse sowie die Gerade mit der Gleichung $x = 1$ schließen für $x \leq 1$ eine Fläche vollständig ein.
Berechnen Sie den Inhalt dieser Fläche! (4 BE)

c) An den Graphen von f wird im Koordinatenursprung die Tangente t gelegt.
Die Gerade g steht senkrecht auf der Tangente t und verläuft durch den Punkt P(1; f(1)).
Die Gerade g begrenzt mit den Koordinatenachsen ein Dreieck.
Zeigen Sie, dass dieses Dreieck gleichschenklig ist und bestimmen Sie seinen Flächeninhalt! (5 BE)

d) Gegeben ist die Gerade h mit der Gleichung $h(x) = 2x + \ln 3$.
Zeichnen Sie diese Gerade h in das Koordinatensystem aus Aufgabenteil a ein!
Berechnen Sie den Abstand der Geraden h vom Koordinatenursprung!
Weisen Sie nach, dass es eine Stelle u gibt, sodass die Differenz der Funktionswerte $d(u) = h(u) - f(u)$ minimal wird!
Berechnen Sie die minimale Differenz! (8 BE)

e) Für jede reelle Zahl a ist eine Gerade durch die Gleichung $y = a$ gegeben.
Geben Sie die Anzahl der Schnittpunkte dieser Geraden mit dem Graphen von f in Abhängigkeit von a an! (3 BE)

(30 BE)

Aufgabenstellung für das CAS-Abitur

Gegeben ist die Funktion f durch

$y = f(x) = \ln(2x+1) - x.$

a) Geben Sie den größtmöglichen Definitionsbereich der Funktion f an!
Untersuchen Sie den Graphen von f auf den Schnittpunkt mit der y-Achse, auf lokale Extrempunkte und auf Wendepunkte!
Geben Sie gegebenenfalls deren Koordinaten an!
Skizzieren Sie den Graphen von f im Intervall $-0{,}4 \le x \le 8$!
Geben Sie den Wertebereich von f an!
Begründen Sie ohne weitere Rechnung, dass außer $x = 0$ eine weitere Nullstelle von f existieren muss!
Der Graph der Funktion f wird an der y-Achse gespiegelt. Geben Sie eine Funktionsgleichung der gespiegelten Funktion k an! (CAS: 10 BE)

b) Weisen Sie mithilfe von Ableitungsregeln nach, dass die Funktion F mit

$$F(x) = \left(x + \frac{1}{2}\right) \cdot \ln(2x+1) - \frac{x^2}{2} - x + 2009$$

eine Stammfunktion von f ist!
Der Graph der Funktion f und die x-Achse schließen eine Fläche vollständig ein.
Berechnen Sie den Inhalt dieser Fläche! (CAS: 4 BE)

c) An den Graphen von f wird im Koordinatenursprung die Tangente t gelegt.
Die Gerade g steht senkrecht auf der Tangente t und verläuft durch den Punkt $P(1;\, f(1))$.
Die Gerade g begrenzt mit den Koordinatenachsen ein Dreieck.
Zeigen Sie, dass dieses Dreieck gleichschenklig ist und bestimmen Sie seinen Flächeninhalt! (CAS: 5 BE)

d) Gegeben ist die Gerade h mit der Gleichung $h(x) = 2x + \ln 3$.
Zeichnen Sie diese Gerade h in das Koordinatensystem aus Aufgabenteil a ein!
Berechnen Sie den Abstand der Geraden h vom Koordinatenursprung!
Ermitteln Sie die Stelle u, für die die Differenz der Funktionswerte $h(u) - f(u)$ minimal wird!
Berechnen Sie die minimale Differenz!
An welchen Stellen u beträgt die Differenz der Funktionswerte 2 LE? (CAS: 8 BE)

e) Für jede reelle Zahl a ist eine Gerade durch die Gleichung $y = a$ gegeben.
Geben Sie die Anzahl der Schnittpunkte dieser Geraden mit dem Graphen von f in Abhängigkeit von a an! (CAS: 3 BE)

(CAS: 30 BE)

Hinweise und Tipps

Aufgabe a

Definitionsbereich

- Ein Argument x gehört genau dann zum Definitionsbereich einer Funktion, wenn es zu diesem x einen zugehörigen Funktionswert gibt, wenn man also den zugehörigen Funktionswert mit dem gegebenen Funktionsterm berechnen kann.
- Die vorliegende Funktion ist zusammengesetzt aus einer Logarithmusfunktion und einer linearen Funktion. Die Logarithmusfunktion ist nur für Argumente definiert, die größer null sind.

Schnittpunkt, Extrempunkte, Wendepunkte

- Für den Schnittpunkt mit der y-Achse muss $x = 0$ gelten; man erhält ihn aus $f(0)$.
- Zur Bestimmung der Extrem- und Wendepunkte notieren Sie sich zunächst die ersten zwei Ableitungen der Funktion.
- Nun können Sie zunächst mögliche Extremstellen x_E mit dem notwendigen Kriterium $f'(x) = 0$ bestimmen, ebenso finden Sie mögliche Wendestellen x_W mit $f''(x) = 0$. Ob ein Extrem- bzw. Wendepunkt an den ermittelten Stellen vorliegt, kann mit einem hinreichenden Kriterium überprüft werden, z. B. für Extremstellen $f''(x_E) \neq 0$ bzw. für Wendestellen $f'''(x_W) \neq 0$.

Ergänzung für das CAS-Abitur: Wertebereich

- Der Wertebereich einer Funktion umfasst alle Funktionswerte, die die Funktion annehmen kann. Berücksichtigen Sie die ermittelten wesentlichen Punkte der Funktion und das Verhalten der Funktion an den Grenzen des Definitionsbereiches.

Begründung für die Existenz einer weiteren Nullstelle

- Betrachten Sie die Skizze der Funktion und berücksichtigen Sie bei Ihrer Begründung den Definitionsbereich von f.
- Berücksichtigen Sie, dass f eine stetige Funktion ist, die genau einen lokalen Hochpunkt im I. Quadranten hat.

Abitur ohne CAS: Verhalten des Graphen von f bei Annäherung an die Gerade

- Da f für $x \leq -\frac{1}{2}$ nicht definiert ist, kann sich x nur von rechts möglichst nah an $-\frac{1}{2}$ nähern. Setzen Sie einige Werte für x ein und vermuten Sie das Grenzverhalten. Diskutieren Sie dann das Verhalten von $\ln(2x + 1)$ für $x \to -\frac{1}{2}$.

CAS-Abitur: Spiegelung an der y-Achse

- Wenn man einen Punkt $P(x; f(x))$ an der y-Achse spiegelt, entsteht der Punkt $P'(-x; f(x))$, d. h. es gilt $k(x) = f(-x)$ (Achsensymmetrie).

Aufgabe b

Nachweis, dass F eine Stammfunktion von f ist

- Der gesamte Funktionsterm ist eine Summe von Teiltermen, d. h. zunächst muss man die Summenregel verwenden. Der erste Teilterm ist ein Produkt, d. h. hier muss man zunächst die Produktregel anwenden.

Flächeninhalt

- Fertigen Sie eine Skizze an und schraffieren Sie die gesuchte Fläche.
- ***Abitur ohne CAS:*** Die gesuchte Fläche wird durch die Nullstelle $x = 0$, die x-Achse, die Gerade $x = 1$ und von G_f begrenzt.
  CAS-Abitur: Die gesuchte Fläche wird durch die Nullstellen von f begrenzt. Ermitteln Sie die zweite Nullstelle von f.

- Die Flächenberechnungen können Sie mithilfe des bestimmten Integrals durchführen.

Aufgabe c

- Eine Tangente, die durch den Koordinatenursprung verläuft, hat eine Gleichung der Form $t(x) = mx$. Die Steigung m einer Tangente im Punkt $P(u;\, f(u))$ ist gleich der 1. Ableitung von f an der Stelle u.
- Die zu einer Tangente durch einen Punkt senkrecht verlaufende Gerade wird als Normale bezeichnet.
- Damit zwei Geraden senkrecht aufeinander stehen, muss für ihre Anstiege gelten: $m_1 = \frac{-1}{m_2}$
- Man muss nun hiermit eine Gleichung $g(x) = \frac{-1}{m}x + n$ für die Normale bestimmen. Berücksichtigen Sie dabei, dass Sie einen Punkt der Normalen kennen.
- Bestimmen Sie dann die Schnittpunkte von g mit den Koordinatenachsen.
Für Schnittpunkte mit den Achsen muss $x = 0$ bzw. $y = 0$ gelten. Mit f(0) erhält man den Schnittpunkt mit der y-Achse und mit $f(x) = 0$ den Schnittpunkt mit der x-Achse.

Nachweis der Gleichschenkligkeit

- Fertigen Sie sich zunächst eine Skizze an. Da das Dreieck rechtwinklig ist, können Sie z. B. nachweisen, dass beide Katheten gleich lang sind.

Flächeninhalt

- Berechnen Sie den Flächeninhalt des Dreiecks unter Beachtung, dass das Dreieck gleichschenklig und rechtwinklig ist.

Aufgabe d

Abstand der Geraden h zum Koordinatenursprung

- Der Abstand eines Punktes von einer Geraden kann auf verschiedenen Wegen bestimmt werden.
- 1. Weg: Bestimmen Sie die lineare Funktion i, deren Graph senkrecht auf dem Graphen von h steht und durch den Koordinatenursprung geht. Danach bestimmen Sie den Schnittpunkt der Graphen von i und h. Der Abstand dieses Punktes S vom Koordinatenursprung kann dann z. B. mittels des Satzes von Pythagoras ermittelt werden oder auch vektoriell als Betrag des Vektors $\overline{OS}$.
- 2. Weg (geeignet für CAS): Bestimmen Sie den Abstand eines beliebigen Punktes $P(k;\, h(k))$ des Graphen von h vom Koordinatenursprung in Abhängigkeit von k. Welcher dieser Punkte hat den geringsten Abstand vom Ursprung?

Differenz der Funktionswerte

- Bestimmen Sie den Funktionsterm für $d(u) = h(u) - f(u)$.
- Nun können Sie zunächst mögliche Extremstellen u_E mit dem notwendigen Kriterium $d'(u) = 0$ bestimmen. Ob ein Minimum an den ermittelten Stellen vorliegt, kann mit dem hinreichenden Kriterium $d''(u_E) > 0$ überprüft werden.
- Berechnen Sie dann diese minimale Differenz mit $d(u_E)$.

Ergänzung für das CAS-Abitur: Stellen mit Abstand 2 LE

- Um die Stellen zu finden, wo der Abstand 2 LE beträgt, muss man die Gleichung $d(u) = 2$ nach u lösen.

Aufgabe e

- Fertigen Sie sich eine Skizze an und zeichnen Sie dort die möglichen Fälle ein.
- Berücksichtigen Sie, dass es drei verschiedene Fälle gibt.

$f(x) = \ln(2x+1) - x$

$f'(x) = \frac{1}{2x+1} \cdot 2 - 1 = \frac{2}{2x+1} - 1$

Wendet man für $\frac{2}{2x+1}$ die Quotientenregel an, so erhält man:

$$f''(x) = \left(\frac{2}{2x+1} - 1\right)' = \frac{0 \cdot (2x+1) - 2 \cdot 2}{(2x+1)^2} - 0$$

$$= -\frac{4}{(2x+1)^2}$$

Alternativ kann f'(x) nach einer Umformung auch mittels Kettenregel abgeleitet werden:

$$f''(x) = (2 \cdot (2x+1)^{-1} - 1)'$$

$$= 2 \cdot (-1) \cdot (2x+1)^{-2} \cdot 2 - 0 = -\frac{4}{(2x+1)^2}$$

G_f bezeichne den Graphen der Funktion f.

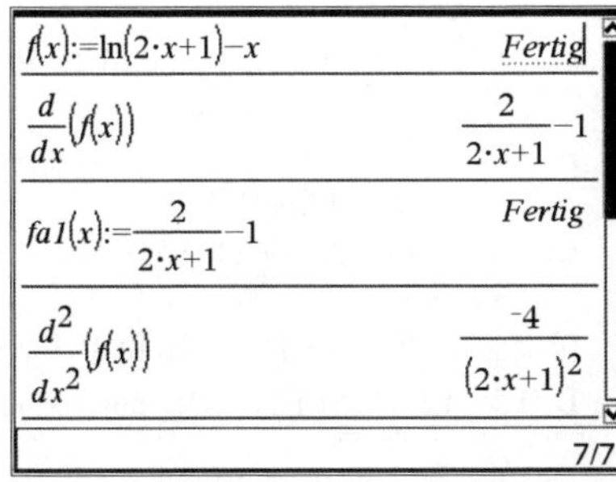

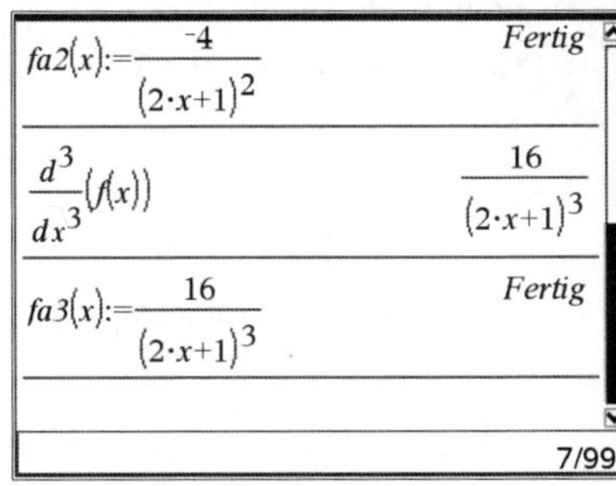

a) **größtmöglicher Definitionsbereich D_f**

Die Funktion f ist für alle die x-Werte definiert, für die auch ln(2x + 1) definiert ist.

$D_f = \{x \mid \ln(2x+1) \text{ ist definiert}\} = \{x \mid 2x+1 > 0\} = \{x \mid 2x > -1\}$

$$\underline{\underline{D_f = \left\{x \mid x > -\frac{1}{2}\right\} = \left]-\frac{1}{2}; \infty\right[}}$$

Schnittpunkt S_y mit der y-Achse

G_f kann die y-Achse nur im Punkt $S_y(0; f(0))$ schneiden.

$f(0) = \ln(2 \cdot 0 + 1) - 0 = \ln 1 = 0 \Rightarrow \underline{\underline{S_y(0; 0)}}$

lokale Extrempunkte E

$E(x_E; f(x_E))$ ist ein lokaler Extrempunkt von G_f, wenn sowohl die Gleichung $f'(x_E) = 0$ als auch die Ungleichung $f''(x_E) \neq 0$ gelten.

$$0 = f'(x) = \frac{2}{2x+1} - 1$$
$$2 = 2x + 1$$
$$x = 0{,}5$$

$\Rightarrow$ $x = 0{,}5$ ist die einzig mögliche lokale Extremstelle von G_f.

$$f''(0{,}5) = -\frac{4}{(2 \cdot 0{,}5 + 1)^2} = -1 < 0$$

$\Rightarrow$ $x = 0{,}5$ ist die lokale Maximumstelle von G_f.

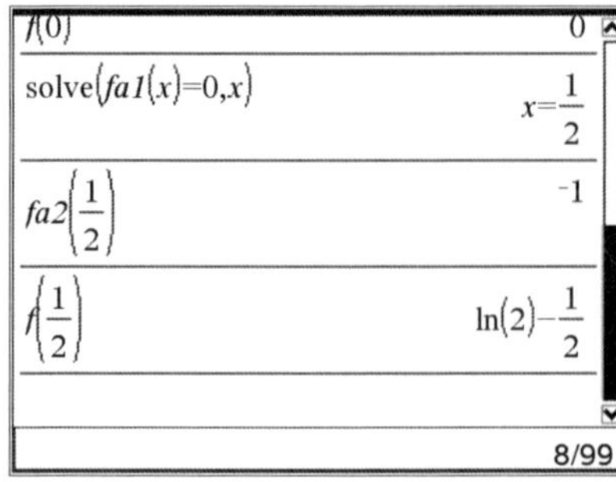

$f(0{,}5) = \ln(2 \cdot 0{,}5 + 1) - 0{,}5 = \ln 2 - 0{,}5 \approx 0{,}193$

$\underline{\underline{E(0{,}5;\ \ln 2 - 0{,}5)}}$ ist als der einzige lokale Extrempunkt von G_f ein Hochpunkt.

Wendepunkte W

$W(x_W; f(x_W))$ kann nur dann ein Wendepunkt von G_f sein, wenn die Gleichung $f''(x_W) = 0$ gilt.

$$0 = f''(x) = -\frac{4}{(2x+1)^2}$$

$0 = -4$ Widerspruch

$\Rightarrow$ $\underline{\underline{G_f \text{ besitzt keinen Wendepunkt.}}}$

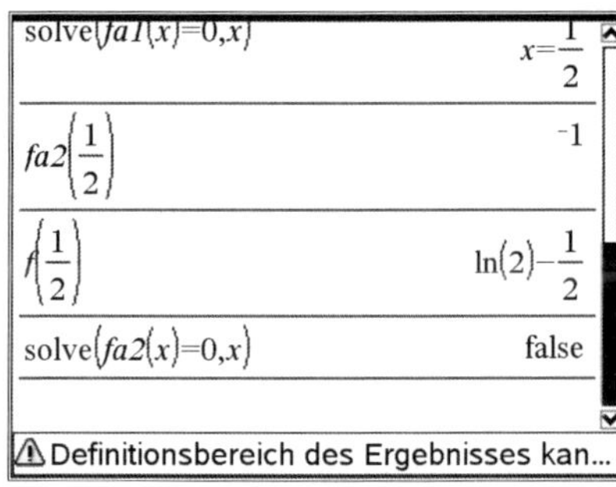

Skizze des Graphen G_f

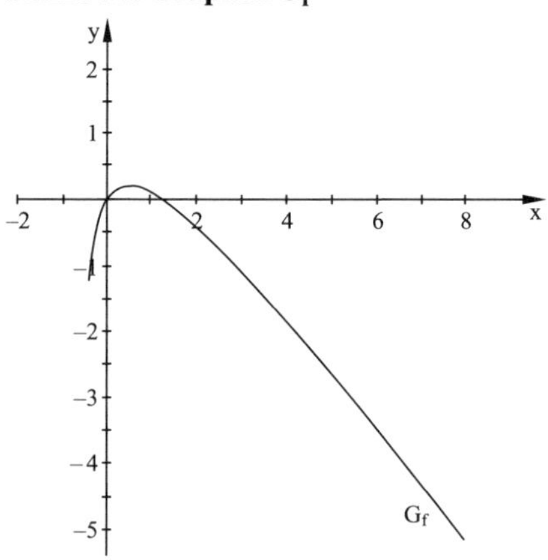

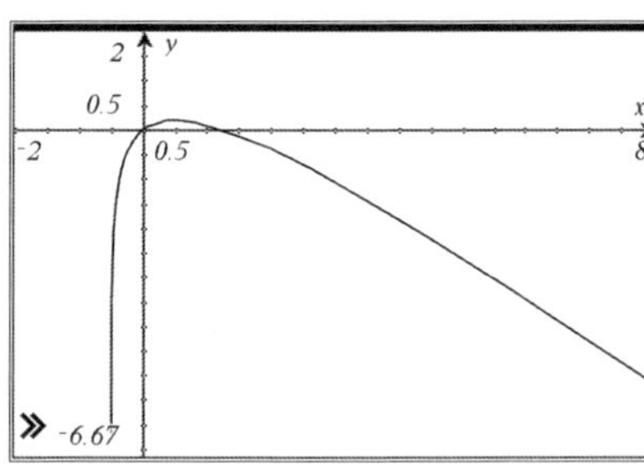

Lösungshinweise für das CAS-Abitur: Wertebereich W_f

Der Wertebereich W_f kann der Skizze des Graphen G_f entnommen werden. Die y-Koordinate des Hochpunktes bildet den größten Wert von W_f. Nach unten ist G_f und damit auch W_f nicht beschränkt.

$$W_f = \{y \mid y \leq \ln 2 - 0{,}5 \approx 0{,}193\} = \underline{\underline{]-\infty;\ \ln 2 - 0{,}5 \approx 0{,}193[}}$$

Existenz einer zweiten Nullstelle

Nachweisvariante 1:
G_f besitzt den Hochpunkt H mit $x_H = 0{,}5$ und $y_H \approx 0{,}2$. Auf G_f liegt auch der Punkt P mit $x_P = 2$ und $y_P < 0$. Folglich muss G_f als Graph einer stetigen Funktion im Intervall $]0{,}5;\ 2[$ vom I. Quadranten in den IV. Quadranten verlaufen, d. h. die x-Achse schneiden, was auch der Skizze zu entnehmen ist. f muss also in diesem Intervall eine weitere Nullstelle besitzen. **q. e. d.**

Nachweisvariante 2:

$0 = f(x)$
$0 = \ln(2x+1) - x$
$x = \ln(2x+1)$

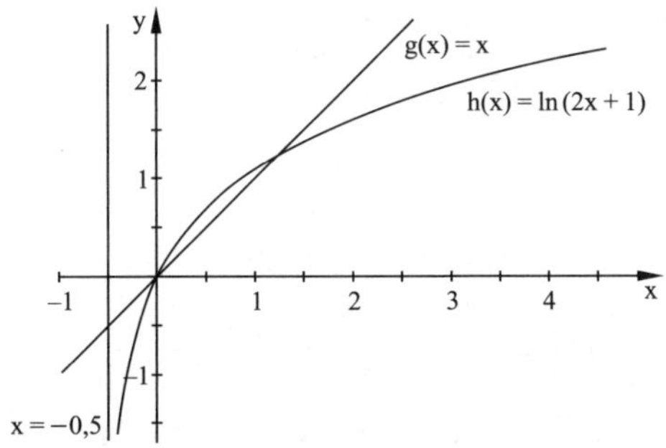

Die Graphen von g mit $g(x) = x$ und h mit $h(x) = \ln(2x+1)$ schneiden sich in zwei verschiedenen Punkten, also muss f zwei verschiedene Nullstellen besitzen. **q. e. d.**

Lösungshinweise für das CAS-Abitur

Bei der Aufgabenstellung für das CAS-Abitur ist die 2. Nachweisvariante nicht geeignet, da hier eine Begründung ohne weitere Rechnung gefordert wird.

Abitur ohne CAS: Grenzverhalten von G_f

Die Gerade g: $x = -0{,}5$ ist eine senkrechte Asymptote von G_f mit dem rechtsseitigen Grenzwert $\lim\limits_{\substack{x \to -0{,}5 \\ x > -0{,}5}} f(x) = -\infty$.

Diese Eigenschaft kann man aus folgenden Überlegungen schlussfolgern:

$x = -\frac{1}{2} \notin D_f$ $\Rightarrow$ G_f kann die (parallel zur y-Achse verlaufende) Gerade g: $x = -\frac{1}{2}$ nicht schneiden.

$D_f = \left]-\frac{1}{2}; \infty\right[$ $\Rightarrow$ f(x) ist für alle x beliebig nahe rechts von $-\frac{1}{2}$ definiert, d. h. G_f nähert sich von rechts gegen die Gerade g: $x = -\frac{1}{2}$ beliebig nahe an, ohne die Gerade zu erreichen.

$f(-0{,}4) < 0$ und links von $x = 0$ ist G_f streng monoton wachsend. Außerdem besitzt G_f keinen Wendepunkt.

$$\Rightarrow \lim_{\substack{x \to -0{,}5 \\ x > -0{,}5}} f(x) = -\infty$$

Lösungshinweise für das CAS-Abitur: Spiegelung an der y-Achse

$$k(x) = f(-x) = \ln(-2x+1) - (-x)$$
$$= \ln(1-2x) + x$$

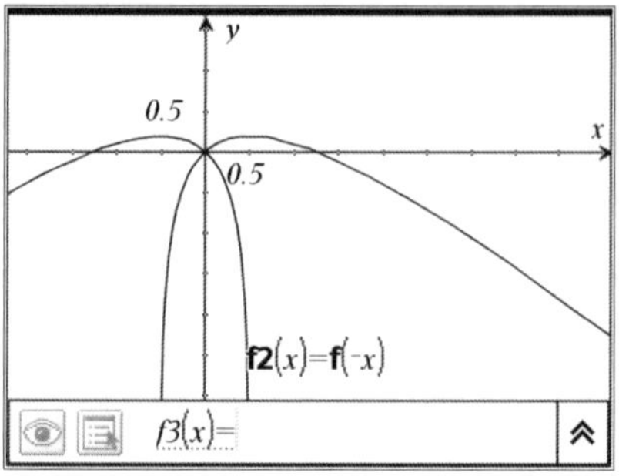

b) **Nachweis, dass F eine Stammfunktion von f ist**

Für den Nachweis, dass F eine Stammfunktion von f ist, genügt es zu zeigen, dass $F'(x) = f(x)$ für alle $x \in D_f$ gilt. Bei der folgenden Differentiation werden insbesondere die Produkt- und Kettenregel angewandt.

$$F'(x) = \left[\left(x+\frac{1}{2}\right)\cdot\ln(2x+1) - \frac{1}{2}x^2 - x\right]'$$
$$= \left(x+\frac{1}{2}\right)'\cdot\ln(2x+1) + \left(x+\frac{1}{2}\right)\cdot(\ln(2x+1))' - \left(\frac{1}{2}x^2\right)' - x'$$
$$= 1\cdot\ln(2x+1) + \left(x+\frac{1}{2}\right)\cdot\frac{1}{2x+1}\cdot 2 - \frac{1}{2}\cdot 2x - 1$$
$$= \ln(2x+1) + \frac{2x+1}{2x+1} - x - 1 = \ln(2x+1) + 1 - x - 1$$
$$= \ln(2x+1) - x = f(x)$$

q. e. d.

Lösungshinweise für das CAS-Abitur

Das konstante Glied 2009 bei der in der Aufgabenstellung angegebenen Funktion F(x) fällt bei der Differentiation weg und die weitere Rechnung verläuft analog zu oben.

Abitur ohne CAS: Inhalt A der eingeschlossenen Fläche

Es ist der Inhalt A der Fläche zu bestimmen, die G_f mit der x-Achse über dem Intervall [0; 1] einschließt. Diese Fläche liegt nirgends unterhalb der x-Achse.

$$A = \int_0^1 f(x)\,dx = F(1) - F(0)$$
$$= \left(1+\frac{1}{2}\right)\cdot\ln(2\cdot 1+1) - \frac{1}{2}\cdot 1^2 - 1$$
$$- \left[\left(0+\frac{1}{2}\right)\cdot\ln(2\cdot 0+1) - \frac{1}{2}0^2 - 0\right]$$
$$= 1{,}5\cdot\ln 3 - 0{,}5 - 1 - 0{,}5\cdot\ln 1 - 0 \quad \text{mit } \ln 1 = 0$$
$$\underline{\underline{A = 1{,}5\cdot\ln 3 - 1{,}5 \approx 0{,}148}}$$

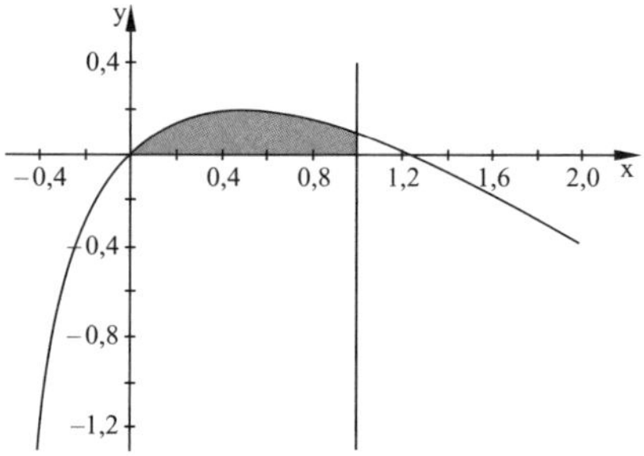

Der Inhalt der eingeschlossenen Fläche beträgt ca. 0,148 FE.

Lösungshinweise für das CAS-Abitur: Flächeninhalt

Die gesuchte Fläche wird von den beiden Nullstellen von f begrenzt. Die zweite Nullstelle ($x_1 = 0$ ist bereits aus Teilaufgabe a bekannt) liegt bei $x_2 \approx 1{,}25643$.

$$A = \int_0^{x_2} f(x)\,dx \approx 0{,}161094$$

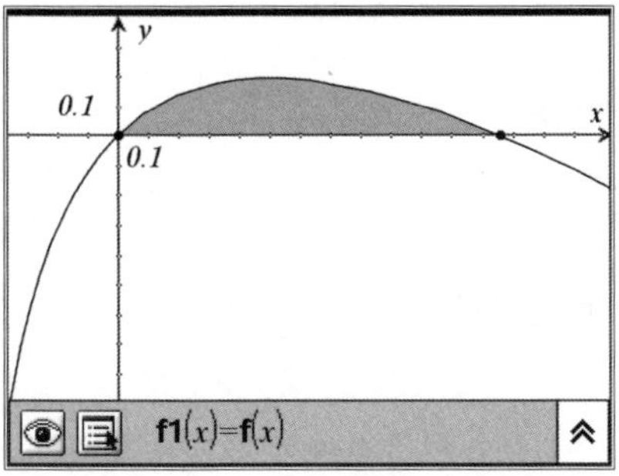

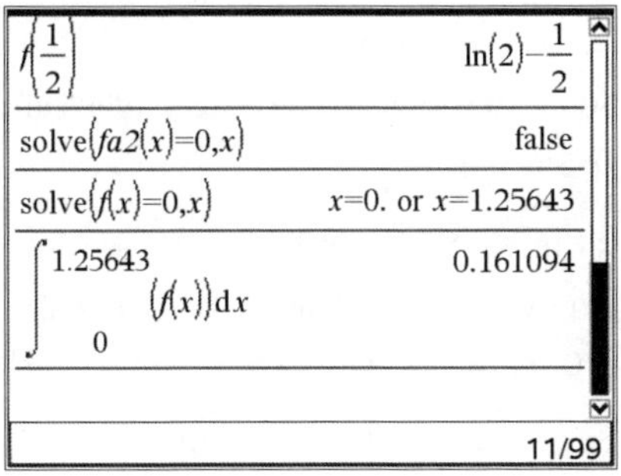

Der Inhalt der eingeschlossenen Fläche beträgt ca. 0,161 FE.

c) **Nachweis der Gleichschenkligkeit des Dreiecks**

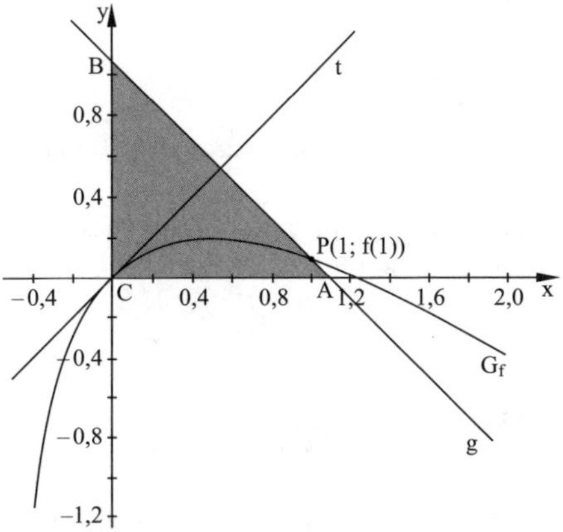

Um das in der Aufgabenstellung beschriebene Dreieck näher zu untersuchen, kann man sich zunächst den Sachverhalt anhand einer Skizze klarmachen.

Es ist nachzuweisen, dass das rechtwinklige Dreieck ABC gleichschenklig ist, wobei A der Schnittpunkt der Geraden g mit der x-Achse, B der Schnittpunkt der Geraden g mit der y-Achse sowie C der Koordinatenursprung C(0; 0) ist.

ΔABC ist gleichschenklig, wenn die beiden Katheten gleich lang sind, d. h. wenn $\overline{AC} = \overline{BC}$ gilt.

Diese Streckenlängen kann man berechnen, wenn man die Koordinaten der Punkte A und B kennt. Und diese Koordinaten wiederum lassen sich berechnen, wenn man die Gleichungen der Geraden t und g kennt. t ist die Tangente an G_f im Punkt C(0; 0).

t: $y = m_t \cdot x + n_t$ mit $n_t = 0$

$$m_t = f'(0) = \frac{2}{2 \cdot 0 + 1} - 1 = 1$$

$\Rightarrow \quad t(x) = x$

g ist die Gerade, die senkrecht auf t steht (also die Normale von t ist) und durch $P(1;\, f(1)) = P(1;\, \ln 3 - 1)$ verläuft.

$$g\colon\ y = m_g \cdot x + n_g \quad \text{mit} \quad m_g = -\frac{1}{m_t} = -1$$

$$\Rightarrow\ y = -x + n_g \qquad \text{mit} \quad P(1;\, \ln 3 - 1) \in g$$

$$\Rightarrow\ \ln 3 - 1 = -1 + n_g \quad \Rightarrow\ n_g = \ln 3$$

$$\Rightarrow\ g(x) = -x + \ln 3$$

$A(x_A;\, 0)$ besitzt als Abszisse x_A die Nullstelle von g.

$$0 = g(x)$$
$$0 = -x + \ln 3$$
$$x = \ln 3 \quad \Rightarrow\ x_A = \ln 3$$

$B(0;\, y_B)$ ist der Schnittpunkt der Geraden g mit der y-Achse.

$$g(0) = \ln 3 \quad \Rightarrow\ y_B = \ln 3$$

$$\Rightarrow\ \overline{AC} = x_A = \ln 3 = y_B = \overline{BC}$$ **q. e. d.**

Flächeninhalt A des Dreiecks ABC

Der Flächeninhalt eines rechtwinkligen Dreiecks berechnet sich besonders einfach nach der speziellen Formel $A = \frac{1}{2} a \cdot b$.

$$A = \frac{1}{2} a \cdot b \quad \text{mit} \quad a = b = \ln 3$$

$$\Rightarrow\ A = \frac{1}{2} \cdot \ln 3 \cdot \ln 3 = \frac{1}{2} \cdot (\ln 3)^2 \approx 0{,}60$$

Das Dreieck ABC besitzt einen Flächeninhalt von ca. 0,60 FE.

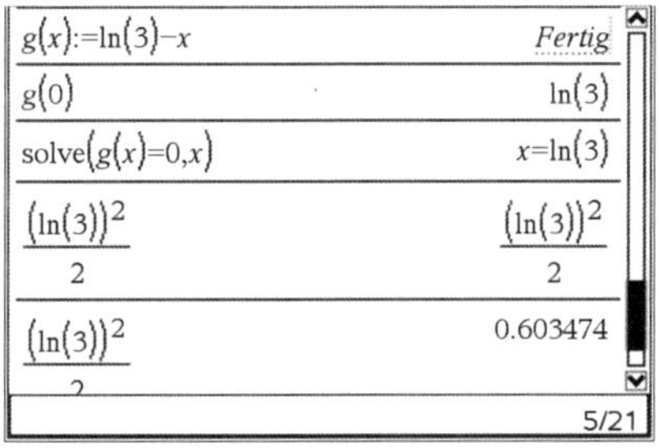

d) **Skizze**

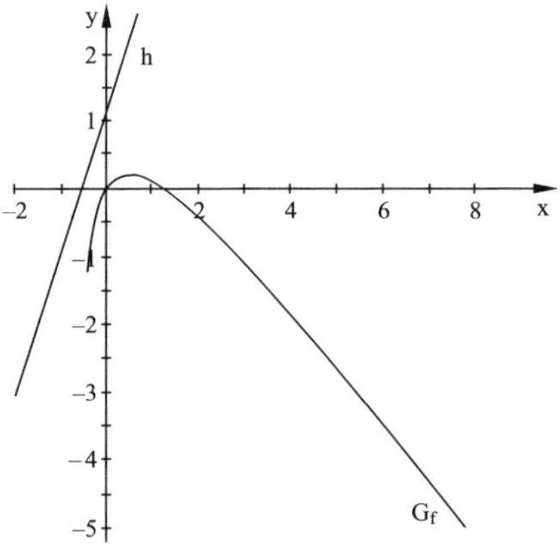

Abstand a der Geraden h vom Koordinatenursprung

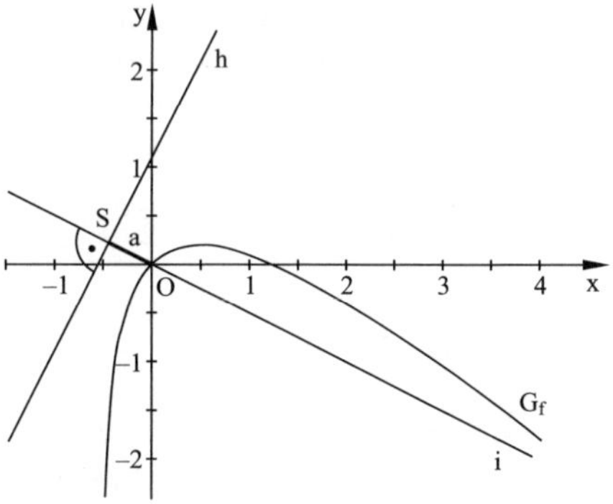

Der gesuchte Abstand a ist gleich der Länge OS des Lotes vom Koordinatenursprung O(0; 0) auf die Gerade h. Der Punkt S ist somit der Schnittpunkt der Geraden h mit der zu h senkrecht verlaufenden Ursprungsgeraden i.

Gleichung der Geraden i:

i: $y = m_i x + n_i$ mit $n_i = 0$

$$m_i = \frac{-1}{m_h} = \frac{-1}{2} = -\frac{1}{2}$$

$$\Rightarrow \quad i(x) = -\frac{1}{2}x$$

S ist der Schnittpunkt von h und i:

$h(x) = i(x)$

$$2x + \ln 3 = -\frac{1}{2}x$$

$$2{,}5x = -\ln 3$$

$$x = -0{,}4 \cdot \ln 3 \quad \Rightarrow \quad x_S = -0{,}4 \cdot \ln 3$$

$$y_S = -\frac{1}{2}x_S = 0{,}2 \cdot \ln 3$$

Abstand a ist die Länge der Strecke $\overline{OS}$.

Lösungsvariante 1:

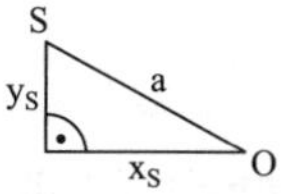

$$a = \sqrt{x_S^2 + y_S^2} = \sqrt{(-0{,}4 \cdot \ln 3)^2 + (0{,}2 \cdot \ln 3)^2}$$

$$\underline{\underline{a = \ln 3 \cdot \sqrt{0{,}2} \approx 0{,}49}}$$

Lösungsvariante 2:

$$a = \overline{OS} = |\overrightarrow{OS}| = \left|\begin{pmatrix} x_S - x_O \\ y_S - y_O \end{pmatrix}\right| = \left|\begin{pmatrix} -0{,}4 \cdot \ln 3 \\ 0{,}2 \cdot \ln 3 \end{pmatrix}\right| = \sqrt{0{,}16 \cdot (\ln 3)^2 + 0{,}04 \cdot (\ln 3)^2}$$

$$\underline{\underline{a = \ln 3 \cdot \sqrt{0{,}2} \approx 0{,}49}}$$

Lösungshinweise für das CAS-Abitur

Bei Verwendung eines CAS-Rechners genügt der folgende Ansatz, mit dem man die x-Koordinate desjenigen Punktes der Geraden h erhält, der die geringste Entfernung vom Ursprung hat (in der Rechnung oben wird dieser Punkt mit S bezeichnet).

$\text{fMin}\left(\sqrt{k^2 + (h(k))^2}, k\right)$	$k = \frac{-2 \cdot \ln(3)}{5}$

Der Abstand der Geraden h vom Ursprung entspricht dieser (geringsten) Entfernung, die man durch Einsetzen der ermittelten Minimumstelle in die Formel $\sqrt{k^2 + h(k)^2}$ erhält.

Minimumstelle u_{min}

Die Funktionswertedifferenz $d(u) = h(u) - f(u)$ besitzt die lokale Minimumstelle u_{min}, wenn sowohl die Gleichung $d'(u_{min}) = 0$ als auch die Ungleichung $d''(u_{min}) > 0$ gelten.

$$\begin{aligned} d(u) &= h(u) - f(u) = 2u + \ln 3 - (\ln(2u+1) - u) \\ &= 2u + \ln 3 - \ln(2u+1) + u = 3u - \ln(2u+1) + \ln 3 \end{aligned}$$

$$d'(u) = 3 - \frac{1}{2u+1} \cdot 2 + 0 = 3 - \frac{2}{2u+1}$$

$$0 = d'(u) = 3 - \frac{2}{2u+1}$$

$$2 = 6u + 3$$

$$u = -\frac{1}{6}$$

$$d''(u) = \left(3 - \frac{2}{2u+1}\right)' = 0 - \frac{0 \cdot (2u+1) - 2 \cdot 2}{(2u+1)^2} = -\frac{-4}{(2u+1)^2} = \frac{4}{(2u+1)^2}$$

$$d''\left(-\frac{1}{6}\right) = \frac{4}{\left(2 \cdot \left(-\frac{1}{6}\right) + 1\right)^2} = 9 > 0 \quad \Rightarrow \quad \underline{\underline{u_{min} = -\frac{1}{6}}} \text{ ist die lokale Minimumstelle von d.}$$

Die Funktionswertedifferenz $d(u) = h(u) - f(u)$ wird für $u = -\frac{1}{6}$ minimal.

Minimale Differenz

Die gesuchte Differenz ist der Wert der Funktion d an der Stelle $u_{min} = -\frac{1}{6}$.

$$d(u_{min}) = 3 \cdot u_{min} - \ln(2u_{min} + 1) + \ln 3 = 3 \cdot \left(-\frac{1}{6}\right) - \ln\left(2 \cdot \left(-\frac{1}{6}\right) + 1\right) + \ln 3$$

$$\underline{\underline{d(u_{min}) = -\frac{1}{2} - \ln\frac{2}{3} + \ln 3 \approx 1{,}00}}$$

Lösungshinweise für das CAS-Abitur: Stellen mit Abstand 2 LE

Die Gleichung $d(u) = 2$ wird mit dem Taschencomputer nach u gelöst. Es ergeben sich die Stellen $u_1 \approx -0{,}45$ und $u_2 \approx 0{,}55$.

$d(x) := h(x) - f(x)$	*Fertig*
solve$(d(u)=2, u)$	$u = -0.446878$ or $u = 0.546738$

e) **Anzahl der Schnittpunkte**

Die Anzahl der Schnittpunkte des Graphen G_f mit einer horizontalen Geraden kann man anhand der Skizze aus Aufgabenteil a ermitteln. Dabei sind drei Fälle zu unterscheiden: die Horizontale verläuft (1) oberhalb des Hochpunktes H, (2) durch H und (3) unterhalb von H.

Die Anzahl der Schnittpunkte der Geraden mit der Gleichung $y = a$ und dem Graphen G_f beträgt

0 für alle $a > \ln 2 - 0{,}5$,
genau 1 nur für $a = \ln 2 - 0{,}5$ sowie
genau 2 für alle $a < \ln 2 - 0{,}5$.

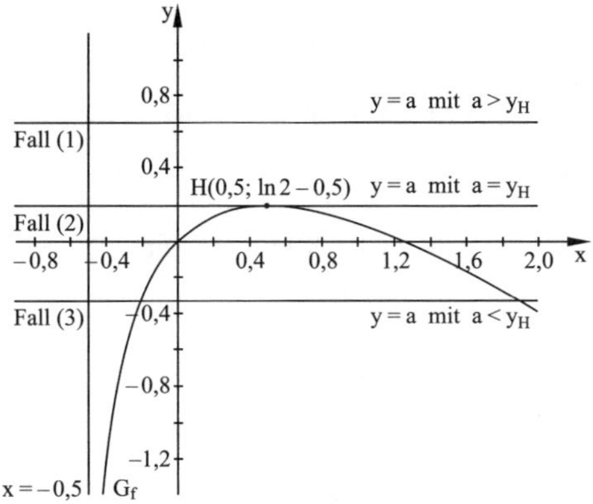

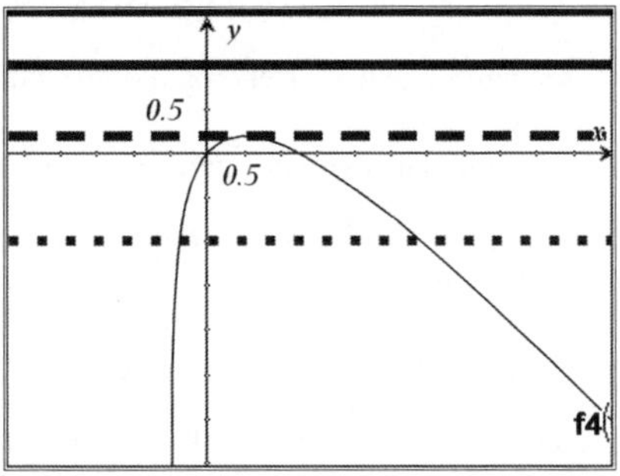

Grundkurs Mathematik (Thüringen): Abiturprüfung 2009
Aufgabe A2: Analysis

Gegeben ist die Funktion f durch

$$y = f(x) = 2 + \frac{8}{x} + \frac{6}{x^2} = \frac{2x^2 + 8x + 6}{x^2}, \quad x \in \mathbb{R};\ x \neq 0.$$

a) Untersuchen Sie den Graphen der Funktion f auf gemeinsame Punkte mit der x-Achse, auf Asymptoten, auf lokale Extrempunkte und auf Wendepunkte! Geben Sie gegebenenfalls deren Koordinaten an! (Auf den Nachweis möglicher Wendepunkte darf verzichtet werden.)
Skizzieren Sie den Graphen von f und die waagerechte Asymptote im Intervall $-6 \leq x \leq 6$!
Geben Sie den Wertebereich der Funktion f an! (13 BE)

b) Eine Gerade s verläuft parallel zur Wendetangente durch den Koordinatenursprung.
Ermitteln Sie eine Gleichung von s!
Unter welchem Winkel schneidet die Gerade s die x-Achse? (3 BE)

c) Zeigen Sie durch Integration, dass die Funktion F mit

$$F(x) = \frac{2x^2 - 6}{x} + 8 \cdot \ln|x|$$

eine Stammfunktion von f ist!
Der Graph der Funktion f schließt mit der x-Achse eine Fläche vollständig ein.
Berechnen Sie den Inhalt dieser Fläche! (4 BE)

d) Der Punkt U(u; f(u)) mit $u \in \mathbb{R}$, $u > 0$ und der Koordinatenursprung sind Eckpunkte eines achsenparallelen Rechtecks.
Bestimmen Sie den Wert von u, sodass der Flächeninhalt des Rechtecks minimal wird!
Ermitteln Sie für diesen Wert von u den Abstand des Punktes U vom Koordinatenursprung! (6 BE)

e) Für jede reelle Zahl t ($t \neq 0$) ist eine Funktion g_t gegeben durch $g_t(x) = f(x) + t$.
Welche Bedeutung hat der Parameter t für den Verlauf des Graphen von g_t?
Geben Sie die Koordinaten des lokalen Extrempunktes der Funktion g_t an!
Für welche Werte von t hat die Funktion g_t genau zwei Nullstellen?
Hinweis: Nutzen Sie die Ergebnisse aus Teilaufgabe a. (4 BE)

(30 BE)

Aufgabenstellung für das CAS-Abitur

Gegeben ist die Funktion f durch

$$y = f(x) = 2 + \frac{8}{x} + \frac{6}{x^2} = \frac{2x^2 + 8x + 6}{x^2}, \quad x \in \mathbb{R};\ x \neq 0.$$

a) Untersuchen Sie den Graphen der Funktion f auf gemeinsame Punkte mit der x-Achse, auf Asymptoten, auf lokale Extrempunkte und auf Wendepunkte!
Geben Sie gegebenenfalls deren Koordinaten an!
Skizzieren Sie den Graphen von f und die waagerechte Asymptote im Intervall $-6 \leq x \leq 6$!
Geben Sie den Wertebereich der Funktion f an! (CAS: 12 BE)

b) Eine Gerade s verläuft parallel zur Wendetangente durch den Koordinatenursprung.
Ermitteln Sie eine Gleichung von s!
Unter welchem Winkel schneidet die Gerade s die x-Achse? (CAS: 2 BE)

c) Die Tangente an den Graphen von f im Punkt $P(-3;\ f(-3))$ begrenzt mit den Koordinatenachsen ein Dreieck. Dieses Dreieck rotiert um die x-Achse.
Berechnen Sie das Volumen des entstehenden Rotationskörpers! (CAS: 3 BE)

d) Zeigen Sie durch Integration, dass die Funktion F mit

$$F(x) = \frac{2x^2 - 6}{x} + 8 \cdot \ln|x|$$

eine Stammfunktion von f ist!
Der Graph der Funktion f schließt mit der x-Achse eine Fläche vollständig ein.
Berechnen Sie den Inhalt dieser Fläche! (CAS: 4 BE)

e) Der Punkt $U(u;\ f(u))$ mit $u \in \mathbb{R}$, $u > 0$ und der Koordinatenursprung sind Eckpunkte eines achsenparallelen Rechtecks.
Bestimmen Sie den Wert von u, sodass der Flächeninhalt des Rechtecks minimal wird!
Ermitteln Sie für diesen Wert von u den Abstand des Punktes U vom Koordinatenursprung! (CAS: 5 BE)

f) Für jede reelle Zahl t ist eine Funktion g_t gegeben durch $g_t(x) = f(x) + t$.
Welche Bedeutung hat der Parameter t für den Verlauf des Graphen von g_t?
Geben Sie die Koordinaten des lokalen Extrempunktes der Funktion g_t an!
Für welche Werte von t hat die Funktion g_t genau zwei Nullstellen?
Hinweis: Nutzen Sie die Ergebnisse aus Teilaufgabe a. (CAS: 4 BE)

(CAS: 30 BE)

Hinweise und Tipps

Aufgabe a

Schnittpunkte, Asymptoten, Extrempunkte, Wendepunkte

- Schnittstellen mit der x-Achse erhalten Sie, wenn Sie in der Funktionsgleichung $y=0$ setzen und die zugehörigen x-Werte berechnen.
- Um alle Asymptoten einer gebrochenrationalen Funktion zu ermitteln, sollte man den Definitionsbereich betrachten (Polstellen bzw. senkrechte Asymptoten). Die vorgegebene Polynomdivision zeigt, dass sich f für $x \to \pm\infty$ einem konstanten Wert annähert (waagerechte Asymptote).
- Zur Bestimmung der Extrema und Wendepunkte notieren Sie sich zunächst die ersten zwei Ableitungen der Funktion f.
- Nun können Sie zunächst mögliche Extremstellen x_E mit dem notwendigen Kriterium $f'(x)=0$ bestimmen, ebenso finden Sie mögliche Wendestellen x_W mit $f''(x)=0$. Ob ein Extrempunkt an den ermittelten Stellen vorliegt, kann mit dem hinreichenden Kriterium $f''(x_E) \neq 0$ überprüft werden.

Ergänzung für das CAS-Abitur: Nachweis der Wendepunkte

- Ob an den ermittelten Stellen x_W tatsächlich ein Wendepunkt vorliegt, kann mit dem hinreichenden Kriterium $f'''(x_W) \neq 0$ überprüft werden.

Skizze

- Tragen Sie zunächst die bereits ermittelten wesentlichen Punkte in die Zeichnung ein und berechnen Sie ggf. weitere Werte.
- Bei Verwendung eines grafikfähigen Taschencomputers sind die Graphen der Funktion f und der Asymptote rasch erstellt.

Wertebereich

- Der Wertebereich einer Funktion umfasst alle Funktionswerte, die die Funktion annehmen kann. Berücksichtigen Sie die ermittelten wesentlichen Punkte der Funktion und das Verhalten der Funktion an den Grenzen des Definitionsbereiches.

Aufgabe b

- Zur Bestimmung einer Gleichung einer Geraden, die parallel zur Wendetangente verläuft, benötigt man z. B. den Anstieg im Wendepunkt und die Koordinaten des Wendepunktes. Da die gesuchte Gerade s durch den Koordinatenursprung verlaufen soll, gilt $s(x)=mx$, wobei m der Anstieg im Wendepunkt ist.
- Den Anstieg an einer Stelle x_W können Sie als 1. Ableitung $f'(x_W)$ ermitteln.

Winkel

- Für den Winkel α, den eine Tangente mit der x-Achse einschließt, gilt $m=f'(x_0)=\tan\alpha$.

Aufgabe c für CAS-Nutzer

- Zur Bestimmung der Gleichung der Tangente, die durch den Punkt $P(-3;\, f(-3))$ verläuft, benötigt man noch den Anstieg m im Punkt P.
- Den Anstieg einer Funktion f an einer Stelle x_P können Sie als 1. Ableitung $f'(x_P)$ ermitteln.
- Die Gleichung einer Tangente t ist eine Geradengleichung der Form $y=t(x)=mx+n$.
- Bestimmen Sie dann die Schnittpunkte der Tangente mit den Koordinatenachsen.
  Für Schnittpunkte mit den Achsen muss $x=0$ bzw. $y=0$ gelten.

Mit t(0) erhält man den Schnittpunkt mit der y-Achse und mit $t(x) = 0$ den Schnittpunkt mit der x-Achse.

- Bei der Rotation des Dreiecks entsteht ein Kegel. Bestimmen Sie den Radius und die Höhe des Kegels und berechnen Sie damit das Volumen.

Aufgabe c für nicht CAS-Nutzer bzw.
Aufgabe d für CAS-Nutzer

- Damit F eine Stammfunktion von f ist muss $\int f(x)dx = F(x) + c$ gelten.
- Nutzen Sie zur Integration den als Summe vorgegebenen Term von f.
  Vergleichen Sie Ihr Ergebnis dann mit dem vorgegebenen Ausdruck für F.
- Die gesuchte Fläche wird durch die bereits berechneten Nullstellen begrenzt.
- Die Flächenberechnung können Sie mithilfe des bestimmten Integrals durchführen oder die gegebene Stammfunktion nutzen (Anwendung des Hauptsatzes der Integralrechnung:
  $\int_a^b f(x)dx = F(b) - F(a)$).

Aufgabe d für nicht CAS-Nutzer bzw.
Aufgabe e für CAS-Nutzer

- Veranschaulichen Sie den Sachverhalt für ein konkretes Beispiel mit $u > 0$.
  Der Flächeninhalt eines Rechtecks kann aus $A = a \cdot b$ bestimmt werden, wobei a und b die Seitenlängen des Rechtecks sind.
- Drücken Sie nun den Flächeninhalt des Rechtecks in Abhängigkeit von u aus.
- Untersuchen Sie die Zielfunktion $A(u) = u \cdot f(u)$ auf lokale Extrema.
- Aus der notwendigen Bedingung $A'(u) = 0$ ergeben sich mögliche Extremstellen u_E.
- Mithilfe der hinreichenden Bedingung $A''(u_E) > 0$ kann auf ein lokales Minimum geschlossen werden.
- Der Abstand des gefundenen Punktes U(u; f(u)) vom Koordinatenursprung ist die Länge der Diagonalen des Rechtecks und kann mithilfe des Satzes des Pythagoras ermittelt werden.

Aufgabe e für nicht CAS-Nutzer bzw.
Aufgabe f für CAS-Nutzer

- Bei Verwendung eines CAS-Rechners kann man sich den Sachverhalt leicht veranschaulichen.
- Beschreiben Sie Ihre Beobachtungen.
- Da der Parameter t nur eine Verschiebung um t entlang der y-Achse bewirkt, kann man hieraus sofort auf die Lage des lokalen Extrempunktes der Funktion g_t schließen. Wird $t > 0$, erfolgt eine Verschiebung nach „oben", ist $t < 0$, wird nach „unten" verschoben.
- Mit diesem Ergebnis kann man auch die Werte für t bestimmen, für die g genau 2 Nullstellen hat; berücksichtigen Sie dabei die y-Koordinate des Tiefpunktes von f und die Situation, wenn g_t genau eine Nullstelle hat.

$$f(x) = 2 + \frac{8}{x} + \frac{6}{x^2}$$

$$= \frac{2x^2 + 8x + 6}{x^2} =: \frac{Z(x)}{N(x)} \quad (x \in \mathbb{R},\ x \neq 0)$$

$$f'(x) = \frac{(4x+8)\cdot x^2 - (2x^2+8x+6)\cdot 2x}{x^4}$$

$$= \frac{(4x+8)\cdot x - (2x^2+8x+6)\cdot 2}{x^3}$$

$$= \frac{-8x-12}{x^3} =: \frac{Z_1(x)}{N_1(x)}$$

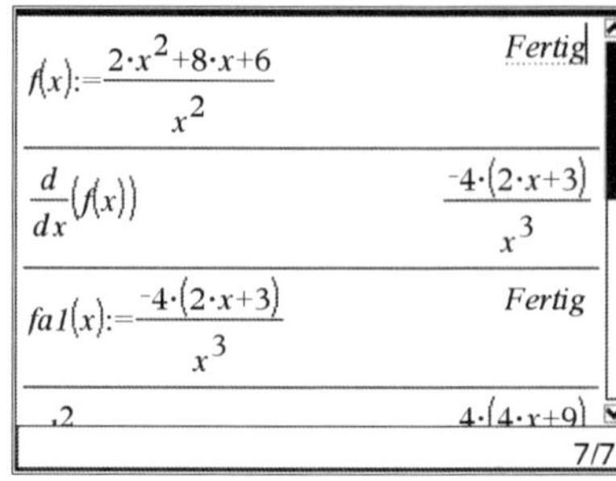

Alternativ kann $f(x) = Z(x) \cdot (N(x))^{-1}$ auch mittels Produkt- und Kettenregel bzw. über $f(x) = 2 + 8 \cdot x^{-1} + 6 \cdot x^{-2}$ abgeleitet werden.

$$f''(x) = \frac{-8\cdot x^3 - (-8x-12)\cdot 3x^2}{x^6}$$

$$= \frac{-8\cdot x - (-8x-12)\cdot 3}{x^4}$$

$$= \frac{16x+36}{x^4} =: \frac{Z_2(x)}{N_2(x)}$$

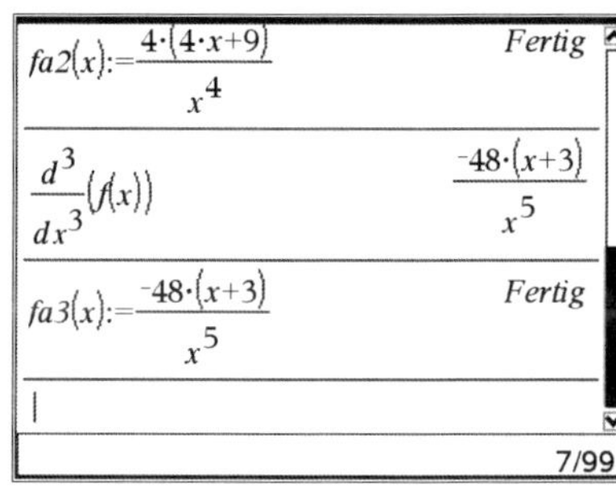

G_f bezeichne den Graphen der Funktion f.

a) **gemeinsame Punkte S_x mit der x-Achse**

G_f kann mit der x-Achse nur die gemeinsamen Punkte $S_x(x; f(x))$ haben, wenn $f(x) = 0$ gilt.

$0 = f(x)$
$0 = Z(x) = 2x^2 + 8x + 6$

$x_1 = -3$ mit $N(-3) = (-3)^2 \neq 0$

$\Rightarrow \underline{\underline{S_{x_1}(-3; 0)}}$

$x_2 = -1$ mit $N(-1) = (-1)^2 \neq 0$

$\Rightarrow \underline{\underline{S_{x_2}(-1; 0)}}$

Asymptoten

Zu untersuchen ist, ob G_f senkrechte oder waagerechte Asymptoten besitzt. G_f besitzt eine senkrechte Asymptote genau dann, wenn f eine Polstelle x_P hat. G_f besitzt eine waagerechte Asymptote genau dann, wenn einer der Grenzwerte $\lim\limits_{x \to \infty} f(x)$ oder $\lim\limits_{x \to -\infty} f(x)$ einen endlichen Wert annimmt.

$0 = N(x) = x^2$

$x = 0$ mit $Z(0) = 6 \neq 0 \Rightarrow x_P = 0$

$\Rightarrow$ G_f besitzt die senkrechte Asymptote mit der Gleichung $x = 0$, d. h. die y-Achse ist die senkrechte Asymptote von G_f.

$$\lim_{x \to \pm\infty} f(x) = \lim_{x \to \pm\infty} \left(2 + \frac{8}{x} + \frac{6}{x^2}\right) = 2 \pm 0 + 0 = 2$$

$\Rightarrow$ G_f besitzt genau eine waagerechte Asymptote und diese genügt der Gleichung $y = 2$.

lokale Extrempunkte E

$E(x_E;\, f(x_E))$ ist ein lokaler Extrempunkt von G_f, wenn sowohl die Gleichung $f'(x_E) = 0$ als auch die Ungleichung $f''(x_E) \neq 0$ gelten.

$$0 = f'(x) = \frac{-8x - 12}{x^3}$$

$0 = Z_1(x) = -8x - 12$

$x = -\frac{3}{2} = -1{,}5$ mit $N_1(-1{,}5) = (-1{,}5)^3 \neq 0$

$\Rightarrow$ $x = -1{,}5$ ist die einzig mögliche Extremstelle von G_f.

$$f''(-1{,}5) = \frac{16 \cdot (-1{,}5) + 36}{(-1{,}5)^4} = 2{,}\overline{370} > 0$$

$\Rightarrow$ $x = -1{,}5$ ist die lokale Minimumstelle von G_f.

$$f(-1{,}5) = \frac{2 \cdot (-1{,}5)^2 + 8 \cdot (-1{,}5) + 6}{(-1{,}5)^2} = -\frac{2}{3} = -0{,}\overline{6}$$

$\Rightarrow$ $E(-1{,}5; -0{,}\overline{6})$ ist als der lokale Extrempunkt von G_f ein Tiefpunkt.

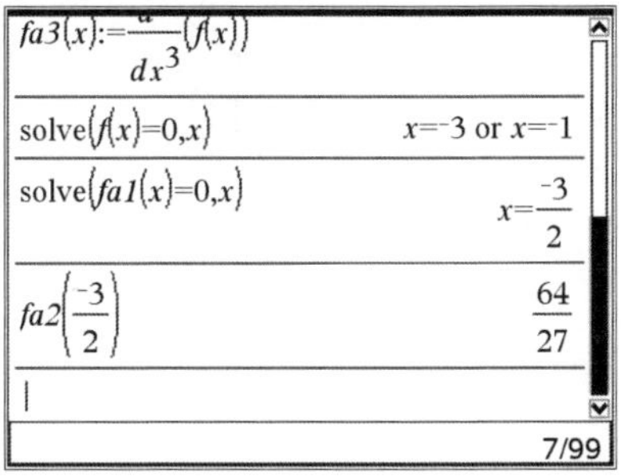

Wendepunkte W

$W(x_W;\, f(x_W))$ kann nur dann ein Wendepunkt von G_f sein, wenn die Gleichung $f''(x_W) = 0$ gilt.

$$0 = f''(x) = \frac{16x + 36}{x^4}$$

$0 = Z_2(x) = 16x + 36$

$x = -\frac{9}{4} = -2{,}25$ mit $N_2(-2{,}25) = (-2{,}25)^4 \neq 0$

$\Rightarrow$ $x_W = -2{,}25$ ist die einzig mögliche Wendestelle von G_f.

Da auf den Nachweis, dass x_W tatsächlich Wendestelle von G_f ist, verzichtet wird, ist $W(-2{,}25;\, f(-2{,}25)) = W(-2{,}25; -0{,}\overline{370})$ als der gesuchte Wendepunkt anzusehen.

Lösungshinweise für das CAS-Abitur: Nachweis des Wendepunktes

Den Nachweis für die ermittelte mögliche Wendestelle führen Sie mit der 3. Ableitung durch.
Es gilt $f'''(x_W) \neq 0$. Damit ist gezeigt, dass es sich tatsächlich um einen Wendepunkt handelt.

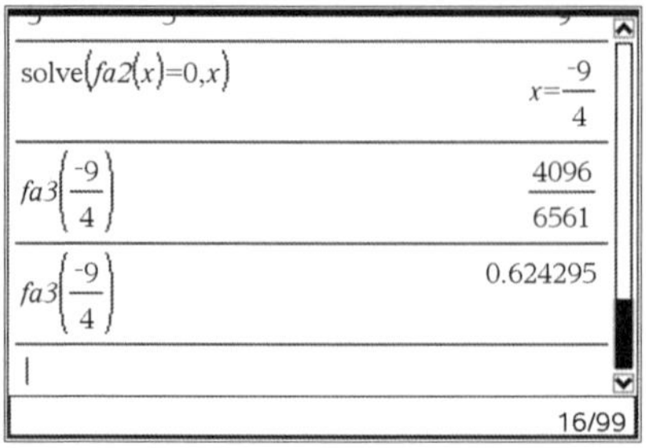

Skizze des Graphen G_f und der waagerechten Asymptote

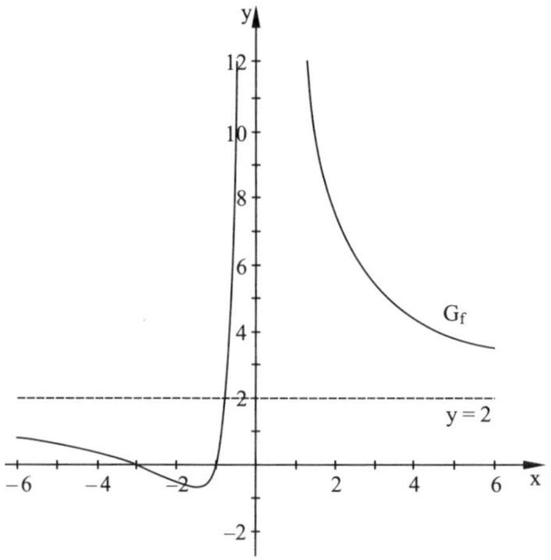

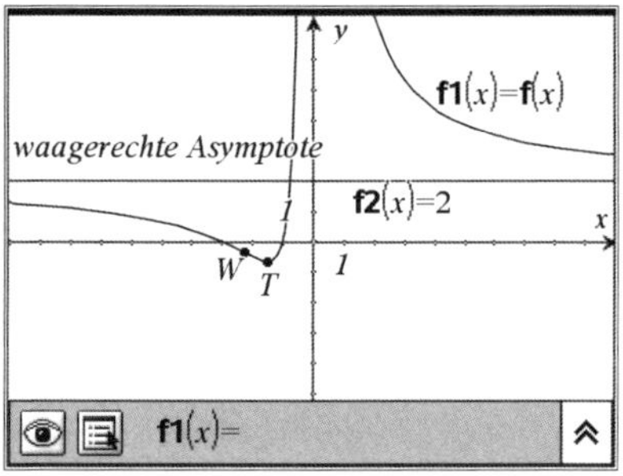

Wertebereich W_f

Der Wertebereich W_f kann der Skizze von G_f entnommen werden.

$W_f = \{y \mid y \geq y_E\}$

$W_f = \{y \mid y \geq -0,\overline{6}\} = [-0,\overline{6}; \infty[$

b) **Gerade s**

s ist eine Gerade durch den Koordinatenursprung und genügt somit einer Gleichung $y = m \cdot x + n$ mit $n = 0$. s verläuft parallel zur Wendetangente von G_f, also besitzt s denselben Anstieg m wie G_f im Wendepunkt W.

$$s:\quad y = m \cdot x \quad \text{mit} \quad m = f'(x_W) = f'(-2{,}25) = \frac{-8 \cdot (-2{,}25) - 12}{(-2{,}25)^3} = -\frac{128}{243}$$

$\Rightarrow \quad s(x) = -\frac{128}{243}x$ ist die Gleichung der Geraden s.

Schnittwinkel β mit der x-Achse

Die Aufgabenformulierung „Unter welchem Winkel schneidet …“ wird in der folgenden Berechnung als „Schnittwinkel gesucht“ interpretiert.
Der Anstieg m der Geraden s ist gleich dem Tangens ihres Anstiegswinkels α. Für ihren Schnittwinkel β mit der x-Achse gilt:

$$\beta = \begin{cases} \alpha, & \text{wenn } 0° \le \alpha \le 90° \\ 180° - \alpha, & \text{wenn } 90° < \alpha < 180° \end{cases}$$

$\tan \alpha = -\frac{128}{243} \quad \Rightarrow \quad \alpha \approx -27{,}8° + 180° = 152{,}2°$ ist der Anstiegswinkel von s.

$\Rightarrow \quad \beta = 180° - \alpha \approx$ <u>27,8° ist der Schnittwinkel</u> von s mit der x-Achse.

c) **für CAS-Nutzer**

Zur Bestimmung der Tangentengleichung $t(x) = mx + n$ im Punkt $P(-3;\, f(-3))$ benötigt man für den Anstieg m die erste Ableitung an der Stelle $x_P = -3$:

$$f'(-3) = -\frac{4}{9}$$

Den Wert für n bestimmt man, indem man in die Tangentengleichung die Werte $x_P = -3$ und $y_P = f(-3)$ einsetzt und damit n ermittelt.

Man erhält insgesamt:

$$t(x) = -\frac{4}{9}x - \frac{4}{3}$$

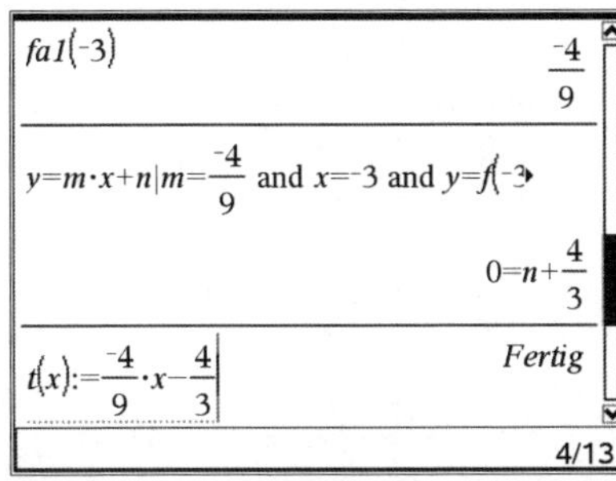

Um das Volumen des Rotationskörpers zu berechnen, benötigt man die Schnittstellen von t mit den Koordinatenachsen.
Für Schnittstellen mit den Achsen muss $x = 0$ bzw. $y = 0$ gelten.

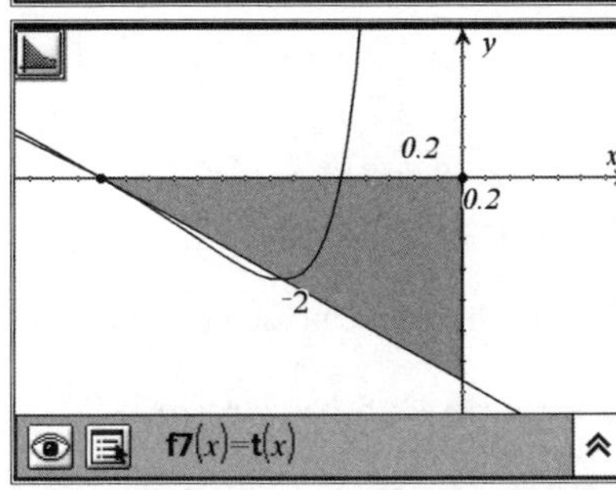

Mit $t(0) = -\frac{4}{3}$ erhält man die Schnittstelle mit der y-Achse und mit $t(x) = 0$ die Schnittstelle mit der x-Achse bei $x = -3$.

Für das Volumen des Kegels, der bei der Rotation des Dreiecks um die x-Achse entsteht gilt:

$$V = \frac{\pi r^2 h}{3}$$

Mit $h = 3$ und $r = \frac{4}{3}$ erhält man daraus

$$V = \frac{16}{9}\pi \approx 5{,}59.$$

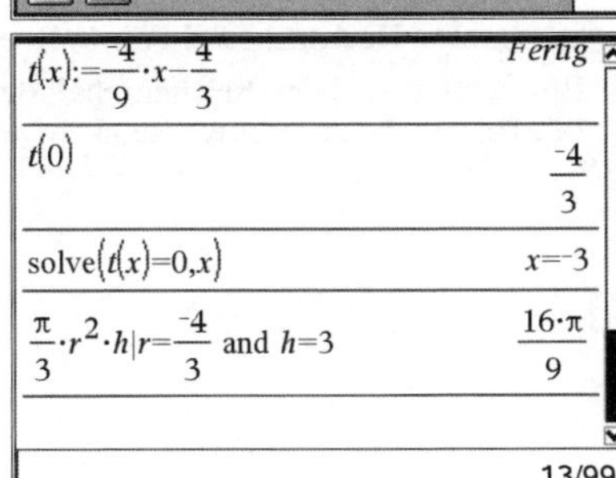

Der Rotationskörper besitzt ein Volumen von ca. 5,59 VE.

c) **für nicht CAS-Nutzer bzw.**
d) **für CAS-Nutzer**

Nachweis, dass F eine Stammfunktion von f ist

Um mittels Integration zu zeigen, dass F eine Stammfunktion von f ist, ist die Gültigkeit der Gleichung $\int f(x)dx = F(x) + C$ nachzuweisen.

$$\int f(x)dx = \int \left(2 + \frac{8}{x} + \frac{6}{x^2}\right)dx = \int \left(2 + \frac{8}{x} + 6 \cdot x^{-2}\right)dx$$

$$= 2x + 8 \cdot \ln|x| + 6 \cdot \frac{1}{-1} \cdot x^{-1} + C$$

$$= 2x - \frac{6}{x} + 8 \cdot \ln|x| + C$$

$$= \frac{2x^2 - 6}{x} + 8 \cdot \ln|x| + C = F(x) + C \qquad \textbf{q. e. d.}$$

Inhalt A der eingeschlossenen Fläche

Die Fläche, deren Inhalt zu berechnen ist, liegt nirgends oberhalb der x-Achse.

$$A = \left| \int_{-3}^{-1} f(x)\,dx \right| = |F(-1) - F(-3)|$$

$$= \left| \frac{2 \cdot (-1)^2 - 6}{-1} + 8 \cdot \ln|-1| - \left(\frac{2 \cdot (-3)^2 - 6}{-3} + 8 \cdot \ln|-3| \right) \right|$$

$$= |8 - 8 \cdot \ln 3|$$

$$\underline{\underline{A = 8\ln 3 - 8 \approx 0{,}789}}$$

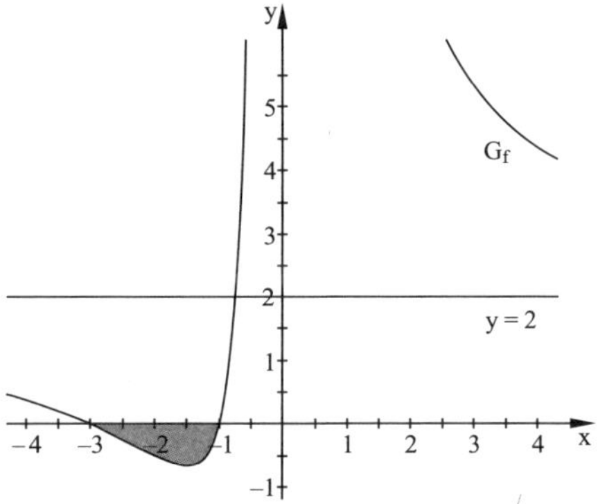

Der Inhalt der eingeschlossenen Fläche beträgt ca. 0,789 FE.

d) **für nicht CAS-Nutzer bzw.**
e) **für CAS-Nutzer**

minimaler Rechteckflächeninhalt

Bezeichnet A(u) den Flächeninhalt des Rechtecks OPUQ in Abhängigkeit vom Wert u $(u > 0)$, so ist eine positive lokale Minimumstelle von A gesucht.

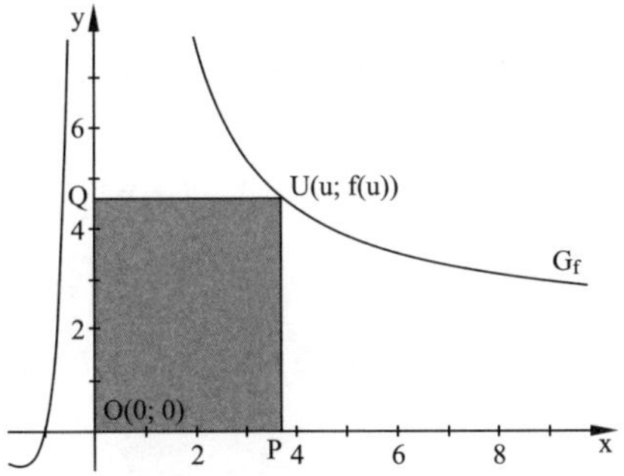

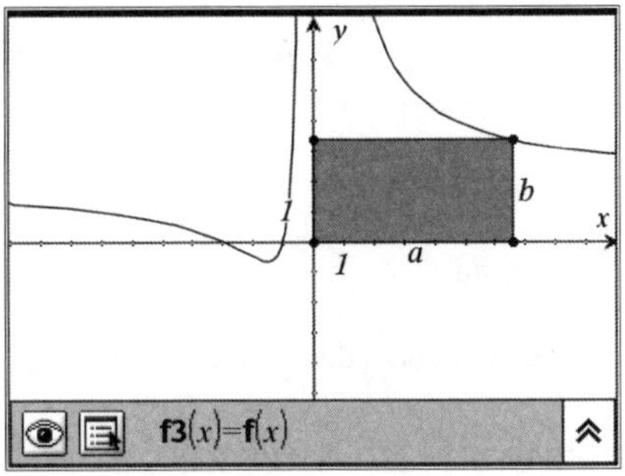

Aufstellen der Zielfunktion A:

$A(u) = \overline{OP} \cdot \overline{PU} \quad \text{mit} \quad \overline{OP} = u \quad \text{und} \quad \overline{PU} = f(u)$

$$A(u) = u \cdot f(u) = u \cdot \frac{2u^2 + 8u + 6}{u^2}$$

$$A(u) = \frac{2u^2 + 8u + 6}{u}$$

Ermitteln einer möglichen lokalen Extremstelle von A:

$$A'(u) = \frac{(4u + 8) \cdot u - (2u^2 + 8u + 6) \cdot 1}{u^2} = \frac{2u^2 - 6}{u^2}$$

$$0 = A'(u) = \frac{2u^2 - 6}{u^2}$$

$$0 = 2u^2 - 6$$

$u^2 = 3 \quad \text{mit} \quad u > 0 \quad \Rightarrow \quad u = \sqrt{3}$ ist die einzig mögliche Extremstelle von A.

Nachweis der lokalen Minimumstelle von A:

$$A''(u) = \left(\frac{2u^2 - 6}{u^2} \right)' = \frac{4u \cdot u^2 - (2u^2 - 6) \cdot 2u}{u^4} = \frac{12}{u^3}$$

$A''(\sqrt{3}) = \frac{12}{(\sqrt{3})^3} > 0 \quad \Rightarrow \quad \underline{\underline{u = \sqrt{3}}}$ ist die lokale Minimumstelle von A.

Der Flächeninhalt des Rechtecks wird für $u = \sqrt{3}$ minimal.

Abstand a

Lösungsweg 1:

Der Abstand a des Punktes $U(\sqrt{3}; f(\sqrt{3}))$ vom Koordinatenursprung ist die Länge der Diagonalen des Rechtecks OPUQ und somit über den Satz des Pythagoras zu berechnen.

$$a = \sqrt{\overline{OP}^2 + \overline{PU}^2} = \sqrt{(\sqrt{3})^2 + (f(\sqrt{3}))^2} = \sqrt{3 + \left(\frac{2 \cdot 3 + 8\sqrt{3} + 6}{3} \right)^2}$$

$\underline{\underline{a \approx 8{,}79}}$

Lösungsweg 2:

Der Abstand a des Punktes $U(\sqrt{3};\ f(\sqrt{3}))$ vom Koordinatenursprung O ist gleich der Länge des Vektors $\overrightarrow{OU}$.

$$a = |\overrightarrow{OU}| = \left|\begin{pmatrix} \sqrt{3} \\ f(\sqrt{3}) \end{pmatrix}\right| = \left|\begin{pmatrix} \sqrt{3} \\ \frac{2\cdot 3 + 8\cdot\sqrt{3}+6}{3} \end{pmatrix}\right| = \sqrt{3+\left(\frac{12+8\sqrt{3}}{3}\right)^2}$$

$$\underline{\underline{a \approx 8{,}79}}$$

Der Abstand a des Punktes $U(\sqrt{3};\ f(\sqrt{3}))$ vom Koordinatenursprung beträgt ca. 8,79 LE.

e) **für nicht CAS-Nutzer bzw.**
f) **für CAS-Nutzer**

Parameterdiskussion

- Der Graph von g_t mit $g_t(x) = f(x) + t$ ergibt sich aus dem Graphen G_f durch eine Verschiebung um $|t|$ Längeneinheiten in y-Richtung und zwar für $t > 0$ nach „oben" und für $t < 0$ nach „unten".
- G_f besitzt den Extrempunkt $E(x_E;\ f(x_E)) = E(-1{,}5;\ -0{,}\overline{6})$, also besitzt der Graph von g_t aufgrund der vertikalen Verschiebung den Extrempunkt $E(x_E;\ f(x_E)+t) = \underline{\underline{E(-1{,}5;\ -0{,}\overline{6}+t)}}$.
- Der Graph von g_t $(t \neq 0)$ schneidet die x-Achse nur dann genau zweimal, wenn
  (1) G_t um weniger als $0{,}\overline{6}$ LE nach „oben" verschoben wird, d. h. wenn $0 < t < 0{,}\overline{6}$, oder wenn
  (2) G_t um weniger als 2 LE nach „unten" verschoben wird, d. h. $-2 < t < 0$, oder wenn
  (3) G_t um mehr als 2 LE nach „unten" verschoben wird, d. h. $t < -2$.

$\Rightarrow$ g_t besitzt nur dann genau zwei Nullstellen, wenn $\underline{\underline{t < 0{,}\overline{6} \text{ mit } t \notin \{-2;\ 0\}}}$.

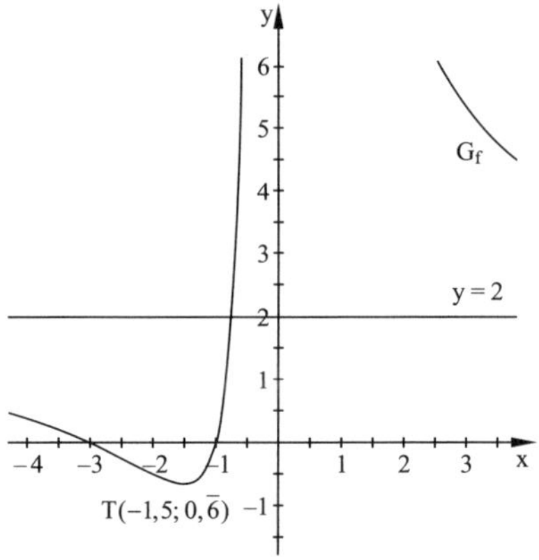

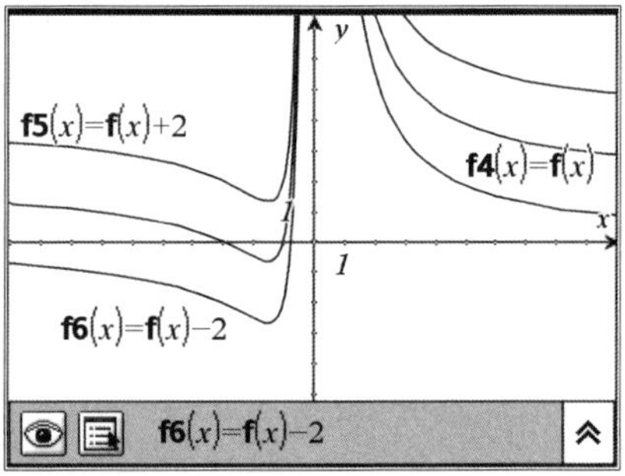

Lösungshinweise für das CAS-Abitur

Hier ist der Fall $t = 0$ nicht ausgeschlossen. Für $t = 0$ ist $g_0(x) = f(x)$, also hat auch g_0 genau zwei Nullstellen.

Grundkurs Mathematik (Thüringen): Abiturprüfung 2009
Aufgabe B1: Analytische Geometrie/Vektorrechnung

Eine Gartenlaterne hat die Form eines geraden quadratischen Pyramidenstumpfes mit einer aufgesetzten geraden quadratischen Pyramide. Die Seitenlänge der Grundfläche des Pyramidenstumpfes beträgt 6 dm, die Seitenlänge der Deckfläche 4 dm.

Die Höhe des Pyramidenstumpfes beträgt 8 dm. Die gesamte Laterne hat eine Höhe von 9,5 dm.

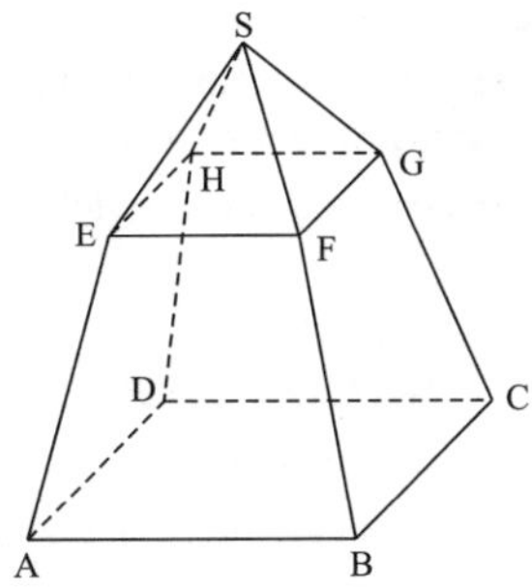

(Skizze nicht maßstäblich)

a) Der Punkt D liegt im Koordinatenursprung. Die Punkte A(6; 0; 0) und E(5; 1; 8) sind Eckpunkte des Pyramidenstumpfes. Eine Längeneinheit entspricht einem Dezimeter. Bestimmen Sie die Koordinaten der restlichen Eckpunkte! Stellen Sie die Laterne in einem kartesischen Koordinatensystem dar! (4 BE)

b) Die Seitenflächen des Pyramidenstumpfes bestehen aus Glas. Berechnen Sie die Größe der gesamten Glasfläche in Quadratmetern! (4 BE)

c) Die Verlängerungen zweier gegenüberliegender Seitenkanten des Pyramidenstumpfes schneiden sich in einem Punkt V. Ermitteln Sie die Koordinaten des Punktes V! Welchen Winkel schließen diese beiden Verlängerungen ein? (4 BE)

d) Im Mittelpunkt der Grundfläche des Pyramidenstumpfes soll eine Kerze stehen. In welchem Punkt befindet sich die Spitze der Kerzenflamme, wenn sie von den Eckpunkten der Grundfläche genauso weit entfernt ist wie von der Pyramidenspitze? (4 BE)

e) Um eine zusätzliche Verstrebung anzubringen, wird vom Punkt D auf die Seitenkante $\overline{AE}$ das Lot gefällt. In welchem Verhältnis teilt der Lotfußpunkt L die Strecke $\overline{AE}$? Berechnen Sie die Länge der Strebe $\overline{DL}$! (4 BE)

(20 BE)

Hinweise und Tipps

Aufgabe a

- Berücksichtigen Sie bei der Bestimmung der übrigen Punkte, dass die Laterne auf der x-y-Ebene steht und dass die Grundflächen beider Teilkörper Quadrate sind. Die Koordinaten der Spitze S lassen sich bestimmen, da der aufgesetzte Teil eine gerade Pyramide ist.
- Darstellungen im räumlichen kartesischen Koordinatensystem erfolgen unter Beachtung des Verzerrungswinkels von $\alpha = 45°$ und des Verkürzungsfaktors $q = \frac{1}{2}\sqrt{2}$ bzw. $q = \frac{1}{2}$.
- Sie können auch eine Darstellung in Zweitafelprojektion durchführen.

Aufgabe b

- Alle vier Seitenflächen sind gleichschenklige Trapeze, die kongruent zueinander sind. Es genügt also, eine Trapezfläche zu berechnen.
- Der Flächeninhalt eines Trapezes kann z. B. nach der Formel $A = \frac{a+c}{2}h$ berechnet werden.
- Die Längen der Seiten a und c können Sie direkt dem Aufgabentext entnehmen.
- Die Höhe eines der Trapeze, z. B. des Trapezes ABFE, können Sie mithilfe des Satzes von Pythagoras bestimmen, indem Sie aus den gegebenen Werten die Länge der Strecken $\overline{AE}$ und $\overline{AJ}$ ermitteln, wobei J der Fußpunkt des Lotes von E auf die Strecke $\overline{AB}$ ist.
- *Variante:*
  Da es sich um ein gleichschenkliges Trapez handelt, kann man die Höhe des Trapezes auch aus der Länge der Verbindungsstrecke der beiden Seitenmittelpunkte der Grundseiten ermitteln.
  Der Mittelpunkt einer Strecke kann auf verschiedene Weise ermittelt werden:
  Der Mittelpunkt kann als Schwerpunkt der beiden Streckenendpunkte aufgefasst werden und dann mit der Formel $\vec{m} = \frac{1}{2}(\vec{a} + \vec{b})$ berechnet werden, wobei $\vec{a}$ und $\vec{b}$ die Ortsvektoren der Streckenendpunkte sind.
- *Variante 1:*
  Zerlegen Sie das Trapez in 2 Dreiecke und bestimmen Sie den Flächeninhalt dieser Dreiecke mit einer entsprechenden Formel.
- *Variante 2:*
  Der Flächeninhalt der Dreiecke kann auch unter Verwendung des Vektorproduktes berechnet werden.

Aufgabe c

- Um den Schnittpunkt V zu bestimmen, kann man z. B. die Gleichungen der zwei Geraden g(AE) und h(CG) aufstellen und den Schnittpunkt dieser beiden Geraden ermitteln.
- Zur Berechnung der Koordinaten des Schnittpunktes wird aus den Gleichungen der Geraden ein Gleichungssystem aufgestellt und daraus werden die Parameterwerte bestimmt. Die gefundenen Parameterwerte werden dann wieder in die Geradengleichungen eingesetzt und die Koordinaten des Schnittpunktes ermittelt.
- Den gesuchten Winkel kann man dann z. B. mit der Formel $\cos\alpha = \left|\frac{\vec{a}\cdot\vec{b}}{|\vec{a}|\cdot|\vec{b}|}\right|$ bestimmen, wobei $\vec{a}$ und $\vec{b}$ Richtungsvektoren der Geraden g und h sind.

Aufgabe d

- Bestimmen Sie die Koordinaten des Mittelpunktes M der Grundfläche. Da die Kerze senkrecht auf der x-y-Ebene steht, befindet sie sich auf der Geraden, die durch M und die Spitze S der Pyramide verläuft. Der gesuchte Punkt K muss also auf dieser Geraden liegen.
- Für einen beliebigen Punkt K auf dieser Geraden gilt dann K(3; 3; z).
- Da der Pyramidenstumpf quadratisch ist, kann man einen beliebigen Punkt der Grundfläche zur Abstandsermittlung verwenden. Es muss z. B. gelten $\overline{KA} = \overline{KS}$.

Aufgabe e

- Das Lot ist die senkrechte Verbindung von einem Punkt zu einer anderen Geraden oder Fläche. Die Verstrebung $\overline{LD}$ muss senkrecht auf $\overline{LA}$ stehen.
- Zwei Vektoren $\vec{a}$ und $\vec{b}$ stehen genau dann senkrecht aufeinander, wenn gilt $\vec{a} \cdot \vec{b} = 0$.
- Da der Punkt L auf der Strecke $\overline{AE}$ liegt, nutzt man zur Beschreibung der Koordinaten des Punktes L die Koordinaten eines beliebigen Punktes von g.
- Bestimmen Sie damit die Koordinaten des Punktes L.

Teilverhältnis

- Der bei der Ermittlung des Punktes L genutzte Parameterwert bedeutet, dass der Punkt L die Strecke $\overline{AE}$ in zwei Strecken teilt. Diese beiden Teilstrecken müssen nun in das Verhältnis gesetzt werden.

Lösungen

A(6; 0; 0), D(0; 0; 0), E(5; 1; 8)
$\overline{AB} = \overline{BC} = \overline{CD} = \overline{DA} = 6$
$\overline{EF} = \overline{FG} = \overline{GH} = \overline{HE} = 4$
Höhe des Pyramidenstumpfes $h = 8$
Gesamtkörperhöhe $h_g = 9{,}5$
1 LE = 1 dm

a) **Koordinaten der Eckpunkte**

B(6; 6; 0) $F(x_B - 1; y_B - 1; h) = F(5; 5; 8)$
C(0; 6; 0) $G(x_C + 1; y_C - 1; h) = G(1; 5; 8)$
$H(x_D + 1; y_D + 1; h) = H(1; 1; 8)$

$S\left(\frac{1}{2}\overline{DA}; \frac{1}{2}\overline{AB}; h_g\right) = S(3; 3; 9{,}5)$

Zeichnung

Lösungsweg 1:
Schrägbild (Kavalierperspektive)

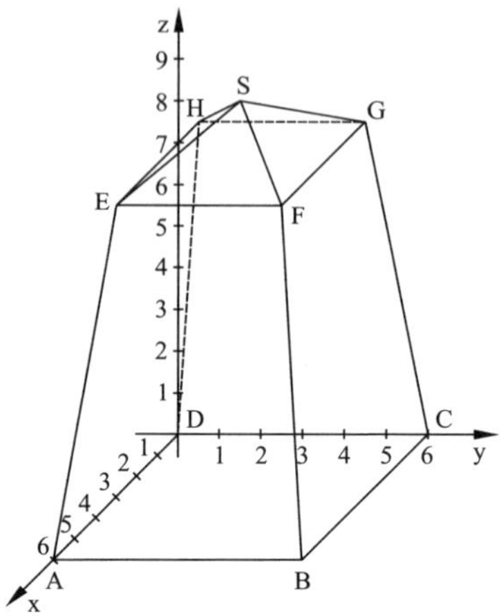

Lösungsweg 2:
Zweitafelprojektion

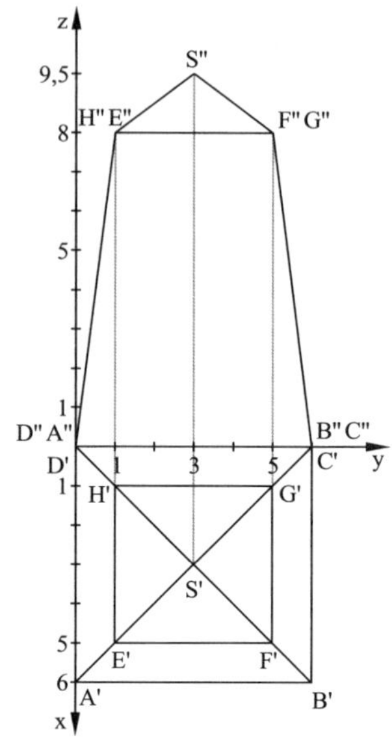

b) **Inhalt der Mantelfläche**

Die gesamte Glasfläche entspricht dem Inhalt der Mantelfläche des Pyramidenstumpfes, also dem Vierfachen des Inhalts A_T des Trapezes ABFE.

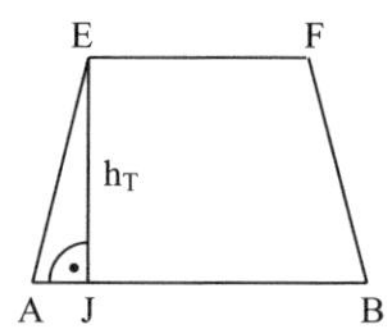

$$A = 4 \cdot A_T \quad \text{mit } A_T = \frac{\overline{AB} + \overline{EF}}{2} \cdot h_T$$

$$\text{mit } \overline{AB} = 6;\ \overline{EF} = 4$$

$$h_T = \sqrt{\overline{AE}^2 - \overline{AJ}^2}$$

$$\text{mit } \overline{AE} = |\overrightarrow{AE}| = \left|\begin{pmatrix} 5-6 \\ 1-0 \\ 8-0 \end{pmatrix}\right| = \left|\begin{pmatrix} -1 \\ 1 \\ 8 \end{pmatrix}\right| = \sqrt{(-1)^2 + 1^2 + 8^2} = \sqrt{66}$$

$$\overline{AJ} = \frac{\overline{AB} - \overline{EF}}{2} = \frac{6-4}{2} = 1 \quad \text{oder} \quad \overline{AJ} = y_E - y_A = 1 - 0 = 1$$

$$A = 4 \cdot \frac{6+4}{2} \cdot \sqrt{66-1}$$

$$\underline{\underline{A = 20 \cdot \sqrt{65} \approx 161}}$$

Die gesamte Glasfläche besitzt einen Inhalt von ca. 161 dm^2, d. h. $\underline{\underline{1{,}61\ m^2}}$.

Lösungshinweise für das CAS-Abitur:

Die Rechnungen können mit dem CAS-Rechner ausgeführt werden, etwa so, wie es die Bildschirmdarstellungen zeigen. Die Ortsvektoren der gegebenen und berechneten Punkte A, B,… werden unter a, b, … abgespeichert. Achten Sie dabei darauf, dass es nicht zu Überschneidungen zwischen den Variablen kommt.

$a:=[6\ 0\ 0]$	$[6\ 0\ 0]$
$e:=[5\ 1\ 8]$	$[5\ 1\ 8]$
$b:=[6\ 6\ 0]$	$[6\ 6\ 0]$
$f:=[5\ 5\ 8]$	$[5\ 5\ 8]$
$h:=[1\ 1\ 8]$	$[1\ 1\ 8]$
$d:=[0\ 0\ 0]$	$[0\ 0\ 0]$
	6/99

Die Bildschirmdarstellungen unten zeigen die Berechnung des Flächeninhaltes der Trapeze. Dabei wurde im linken Bild die Formel $A = \frac{a+c}{2} \cdot h$ verwendet, wobei die Höhe h als Länge der Verbindungsstrecke der beiden Seitenmittelpunkte bestimmt wurde.

Rechts erfolgt die Berechnung des Flächeninhaltes durch Zerlegung der Trapeze in jeweils zwei Dreiecke, deren Flächeninhalte mithilfe des Vektorproduktes berechnet wurden.

$d:=[0\ 0\ 0]$	$[0\ 0\ 0]$
$m:=\frac{a+b}{2}$	$[6\ 3\ 0]$
$n:=\frac{e+f}{2}$	$[5\ 3\ 8]$
$\frac{\text{norm}(b-a)+\text{norm}(f-e)}{2}\cdot\text{norm}(n-m)\cdot 4$	161.245
	4/9

$\frac{\text{norm}(b-a)+\text{norm}(f-e)}{2}\cdot\text{norm}(n-m)\cdot 4$	161.245
$2\cdot\text{norm}(\text{crossP}(b-a,e-a))$	$12\cdot\sqrt{65}$
$2\cdot\text{norm}(\text{crossP}(e-f,b-f))$	$8\cdot\sqrt{65}$
$12\cdot\sqrt{65}+8\cdot\sqrt{65}$	161.245
	12/99

c) **Koordinaten der Pyramidenspitze V**

Verlängert man die Seitenkanten des Pyramidenstumpfes so weit, bis sie sich schneiden, so entsteht eine gerade, quadratische Pyramide mit der Spitze V. Der Punkt V liegt also sowohl auf der Geraden AE

g: $\vec{x} = \overrightarrow{OA} + k_1 \cdot \overrightarrow{AE}$ als auch auf der Geraden CG

h: $\vec{x} = \overrightarrow{OC} + k_2 \cdot \overrightarrow{CG}$ und zwar für $k_1 = k_2 =: k$.

$$\overrightarrow{OA} + k \cdot \overrightarrow{AE} = \overrightarrow{OC} + k \cdot \overrightarrow{CG}$$

$$\begin{pmatrix} 6 \\ 0 \\ 0 \end{pmatrix} + k \cdot \begin{pmatrix} 5-6 \\ 1-0 \\ 8-0 \end{pmatrix} = \begin{pmatrix} 0 \\ 6 \\ 0 \end{pmatrix} + k \cdot \begin{pmatrix} 1-0 \\ 5-6 \\ 8-0 \end{pmatrix}$$

$6 - k$	=	k	(Gleichung I)
k	=	$6 - k$	(Gleichung II)
$8k$	=	$8k$	(Gleichung III)

Gleichung III gilt für alle $k \in \mathbb{R}$.
Die Gleichungen I und II sind identisch.

k lässt sich also aus Gleichung I bestimmen:

$6-k=k \quad \Rightarrow \quad k=3$

$$\Rightarrow \quad \overrightarrow{OV} = \overrightarrow{OA} + 3 \cdot \overrightarrow{AE} = \begin{pmatrix} 6 \\ 0 \\ 0 \end{pmatrix} + 3 \cdot \begin{pmatrix} -1 \\ 1 \\ 8 \end{pmatrix} = \begin{pmatrix} 3 \\ 3 \\ 24 \end{pmatrix}$$

$$\Rightarrow \quad \underline{\underline{V(3;\,3;\,24)}}$$

Den Punkt V kann man auch als Schnittpunkt der Verlängerungen zweier benachbarter Kantenlängen, so z. B. der Geraden AE und BF, bestimmen.

Lösungshinweise für das CAS-Abitur:

Man definiert die Geradengleichungen zweier Seitenkanten (im Bild rechts werden die Kanten $\overline{BF}$ und $\overline{DH}$ verwendet) und bestimmt deren Schnittpunkt.

$h:=[1\ \ 1\ \ 8]$	$[1\ \ 1\ \ 8]$
$g1(t):=b+t\cdot(f-b)$	*Fertig*
$g2(s):=d+s\cdot(h-d)$	*Fertig*
$\text{solve}(g1(t)=g2(s),s,t)$	$s=3$ and $t=3$
$g1(3)$	$[3\ \ 3\ \ 24]$
$g2(3)$	$[3\ \ 3\ \ 24]$
	18/99

Winkel α

Der gesuchte Winkel α, den die Verlängerungen zweier gegenüberliegender Seitenkanten einschließen, ist der Winkel, den die beiden Vektoren $\overrightarrow{VA}$ und $\overrightarrow{VC}$ einschließen. α lässt sich somit über das Skalarprodukt $\overrightarrow{VA} \cdot \overrightarrow{VC}$ oder das Skalarprodukt $\overrightarrow{AE} \cdot \overrightarrow{CG}$ der bereits bekannten Vektoren $\overrightarrow{AE}$ und $\overrightarrow{CG}$ berechnen.

$$\cos\alpha = \frac{\overrightarrow{VA} \cdot \overrightarrow{VC}}{|\overrightarrow{VA}| \cdot |\overrightarrow{VC}|} = \frac{\begin{pmatrix} 6-3 \\ 0-3 \\ 0-24 \end{pmatrix} \cdot \begin{pmatrix} 0-3 \\ 6-3 \\ 0-24 \end{pmatrix}}{\sqrt{3^2+(-3)^2+(-24)^2} \cdot \sqrt{(-3)^2+3^2+(-24)^2}} = \frac{-9-9+24^2}{9+9+24^2} = 0,\overline{93}$$

oder

$$\cos\alpha = \frac{\overrightarrow{AE} \cdot \overrightarrow{CG}}{|\overrightarrow{AE}| \cdot |\overrightarrow{CG}|} = \frac{\begin{pmatrix} -1 \\ 1 \\ 8 \end{pmatrix} \cdot \begin{pmatrix} 1 \\ -1 \\ 8 \end{pmatrix}}{\sqrt{(-1)^2+1^2+8^2} \cdot \sqrt{1^2+(-1)^2+8^2}} = \frac{-1-1+64}{1+1+64} = 0,\overline{93}$$

$$\Rightarrow \quad \underline{\underline{\alpha \approx 20{,}0^\circ}}$$

Die Verlängerungen zweier gegenüberliegender Seitenkanten des Pyramidenstumpfes schließen einen Winkel von ca. 20,0° ein.

Lösungshinweise für das CAS-Abitur:

Die Winkelbestimmung kann z. B. wie im Bild rechts erfolgen.

$\cos^{-1}\left(\dfrac{\text{dotP}(b-f,d-h)}{\text{norm}(b-f)\cdot\text{norm}(d-h)}\right)$	20.05

d) **Punkt K**

Die Kerze steht im Mittelpunkt M der Grundfläche. Damit die Spitze K der Kerzenflamme von jedem Eckpunkt der Grundfläche dieselbe Entfernung $\overline{KA}$ hat, muss sie sich auf dem Strahl MS befinden.
Alle Punkte auf MS unterscheiden sich vom Punkt M nur in ihrer z-Koordinate. Außerdem soll die Entfernung $\overline{KA}$ gleich der Entfernung von der Kerzenspitze K zur Pyramidenspitze S sein, d. h. gleich der Streckenlänge $\overline{KS}$.

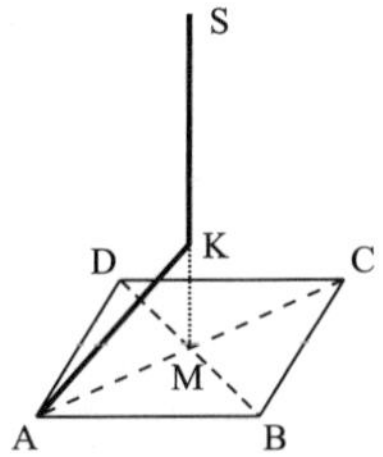

Lösungsweg 1:

M(3; 3; 0)

K(3; 3; z) mit $\overline{KA} = \overline{KS}$

$$|\overrightarrow{KA}| = |\overrightarrow{KS}|$$

$$\left|\begin{pmatrix} 6-3 \\ 0-3 \\ 0-z \end{pmatrix}\right| = \left|\begin{pmatrix} 3-3 \\ 3-3 \\ 9{,}5-z \end{pmatrix}\right|$$

$$\sqrt{3^2+(-3)^2+(-z)^2} = \sqrt{0^2+0^2+(9{,}5-z)^2} \qquad |\,(\,)^2$$

$$18+z^2 = 9{,}5^2 - 2\cdot 9{,}5\cdot z + z^2$$

$$19z = 72{,}25$$

$$z = \frac{289}{76} \approx 3{,}8 \quad \Rightarrow \quad \underline{\underline{K(3;\, 3;\, \approx 3{,}8)}}$$

Lösungsweg 2:

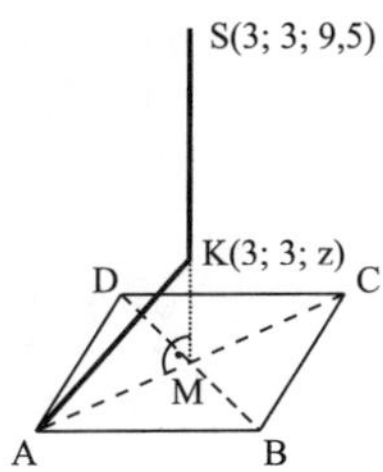

$$9{,}5 - z = \overline{KA}$$

$$9{,}5 - z = \sqrt{z^2 + \overline{AM}^2} \quad \text{mit} \quad \overline{AM} = \frac{1}{2}\sqrt{\overline{AB}^2 + \overline{BC}^2}$$

$$= \frac{1}{2}\sqrt{6^2+6^2} = \frac{1}{2}\sqrt{72}$$

$$9{,}5 - z = \sqrt{z^2 + \frac{1}{4}\cdot 72} \qquad |\,(\,)^2$$

$$9{,}5^2 - 2\cdot 9{,}5\cdot z + z^2 = z^2 + 18$$

$$72{,}25 = 19z$$

$$z = \frac{289}{76} \approx 3{,}8$$

$\Rightarrow$ $\underline{\underline{K(3;\, 3;\, \approx 3{,}8)}}$

Die Spitze der Kerzenflamme befindet sich im Punkt K(3; 3; ≈ 3,8).

Lösungshinweise für das CAS-Abitur:

Bei Verwendung des Taschencomputers kann man z. B. die Gerade MS definieren und dann den Punkt K als denjenigen Punkt dieser Geraden bestimmen, der von A und S gleich weit entfernt ist.

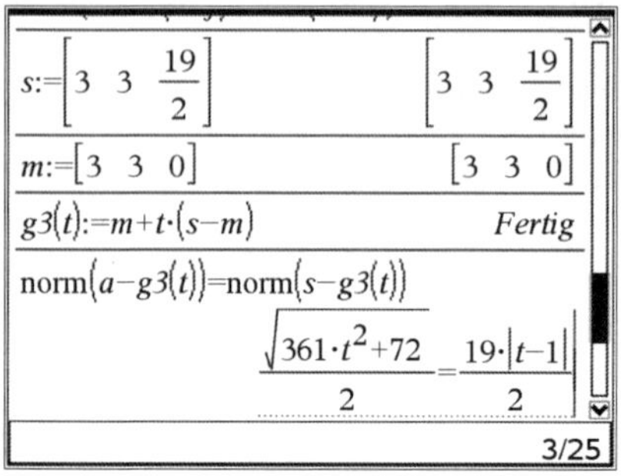

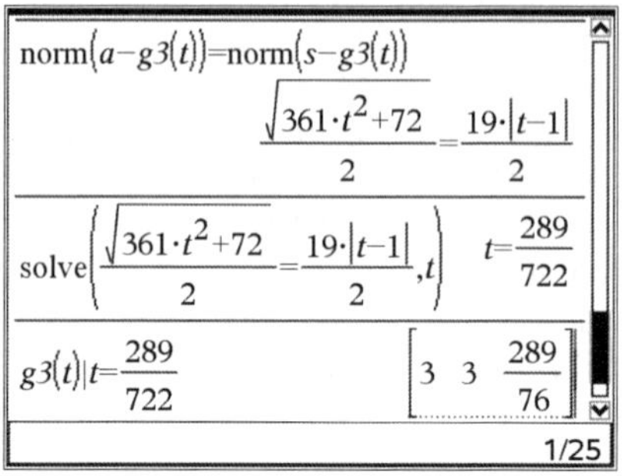

e) **Teilungsverhältnis der Strecke $\overline{AE}$**

Der Lotfußpunkt L liegt auf der Strecke $\overline{AE}$. Außerdem stehen die Strecken $\overline{LD}$ und $\overline{LA}$ senkrecht aufeinander.

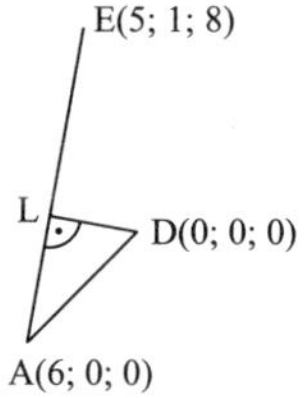

$$L \in \overline{AE} \quad \Rightarrow \quad \overrightarrow{OL} = \overrightarrow{OA} + t\overrightarrow{AE} \qquad (0 \le t \le 1)$$

$$\begin{pmatrix} x_L \\ y_L \\ z_L \end{pmatrix} = \begin{pmatrix} 6 \\ 0 \\ 0 \end{pmatrix} + t\begin{pmatrix} 5-6 \\ 1-0 \\ 8-0 \end{pmatrix}$$

$$\begin{pmatrix} x_L \\ y_L \\ z_L \end{pmatrix} = \begin{pmatrix} 6-t \\ t \\ 8t \end{pmatrix}$$

$$\overline{LD} \perp \overline{LA} \quad \Rightarrow \quad \overrightarrow{LD} \cdot \overrightarrow{LA} = 0$$

$$\begin{pmatrix} 0-6+t \\ 0-t \\ 0-8t \end{pmatrix} \cdot \begin{pmatrix} 6-6+t \\ 0-t \\ 0-8t \end{pmatrix} = 0$$

$$\begin{pmatrix} -6+t \\ -t \\ -8t \end{pmatrix} \cdot \begin{pmatrix} t \\ -t \\ -8t \end{pmatrix} = 0$$

$$-6t + t^2 + t^2 + 64 \cdot t^2 = 0$$

$$-6t + 66 \cdot t^2 = 0$$

$$6t(-1+11t) = 0$$

$$\Rightarrow \quad 6t = 0 \quad \text{oder} \quad -1+11t = 0$$

$$t = 0 \qquad\qquad t = \frac{1}{11} \quad \Rightarrow \quad L\left(\frac{65}{11}; \frac{1}{11}; \frac{8}{11}\right)$$

Der Fall $t=0$ bedeutet $L=A$, d. h. die Verstrebung $\overline{DL} = \overline{DA}$ wäre keine zusätzlich Verstrebung.

Das gesuchte Teilungsverhältnis kann als $\frac{\overline{AL}}{\overline{LE}}$, $\frac{\overline{LE}}{\overline{AL}}$, $\frac{\overline{AL}}{\overline{AE}}$ oder auch $\frac{\overline{LE}}{\overline{AE}}$ bestimmt werden.

$$\frac{\overline{AL}}{\overline{LE}} = \frac{\left|\begin{pmatrix} \frac{65}{11}-6 \\ \frac{1}{11} \\ \frac{8}{11} \end{pmatrix}\right|}{\left|\begin{pmatrix} 5-\frac{65}{11} \\ 1-\frac{1}{11} \\ 8-\frac{8}{11} \end{pmatrix}\right|} = \frac{\sqrt{\left(\frac{65}{11}-6\right)^2+\left(\frac{1}{11}\right)^2+\left(\frac{8}{11}\right)^2}}{\sqrt{\left(5-\frac{65}{11}\right)^2+\left(1-\frac{1}{11}\right)^2+\left(8-\frac{8}{11}\right)^2}} = \frac{\frac{1}{11}\cdot\sqrt{66}}{\frac{10}{11}\cdot\sqrt{66}} = \frac{1}{10}$$

$\overline{AE} = \sqrt{66}$ nach Aufgabenteil b

Antwortvarianten:

$$\underline{\underline{\frac{\overline{AL}}{\overline{LE}} = 1:10}} \quad \text{oder} \quad \underline{\underline{\frac{\overline{LE}}{\overline{AL}} = 10:1}} \quad \text{oder} \quad \frac{\overline{AL}}{\overline{AE}} = \frac{\frac{1}{11}\sqrt{66}}{\sqrt{66}} = \underline{\underline{1:11}} \quad \text{oder} \quad \frac{\overline{LE}}{\overline{AE}} = \frac{\frac{10}{11}\sqrt{66}}{\sqrt{66}} = \underline{\underline{10:11}}$$

Länge der Strecke $\overline{DL}$

$$\overline{DL} = |\overrightarrow{DL}| = \left|\begin{pmatrix} \frac{65}{11}-0 \\ \frac{1}{11}-0 \\ \frac{8}{11}-0 \end{pmatrix}\right| = \sqrt{\left(\frac{65}{11}\right)^2+\left(\frac{1}{11}\right)^2+\left(\frac{8}{11}\right)^2} \approx 5{,}95$$

Die Länge der Strecke $\overline{DL}$, und damit die gesuchte Strebenlänge, beträgt ca. 5,95 dm.

Lösungshinweise für das CAS-Abitur:

Bei Verwendung des Taschencomputers definiert man die Gerade AE und bestimmt dann den Punkt L als Lotfußpunkt des Lotes vom Ursprung auf diese Gerade, d. h. denjenigen Punkt L auf der Geraden AE, dessen Ortsvektor senkrecht auf dieser Geraden steht.

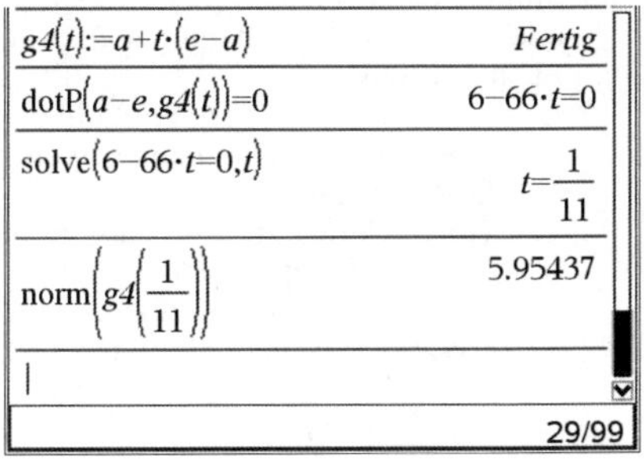

Grundkurs Mathematik (Thüringen): Abiturprüfung 2009
Aufgabe B2: Stochastik

Familie Neuhaus hat sich ein Regalsystem zur Selbstmontage gekauft. Beim ersten Anblick der vielen Schrauben erkannte sie keinen Unterschied zwischen diesen und schüttete daher alle Schrauben in einen Karton. Erst beim genaueren Lesen der Montageanleitung bemerkte sie, dass es zwar alles Schrauben gleichen Durchmessers sind, aber 50 „a-Schrauben" eine Länge von $a = 24$ mm und 110 „b-Schrauben" eine Länge von $b = 26$ mm sowie die restlichen 20 „c-Schrauben" eine Länge von $c = 28$ mm besitzen.

a) Den 180 Schrauben werden rein zufällig und mit einem Griff genau fünf entnommen.
Berechnen Sie die Wahrscheinlichkeiten der Ereignisse A und B!
A := „Unter ihnen befinden sich genau drei b-Schrauben."
B := „Unter ihnen befindet sich höchstens eine c-Schraube." (3 BE)

b) Jede Schraube ist erfahrungsgemäß mit einer Wahrscheinlichkeit von 0,03 defekt.
Bestimmen Sie die zu erwartende Anzahl defekter Schrauben unter 110 b-Schrauben!
Es werden 106 defektfreie b-Schrauben benötigt.
Mit welcher Wahrscheinlichkeit reichen 110 gelieferte b-Schrauben aus? (3 BE)

c) Familie Neuhaus hatte einen Preisnachlass vereinbart, weil nach Auskunft des Verkäufers 5 % der Einlegeböden produktionsbedingt Mängel in der Beschichtung aufweisen.
Berechnen Sie die Wahrscheinlichkeiten der Ereignisse C und D!
C := „Die ersten fünf rein zufällig entnommenen Einlegeböden sind frei von diesem Mangel."
D := „Unter 28 rein zufällig entnommenen Einlegeböden befinden sich genau vier mit einem derartigen Mangel."
Beschreiben Sie in diesem Sachzusammenhang ein Ereignis E, das mit der folgenden Wahrscheinlichkeit eintritt:

$$P(E) = 1 - \sum_{k=0}^{4} \binom{28}{k} \cdot 0{,}05^k \cdot 0{,}95^{28-k}$$

(5 BE)

d) Nachdem der Regalhersteller seine Fertigungslinie modernisiert hat, testet er, ob der Beschichtungsmangelanteil noch 5 % beträgt oder auf 1 % gesunken ist. Er will die Hypothese $p = 0{,}01$ genau dann verwerfen, wenn sich in seiner Zufallsstichprobe vom Umfang $n = 200$ mindestens sechs Einlegeböden mit einem derartigen Beschichtungsmangel befinden.
Berechnen Sie für diesen Alternativtest die Wahrscheinlichkeiten sowohl für einen Fehler 1. Art als auch für einen Fehler 2. Art! (5 BE)

e) Untersuchen Sie, wie viele Einlegeböden man der laufenden Produktion an der neuen Fertigungslinie mit einem Beschichtungsmangelanteil von 1 % entnehmen muss, um mit einer Wahrscheinlichkeit von mehr als 0,95 mindestens einen derartigen Mangel-Einlegeboden zu erhalten! (4 BE)

(20 BE)

Binomialverteilung

n	k	p = 0,03	
		B(n; p; k)	$\sum_{i=0}^{k} B(n;p;i)$
110	0	0,0351	0,0351
	1	0,1193	0,1544
	2	0,2011	0,3554
	3	0,2239	0,5793
	4	0,1852	0,7646
	5	0,1214	0,8860
	6	0,0657	0,9517
	7	0,0302	0,9819
	8	0,0120	0,9940
	9	0,0042	0,9982
	10	0,0013	0,9995
	11	0,0004	0,9999
	12	0,0001	
	13		
	14		
	15		
	16		
	17		
	18		
	19		
	20		
	21		
	22		
	23		
	24		
	25		

n	k	p = 0,01		p = 0,05	
		B(n; p; k)	$\sum_{i=0}^{k} B(n;p;i)$	B(n; p; k)	$\sum_{i=0}^{k} B(n;p;i)$
200	0	0,1340	0,1340		
	1	0,2707	0,4046	0,0004	0,0004
	2	0,2720	0,6767	0,0019	0,0023
	3	0,1814	0,8580	0,0067	0,0090
	4	0,0902	0,9483	0,0174	0,0264
	5	0,0357	0,9840	0,0359	0,0623
	6	0,0117	0,9957	0,0614	0,1237
	7	0,0033	0,9990	0,0896	0,2133
	8	0,0008	0,9998	0,1137	0,3270
	9	0,0002		0,1277	0,4547
	10			0,1284	0,5831
	11			0,1167	0,6998
	12			0,0967	0,7965
	13			0,0736	0,8701
	14			0,0518	0,9219
	15			0,0338	0,9556
	16			0,0206	0,9762
	17			0,0117	0,9879
	18			0,0063	0,9942
	19			0,0032	0,9973
	20			0,0015	0,9988
	21			0,0007	0,9995
	22			0,0003	0,9998
	23			0,0001	0,9999
	24				
	25				

Hinweise und Tipps

Aufgabe a

Ereignis A

- Berücksichtigen Sie, dass es sich um Ziehen ohne Zurücklegen handelt.
- Die Lösung lässt sich mit dem Ansatz über eine hypergeometrische Verteilung („Lottoformel") ermitteln:

$$\frac{\binom{K}{k}\cdot\binom{N-K}{n-k}}{\binom{N}{n}}$$

- Alternative: Man überlegt sich zunächst, wie viele verschiedene Möglichkeiten es gibt, dass unter 5 Schrauben genau drei die richtige Länge haben:

  $(bbb\bar{b}\bar{b}, bb\bar{b}b\bar{b}, \ldots, \bar{b}\bar{b}bbb)$, dies entspricht $\binom{5}{3}=10$.

  Dann kann man sich einen Fall herausgreifen und dessen Wahrscheinlichkeit berechnen. Da alle Ereignisse gleichwahrscheinlich sind, muss man dieses Ergebnis nur noch mit 10 multiplizieren.

Ereignis B

- „Höchstens eine" bedeutet keine oder genau eine Schraube der Länge c. Der weitere Lösungsweg ergibt sich wie beim Ereignis A.

Aufgabe b

- Betrachten Sie den Vorgang als Zufallsexperiment und überlegen Sie, ob ein Bernoulli-Experiment vorliegt. Notieren Sie sich dann die Länge der Bernoulli-Kette und die Erfolgswahrscheinlichkeit p.
- Für den Erwartungswert einer binomialverteilten Zufallsgröße gilt $EX=np$.
- Benutzen Sie die Formel von Bernoulli $P(X=k)=B(n;\,p;\,k)=\binom{n}{k}p^k(1-p)^{n-k}$ bzw. die entsprechende Summenformel oder die Tabelle.
  CAS-Abitur: Die Funktionen für Wahrscheinlichkeitsverteilungen sind z. T. vorhanden – hier beim TI-Nspire als auch beim Voyage 200 und dem TI-Titanium lauten die entsprechenden Funktionen binompdf() bzw. binomcdf().
- Wenn Sie als Erfolgswahrscheinlichkeit $p=0{,}03$ gewählt haben, dann berücksichtigen Sie, dass unter den 110 ausgewählten Schrauben 0, 1, 2, 3 oder 4 defekt sein können, damit man mindestens 106 defektfreie erhält.
- Wenn Sie als Erfolgswahrscheinlichkeit $p=0{,}97$ gewählt haben, dann berücksichtigen Sie, dass unter den 110 ausgewählten Schrauben 110, 109,…, 106 nicht defekte Schrauben sein müssen, damit man mindestens 106 defektfreie erhält.

Aufgabe c

- Betrachten Sie den Vorgang als Zufallsexperiment und überlegen Sie, ob es ein Bernoulli-Experiment ist. Notieren Sie sich dann die Länge der Bernoulli-Kette und die Erfolgswahrscheinlichkeit p.
- Benutzen Sie die Formel von Bernoulli $P(X=k)=B(n;\,p;\,k)=\binom{n}{k}p^k(1-p)^{n-k}$ bzw. die entsprechende Summenformel oder die Tabelle.

Beschreibung eines Ereignisses E mit gegebener Wahrscheinlichkeit

- Aus dem angegebenen Term können Sie zum Beispiel schließen, dass man ein Gegenereignis zu einem gesuchten Ereignis berechnen will und dass es sich um 28 Einlegeböden handelt. Wegen der Wahrscheinlichkeit $p = 0{,}05$ sollen Einlegeböden betrachtet werden, die Mängel haben. Die Summe zeigt, dass das Gegenereignis die Werte von 0 bis 4 umfasst.

Aufgabe d

- Man unterscheidet Fehler 1. Art bzw. 2. Art.
- Ein Fehler 1. Art tritt auf, wenn H_0 wahr ist, aber irrtümlich abgelehnt wird. Ein Fehler 2. Art tritt auf, wenn H_0 falsch ist, aber irrtümlich angenommen wird.

Alternativtest

- Formulieren Sie die Nullhypothese (H_0: $p = p_0$) und die Gegenhypothese (H_1: $p = p_1$).
- Führen Sie eine Testgröße (Zufallsvariable) X ein, die binomialverteilt ist mit p und $n = 200$.

Fehler 1. Art

- Da $p_1 > p_0$ ist, wird man die Nullhypothese ablehnen, wenn große Trefferzahlen auftreten.
- Der Ablehnungsbereich $\overline{A}$ ist die Menge aller Stichprobenergebnisse, bei deren Eintreten H_0 abgelehnt wird.
- Bestimmen Sie für $p = p_0 = 0{,}01$ die Wahrscheinlichkeit für den Ablehnungsbereich $\overline{A}$ mit der Formel von Bernoulli bzw. mit der zugehörigen Summenformel. Diese Wahrscheinlichkeit entspricht der Wahrscheinlichkeit für den Fehler 1. Art.

Fehler 2. Art

- Einen Fehler 2. Art begeht man, wenn eine falsche Nullhypothese irrtümlich als wahr angenommen wird. Dies geschieht dann, wenn die Testgröße X mit $p = p_1 = 0{,}05$ und $n = 200$ Werte annimmt, die im Annahmebereich $A = \{0; \ldots; 5\}$ liegen.
- Bestimmen Sie die Wahrscheinlichkeit für den Annahmebereich A mit der Formel von Bernoulli bzw. mit der zugehörigen Summenformel. Diese Wahrscheinlichkeit entspricht der Wahrscheinlichkeit für den Fehler 2. Art.

Aufgabe e

- Betrachten Sie den Vorgang als Zufallsexperiment und überlegen Sie, ob es ein Bernoulli-Experiment ist.
- Betrachten Sie das Gegenereignis des gesuchten Ereignisses.
- Wenn das Ereignis E: „Mindestens ein Einlegeboden mit Mangel unter n Einlegeböden" ist, dann ist das Gegenereignis $\overline{E}$: „Kein Einlegeboden hat einen Mangel".
- Es soll $P(E) = 1 - P(\overline{E}) > 0{,}95$ gelten.

a) **Ziehen mit einem Griff**

Den Vorrat an 180 Schrauben, unter denen genau 50 a-Schrauben, 110 b-Schrauben und 20 c-Schrauben sind, kann man als eine Urne mit genau 180 Kugeln, von denen 50 weiß, 110 blau und 20 rot sind, interpretieren. Kugeln mit „einem Griff" zu entnehmen, entspricht der Modellannahme „Ziehen ohne Zurücklegen und ohne Beachtung der Reihenfolge".

Lösungsweg 1:
über die „Lottoformel" der hypergeometrischen Verteilung

$$P(A) = \frac{\binom{110}{3} \cdot \binom{70}{2}}{\binom{180}{5}} \approx \underline{\underline{0,35}}$$

$$P(B) = \frac{\binom{20}{0} \cdot \binom{160}{5}}{\binom{180}{5}} + \frac{\binom{20}{1} \cdot \binom{160}{4}}{\binom{180}{5}} \approx \underline{\underline{0,90}}$$

Lösungsweg 2:
über Zählprinzipien

$$P(A) = \frac{\binom{5}{3} \cdot 110 \cdot 109 \cdot 108 \cdot 70 \cdot 69}{180 \cdot 179 \cdot 178 \cdot 177 \cdot 176} \approx \underline{\underline{0,35}}$$

$$P(B) = \frac{\binom{5}{0} \cdot 160 \cdot 159 \cdot 158 \cdot 157 \cdot 156 + \binom{5}{1} \cdot 20 \cdot 160 \cdot 159 \cdot 158 \cdot 157}{180 \cdot 179 \cdot 178 \cdot 177 \cdot 176} \approx \underline{\underline{0,90}}$$

$$\text{nCr}(5,3) \cdot \frac{110}{180} \cdot \frac{109}{179} \cdot \frac{108}{178} \cdot \frac{70}{177} \cdot \frac{69}{176} \qquad 0.350073$$

b) **Erwartungswert EX**

Bei der Entnahme von n Schrauben aus dem b-Schrauben-Vorrat wird nur registriert, ob die Schraube defekt ist oder nicht. Dieser Vorgang lässt sich durch eine Bernoulli-Kette der Länge n und mit der Erfolgswahrscheinlichkeit $p = 0{,}03$ beschreiben. Die zufällige Anzahl X der dabei erhaltenen defekten b-Schrauben ist dann binomialverteilt mit $X \sim B_{n;\,p}$ und dem Erwartungswert $EX = n \cdot p$.

Zufallsgröße X: zufällige Anzahl der defekten Schrauben unter den $n = 110$ b-Schrauben
$X \sim B_{110;\,0,03}$

$EX = 110 \cdot 0{,}03 = \underline{\underline{3{,}3}}$

Unter den 110 b-Schrauben sind 3,3 defekte Schrauben zu erwarten.

Wahrscheinlichkeit $P(Y \geq i)$ bzw. $P(X \leq k)$

Lösungsweg 1:

Zufallsgröße Y: zufällige Anzahl der nicht defekten Schrauben unter 110 b-Schrauben
$Y \sim B_{110;\,0{,}97}$

P(„unter 110 b-Schrauben sind mindestens 106 nicht defekt") = $P(Y \geq 106)$

$$= \sum_{j=106}^{110} \binom{110}{j} \cdot 0{,}97^{j} \cdot 0{,}03^{110-j} \approx \underline{\underline{0{,}76}}$$

(Der Summenausdruck ist mit dem für das Thüringer Abitur zugelassenen Taschenrechner einfach zu berechnen.)

binomCdf(110,0.97,106,110)	0.764564

Lösungsweg 2:

Wenn $P(Y \geq 106)$ mithilfe der den Abituraufgaben beigelegten Tabelle der Binomialwahrscheinlichkeiten für $n = 110$ und $p = 0{,}03$ berechnet werden soll, so empfiehlt es sich, zum Gegenereignis überzugehen.

P(„unter 110 b-Schrauben sind **mindestens** 106 **nicht defekt**")
= P(„unter 110 b-Schrauben sind **höchstens** 4 **defekt**") = $P(X \leq 4)$ mit $X \sim B_{110;\,0{,}03}$
$\approx \underline{\underline{0{,}76}}$ (entsprechend der vorgegebenen Tabelle)

binomCdf(110,0.03,0,4)	0.764564

c) **Wahrscheinlichkeiten P(C) und P(D)**

Um die Wahrscheinlichkeiten P(C) und P(D) zu berechnen, nutzt man die Modellannahme, dass jeder Einlegeboden mit der Wahrscheinlichkeit $p = 0{,}05$ einen Mangel aufweist.

Zufallsgröße Z_n: zufällige Anzahl der Mängelböden unter n Einlegeböden
$Z_n \sim B_{n;\,0{,}05}$

$$P(C) = P(Z_5 = 0) = \binom{5}{0} \cdot 0{,}05^0 \cdot 0{,}95^5 = 0{,}95^5 \approx \underline{\underline{0{,}77}}$$

$$P(D) = P(Z_{28} = 4) = \binom{28}{4} \cdot 0{,}05^4 \cdot 0{,}95^{24} \approx \underline{\underline{0{,}037}}$$

binomPdf(5,0.95,5)	0.773781
binomPdf(28,0.05,4)	0.037365

Ereignis E beschreiben

Um das Ereignis E in Worten zu beschreiben, empfiehlt es sich, zuerst die aufsummierten Wahrscheinlichkeiten als Wahrscheinlichkeit P(G) eines Ereignisses G im vorgegebenen Sachzusammenhang zu interpretieren. Beachtet man dann die Rechenregel $1 - P(G) = P(\overline{G})$, so erhält man E als Gegenereignis von G.

$$P(E) = 1 - \sum_{k=0}^{4} \binom{28}{k} \cdot 0{,}05^{k} \cdot 0{,}95^{28-k}$$

$= 1 - P(Z_{28} \leq 4) = 1 -$ P(„**höchstens** 4 Mängelböden unter 28 Böden") $= 1 - P(G)$

$= P(Z_{28} > 4) =$ P(„**mehr als** 4 Mängelböden unter 28 Böden") $= P(\overline{G})$

$\Rightarrow$ E = „Unter 28 rein zufällig entnommenen Einlegeböden befinden sich mehr als vier mit einem Mangel."

d) **Alternativtest**

Testgröße X: zufällige Anzahl der Einlegeböden mit Beschichtungsmangel unter den 200

$X \sim B_{200;\,p}$

Nullhypothese H_0: $p = 0{,}01$ Gegenhypothese H_1: $p = 0{,}05$

Ablehnungsbereich $\overline{A} = \{6; \ldots; 200\}$

Annahmebereich $A = \{0; 1; 2; 3; 4; 5\}$

Wahrscheinlichkeit für Fehler 1. Art

$B_{200;\,0,01}(X \in \overline{A}) = B_{200;\,0,01}(X \geq 6) = 1 - B_{200;\,0,01}(X \leq 5) \approx \underline{\underline{0{,}016}}$

Wahrscheinlichkeit für Fehler 2. Art

$B_{200;\,0,05}(X \in A) = B_{200;\,0,05}(X \leq 5) \approx \underline{\underline{0{,}062}}$

binomCdf(200,0.01,6,200)	0.016023
binomCdf(200,0.05,0,5)	0.062342

e) **Mindestanzahl n_{min} für einen Erfolg**

Die Entnahme von n Einlegeböden der laufenden Produktion lässt sich als Bernoulli-Kette der Länge n und der Erfolgswahrscheinlichkeit $p = 0{,}01$ beschreiben. Die zufällige Anzahl X_n der dabei entnommenen Mangel-Einlegeböden ist somit binomialverteilt mit $X_n \sim B_{n;\,0,01}$. Die gesuchte Mindestanzahl n_{min} erhält man durch Umstellen der folgenden Ungleichung nach n:

$$P(X_n \geq 1) > 0{,}95$$

$$1 - P(X_n = 0) > 0{,}95$$

$$1 - \binom{n}{0} \cdot 0{,}01^0 \cdot 0{,}99^n > 0{,}95$$

$$1 - 0{,}99^n > 0{,}95$$

$$0{,}05 > 0{,}99^n$$

$$\ln 0{,}05 > n \cdot \ln 0{,}99 \quad |: \ln 0{,}99 \quad \text{mit} \quad \ln 0{,}99 < 0$$

$$298{,}07\ldots = \frac{\ln 0{,}05}{\ln 0{,}99} < n \quad \text{mit} \quad n \in \mathbb{N}$$

$$299 \leq n \quad \Rightarrow \quad \underline{\underline{n_{min} = 299}}$$

Mindestens 299 Einlegeböden sind zu entnehmen.

Die Ungleichung $0{,}05 > 0{,}99^n$ kann auch durch systematisches Probieren oder mittels eines geeigneten (zugelassenen) Taschenrechners gelöst werden.

Lösungshinweise für das CAS Abitur

Die ermittelte Ungleichung kann direkt mit dem Taschencomputer gelöst werden.

$\text{solve}\left(1-(0.99)^n>0.95,n\right)$	$n>298.073$

Grundkurs Mathematik (Thüringen): Abiturprüfung 2009
Aufgabe C: Themenübergreifend

a) Lösen Sie die Gleichung!

$e^{x^2-1}=1$ (2 BE)

Formulierung für das CAS-Abitur

Lösen Sie die Gleichung $e^{x^2-1}=1$!
Geben Sie eine quadratische Gleichung mit derselben Lösungsmenge an! (CAS: 2 BE)

b) Geben Sie eine Bildungsvorschrift einer arithmetischen Folge (a_n) an, für die $a_{12}=2\,009$ gilt! (2 BE)

c) Gegeben ist ein Quader ABCDEFGH. Der Punkt P teilt die Strecke $\overline{BF}$ im Verhältnis $2:3$.

Stellen Sie den Vektor $\overrightarrow{PH}$ mithilfe der Vektoren $\overrightarrow{AB}$, $\overrightarrow{AD}$ und $\overrightarrow{AE}$ dar!

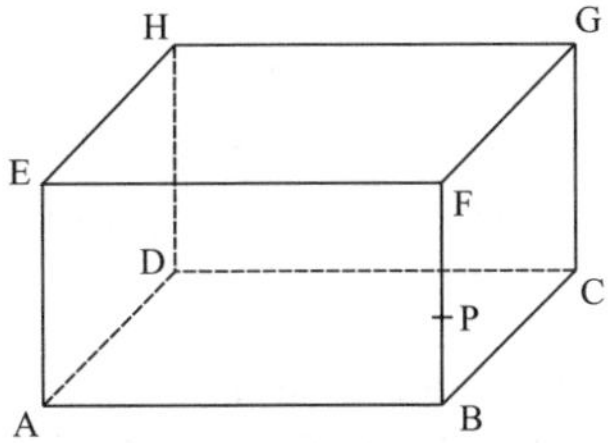

(Skizze nicht maßstäblich) (2 BE)

d) Die Eckpunkte eines Quadrates liegen auf einem Kreis mit dem Radius $r=1$ LE. Geben Sie den Flächeninhalt dieses Quadrates an! (2 BE)

e) Aus einem Bücherregal werden drei Bücher entnommen und willkürlich an die drei freien Plätze zurückgestellt.
Mit welcher Wahrscheinlichkeit steht jedes Buch wieder an seinem Platz?
Begründen Sie, dass es nicht möglich ist, dass genau zwei dieser drei Bücher an ihrem Platz stehen! (2 BE)

(10 BE)

Hinweise und Tipps

Aufgabe a

- Für alle Exponentialfunktionen gilt $a^z = 1$, wenn $z = 0$ $(a \neq 0)$.
- Sie müssen die Gleichung $x^2 - 1 = 0$ lösen.
  CAS-Abitur: Damit haben Sie auch sofort eine quadratische Gleichung mit der gleichen Lösungsmenge gefunden.

Aufgabe b

- Für eine arithmetische Folge gilt $a_2 = d + a_1$, wobei d eine beliebige reelle Zahl ist.
- Nutzt man eine explizite Darstellung, so kann man eine arithmetische Zahlenfolge allgemein ausdrücken durch $a_n = a_1 + (n-1) \cdot d$. Da nur a_{12} vorgegeben ist, können Sie a_1 oder d frei wählen.

Aufgabe c

- Damit der Punkt P die Strecke $\overline{BF}$ im Verhältnis 2 : 3 teilt, muss die gesamte Strecke in 5 gleich lange Teile zerlegt werden. Es gilt also $\overrightarrow{PF} = \frac{3}{5}\,\overrightarrow{BF}$.
- Suchen Sie dann einen „Weg“ entlang der Quaderkanten, um von P nach H zu gelangen.

Aufgabe d

- Fertigen Sie sich eine Skizze an und tragen Sie Hilfslinien ein.
- Zerlegen Sie das Quadrat in Teildreiecke, in denen das gegebene r eine entscheidende Rolle spielt.

Aufgabe e

- Berücksichtigen Sie, wie viele Möglichkeiten es gibt, 3 Gegenstände auf drei Plätze zu verteilen.

Lösungen

a) **Exponentialgleichung lösen**

Der Wert einer Potenz $e^{f(x)}$ ist nur dann 1, wenn der Exponent f(x) den Wert null annimmt.

$e^{x^2-1}=1$ gilt genau dann, wenn

$x^2-1=0$

$\Rightarrow \quad \underline{\underline{x_{1,2}=\pm 1}}$

Lösungshinweise für das CAS-Abitur

Eine quadratische Gleichung mit derselben Lösungsmenge lautet z. B. $x^2-1=0$.

b) **Bildungsvorschrift einer arithmetischen Zahlenfolge (a_n)**

Eine arithmetische Zahlenfolge (a_n) mit dem Anfangsglied a_1 und der Differenz d besitzt die explizite Bildungsvorschrift $a_n=a_1+(n-1)\cdot d$ und die implizite Bildungsvorschrift $a_1=a;\ a_{n+1}=a_n+d \ (n\in \mathbb{N}^+)$. Da in der Aufgabenstellung für (a_n) als einzige Bedingung $a_{12}=2\,009$ gegeben ist, kann die zweite notwendige Bedingung frei gewählt werden. Dazu bieten sich folgende drei Varianten an:

(1) a_1 frei wählen,
(2) d frei wählen,
(3) ein weiteres Folgenglied frei wählen.

Beispiel für Variante (1):

$a_1=1\,998$ und $a_{12}=2\,009 \quad \Rightarrow \quad a_{12}=a_1+11d$

$$2\,009=1\,998+11d$$

$$d=1$$

$\Rightarrow \quad a_n=1\,998+(n-1)\cdot 1=1\,998+n-1$

$\underline{\underline{a_n=1997+n}}$ bzw. $\underline{\underline{a_1=1998 \text{ und } a_{n+1}=a_n+1}}$

Beispiel für Variante (2):

$d=10$ und $a_{12}=2\,009 \quad \Rightarrow \quad a_{12}=a_1+11d$

$$2\,009=a_1+110$$

$$a_1=1899$$

$\Rightarrow \quad a_n=1\,899+(n-1)\cdot 10=1\,899+10n-10$

$\underline{\underline{a_n=1889+10n}}$ bzw. $\underline{\underline{a_1=1899 \text{ und } a_{n+1}=a_n+10}}$

Beispiel für Variante (3):

$a_5=1\,974$ und $a_{12}=2\,009 \quad \Rightarrow \quad a_{12}=a_5+7d$

$$2\,009=1974+7d$$

$$d=5$$

$$a_{12}=a_1+11d$$

$$2\,009=a_1+55$$

$$a_1=1954$$

$\Rightarrow \quad a_n=1\,954+(n-1)\cdot 5=1\,954+5n-5$

$\underline{\underline{a_n=1949+5n}}$ bzw. $\underline{\underline{a_1=1954 \text{ und } a_{n+1}=a_n+5}}$

c) **Vektorkette von P nach H**

Um den Vektor $\overrightarrow{PH}$, der „quer" durch den Quader verläuft, mithilfe von dessen Kantenvektoren darzustellen, sucht man einen nur entlang der Quaderkanten verlaufenden Weg von P nach H.

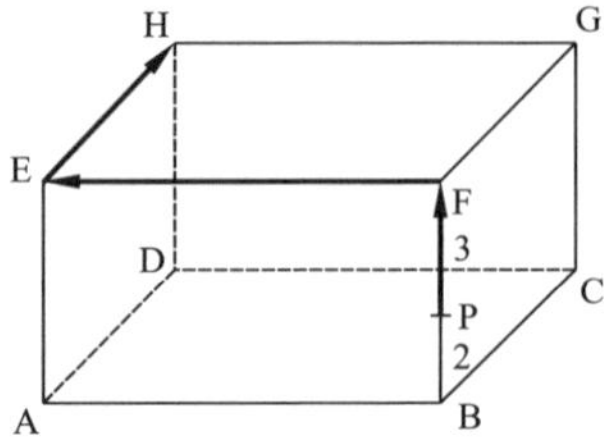

$$\overrightarrow{PH} = \overrightarrow{PF} + \overrightarrow{FE} + \overrightarrow{EH} \quad \text{mit} \quad \overrightarrow{PF} = \frac{3}{5}\overrightarrow{BF} = \frac{3}{5}\overrightarrow{AE}$$

$$\overrightarrow{FE} = -\overrightarrow{AB}$$

$$\overrightarrow{EH} = \overrightarrow{AD}$$

$$\underline{\underline{\overrightarrow{PH} = \frac{3}{5}\overrightarrow{AE} - \overrightarrow{AB} + \overrightarrow{AD}}}$$

Alternativ könnte man auch andere Kanten-Wege wählen, wie beispielsweise

$$\overrightarrow{PH} = \overrightarrow{PB} + \overrightarrow{BC} + \overrightarrow{CD} + \overrightarrow{DH} = -\frac{2}{5}\overrightarrow{AE} + \overrightarrow{AD} - \overrightarrow{AB} + \overrightarrow{AE} = \frac{3}{5}\overrightarrow{AE} - \overrightarrow{AB} + \overrightarrow{AD},$$

die aber letzten Endes dieselbe Darstellung von $\overrightarrow{PH}$ ergeben.

d) **Flächeninhalt eines einbeschriebenen Quadrates**

Lösungsvariante 1:

Die Strecke $\overline{AC}$ teilt das Quadrat in zwei kongruente Dreiecke mit der Grundseite $\overline{AC}$ und der Höhe $\overline{MB}$.

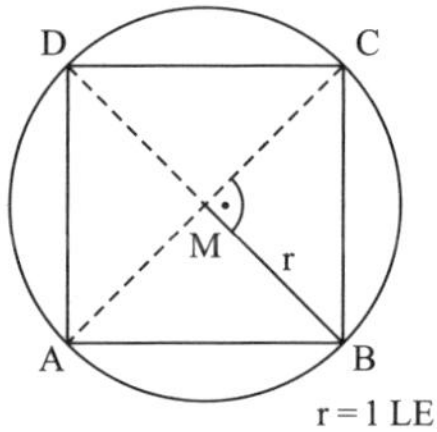

$$A = 2 \cdot \frac{1}{2}\overline{AC} \cdot \overline{MB} = 2 \cdot \frac{1}{2} \cdot 2r \cdot r = 2r^2 = 2 \cdot (1\text{ LE})^2 = \underline{\underline{2\text{ FE}}}$$

Lösungsvariante 2:

Die Strecken $\overline{AC}$ und $\overline{BD}$ teilen das Quadrat in vier kongruente rechtwinklige, gleichschenklige Dreiecke mit der Kathetenlänge $\overline{MB}$.

$$A = 4 \cdot \frac{1}{2}\overline{MB}^2 = 2r^2 = 2 \cdot (1\text{ LE})^2 = \underline{\underline{2\text{ FE}}}$$

e) **Anordnen in einer Reihe**

Um drei Bücher auf drei Plätzen willkürlich anzuordnen, gibt es für das erste Buch 3 mögliche Plätze, für das zweite Buch nur noch 2 und für das dritte Buch nur noch einen Platz.

Jede der $3 \cdot 2 \cdot 1 = 6$ Möglichkeiten wird mit derselben Chance, d. h. mit der Wahrscheinlichkeit $p = \frac{1}{6}$ gewählt, was man sich auch anhand eines Baumdiagramms veranschaulichen kann.

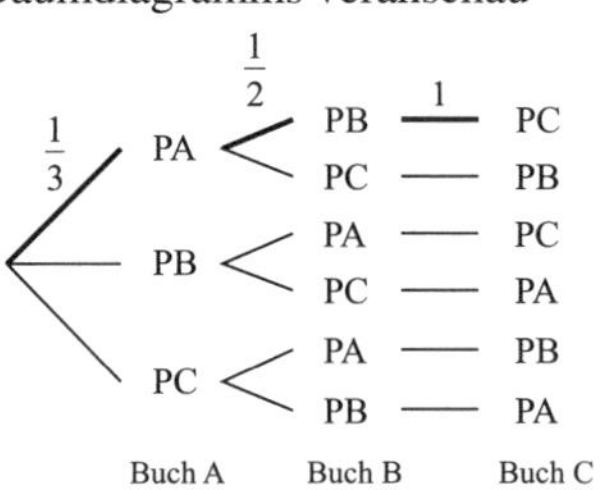

$\Rightarrow$ P(„jedes Buch steht wieder an seinem Platz") $= \underline{\underline{\frac{1}{6}}}$, weil nur der markierte Weg zu dem betrachteten Ereignis führt.

Wenn bereits zwei Bücher an ihrem alten Platz stehen, gibt es für das dritte Buch nur noch einen freien Platz und dieser ist sein alter Platz. **q. e. d.**

Grundkurs Mathematik (Thüringen): Abiturprüfung 2010
Aufgabe A1: Analysis

Gegeben ist die Funktion f durch

$y = f(x) = (2x+1) \cdot e^{-x}$ mit $x \in \mathbb{R}$.

a) Untersuchen Sie den Graphen von f auf Schnittpunkte mit den Koordinatenachsen, auf lokale Extrempunkte und auf Wendepunkte! Geben Sie gegebenenfalls deren Koordinaten an! Begründen Sie anhand der Funktionsgleichung, dass der Graph der Funktion f nur für $x < -\frac{1}{2}$ negative Funktionswerte besitzt!
Skizzieren Sie den Graphen von f im Intervall $-1 \le x \le 5$!
Geben Sie den Wertebereich von f an!
[Kontrollergebnis: $f'(x) = (-2x+1) \cdot e^{-x}$] (11 BE)

b) Im Punkt $R\left(\frac{3}{2}; 4 \cdot e^{-\frac{3}{2}}\right)$ wird die Tangente an den Graphen von f gelegt.
Zeigen Sie, dass diese Tangente durch die Gleichung
$y = t(x) = -2e^{-\frac{3}{2}}x + 7e^{-\frac{3}{2}}$ beschrieben werden kann!
Berechnen Sie die Größe des Schnittwinkels dieser Tangente mit der y-Achse!
Die Tangente t und die Koordinatenachsen begrenzen ein Dreieck. Bei Rotation dieses Dreiecks um die x-Achse entsteht ein Körper.
Berechnen Sie das Volumen dieses Körpers! (6 BE)

c) Weisen Sie nach, dass die Funktion F mit
$F(x) = (-2x-3) \cdot e^{-x} + 2010$
eine Stammfunktion von f ist!
Berechnen Sie den Inhalt der Fläche zwischen dem Graphen der Funktion f und der x-Achse im Intervall $-1 \le x \le 1$!
Der Graph der Funktion f, die x-Achse und die Gerade g mit der Gleichung $x = c$ $\left(c > -\frac{1}{2}; c \in \mathbb{R}\right)$ begrenzen eine Fläche vollständig.
Bestimmen Sie den Wert für c so, dass diese Fläche den Inhalt $A = (2\sqrt{e} - 3)$ FE hat! (6 BE)

d) Der Punkt $U(u; f(u))$ mit $u > -\frac{1}{2}$ $(u \in \mathbb{R})$ bildet mit den Punkten $Q\left(-\frac{1}{2}; 0\right)$ und $V(u; 0)$ ein Dreieck.
Bestimmen Sie den Wert von u, für den der Flächeninhalt dieses Dreiecks maximal wird!
(Auf den Nachweis des Maximums kann verzichtet werden.)
Berechnen Sie den maximalen Flächeninhalt! (4 BE)

e) Für jede reelle Zahl a $(a \neq 0)$ ist eine Funktion f_a gegeben durch
$y = f_a(x) = (2x+a) \cdot e^{-x}$.
Bestimmen Sie die Koordinaten der Achsenschnittpunkte des Graphen von f_a!
Durch die beiden Achsenschnittpunkte verläuft eine Gerade h.
Ermitteln Sie eine Gleichung für h! (3 BE)

(30 BE)

Aufgabenstellung für das CAS-Abitur

Gegeben ist die Funktion f durch

$y = f(x) = (2x+1)\cdot e^{-x}$ mit $x \in \mathbb{R}$.

a) Weisen Sie mithilfe der Ableitungsregeln nach, dass für die 1. Ableitung von f gilt: $f'(x) = (-2x+1)\cdot e^{-x}$!
Untersuchen Sie den Graphen von f auf Schnittpunkte mit den Koordinatenachsen, auf lokale Extrempunkte und auf Wendepunkte! Geben Sie gegebenenfalls deren Koordinaten an! Begründen Sie anhand der Funktionsgleichung, dass der Graph der Funktion f nur für $x < -\frac{1}{2}$ negative Funktionswerte besitzt!
Skizzieren Sie den Graphen von f im Intervall $-1 \le x \le 5$!
Geben Sie den Wertebereich von f an! (CAS: 11 BE)

b) Im Punkt $R\left(\frac{3}{2}; 4\cdot e^{-\frac{3}{2}}\right)$ wird die Tangente an den Graphen von f gelegt.
Zeigen Sie, dass diese Tangente durch die Gleichung
$y = t(x) = e^{-\frac{3}{2}}\cdot(-2x+7)$ beschrieben werden kann!
Berechnen Sie die Größe des Schnittwinkels dieser Tangente mit der y-Achse!
Die Tangente t und die Koordinatenachsen begrenzen ein Dreieck. Bei Rotation dieses Dreiecks um die x-Achse entsteht ein Körper.
Berechnen Sie das Volumen dieses Körpers! (CAS: 6 BE)

c) Berechnen Sie den Inhalt der Fläche zwischen dem Graphen der Funktion f und der x-Achse im Intervall $-1 \le x \le 1$!
Der Graph der Funktion f, die x-Achse und die Gerade g mit der Gleichung $x = c$ $\left(c > -\frac{1}{2}; c \in \mathbb{R}\right)$ begrenzen eine Fläche vollständig.
Bestimmen Sie den Wert für c so, dass diese Fläche den Inhalt $A = (2\sqrt{e} - 3)$ FE hat!
Begründen Sie anhand der Eigenschaften von f, dass für jede Stammfunktion F von f gilt:
(1) Die Extremstelle ist $x = -\frac{1}{2}$.
(2) Der Punkt $T\left(-\frac{1}{2}; F\left(-\frac{1}{2}\right)\right)$ ist der Tiefpunkt des Graphen. (CAS: 6 BE)

d) Der Punkt $U(u; f(u))$ mit $u > -\frac{1}{2}$ $(u \in \mathbb{R})$ bildet mit den Punkten $Q\left(-\frac{1}{2}; 0\right)$ und $V(u; 0)$ ein Dreieck.
Bestimmen Sie den Wert von u, für den der Flächeninhalt dieses Dreiecks maximal wird!
Berechnen Sie den maximalen Flächeninhalt! (CAS: 4 BE)

e) Für jede reelle Zahl a $(a \neq 0)$ ist eine Funktion f_a gegeben durch
$y = f_a(x) = (2x+a)\cdot e^{-x}$.
Bestimmen Sie die Koordinaten der Achsenschnittpunkte des Graphen von f_a!
Durch die beiden Achsenschnittpunkte verläuft eine Gerade h.
Ermitteln Sie eine Gleichung für h! (CAS: 3 BE)

(CAS: 30 BE)

Hinweise und Tipps

Aufgabe a

Schnittpunkte mit den Koordinatenachsen

- Der Graph G_f schneidet die x-Achse nur an den Stellen x, für die $f(x) = 0$ gilt.
- Der Graph G_f schneidet die y-Achse nur an der Stelle $y = f(0)$.

lokale Extrempunkte

- Die Extrempunkte können Sie mit der ersten und zweiten Ableitung von f bestimmen.
- Mögliche Extremstellen x_E erhalten Sie als Lösungen der Gleichung $f'(x) = 0$.
- Gilt für eine mögliche Extremstelle x_E außerdem $f''(x_E) \neq 0$, so ist x_E tatsächlich eine Extremstelle.
  (Gilt $f''(x_E) < 0$, so ist x_E eine lokale Maximumstelle; gilt $f''(x_E) > 0$, so ist x_E eine lokale Minimumstelle.)

Wendepunkte

- Die Wendepunkte können Sie mit der zweiten und dritten Ableitung von f bestimmen.
- Mögliche Wendestellen x_W erhalten Sie als Lösungen der Gleichung $f''(x) = 0$.
- Gilt für eine mögliche Wendestelle x_W außerdem $f'''(x_W) \neq 0$, so ist x_W tatsächlich eine Wendestelle.

negative Funktionswerte

- Um das Vorzeichen der Funktionswerte f(x) zu bestimmen, sollten Sie die Struktur des Terms f(x) erkennen und überlegen, welche Vorzeichenregeln Sie für eine derartige Termstruktur kennen.
- Ein Produkt aus zwei Faktoren ist genau dann negativ, wenn ein Faktor negativ und der andere positiv ist.

Skizze

- Tragen Sie zunächst die bereits ermittelten Punkte des Graphen G_f in das Koordinatensystem ein.
- Ermitteln Sie noch einige weitere Punkte von G_f, um insbesondere die Punkte $P_1(-1; f(-1))$ und $P_2(5; f(5))$ an den Rändern des vorgegebenen Intervalls zu markieren.

Wertebereich

- Der Wertebereich einer Funktion f umfasst alle ihre Funktionswerte y.
- Der Wertebereich kann der Skizze des Graphen G_f entnommen werden, wenn man dabei sein Verhalten für $x \to \infty$ und für $x \to -\infty$ beachtet.

Aufgabe b

Tangentengleichung

- Die Tangente an G_f im Punkt $R(x_R; y_R)$ muss drei Eigenschaften besitzen:
  - Die Tangente t muss eine Gerade sein.
  - Der Anstieg von G_f an der Stelle x_R muss gleich dem Anstieg von t sein.
  - Der Punkt R muss sowohl auf G_f als auch auf t liegen.
- Die gegebene Gleichung ist eine Gleichung der Tangente an G_f im Punkt $R(x_R; y_R)$, wenn
  - $t(x) = mx + n \quad (m \neq 0)$,
  - $f'(x_R) = t'(x_R) = m$,
  - $f(x_R) = t(x_R) = y_R$.

Schnittwinkel der Tangente mit der y-Achse

- Den Schnittwinkel α der Tangente mit der y-Achse können Sie mithilfe des Anstiegswinkels β dieser Tangente berechnen.
- Veranschaulichen Sie sich α und β in einer Skizze.
- Erinnern Sie sich an mathematische Sätze zu Innen- und Außenwinkeln an (rechtwinkligen) Dreiecken.

Volumen des Rotationskörpers

- Bei der Rotation des Dreiecks um die x-Achse entsteht ein Kegel, dessen Volumenformel dem Tafelwerk zu entnehmen ist.
- Der Kegelradius ist die Schnittstelle der Tangente mit der y-Achse und die Kegelhöhe ist die Schnittstelle der Tangente mit der x-Achse.

Aufgabe c

Abitur ohne CAS: Nachweis, dass F eine Stammfunktion von f ist

- Die Funktion F ist eine Stammfunktion von f, wenn $F'(x) = f(x)$ für alle $x \in D_f$ gilt.
- Der Funktionsterm F(x) ist eine Summe aus zwei Teiltermen. Folglich wendet man zuerst die Summenregel an. Der erste Teilterm ist ein Produkt, folglich wendet man bei seiner Differentiation die Produktregel einschließlich der Kettenregel an.

Flächeninhalt

- Schraffieren Sie in der unter Teilaufgabe a angefertigten Skizze den gesuchten Flächeninhalt.
- Der Flächeninhalt, der links der Nullstelle von f unterhalb und rechts oberhalb der x-Achse liegt, berechnet sich als Summe zweier bestimmter Integrale, bei denen jeweils auf den Betrag zu achten ist.
- Die bestimmten Integrale können mithilfe der Stammfunktion F berechnet werden.

Bestimmen des Parameters c

- Fertigen Sie eine Skizze an, in der die beschriebene Fläche für ein spezielles $c > -0{,}5$ markiert ist.
- Da der beschriebene Flächeninhalt nicht unterhalb der x-Achse liegt, kann sein Inhalt als bestimmtes Integral bzw. als Differenz zweier Stammfunktionswerte in Abhängigkeit von c angegeben werden.
- Der Parameter c ist durch Lösen einer Gleichung zu bestimmen, für die Ihnen keine Lösungsformel zur Verfügung steht. Durch systematisches Probieren können Sie aber eine Lösung finden.
- Außer dem gefundenen c-Wert kann es keinen weiteren Wert für das gesuchte c geben, weil der beschriebene Flächeninhalt mit wachsendem c auch wächst.

Ergänzung für das CAS-Abitur: Nachweis von Eigenschaften jeder Stammfunktion F

- Die Eigenschaften von F sind anhand von Eigenschaften der Funktion f zu begründen.
- Die hinreichende Bedingung dafür, dass x_E eine Extremstelle bzw. eine Minimumstelle von F ist, lässt sich mit $f(x_E)$ und $f'(x_E)$ ausdrücken, da stets gilt: $F'(x) = f(x)$ und $F''(x) = f'(x)$.

Aufgabe d

Maximaler Dreiecksflächeninhalt

- Veranschaulichen Sie den beschriebenen Sachverhalt für ein spezielles u mit $u > -0{,}5$.
- Der Flächeninhalt eines rechtwinkligen Dreiecks bestimmt sich nach der Formel $A = \frac{1}{2} a \cdot b$.
- Die Kathetenlänge a entspricht der Differenz $x_V - x_Q$ und die Kathetenlänge b der y-Koordinate des Punktes U.
- Berechnen Sie von der Zielfunktion A mit $A(u) = \frac{1}{2} \cdot (u + 0{,}5) \cdot f(u)$ die mögliche Maximumstelle.
- Die Lösung von $A'(u) = 0$ ist die mögliche Extremstelle von A.
- Der maximale Dreiecksflächeninhalt berechnet sich als Funktionswert A(u) der Zielfunktion A an der Maximumstelle u.

Ergänzung für das CAS-Abitur: Nachweis des Maximums

- Die mögliche Maximumstelle u ist auch tatsächlich eine Maximumstelle, wenn $A''(u) < 0$ gilt.

Aufgabe e

Achsenschnittpunkte P_x und P_y

- Der Graph G_{f_a} der Funktion f_a schneidet die x-Achse nur an den Stellen x, für die $f_a(x) = 0$ gilt.
- Der Graph G_{f_a} der Funktion f_a schneidet die y-Achse nur an der Stelle $y = f(0)$.

Gleichung der Geraden h

- Die Gerade h wird durch eine Gleichung der Form $y = m \cdot x + n$ beschrieben.
- Die Koordinaten von P_x und P_y müssen jeweils dieser Gleichung genügen.
- Lösen Sie das daraus entstehende lineare Gleichungssystem.

Lösungen

$f(x) = (2x+1)\cdot e^{-x}$

$f'(x) = 2\cdot e^{-x} + (2x+1)\cdot e^{-x}\cdot(-1)$
$= e^{-x}\cdot(2-2x-1) = (-2x+1)\cdot e^{-x}$

$f''(x) = -2\cdot e^{-x} + (1-2x)\cdot e^{-x}\cdot(-1)$
$= e^{-x}\cdot(-2-1+2x) = (2x-3)\cdot e^{-x}$

$f'''(x) = 2\cdot e^{-x} + (2x-3)\cdot e^{-x}\cdot(-1)$
$= e^{-x}\cdot(2-2x+3) = (-2x+5)\cdot e^{-x}$

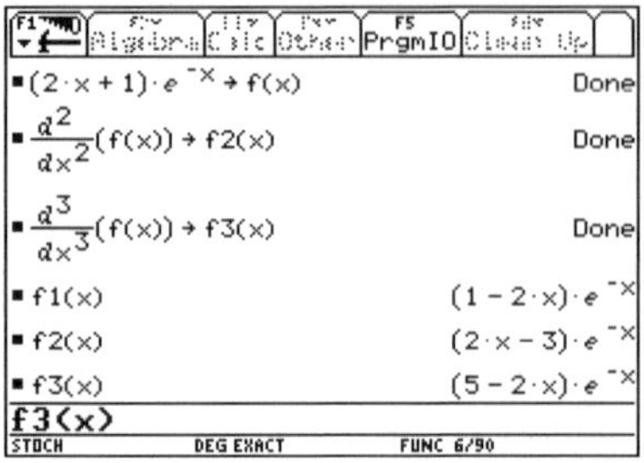

Der Graph von f werde mit G_f bezeichnet.

Lösungshinweis für das CAS-Abitur

$f'(x)$ ist auch von CAS-Nutzern mittels Ableitungsregeln zu bestimmen.

a) **Schnittpunkte S_x und S_y von G_f mit den Koordinatenachsen**

G_f kann die x-Achse nur in Punkten $S_x(x; f(x))$ mit $f(x) = 0$ schneiden.

$0 = f(x)$

$0 = (2x+1)\cdot e^{-x}$

$0 = 2x+1 \qquad 0 = e^{-x}$ nicht lösbar

$x = -0{,}5 \;\Rightarrow\; \underline{\underline{S_x(-0{,}5; 0)}}$

G_f kann die y-Achse nur im Punkt $S_y(0; f(0))$ schneiden.

$f(0) = (2\cdot 0+1)\cdot e^{-0} = 1 \;\Rightarrow\; \underline{\underline{S_y(0; 1)}}$

lokale Extrempunkte E

$E(x_E; f(x_E))$ ist ein lokaler Extrempunkt von G_f, wenn sowohl die Gleichung $f'(x_E) = 0$ als auch die Ungleichung $f''(x_E) \neq 0$ gelten.

$0 = f'(x) = (1-2x)\cdot e^{-x}$

$0 = 1-2x \qquad 0 = e^{-x}$ nicht lösbar

$x = 0{,}5$

$\Rightarrow$ $x = 0{,}5$ ist die einzig mögliche Extremstelle von G_f.

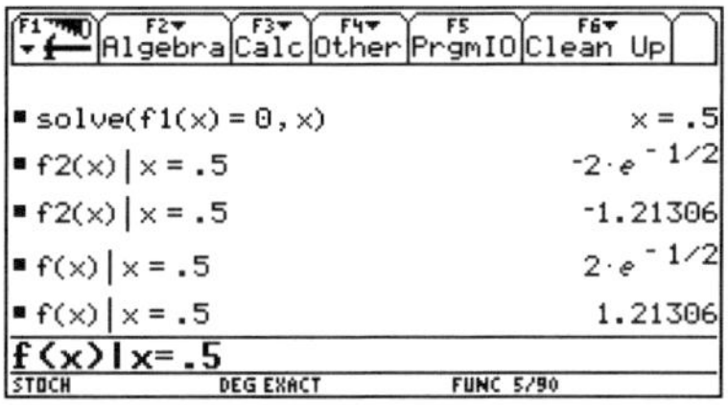

$f''(0{,}5) = (2\cdot 0{,}5-3)\cdot e^{-0{,}5}$
$= -2\cdot e^{-0{,}5}$
$\approx -1{,}2 < 0$

$\Rightarrow$ $x = 0{,}5$ ist als die einzige lokale Extremstelle von G_f eine Maximumstelle.

$f(0{,}5) = (2\cdot 0{,}5+1)\cdot e^{-0{,}5} = \frac{2}{\sqrt{e}} \approx 1{,}2$

$\Rightarrow$ $\underline{\underline{E(0{,}5; 2e^{-0{,}5})}}$ ist als der einzige lokale Extrempunkt von G_f ein Hochpunkt.

Wendepunkte W

$W(x_W; f(x_W))$ ist ein Wendepunkt von G_f, wenn sowohl die Gleichung $f''(x_W) = 0$ als auch die Ungleichung $f'''(x_W) \neq 0$ gelten.

$0 = f''(x) = (2x - 3) \cdot e^{-x}$

$0 = 2x - 3 \qquad 0 = e^{-x}$ nicht lösbar

$x = 1{,}5$

$\Rightarrow$ $x = 1{,}5$ ist die einzig mögliche Wendestelle von G_f.

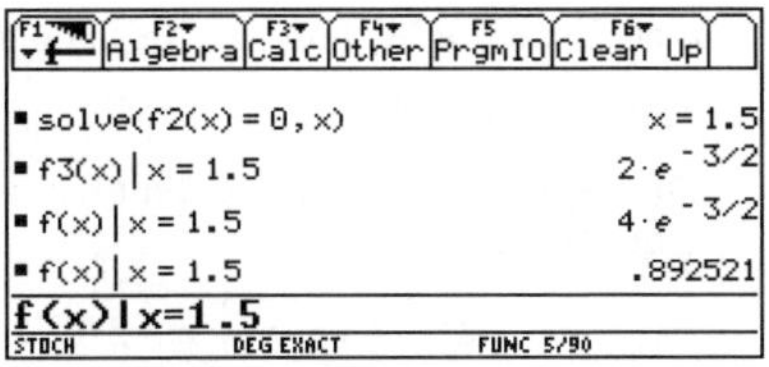

$f'''(1{,}5) = (5 - 2 \cdot 1{,}5) \cdot e^{-1{,}5} = 2 \cdot e^{-1{,}5} \neq 0$

$\Rightarrow$ $x = 1{,}5$ ist die einzige Wendestelle von G_f.

$f(1{,}5) = (2 \cdot 1{,}5 + 1) \cdot e^{-1{,}5} = 4 \cdot e^{-1{,}5} \approx 0{,}89$

$\Rightarrow$ $\underline{\underline{W(1{,}5;\, 4e^{-1{,}5})}}$ ist der einzige Wendepunkt von G_f.

Nachweis für negative Funktionswerte

Der Funktionswert $f(x) = (2x + 1) \cdot e^{-x}$ ist genau dann negativ, wenn genau einer der beiden Faktoren $(2x + 1)$ und e^{-x} negativ ist.

Es gilt:

- Der Faktor e^{-x} ist stets positiv, $e^{-x} > 0$ gilt also auch für alle $x < -\frac{1}{2}$.
- Der Faktor $(2x + 1)$ ist nur negativ, wenn $2x + 1 < 0$, d. h. $x < -\frac{1}{2}$ gilt. **q. e. d.**

Skizze

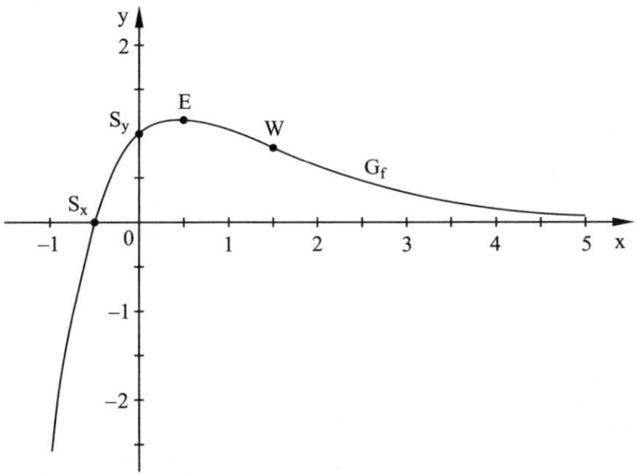

Randpunkte:

$P_1(-1; -e)$

$P_2(5; 11e^{-5})$

Wertebereich W_f

Der Wertebereich W_f kann der Skizze entnommen werden.

$W_f = \{y \mid y \leq y_E\}$

$\underline{\underline{W_f = \{y \mid y \leq 2 \cdot e^{-0{,}5}\} = \,]-\infty; 2 \cdot e^{-0{,}5}]}}$

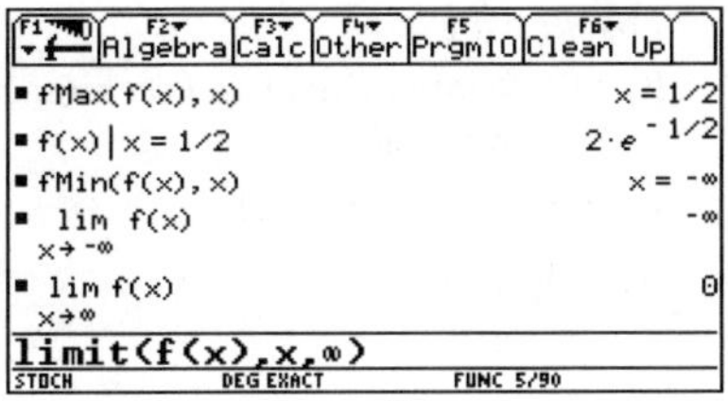

b) **Nachweis der Tangentengleichung**

Die Tangente im Punkt $R\left(\frac{3}{2}; 4 \cdot e^{-\frac{3}{2}}\right)$ an den Graphen G_f kann durch die Gleichung $t(x) = -2e^{-\frac{3}{2}} \cdot x + 7e^{-\frac{3}{2}}$ beschrieben werden, wenn sowohl die von t gegebene Gleichung eine Geradengleichung ist als auch die beiden Gleichungen $f'\left(\frac{3}{2}\right) = t'\left(\frac{3}{2}\right) = -2 \cdot e^{-\frac{3}{2}}$ und $y_R = t\left(\frac{3}{2}\right)$ gelten.

Die gegebene Gleichung von t hat die Form $t(x) = m \cdot x + n$ und ist damit die Gleichung einer Geraden.

$$f'\left(\frac{3}{2}\right) = \left(-2 \cdot \frac{3}{2} + 1\right) \cdot e^{-\frac{3}{2}} = -2 \cdot e^{-\frac{3}{2}} = t'\left(\frac{3}{2}\right)$$

$$t\left(\frac{3}{2}\right) = -2 \cdot e^{-\frac{3}{2}} \cdot \frac{3}{2} + 7 \cdot e^{-\frac{3}{2}}$$

$$= e^{-\frac{3}{2}} \cdot (-3 + 7) = 4 \cdot e^{-\frac{3}{2}} = y_R$$

q. e. d.

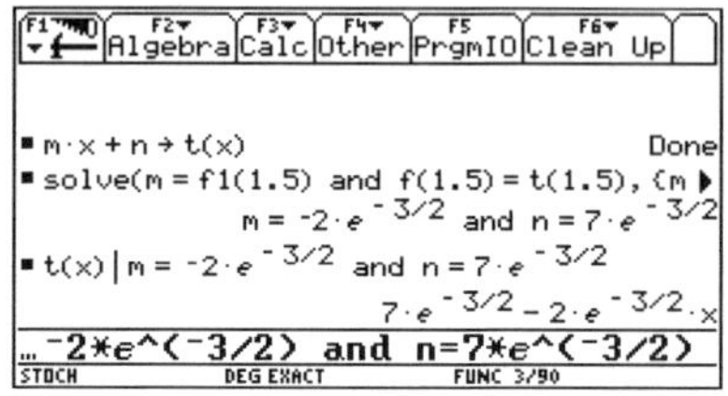

Schnittwinkel α der Tangente t mit der y-Achse

Die Tangente t fällt, da sie den negativen Anstieg $m_t = -2 \cdot e^{-\frac{3}{2}}$ besitzt. Sie besitzt daher einen stumpfen Anstiegswinkel β.

Die Tangente schneidet die y-Achse im positiven Bereich an der Stelle $n_t = 7 \cdot e^{-\frac{3}{2}}$.

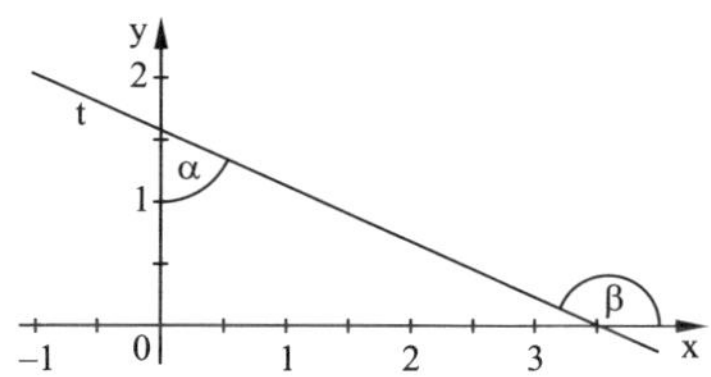

Lösungsweg 1:

$\alpha = \beta - 90°$, weil der Anstiegswinkel β gleich der Summe der beiden nicht anliegenden Innenwinkel ist, d. h. $\beta = \alpha + 90°$.

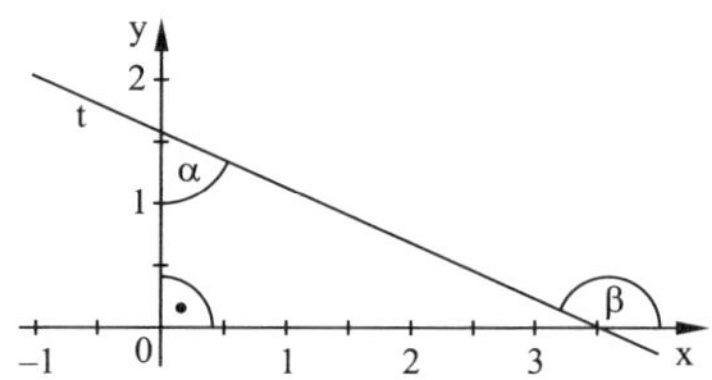

Lösungsweg 2:

$\beta_2 = 180° - \beta$ (Nebenwinkel β_2 und β)

$\alpha = 180° - 90° - \beta_2 = 90° - (180° - \beta)$
(Innenwinkelsumme im Dreieck beträgt 180°)

$\alpha = -90° + \beta$

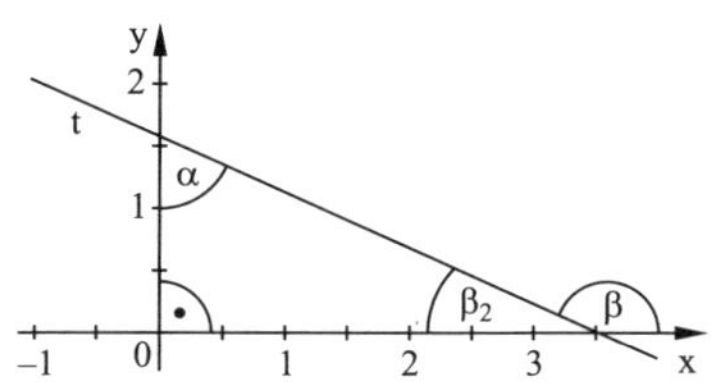

Lösungsweg 3:

$\beta_1 = \beta$ (Stufenwinkel an geschnittenen Parallelen)

$\alpha_1 = \alpha$ (Scheitelwinkel)

$\alpha_1 = \beta_1 - 90°$

$\alpha = \beta - 90°$

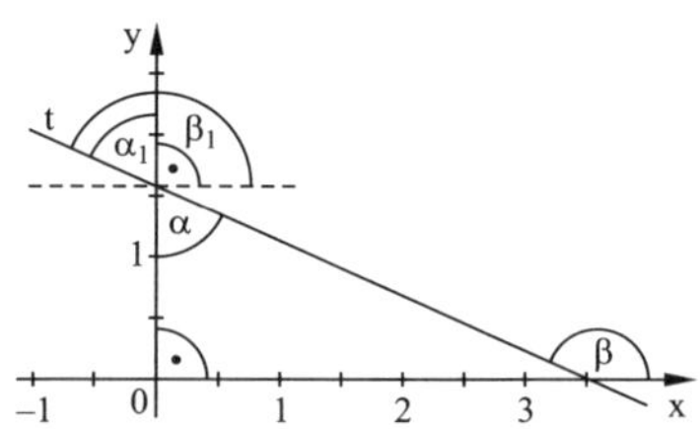

$\tan\beta = m_t = -2 \cdot e^{-\frac{3}{2}}$, weil β der Anstiegswinkel der Tangente t ist.

$$\Rightarrow \quad \beta \approx -24{,}0° + 180°$$
$$\beta \approx 156°$$

$$\alpha \approx 156° - 90°$$
$$\underline{\underline{\alpha \approx 66{,}0°}}$$

Der Schnittwinkel der Tangente t mit der y-Achse beträgt ca. 66,0°.

Volumen V des Rotationskörpers

Die Tangente t schließt mit den Koordinatenachsen ein rechtwinkliges Dreieck ABC ein. Bei der Rotation dieses Dreiecks entsteht ein (gerader Kreis-) Kegel mit dem Radius $r = \overline{AC}$ und der Höhe $h = \overline{AB}$.

Das Volumen eines Kegels berechnet sich nach der Formel $V = \frac{1}{3}\pi \cdot r^2 \cdot h$.

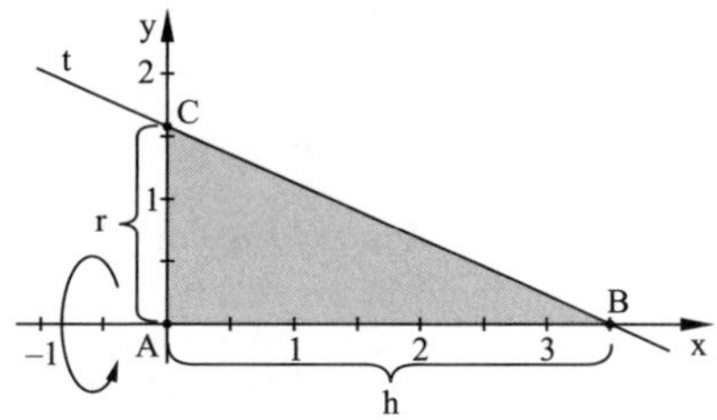

$$V = \frac{1}{3}\pi \cdot r^2 \cdot h \quad \text{mit } r = \overline{AC} = t(0) = 7 \cdot e^{-\frac{3}{2}}$$

h entspricht dem x-Wert der Nullstelle von t:

$$0 = t(x)$$
$$0 = e^{-\frac{3}{2}} \cdot (-2x + 7)$$
$$0 = -2x + 7$$
$$x = 3{,}5 \quad \Rightarrow \quad h = 3{,}5$$

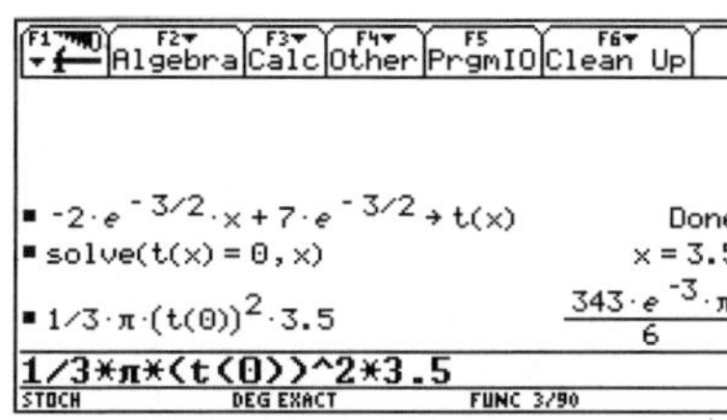

$$V = \frac{1}{3}\pi \cdot \left(7 \cdot e^{-\frac{3}{2}}\right)^2 \cdot 3{,}5$$
$$V = \frac{49 \cdot 3{,}5}{3} \cdot \pi \cdot e^{-\frac{3}{2} \cdot 2}$$
$$\underline{\underline{V = \frac{343}{6} \cdot \pi \cdot e^{-3} \approx 8{,}941}}$$

Das gesuchte Volumen beträgt ca. 8,941 VE.

Lösungshinweis für das CAS-Abitur

Alternativ kann das Volumen mit der allgemeinen Formel für das Volumen eines Rotationskörpers, dessen Randkurve durch die Funktion t beschrieben wird, berechnet werden:

$$V = \pi \cdot \int_0^{3{,}5} (t(x))^2 \, dx$$

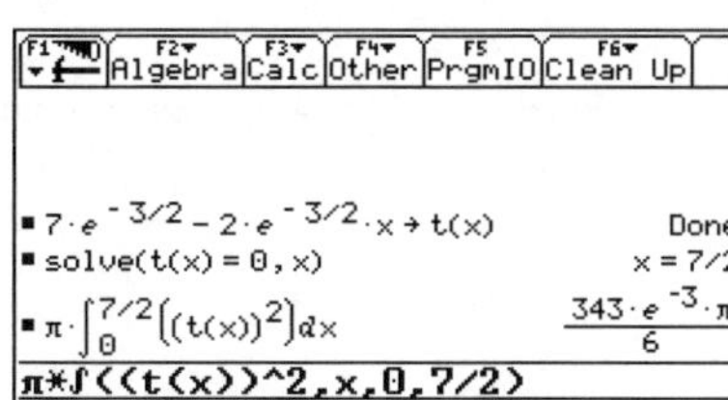

c) **Abitur ohne CAS: Nachweis, dass F eine Stammfunktion von f ist**

Für den Nachweis, dass F eine Stammfunktion von f ist, genügt es zu zeigen, dass $F'(x) = f(x)$ für alle $x \in D_f$ gilt. Bei der folgenden Differentiation werden insbesondere die Produkt- und die Kettenregel angewandt.

$$\begin{aligned}
F'(x) &= \left((-2x-3)\cdot e^{-x} + 2010\right)' \\
&= (-2x-3)'\cdot e^{-x} + (-2x-3)\cdot(e^{-x})' + 0 \\
&= -2\cdot e^{-x} + (-2x-3)\cdot e^{-x}\cdot(-1) \\
&= e^{-x}\cdot(-2+2x+3) \\
&= (2x+1)\cdot e^{-x} \\
&= f(x) \qquad \textbf{q. e. d.}
\end{aligned}$$

Inhalt A der eingeschlossenen Fläche

Es ist der Inhalt A der Fläche zu bestimmen, die G_f mit der x-Achse über dem Intervall $[-1; 1]$ einschließt. Diese Fläche liegt links der Nullstelle $x_0 = -0{,}5$ von f unterhalb und rechts von x_0 oberhalb der x-Achse.

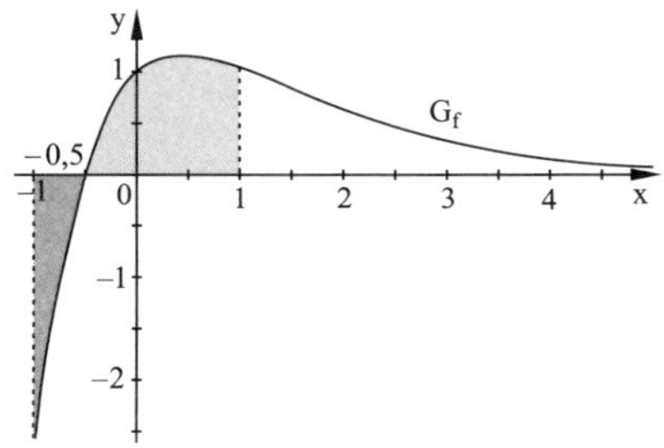

$$A = -\int_{-1}^{-0,5} f(x)\,dx + \int_{-0,5}^{1} f(x)\,dx$$

$$\begin{aligned}
&= -(F(-0{,}5) - F(-1)) + \left(F(1) - F(-0{,}5)\right) \\
&= F(-1) - F(-0{,}5) + F(1) - F(-0{,}5) \\
&= F(-1) - 2\cdot F(-0{,}5) + F(1) \\
&= (-2\cdot(-1)-3)\cdot e^{-(-1)} \\
&\quad - 2\cdot(-2\cdot(-0{,}5)-3)\cdot e^{-(-0,5)} + (-2\cdot 1 - 3)\cdot e^{-1}
\end{aligned}$$

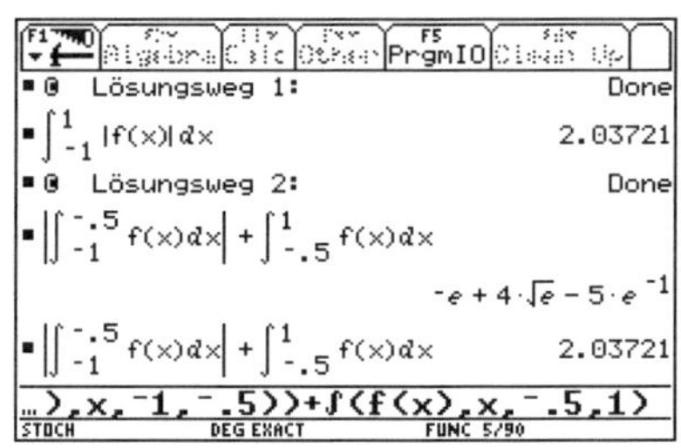

$$\underline{\underline{A = -e^1 + 4e^{0,5} - 5e^{-1} \approx 2{,}037}}$$

Der Inhalt der eingeschlossenen Fläche beträgt ca. 2,037 FE.

Bestimmen des Parameters c

Es wird die Fläche zwischen G_f, der x-Achse und der Parallelen g zur y-Achse mit der Gleichung $x = c$ $(c > -0,5)$ betrachtet. Diese Fläche liegt stets oberhalb der x-Achse. Da der Inhalt dieser Fläche mit wachsendem c auch wächst, ist der gesuchte c-Wert eindeutig bestimmt, falls er überhaupt existiert.

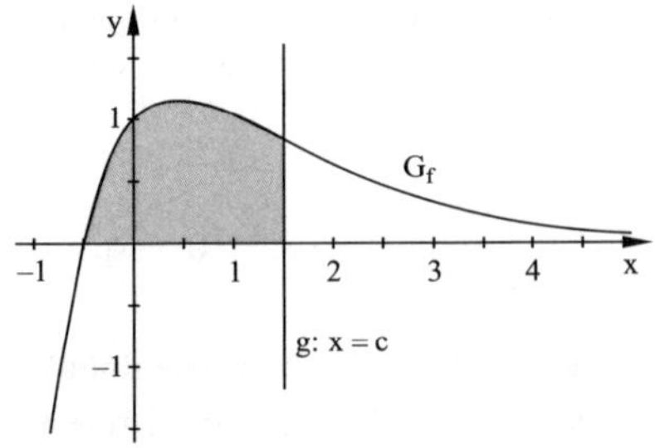

$$A = \int_{-0,5}^{c} f(x)\,dx$$

$$2\sqrt{e} - 3 = F(c) - F(-0,5)$$

$$2\sqrt{e} - 3 = (-2c-3)e^{-c} - (-2\cdot(-0,5)-3)e^{-(-0,5)}$$

$$2e^{0,5} - 3 = (-2c-3)e^{-c} + 2e^{0,5}$$

$$-3 = (-2c-3)e^{-c}$$

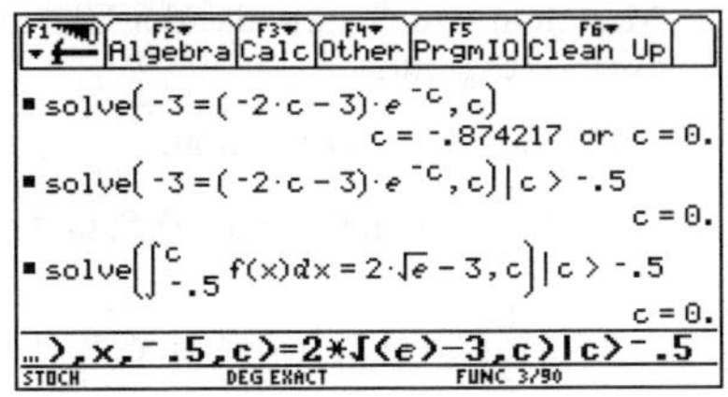

Durch systematisches Probieren oder „scharfes Hinsehen“ sieht man, dass $c = 0$ eine Lösung und damit die gesuchte Lösung der Gleichung für $c > -0,5$ ist.

CAS-Abitur: Nachweis von Eigenschaften jeder Stammfunktion F

Eine hinreichende Bedingung dafür, dass jede Stammfunktion F die lokale Extremstelle $x = -\frac{1}{2}$ besitzt, ist

- $F'\left(-\frac{1}{2}\right) = 0$ und
- $F''\left(-\frac{1}{2}\right) \neq 0$.

Dabei sind die Stammfunktionen F nur solche Funktionen mit $F'(x) = f(x)$.

Es gilt: $F'\left(-\frac{1}{2}\right) = f\left(-\frac{1}{2}\right) = 0$, wegen $S_x(-0,5;\,0)$ (nach Teilaufgabe a)

$F''\left(-\frac{1}{2}\right) = f'\left(-\frac{1}{2}\right) \neq 0$, weil $f'(x) = 0$ nur für $x = 0,5$ gilt (nach Teilaufgabe a).

$\Rightarrow$ $x = -\frac{1}{2}$ ist eine lokale Extremstelle von F. **q. e. d.**

Um zu zeigen, dass $T\left(-\frac{1}{2};\, F\left(-\frac{1}{2}\right)\right)$ ein Tiefpunkt des Graphen von F ist, ist noch zu zeigen, dass $F''\left(-\frac{1}{2}\right) > 0$ gilt.

Es gilt: $F''\left(-\frac{1}{2}\right) = f'\left(-\frac{1}{2}\right) > 0$

Begründungsvariante 1:
Links von seinem Hochpunkt $E(0,5;\, f(0,5))$ ist der Graph G_f streng monoton wachsend, d. h. $f'(x) > 0$ gilt für alle $x < 0,5$ und damit auch für $x = -0,5$.

Begründungsvariante 2:

$f'(x) = (-2x+1) \cdot e^{-x} > 0$ gilt genau dann, wenn $-2x+1>0$ ist, da e^{-x} stets positiv ist.

$-2x+1>0 \quad \Leftrightarrow \quad x<0{,}5$

Begründungsvariante 3:

$f'\left(-\frac{1}{2}\right) = 2 \cdot e^{0{,}5} \approx 3{,}3 > 0$ **q. e. d.**

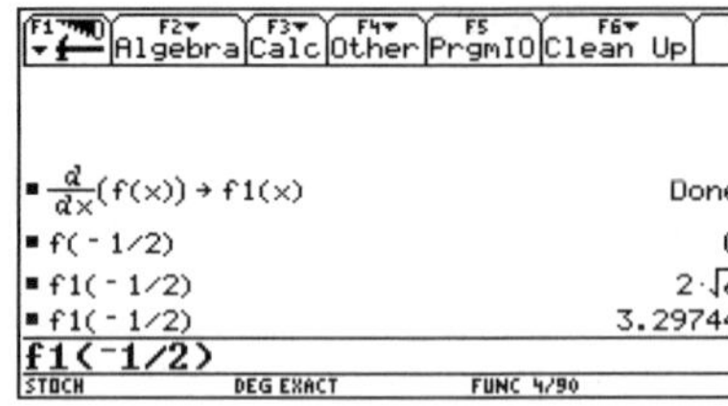

d) **Maximaler Dreiecksflächeninhalt**

Der Flächeninhalt A(u) des Dreiecks QVU kann nur für ein solches u ein (lokales) Maximum annehmen, das der Gleichung $A'(u) = 0$ genügt.

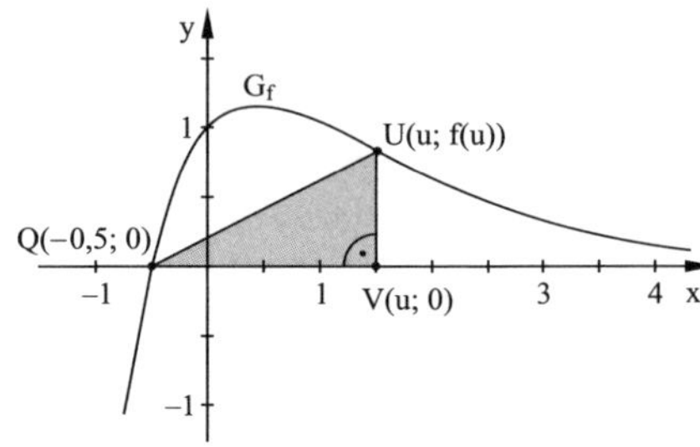

Aufstellen der Zielfunktion:

$$A(u) = \frac{1}{2} a \cdot b \quad \text{mit } a = u + 0{,}5 \text{ und } b = f(u)$$

$$= \frac{1}{2}(u+0{,}5) \cdot (2u+1) \cdot e^{-u}$$

$$= \frac{1}{2}(2u^2 + u + u + 0{,}5) \cdot e^{-u}$$

$$= (u^2 + u + 0{,}25) \cdot e^{-u} \qquad \text{mit } D_A = \left]-\frac{1}{2}; \infty\right[$$

Notwendige Bedingung für die Existenz einer (lokalen) Maximumstelle:

$$A'(u) = (2u+1) \cdot e^{-u} + (u^2 + u + 0{,}25) \cdot e^{-u} \cdot (-1)$$

$$= e^{-u}(2u + 1 - u^2 - u - 0{,}25)$$

$$= (-u^2 + u + 0{,}75) \cdot e^{-u}$$

$$0 = A'(u)$$

$$0 = (-u^2 + u + 0{,}75) \cdot e^{-u}$$

$$0 = -u^2 + u + 0{,}75 \qquad 0 = e^{-u} \text{ nicht lösbar}$$

$$0 = u^2 - u - 0{,}75$$

$$u_{1,2} = \frac{1}{2} \pm \sqrt{\frac{1}{4} + \frac{3}{4}} = \frac{1}{2} \pm 1$$

$$\underline{\underline{u_1 = 1{,}5}} \qquad u_2 = -0{,}5 \notin D_A$$

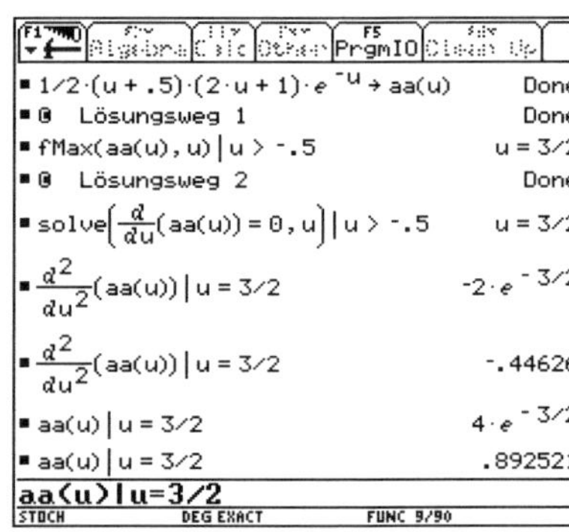

⇒ $u = 1{,}5$ ist die einzig mögliche (lokale) Extremstelle von A. Da bei Nicht-CAS-Nutzern auf den Nachweis, dass der u-Wert tatsächlich eine lokale Maximumstelle von A ist, verzichtet wird, ist $u = 1{,}5$ als derjenige u-Wert anzusehen, für den der Flächeninhalt des Dreiecks QVU maximal wird.

$$A(1{,}5) = (1{,}5^2 + 1{,}5 + 0{,}25) \cdot e^{-1{,}5}$$

$$\underline{\underline{A(1{,}5) = 4e^{-1{,}5} \approx 0{,}8925}}$$

Der maximale Dreiecksflächeninhalt beträgt ca. 0,8925 FE.

Lösungshinweise für das CAS-Abitur: Nachweis des Maximums

CAS-Nutzer haben noch nachzuweisen, dass $u = 1{,}5$ tatsächlich eine lokale Maximumstelle von A ist, d. h. dass $A''(1{,}5) < 0$ gilt.

$$\begin{aligned} A''(u) &= [(-u^2 + u + 0{,}75) \cdot e^{-u}]' \\ &= (-2u+1) \cdot e^{-u} + (-u^2 + u + 0{,}75) \cdot e^{-u} \cdot (-1) \\ &= (u^2 - 3u + 0{,}25) \cdot e^{-u} \end{aligned}$$

$A''(1{,}5) = -2e^{-1{,}5} < 0$ **q. e. d**

e) **Schnittpunkte P_x und P_y von G_{f_a} mit den Koordinatenachsen**

Der Graph G_{f_a} der Funktion f_a kann die x-Achse nur in Punkten $P_x(x; f_a(x))$ mit $f_a(x) = 0$ schneiden.

$0 = f_a(x)$

$0 = (2x + a) \cdot e^{-x}$

$0 = 2x + a \qquad 0 = e^{-x}$ nicht lösbar

$x = -\frac{a}{2} \Rightarrow \underline{\underline{P_x\left(-\frac{a}{2}; 0\right)}}$

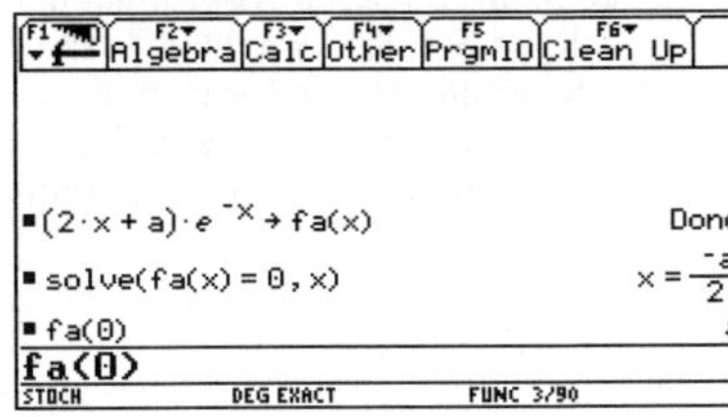

G_{f_a} kann die y-Achse nur im Punkt $P_y(0; f_a(0))$ schneiden.

$f_a(0) = (2 \cdot 0 + a) \cdot e^{-0} = a \Rightarrow \underline{\underline{P_y(0; a)}}$

Gleichung der Geraden h

Die Gerade h verläuft durch die Punkte $P_x\left(-\frac{a}{2}; 0\right)$ und $P_y(0; a)$.
Die Koordinaten dieser beiden Punkte müssen also der allgemeinen Geradengleichung $h(x) = m \cdot x + n$ genügen.

P_x liegt auf der Geraden h $\Rightarrow$ I $\quad 0 = m \cdot \left(-\frac{a}{2}\right) + n$

P_y liegt auf der Geraden h $\Rightarrow$ II $\quad a = m \cdot 0 + n \Rightarrow n = a$

$\left.\right\} \quad 0 = m \cdot \left(-\frac{a}{2}\right) + a \qquad m = 2$

$\Rightarrow \underline{\underline{h(x) = 2x + a}}$

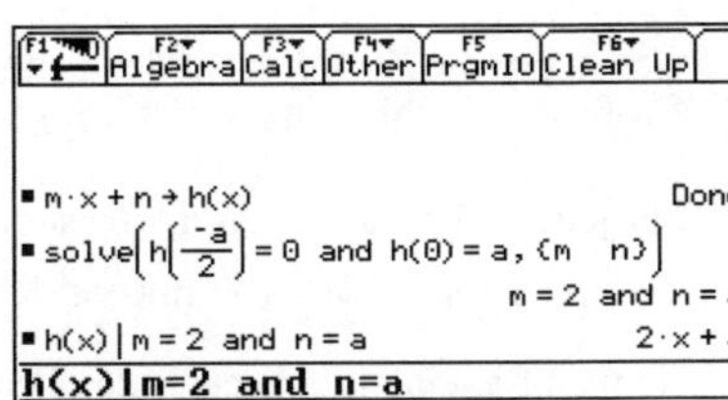

Grundkurs Mathematik (Thüringen): Abiturprüfung 2010
Aufgabe A2: Analysis

Gegeben ist die Funktion f durch

$$y = f(x) = \frac{1}{12}x^4 - \frac{3}{2}x^2 \quad \text{mit } x \in \mathbb{R}.$$

a) Zeigen Sie, dass der Graph der Funktion f außer dem Koordinatenursprung noch zwei weitere Schnittpunkte mit der x-Achse hat!
Untersuchen Sie den Graphen von f auf Symmetrie, auf das Verhalten im Unendlichen, auf lokale Extrempunkte und auf Wendepunkte! Geben Sie gegebenenfalls deren Koordinaten an!
Skizzieren Sie den Graphen von f im Intervall $-4{,}5 \leq x \leq 4{,}5$!
Geben Sie alle Werte für c an, für die gilt:
„Die Gerade h mit der Gleichung $y = c$ ($c \in \mathbb{R}$) und der Graph der Funktion haben genau zwei gemeinsame Punkte.“! (13 BE)

b) Bestimmen Sie diejenige Stammfunktion F von f, welche die y-Achse im Punkt P(0; 3) schneidet!
Durch Spiegelung des Graphen von f an der x-Achse entsteht der Graph einer weiteren Funktion g.
Skizzieren Sie den Graphen von g in das Koordinatensystem aus Teilaufgabe a!
Geben Sie eine Gleichung für g an!
Die Graphen der Funktionen f und g schließen für $x > 0$ ein Flächenstück vollständig ein.
Berechnen Sie den Inhalt dieses Flächenstücks! (6 BE)

c) Im Punkt $R(\sqrt{3}; f(\sqrt{3}))$ des Graphen von f wird eine Tangente t_1 gelegt.
Bestimmen Sie eine Gleichung für die Tangente t_1!
Eine weitere Tangente t_2 an den Graphen von f hat die Gleichung

$$y = t_2(x) = 2\sqrt{3} \cdot x + \frac{9}{4}.$$

Skizzieren Sie beide Tangenten in das Koordinatensystem aus Aufgabenteil a!
Geben Sie ohne weitere Rechnung die Koordinaten des zugehörigen Berührungspunktes der Tangente t_2 mit dem Graphen von f an!
Beide Tangenten schneiden einander im Punkt S.
Geben Sie die Koordinaten des Schnittpunktes S an und bestimmen Sie die Größe des Schnittwinkels der Tangenten t_1 und t_2! (6 BE)

d) Für jede reelle Zahl a mit $a > 0$ ist eine Funktion f_a gegeben durch

$$y = f_a(x) = a \cdot x^4 - \frac{3}{2}x^2 \quad \text{mit } x \in \mathbb{R}.$$

Nennen Sie eine Eigenschaft des Graphen von f_a, die sich bei Veränderung des Parameters a nicht ändert!
Begründen Sie Ihre Aussage!
Bestimmen Sie die Nullstellen der Funktion f_a!
Für welchen Wert des Parameters a hat der Graph der zugehörigen Funktion f_a im Punkt $Q(1; f_a(1))$ den Anstieg 3? (5 BE)

(30 BE)

Aufgabenstellung für das CAS-Abitur

Gegeben ist die Funktion f durch

$$y = f(x) = \frac{1}{12}x^4 - \frac{3}{2}x^2 \quad \text{mit } x \in \mathbb{R}.$$

a) Untersuchen Sie den Graphen von f auf Schnittpunkte mit der x-Achse, auf lokale Extrempunkte und auf Wendepunkte! Geben Sie gegebenenfalls deren Koordinaten an!
Bestimmen Sie die Symmetrie des Graphen von f sowie das Verhalten für $x \to +\infty$ und $x \to -\infty$!
Skizzieren Sie den Graphen von f im Intervall $-4{,}5 \leq x \leq 4{,}5$!
Geben Sie alle Werte für c an, für die gilt:
„Die Gerade h mit der Gleichung $y = c$ $(c \in \mathbb{R})$ und der Graph der Funktion haben genau zwei gemeinsame Punkte.“! (CAS: 10 BE)

b) Ermitteln Sie diejenige Stammfunktion F von f, welche die y-Achse im Punkt P(0; 3) schneidet!
Durch Spiegelung des Graphen von f an der x-Achse entsteht der Graph einer weiteren Funktion g.
Skizzieren Sie den Graphen von g in das Koordinatensystem aus Teilaufgabe a!
Geben Sie eine Gleichung für g an!
Die Graphen der Funktionen f und g schließen für $x > 0$ ein Flächenstück vollständig ein.
Berechnen Sie den Inhalt dieses Flächenstücks! (CAS: 5 BE)

c) Im Punkt $R(\sqrt{3}; f(\sqrt{3}))$ des Graphen von f wird eine Tangente t_1 gelegt.
Bestimmen Sie eine Gleichung für die Tangente t_1!
Eine weitere Tangente t_2 an den Graphen von f hat die Gleichung

$$y = t_2(x) = 2\sqrt{3} \cdot x + \frac{9}{4}.$$

Skizzieren Sie beide Tangenten in das Koordinatensystem aus Aufgabenteil a!
Geben Sie ohne weitere Rechnung die Koordinaten des zugehörigen Berührungspunktes der Tangente t_2 mit dem Graphen von f an!
Beide Tangenten schneiden einander im Punkt S.
Geben Sie die Koordinaten des Schnittpunktes S an und bestimmen Sie die Größe des Schnittwinkels der Tangenten t_1 und t_2! (CAS: 6 BE)

d) Für jede reelle Zahl a mit $a > 0$ ist eine Funktion f_a gegeben durch

$$y = f_a(x) = a \cdot x^4 - \frac{3}{2}x^2 \quad \text{mit } x \in \mathbb{R}.$$

Nennen Sie eine Eigenschaft des Graphen von f_a, die sich bei Veränderung des Parameters a nicht ändert!
Begründen Sie Ihre Aussage!
Bestimmen Sie die Nullstellen der Funktion f_a!
Für welchen Wert des Parameters a hat der Graph der zugehörigen Funktion f_a im Schnittpunkt mit der positiven x-Achse den Anstieg 3? (CAS: 5 BE)

e) Der Graph einer ganzrationalen Funktion 3. Grades verläuft symmetrisch zum Koordinatenursprung und hat mit dem Graphen von f einen gemeinsamen Tiefpunkt.
Ermitteln Sie eine Gleichung einer solchen Funktion! (CAS: 4 BE)

(CAS: 30 BE)

Hinweise und Tipps

Allgemeines

- Bei allen nachfolgenden Hinweisen wird der Graph einer Funktion f mit dem Symbol G_f bezeichnet, der Graph der Stammfunktion F von f entsprechend mit dem Symbol G_F usw.

Aufgabe a

Schnittpunkte mit der x-Achse

- Solche Schnittpunkte $N(x_N; 0)$ existieren, wenn die Gleichung $f(x) = 0$ Lösungen x_N besitzt. Beachten Sie, dass diese ganzrationale Gleichung höchstens vier reelle Lösungen hat.
- Beachten Sie, dass ein Punkt (der Ebene) immer zwei Koordinaten hat, die Sie hier vollständig angeben müssen.

Symmetrieverhalten

- Beachten Sie, dass f(x) eine ganzrationale Funktion vierten Grades ist, in der nur Summanden mit einem geraden Exponenten vorkommen.
- Überlegen Sie, welches der Kriterien $f(-x) = f(x)$ für Symmetrie zur y-Achse bzw. $f(-x) = -f(x)$ für Symmetrie zum Koordinatenursprung von der gegebenen Funktion f erfüllt wird.

Lokale Extrempunkte

- Lokale Extrempunkte $P_E(x_E; f(x_E))$ existieren, wenn die Gleichung $f'(x) = 0$ Lösungen x_E besitzt (notwendige Bedingung) und zugleich $f''(x_E) \neq 0$ gilt (hinreichende Bedingung).
- Je nachdem, ob $f''(x_E)$ positiv oder negativ ist, ist der lokale Extrempunkt ein Tiefpunkt T oder ein Hochpunkt H.

Wendepunkte

- Wendepunkte $W(x_W; f(x_W))$ existieren, wenn die Gleichung $f''(x) = 0$ Lösungen x_W besitzt (notwendige Bedingung) und zugleich $f'''(x_W) \neq 0$ erfüllt ist (hinreichende Bedingung).

Skizze des Funktionsbildes

- Beachten Sie, dass die Funktion in einem abgeschlossenen Intervall dargestellt werden soll. Berechnen Sie zur genaueren Darstellung die Koordinaten der Graphenpunkte an den Intervallrändern.
- Achten Sie darauf, dass sich alle bisher ermittelten Ergebnisse widerspruchsfrei in der grafischen Darstellung zusammenfügen lassen und gehen Sie andernfalls auf Fehlersuche.

Gemeinsame Punkte mit $y = c$

- Denken Sie darüber nach, wie eine Gerade h verläuft, deren sämtliche Punkte den gleichen konstanten y-Wert c besitzen ($\Rightarrow$ parallel zur x-Achse mit dem Abstand c).
- Verschieben Sie diese Parallele nunmehr in Richtung der y-Achse. Beginnen Sie dabei unterhalb der Tiefpunkte von G_f. Notieren Sie alle c-Werte, bei denen die Parallele den Graphen G_f in genau zwei Punkten berührt bzw. schneidet.

Aufgabe b

Bestimmen einer Stammfunktion

- Beachten Sie, dass eine Funktion F genau dann eine Stammfunktion von f ist, wenn $F'(x) = f(x)$ gilt. Für die erste Ableitung eines konstanten reellen Summanden c gilt bekanntlich $c' = 0$. Wegen $(F(x) + c)' = F'(x) + c' = f(x)$ ist also auch jede der unendlich vielen Funktionen $F(x) + c$ eine Stammfunktion von f(x). Die Menge aller dieser Stammfunktionen ist Ihnen bekannt als unbestimmtes Integral der Funktion f(x). Sie bildet sozusagen eine Funktionenschar $F_c(x)$ mit dem Scharparameter c.

  Es gilt: $F_c(x) = \int f(x)\,dx = F(x) + c$

- Damit der Punkt P(0; 3) auf G_{F_c} liegt, muss also $F_c(0) = F(0) + c = 3$ erfüllt sein.

Spiegelung an der x-Achse

- Jedem Punkt $P_0(x_0; y_0)$ von G_f wird bei einer solchen Spiegelung der Spiegelpunkt $P_0'(x_0; -y_0)$ zugeordnet. Die Menge aller dieser Spiegelpunkte ist der Graph G_g der Funktion g(x).
- Bei der soeben durchgeführten Spiegelung wurde jedem y-Wert dessen entgegengesetzter Wert $-y$ zugeordnet. Dementsprechend gilt $g(x) = -f(x)$.

Inhalt eines Flächenstücks

- Beachten Sie, dass der Inhalt der von den Funktionsbildern G_f und G_g begrenzten Fläche nur für $x > 0$, also im ersten und vierten Quadranten, zu berechnen ist.
- Nutzen Sie die Spiegelsymmetrie aus, um den Rechenaufwand möglichst gering zu halten.
- Da Sie F(x) bereits bestimmt und die Beziehung $g(x) = -f(x)$ erkannt haben, erhalten Sie $G(x) = -F(x)$.
- Die Integrationsgrenzen sind bereits bekannt (vgl. Schnittpunkte mit der x-Achse aus Teil a). Sie müssen nicht erneut rechnerisch bestimmt werden.

Aufgabe c

Bestimmung einer Tangentengleichung

- Bestimmen Sie zunächst die Ordinate (den y-Wert) des Punktes R.
- Den Anstieg der Tangente t_1 erhalten Sie als Funktionswert der ersten Ableitung von f(x) an der Stelle $x_R = \sqrt{3}$.
- Beachten Sie, dass der Punkt R bereits im Teil a eine Rolle spielte, wenn auch unter einer anderen Bezeichnung.

Skizze der Tangenten, Berührungspunkt, Schnittpunkt

- Achten Sie auf Unterschiede und Gemeinsamkeiten in den Gleichungen der beiden Tangenten t_1 und t_2. Überlegen Sie, durch welche geometrische Abbildung t_1 in t_2 übergeht.
- Sie erhalten dadurch sowohl Hinweise auf den Tangentenschnittpunkt als auch auf den Berührungspunkt von t_2 mit G_f.

Bestimmen des Schnittwinkels

- Beachten Sie, dass als Schnittwinkel zweier Geraden stets der spitze (ggf. rechte) Winkel zwischen ihnen zu berechnen ist.

Aufgabe d

Parameterunabhängige Eigenschaft einer Kurvenschar

Analysieren Sie die Struktur der Gleichung der Funktion f_a. Bisher haben Sie für $a = \frac{1}{12}$ bereits eine spezielle Kurve dieser Schar betrachtet.

Überlegen Sie, welche Eigenschaft von G_f aus Teil a sich nicht ändern würde, wenn anstelle von $\frac{1}{12}$ ein anderer positiver Wert stehen würde. Formulieren Sie eine geeignete Aussage und begründen Sie diese Aussage.

Nullstellen der Funktionenschar

Beachten Sie, dass Nullstellen x_N einer Funktion diejenigen ihrer Argumente (x-Werte) sind, deren Funktionswerte (y-Werte) gleich null sind.

Die zur Nullstellenberechnung erforderliche Rechenarbeit haben Sie bereits bei der Bestimmung der Schnittpunkte von G_f mit der x-Achse in Teil a geleistet.

Abitur ohne CAS: Bestimmen eines Parameterwertes

Überlegen Sie, wie man die Frage mithilfe einer Gleichung formulieren kann.

Sie wissen, dass man den Anstieg des Graphen einer Funktion f_a in einem Punkt $Q(x_Q;\, y_Q)$ bestimmt durch $m = f_a'(x_Q)$, Sie kennen die Stelle $x_Q = 1$ und Sie wissen, dass der Anstieg den Wert $m = 3$ haben soll.

CAS-Abitur: Bestimmen eines Parameterwertes

Wegen $m = f_a'(x_0) = 4ax_0^3 - 3x_0$ wird der Kurvenanstieg vom Scharparameter a beeinflusst.

Beachten Sie die Aufgabenstellung und überlegen Sie, an welcher der soeben berechneten Nullstellen von f_a der Anstieg des Graphen den Wert $m = 3$ haben soll.

Aufgabe e für das CAS-Abitur

Bestimmen einer ganzrationalen Funktion

Beachten Sie, dass eine ganzrationale Funktion dritten Grades gesucht ist. Diese wird hier mit r(x) bezeichnet.

Notieren Sie für r(x) eine allgemeine Funktionsgleichung.

Überlegen Sie, unter welcher Voraussetzung die Graphen ganzrationaler Funktionen punktsymmetrisch zum Koordinatenursprung sind und ändern Sie den Ansatz für r(x) dementsprechend ab, bevor Sie die Kurvenrekonstruktion fortsetzen. Sie sollten nunmehr nur noch zwei unbekannte Koeffizienten in Ihrem Ansatz für r(x) haben. Zu deren rechnerischen Bestimmung nutzen Sie die Forderung, dass einer der beiden Tiefpunkte von G_f aus Teil a auch ein Tiefpunkt von G_r sein muss. Sie haben daher zwei Möglichkeiten für die Bestimmung einer Gleichung von r(x), von denen Sie aber nur eine vollständig durchrechnen müssen, um die Aufgabe zu lösen.

Lösungen

a) **Schnittpunkte mit der x-Achse**

$y = f(x) = 0 \;\Rightarrow\; \frac{1}{12}x^4 - \frac{3}{2}x^2 = 0$

$x^4 - 18x^2 = 0 \;\Rightarrow\; x^2 \cdot (x^2 - 18) = 0$

Faktoren gleich null setzen:

$x^2 = 0 \qquad x^2 - 18 = 0$

$\underline{\underline{N_{1;2}(0;0)}} \qquad \underline{\underline{N_3(-3\sqrt{2};0)}} \qquad \underline{\underline{N_4(3\sqrt{2};0)}}$

Symmetrieverhalten

$f(-x) = \frac{1}{12}(-x)^4 - \frac{3}{2}(-x)^2 = \frac{1}{12}x^4 - \frac{3}{2}x^2 = f(x)$

G_f ist symmetrisch zur y-Achse.

Verhalten im Unendlichen

$\lim\limits_{x \to \pm\infty}\left(\frac{1}{12}x^4 - \frac{3}{2}x^2\right) = +\infty$

Lokale Extrempunkte

$f'(x) = \frac{1}{3}x^3 - 3x$

$f''(x) = x^2 - 3$

$f'''(x) = 2x$

Notwendige Bedingung: $f'(x) = 0$

$\frac{1}{3}x^3 - 3x = 0 \;\Rightarrow\; x^3 - 9x = 0 \;\Rightarrow\; x \cdot (x^2 - 9) = 0$

$\Rightarrow\; x_{E_1} = 0 \quad x_{E_2} = -3 \quad x_{E_3} = 3$

Hinreichende Bedingung: $f''(x_E) \neq 0$

$f''(x_{E_1} = 0) = -3 \qquad f''(x_{E_2} = -3) = 6 \qquad f''(x_{E_3} = 3) = 6$

$\underline{\underline{H(0;\ 0)}} \qquad \underline{\underline{T_1\left(-3; -\frac{27}{4}\right)}} \qquad \underline{\underline{T_2\left(3; -\frac{27}{4}\right)}}$

Wendepunkte

Notwendige Bedingung: $f''(x) = 0$

$x^2 - 3 = 0$

$x_{W_1} = -\sqrt{3} \quad x_{W_2} = \sqrt{3}$

Hinreichende Bedingung: $f'''(x_W) \neq 0$

$$f'''(x_{W_1} = -\sqrt{3}) = -2\sqrt{3} \neq 0 \quad \Rightarrow \quad \underline{\underline{W_1\left(-\sqrt{3};\, -\frac{15}{4}\right)}}$$

$$f'''(x_{W_2} = \sqrt{3}) = 2\sqrt{3} \neq 0 \quad \Rightarrow \quad \underline{\underline{W_2\left(\sqrt{3};\, -\frac{15}{4}\right)}}$$

Wegen $f'''(-\sqrt{3}) = -2\sqrt{3} < 0$ ist W_1 ein links-rechts-Wendepunkt, wegen $f'''(\sqrt{3}) = 2\sqrt{3} > 0$ ist W_2 ein rechts-links-Wendepunkt.

Skizze des Funktionsbildes

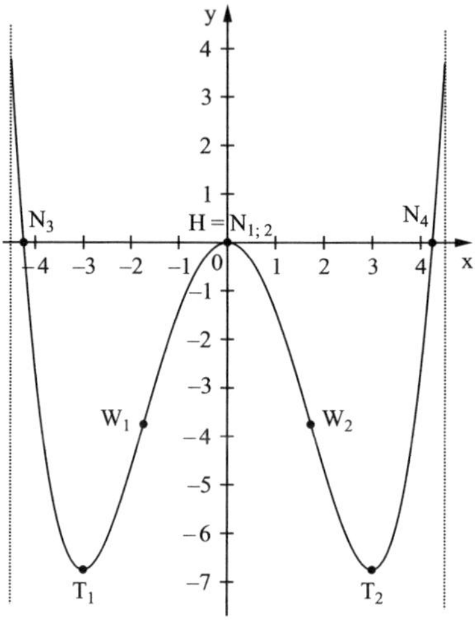

Gemeinsame Punkte mit y = c

Die x-Achse ist eine Gerade mit der Gleichung $y = 0$.
Die Gerade h mit der Gleichung $y = c$ ist eine Parallele zur x-Achse, die von der x-Achse den Abstand c hat.

Damit hat die Gerade h für $c = -\frac{27}{4}$ die beiden Tiefpunkte T_1 und T_2 und für $c > 0$ ebenfalls genau zwei Punkte mit G_f gemeinsam.

b) **Bestimmen einer Stammfunktion**

$$F_c(x) = \int\left(\frac{1}{12}x^4 - \frac{3}{2}x^2\right)dx = \frac{1}{60}x^5 - \frac{1}{2}x^3 + c$$

Damit der Punkt P(0; 3) auf G_{F_c} liegt, muss gelten: $F_c(0) = 3$

Somit ist $c = 3$ und die gesuchte Stammfunktion lautet: $\underline{\underline{F_3(x) = \frac{1}{60}x^5 - \frac{1}{2}x^3 + 3}}$

Spiegelung an der x-Achse

$$g(x) = -f(x) = -\left(\frac{1}{12}x^4 - \frac{3}{2}x^2\right) \quad \Rightarrow \quad \underline{\underline{g(x) = -\frac{1}{12}x^4 + \frac{3}{2}x^2}}$$

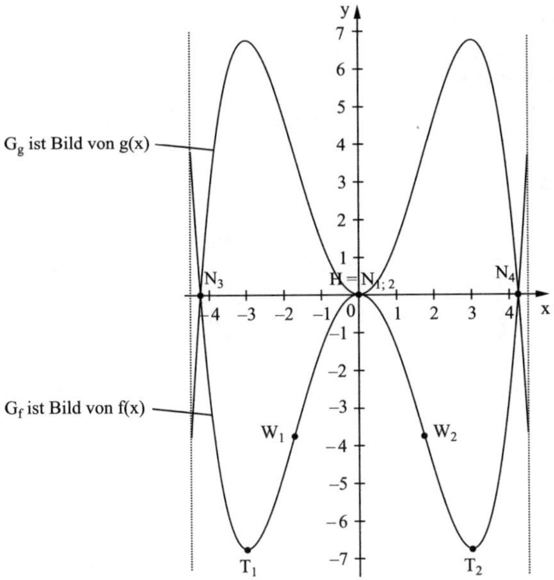

Inhalt eines Flächenstücks

Unter Ausnutzung der Symmetrie der beiden Funktionsbilder zur x-Achse verdoppelt man den Inhalt des ebenen Flächenstücks, welches G_g im ersten Quadranten mit der x-Achse einschließt. Nutzen Sie beim erforderlichen Flächenansatz die Beziehung $G(x) = -F(x)$. Die Integrationsgrenzen kann man Teilaufgabe a entnehmen; dort wurden bereits die Schnittpunkte von G_f mit der x-Achse ermittelt. Bei einer Achsenspiegelung werden bekanntermaßen alle auf der Spiegelachse liegenden Punkte auf sich selbst abgebildet.

$$A = 2 \cdot A_0(3\sqrt{2}) = 2 \cdot \int_0^{3\sqrt{2}} g(x)\,dx$$

$$= 2 \cdot \left[-\frac{1}{60}x^5 + \frac{1}{2}x^3\right]_0^{3\sqrt{2}}$$

$$= \left[-\frac{1}{30}x^5 + x^3\right]_0^{\sqrt{18}}$$

$$= -\frac{1}{30} \cdot 18^2 \cdot \sqrt{18} + 18 \cdot \sqrt{18}$$

$$= \frac{36}{5}\sqrt{18} = \underline{\underline{\frac{108}{5} \cdot \sqrt{2}}} \text{ (FE)}$$

$$\approx 30{,}55 \text{ (FE)}$$

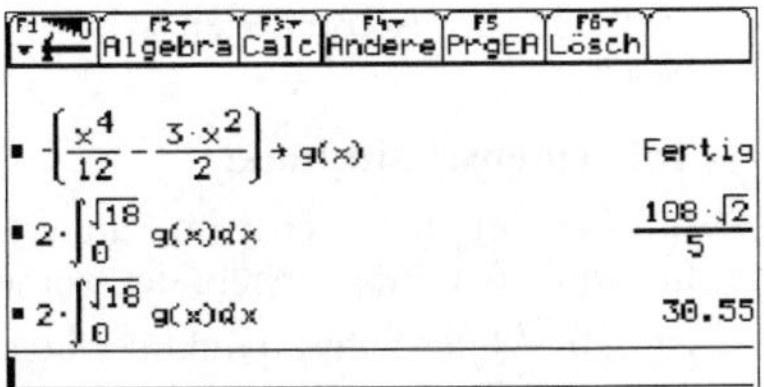

c) **Bestimmung einer Tangentengleichung im Punkt R**

Wegen $f(\sqrt{3}) = -\frac{15}{4}$ hat der Punkt R die Koordinaten $R\left(\sqrt{3};\ -\frac{15}{4}\right)$.

Dieser Punkt R und der Wendepunkt W_2 aus Teilaufgabe a sind identisch.
Der Anstieg der Tangente t_1 in diesem Punkt ergibt sich mit $m_1 = f'(\sqrt{3}) = -2\sqrt{3}$.

Setzt man die Koordinaten des Punktes R bzw. W_2 und den errechneten Anstieg in die Gleichung $y = m \cdot x + n$ ein, so erhält man:

$-\frac{15}{4} = -2\sqrt{3} \cdot \sqrt{3} + n \quad \Rightarrow \quad n = \frac{9}{4} \quad \Rightarrow$ Gleichung der Tangente t_1: $\underline{\underline{y = -2\sqrt{3} \cdot x + \frac{9}{4}}}$

Darstellung beider Tangenten

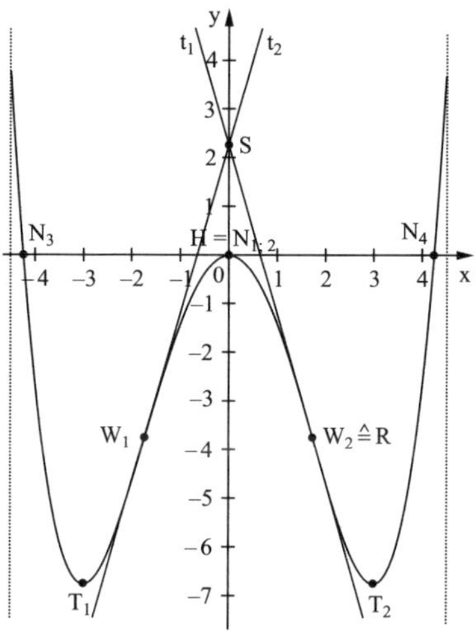

Berührungspunkt

t_1 wird im Punkt $R\left(\sqrt{3};\ -\frac{15}{4}\right)$ an G_f angelegt, also im Wendepunkt W_2.

t_2 entsteht durch Spiegelung von t_1 an der y-Achse. Da auch die Wendepunkte spiegelbildlich zur y-Achse liegen, wird G_f von der Tangente t_2 im Wendepunkt $W_1\left(-\sqrt{3}; -\frac{15}{4}\right)$ berührt.

Tangentenschnittpunkt

t_1 schneidet die y-Achse im Punkt S. Da Punkte der Spiegelachse bei einer Achsenspiegelung auf sich selbst abgebildet werden, geht demnach auch t_2 durch diesen Punkt S. Damit ist $\underline{\underline{S\left(0;\ \frac{9}{4}\right)}}$ der Schnittpunkt der beiden Tangenten t_1 und t_2.

Alternativ:

$t_1(x) = t_2(x) \quad \Rightarrow \quad -2\sqrt{3} \cdot x + \frac{9}{4} = 2\sqrt{3} \cdot x + \frac{9}{4} \quad \Rightarrow \quad 4\sqrt{3} \cdot x = 0 \quad \Rightarrow \quad x = 0$

In den Gleichungen von t_1 und t_2 folgt mit $x = 0$ sofort $y = \frac{9}{4}$.

Schnittwinkel der Tangenten

Die Tangenten t_1 und t_2 schneiden sich im Winkel $\sphericalangle T_1ST_2 = \varphi$.

Die Anstiege der beiden Tangenten sind $m_1 = -2\sqrt{3}$ und $m_2 = 2\sqrt{3}$.

Lösungsweg 1:

Setzt man diese Werte in $\tan\varphi = \left|\frac{m_2 - m_1}{1 + m_1 \cdot m_2}\right|$ ein, so ergibt sich

$$\tan\varphi = \left|\frac{2\sqrt{3} - (-2\sqrt{3})}{1 + (-2\sqrt{3}) \cdot 2\sqrt{3}}\right| = \left|\frac{4\sqrt{3}}{1 - 12}\right| = \frac{4}{11}\sqrt{3} \text{ und daraus } \underline{\underline{\varphi = \arctan\left(\frac{4}{11}\sqrt{3}\right) \approx 32{,}2°.}}$$

Lösungsweg 2:

Anwendung der Definition des Tangens eines spitzen Winkels im rechtwinkligen Dreieck:

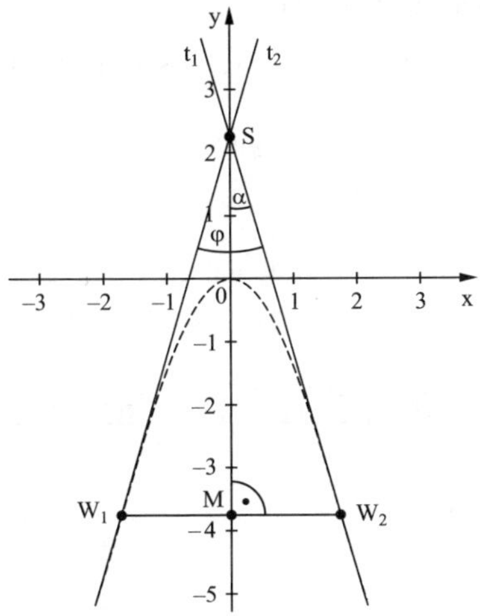

Im Dreieck MW_2S gilt

$$\tan\alpha = \frac{x_{W_2} - x_M}{y_S - y_M} = \frac{\sqrt{3} - 0}{\frac{9}{4} - \left(-\frac{15}{4}\right)} = \frac{\sqrt{3}}{6}$$

und daraus folgt

$$\alpha = \arctan\left(\frac{\sqrt{3}}{6}\right) \approx 16{,}1°$$

und

$$\underline{\underline{\varphi = 2 \cdot \alpha \approx 32{,}2°.}}$$

Lösungsweg 3:

Mithilfe des Skalarproduktes von Richtungsvektoren:

Ordnet man dem Anstieg $m_1 = -2\sqrt{3}$ der Tangente t_1 einen Richtungsvektor $\vec{a}_1 = \begin{pmatrix} 1 \\ -2\sqrt{3} \end{pmatrix}$ und dem Anstieg $m_2 = 2\sqrt{3}$ der Tangente t_2 einen Richtungsvektor $\vec{a}_2 = \begin{pmatrix} 1 \\ 2\sqrt{3} \end{pmatrix}$ zu, so erhält man:

$$\cos\varphi = \left|\frac{\vec{a}_1 \cdot \vec{a}_2}{|\vec{a}_1| \cdot |\vec{a}_2|}\right| = \left|\frac{1 - 12}{\sqrt{1+12} \cdot \sqrt{1+12}}\right| = \left|-\frac{11}{13}\right| = \frac{11}{13} \text{ und daraus } \underline{\underline{\varphi = \arccos\left(\frac{11}{13}\right) \approx 32{,}2°.}}$$

d) **Parameterunabhängige Eigenschaft**

Wegen $f_a(0) = 0$ für jede positive reelle Zahl a gehen alle Funktionsbilder dieser Funktionenschar durch den Koordinatenursprung.

Wegen $f_a(-x) = a \cdot (-x)^4 - \frac{3}{2} \cdot (-x)^2 = ax^4 - \frac{3}{2}x^2 = f_a(x)$ sind alle Graphen dieser Funktionenschar symmetrisch zur y-Achse.

Es genügt die Angabe einer Eigenschaft mit Begründung.

Nullstellen der Funktionenschar

$f_a(x)=0 \;\Rightarrow\; ax^4-\frac{3}{2}x^2=0 \;\Rightarrow\; x^2\cdot\left(ax^2-\frac{3}{2}\right)=0$

Setzt man jeden der Faktoren dieses Produktes gleich null, so ergeben sich die vier höchstens zu erwartenden reellen Lösungen dieser ganzrationalen Gleichung:

$x^2=0 \;\Rightarrow\; \underline{\underline{x_{1;\,2}=0}}$

$ax^2-\frac{3}{2}=0 \;\Rightarrow\; x^2=\frac{3}{2a} \;\Rightarrow\; \underline{\underline{x_3=-\sqrt{\frac{3}{2a}}}};\; \underline{\underline{x_4=\sqrt{\frac{3}{2a}}}}$

Abitur ohne CAS: Bestimmen eines Parameterwertes

Wegen $f_a(1)=a-\frac{3}{2}$ hat der Punkt Q die Koordinaten $Q\left(1;\, a-\frac{3}{2}\right)$.

Für den Anstieg der Funktionskurve ergibt sich aus $f_a'(x)=4ax^3-3x$, dass an der Stelle $x_Q=1$ gilt: $m=f_a'(1)=4a-3$

Der Anstieg nimmt den geforderten Wert $m=3$ an, wenn $4a-3=3$ gilt. Somit ist $a=\frac{6}{4}=\frac{3}{2}$ der gesuchte Wert des Parameters.

CAS-Abitur: Bestimmen eines Parameterwertes

Unter den soeben berechneten Nullstellen der Funktion $f_a(x)$ erfüllt nur $x_4=\sqrt{\frac{3}{2a}}$ die Bedingung $x>0$. Nur der zu ihr gehörende Schnittpunkt der Scharkurve G_{f_a} liegt folglich auf der positiven x-Achse.

Mit dem CAS ergibt sich die Schnittstelle $x=\frac{\sqrt{6}}{2\sqrt{a}}$. Sie stimmt mit x_4 überein, denn:

$\frac{\sqrt{6}}{2\sqrt{a}}=\frac{\sqrt{6}}{\sqrt{4a}}=\sqrt{\frac{6}{4a}}=\sqrt{\frac{3}{2a}}$

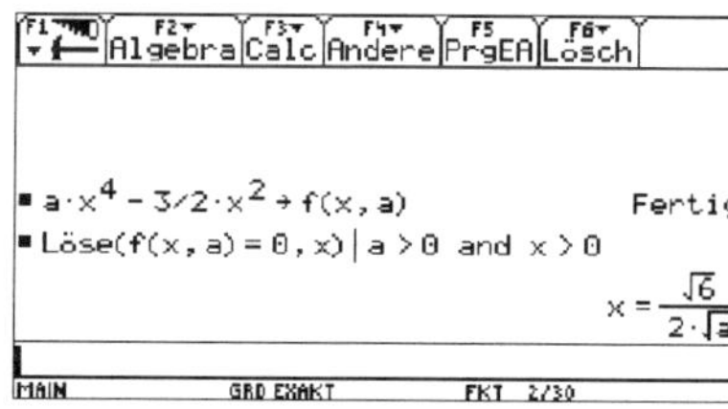

Im nächsten Schritt ist der Funktionswert der ersten Ableitung von f_a an dieser Schnittstelle zu ermitteln und gleich 3 zu setzen.
Die entstehende Gleichung hat die Lösung $\underline{\underline{a=\frac{3}{2}}}$.

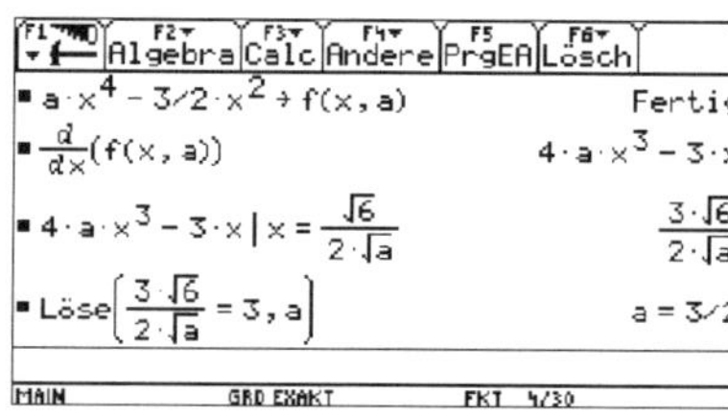

e) **Für das CAS-Abitur: Bestimmen einer ganzrationalen Funktion**

Ansatz: $r(x)=ax^3+bx^2+cx+d;\quad a, b, c, d \in \mathbb{R};\; a \neq 0$

Aus der geforderten Symmetrie zum Koordinatenursprung lässt sich schließen, dass $b=0$ und $d=0$ sein müssen.

Folglich gilt: $r(x)=ax^3+cx;\quad a, c \in \mathbb{R};\; a \neq 0$
$r'(x)=3ax^2+c$ und $r''(x)=6ax$

Einer der Tiefpunkte von G_f soll auch ein Tiefpunkt des Bildes G_r der Funktion r(x) sein.

Möglichkeit 1:

Mit $T_1\left(-3; -\frac{27}{4}\right)$ ergibt sich daraus:

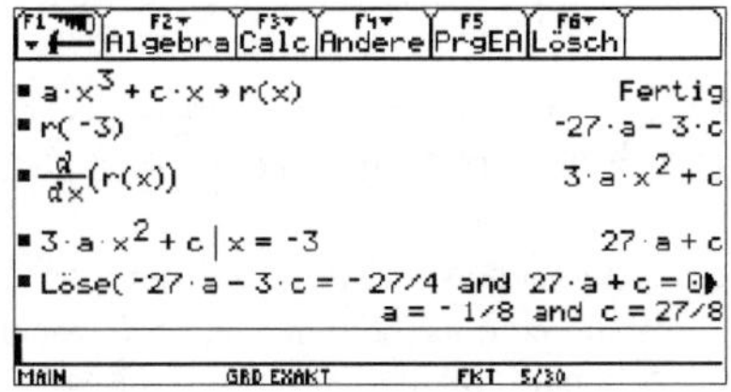

$$r(-3) = -\frac{27}{4} \quad \Rightarrow \quad -27a - 3c = -\frac{27}{4}$$

$$r'(-3) = 0 \quad \Rightarrow \quad 27a + c = 0$$

Dieses Gleichungssystem hat die Lösungen:

$$a = -\frac{1}{8} \text{ und } c = \frac{27}{8}$$

Die gesuchte ganzrationale Funktion dritten Grades ist also:

$$\underline{\underline{r(x) = -\frac{1}{8}x^3 + \frac{27}{8}x}}$$

Möglichkeit 2:

Mit $T_2\left(3; -\frac{27}{4}\right)$ erhält man analog:

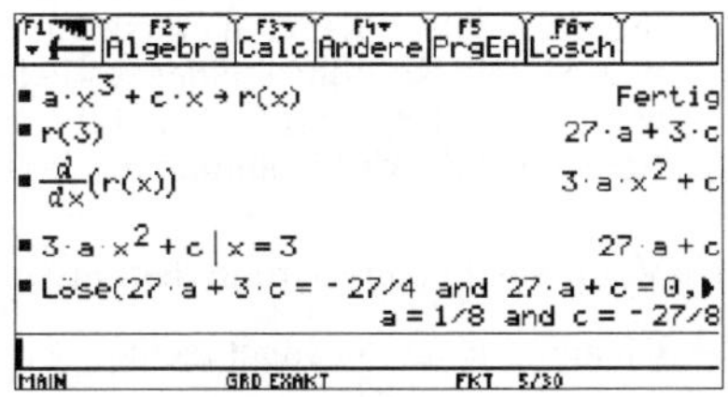

$$r(3) = -\frac{27}{4} \quad \Rightarrow \quad 27a + 3c = -\frac{27}{4}$$

$$r'(3) = 0 \quad \Rightarrow \quad 27a + c = 0$$

Dieses Gleichungssystem hat die Lösungen:

$$a = \frac{1}{8} \text{ und } c = -\frac{27}{8}$$

Die gesuchte ganzrationale Funktion dritten Grades ist also:

$$\underline{\underline{r(x) = \frac{1}{8}x^3 - \frac{27}{8}x}}$$

Diese Aufgabe ist vollständig gelöst, wenn man eine der möglichen Gleichungen für r(x) angibt. Eine Probe zeigt, dass jede der ermittelten Funktionen die geforderten Eigenschaften besitzt.

Grundkurs Mathematik (Thüringen): Abiturprüfung 2010
Aufgabe B1: Analytische Geometrie / Vektorrechnung

In einem kartesischen Koordinatensystem sind die Punkte A(–2; 9; 3), B(7; 3; 0), C(1; 7; 2), P(0; 3; 0) und G(0; 1; 4) gegeben.

a) Untersuchen Sie, ob C auf der Geraden liegt, die durch A und B verläuft!
Wenn ja, entscheiden Sie, ob C sogar auf der Strecke $\overline{AB}$ liegt und geben Sie gegebenenfalls das Teilverhältnis an!
Wenn nein, berechnen Sie den Abstand des Punktes C von der Geraden durch A und B!
D ist derjenige Punkt der y-Achse, der von A den gleichen Abstand hat wie von B. Bestimmen Sie die Koordinaten von D! (6 BE)

b) Das Dreieck ABP ist die Grundfläche eines geraden Prismas, zu dessen Deckfläche der Punkt G gehört.
Weisen Sie nach, dass die Strecke $\overline{PG}$ senkrecht auf der Grundflächenebene steht!
Stellen Sie das Prisma in einem kartesischen Koordinatensystem dar und bestimmen Sie die Koordinaten der restlichen Eckpunkte! Dabei sollen der Punkt E über A und der Punkt F über B liegen.
Berechnen Sie das Volumen des Prismas! (8 BE)

c) Vom Punkt G aus wird in dem Prisma (aus Aufgabenteil b) eine Bohrung in Richtung $\vec{u} = \begin{pmatrix} 0{,}5 \\ 3 \\ -1 \end{pmatrix}$ angebracht.
(Der Durchmesser der Bohrung wird vernachlässigt.)
In welchem Punkt S durchstößt die Bohrung die Ebene, zu der die Grundfläche ABP gehört?
Begründen Sie, dass der Punkt S sogar in der Grundfläche ABP des Prismas liegt!
Berechnen Sie die Größe des Winkels, den die Bohrung mit der Kante $\overline{GF}$ einschließt! (6 BE)

(20 BE)

Hinweise und Tipps

Allgemeines

- Übertragen Sie alle Punktkoordinaten sehr sorgfältig auf Ihr Lösungsblatt. Sie sind die Ausgangsdaten für alle Berechnungen. Kontrollieren Sie deshalb die Korrektheit dieser Daten unbedingt.
- Schauen Sie sich während der Lösung die Koordinaten der ermittelten Punkte stets aufmerksam an und vergleichen Sie diese mit den gegebenen Punkten. Eventuelle Identitäten erleichtern mitunter die Lösung erheblich.

Aufgabe a

Inzidenz von Punkt und Gerade

- Durch die beiden (voneinander verschiedenen) Punkte A und B ist eine Gerade g(A, B) bestimmt. Stellen Sie für diese Gerade eine Parametergleichung auf.
- Ein Punkt und eine Gerade inzidieren (d. h. der Punkt liegt auf der Geraden), wenn seine Koordinaten die Geradengleichung erfüllen. Dies ist dann der Fall, wenn dem Punkt durch die Parametergleichung ein eindeutig bestimmter reeller Parameterwert zuzuordnen ist.
- Der Punkt C liegt auf g(A, B), wenn die Gleichung $\overrightarrow{OC} = \overrightarrow{OA} + t \cdot \overrightarrow{AB}$ durch eine eindeutig bestimmte reelle Zahl t erfüllt wird.
  Für $t = 0$ sind die Punkte C und A identisch.
  Für $t = 1$ sind die Punkte C und B identisch.
  Für $0 < t < 1$ liegt der Punkt C zwischen den Punkten A und B, also auf der Strecke $\overline{AB}$.
  Für alle anderen reellen Werte von t liegt C auf der Geraden außerhalb der Strecke $\overline{AB}$.

Teilverhältnis

- Wenn der Punkt C auf der Strecke $\overline{AB}$ liegt, so entstehen die Teilstrecken $\overline{AC}$ und $\overline{CB}$. Man spricht von einer inneren Teilung. Das Verhältnis der Längen dieser Teilstrecken ist das gesuchte Teilverhältnis.

Abstandsgleichheit von Punkten

- Beachten Sie, dass der gesuchte Punkt D auf der y-Achse liegen soll. Damit kennen Sie bereits zwei seiner Koordinaten ($\Rightarrow$ D(0; y; 0); $y \in \mathbb{R}$).
- Formulieren Sie die geforderte Abstandsgleichheit als Gleichung mit den Beträgen der entsprechenden Verbindungsvektoren dieser Punkte.

Aufgabe b

Orthogonalitätsnachweis

- Wenn die Strecke $\overline{PG}$ senkrecht auf der Grundflächenebene des Prismas steht, steht natürlich auch der Vektor $\overrightarrow{PG}$ senkrecht auf dieser Ebene (und umgekehrt).
  Dazu muss er gleichzeitig auf zwei voneinander verschiedenen (also nicht parallelen) Richtungsvektoren dieser Ebene senkrecht stehen.
- Beachten Sie, dass zwei Vektoren dann senkrecht aufeinander stehen (orthogonal zueinander sind), wenn ihr Skalarprodukt gleich null ist.

Darstellung des Prismas im kartesischen Koordinatensystem

- Achten Sie auf die Bezeichnung der Achsen. Geben Sie einen Achsenmaßstab an. Denken Sie daran, dass die in die Tiefe des Raumes weisende Koordinatenachse unter einem Verzerrungswinkel von 45° zu zeichnen ist. Außerdem ist die Längeneinheit auf dieser Achse gegenüber den Längeneinheiten der anderen Achsen verkürzt darzustellen. Die Abbildung rechts zeigt eine Möglichkeit, diese Forderungen unter Nutzung des Quadratrasters zu erfüllen.

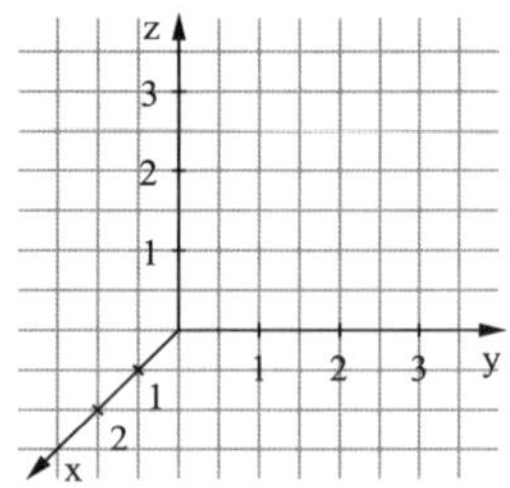

- Achten Sie bei der Bezeichnung der restlichen Eckpunkte darauf, dass das Prisma die Kanten $\overline{PG}$, $\overline{AE}$ und $\overline{BF}$ hat.

Volumen des Prismas

- Zur Berechnung des Volumens des Prismas benötigen Sie den Inhalt seiner Grundfläche ΔABP und die Länge seiner Höhe $\overline{PG}$.
- Beachten Sie, dass Sie den Inhalt der dreieckigen Grundfläche sowohl elementar (Satz des Pythagoras, Kosinussatz) als auch mithilfe vektorieller Mittel berechnen können.

Aufgabe c

Ermitteln eines Durchstoßpunktes

- Die Bohrung erfolgt längs einer Geraden. Stellen Sie für diese Gerade eine Parametergleichung auf.
- Stellen Sie für die Grundflächenebene eine Parametergleichung auf und achten Sie darauf, dass alle nunmehr verwendeten Parameter unterschiedlich bezeichnet sind.
- Setzen Sie die Parametergleichungen von Bohrungsgerade und Grundflächenebene einander gleich. Durch Koordinatenvergleich entsteht aus dieser Vektorgleichung ein System aus drei linearen Gleichungen mit drei Unbekannten, eben den Parametern.
- Die daraus ermittelten Parameterwerte erzeugen in ihrer Gleichung jeweils einen Punkt. Wenn Sie richtig gerechnet haben, werden der Punkt auf der Bohrungsgeraden und der Punkt der Grundflächenebene identisch sein. Es ist der gesuchte Durchstoßpunkt S.
- In der Abbildung rechts liegt der Punkt S genau dann in der Ebene $\varepsilon(A, B, P)$ des Dreiecks ΔABP, wenn sein Ortsvektor die folgende Gleichung erfüllt:

  $\overrightarrow{OS} = \overrightarrow{OP} + r \cdot \overrightarrow{PA} + s \cdot \overrightarrow{PB}; \quad r, s \in \mathbb{R}$

  S liegt dabei sogar auf dem Dreieck ΔABP bzw. in seinem Inneren, wenn folgende Bedingungen erfüllt sind:

  (1) $0 \le r \le 1$ (2) $0 \le s \le 1$ (3) $0 \le r + s \le 1$

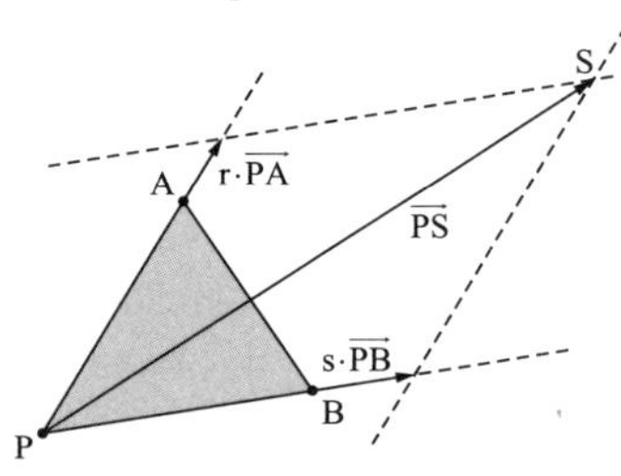

Bestimmen eines Schnittwinkels

- Stellen Sie Ihren Rechner auf das Gradmaß eines Winkels ein.
- Der gesuchte Schnittwinkel zwischen Prismenkante und Bohrung ist der Winkel zwischen den zugehörigen Richtungsvektoren $\overrightarrow{GF}$ und $\vec{u}$. Er kann je nach Bohrung durchaus auch stumpf sein. Verwenden Sie deshalb die folgende Formel:

$$\cos\varphi = \frac{\overrightarrow{GF} \cdot \vec{u}}{|\overrightarrow{GF}| \cdot |\vec{u}|}$$

Lösungen

a) **Inzidenz von Punkt und Gerade**

Eine Parametergleichung für die Gerade durch die Punkte A und B ist:

g(A, B): $\vec{x} = \overrightarrow{OA} + t \cdot \overrightarrow{AB};\ \ t \in \mathbb{R}$

$$\begin{pmatrix} x \\ y \\ z \end{pmatrix} = \begin{pmatrix} -2 \\ 9 \\ 3 \end{pmatrix} + t \cdot \begin{pmatrix} 9 \\ -6 \\ -3 \end{pmatrix}$$

Einsetzen von $\vec{x} = \overrightarrow{OC} = \begin{pmatrix} 1 \\ 7 \\ 2 \end{pmatrix}$ in diese Gleichung führt zu:

$$\begin{pmatrix} 1 \\ 7 \\ 2 \end{pmatrix} = \begin{pmatrix} -2 \\ 9 \\ 3 \end{pmatrix} + t \cdot \begin{pmatrix} 9 \\ -6 \\ -3 \end{pmatrix}$$

Koordinatenvergleich: $1 = -2 + 9t \quad \Rightarrow \quad t = \frac{1}{3}$

$$7 = 9 - 6t \quad \Rightarrow \quad t = \frac{1}{3}$$

$$2 = 3 - 3t \quad \Rightarrow \quad t = \frac{1}{3}$$

In der oben angegebenen Gleichung wird der Punkt C durch den eindeutig bestimmten Parameterwert $t = \frac{1}{3}$ erzeugt. Deshalb liegt er auf der Geraden g(A, B) und wegen $0 < t = \frac{1}{3} < 1$ sogar auf der Strecke $\overline{AB}$.

Lösungshinweise für das CAS-Abitur

Speichern Sie die Ortsvektoren aller gegebenen Punkte. Verwenden Sie dabei möglichst x, y und z sowie r, s und t nicht. Notieren Sie die benutzten Bezeichnungen für Ortsvektoren und Parameter in einer Tabelle. So vermeiden Sie später zeitraubende Fehlersuche.

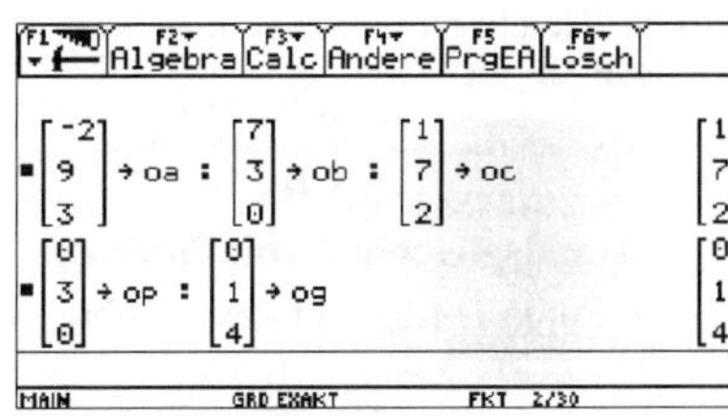

Speichern Sie die Gleichung für g(A, B) als g(t).
Setzen Sie den Ortsvektor des Punktes C ein und lösen Sie nach t.
$g\left(\frac{1}{3}\right)$ liefert zur Kontrolle den Punkt C.

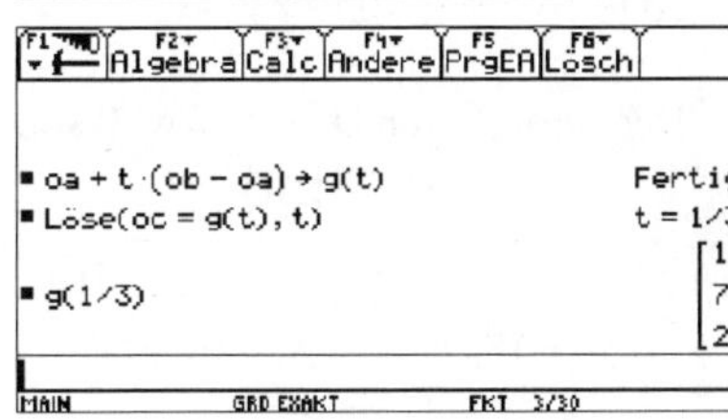

Teilverhältnis

Lösungsweg 1:

Für die Längen der beiden Teilstrecken $\overline{AC}$ und $\overline{CB}$ erhält man:

$|\overrightarrow{AC}| = \left|\begin{pmatrix} 3 \\ -2 \\ -1 \end{pmatrix}\right| = \sqrt{9+4+1} = \sqrt{14}$ und

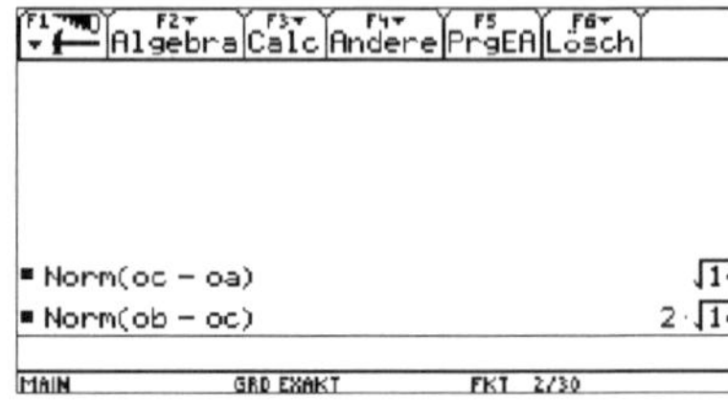

$|\overrightarrow{CB}| = \left|\begin{pmatrix} 6 \\ -4 \\ -2 \end{pmatrix}\right| = \sqrt{36+16+4} = \sqrt{56} = 2\sqrt{14}$

Damit ist das zu ermittelnde Teilverhältnis

$|\overrightarrow{AC}| : |\overrightarrow{CB}| = 1:2.$

Lösungsweg 2:

In der Parametergleichung $\vec{x} = \overrightarrow{OA} + t \cdot \overrightarrow{AB}$ für die Gerade durch die Punkte A und B wird der Punkt C durch $t = \frac{1}{3}$ erzeugt. Es gilt also:

$$\overrightarrow{OC} = \overrightarrow{OA} + \frac{1}{3} \cdot \overrightarrow{AB} \qquad |\cdot 3$$

$$3 \cdot \overrightarrow{OC} = 3 \cdot \overrightarrow{OA} + \overrightarrow{AB}$$

$$2 \cdot \overrightarrow{OC} + \overrightarrow{OC} = 3 \cdot \overrightarrow{OA} + \overrightarrow{OB} - \overrightarrow{OA}$$

$$2 \cdot \overrightarrow{OC} + \overrightarrow{OC} = 2 \cdot \overrightarrow{OA} + \overrightarrow{OB} \qquad |-2 \cdot \overrightarrow{OA} - \overrightarrow{OC}$$

$$2 \cdot (\overrightarrow{OC} - \overrightarrow{OA}) = \overrightarrow{OB} - \overrightarrow{OC}$$

$$2 \cdot \overrightarrow{AC} = \overrightarrow{CB}$$

Die Gleichheit dieser beiden Vektoren bedeutet auch, dass ihre Beträge gleich sind. Deshalb gilt:

$2 \cdot \overline{AC} = \overline{CB} \;\Rightarrow\; \frac{\overline{AC}}{\overline{CB}} = \frac{1}{2}$ bzw. $\overline{AC} : \overline{CB} = 1:2.$

Abstandsgleichheit von Punkten

Der Punkt D liegt auf der y-Achse. Seine Koordinaten sind D(0; y; 0) $y \in \mathbb{R}$.

$\overrightarrow{AD} = \begin{pmatrix} 2 \\ y-9 \\ -3 \end{pmatrix}$; $\overrightarrow{BD} = \begin{pmatrix} -7 \\ y-3 \\ 0 \end{pmatrix}$

Der Abstand von D zu A bzw. B soll gleich sein:

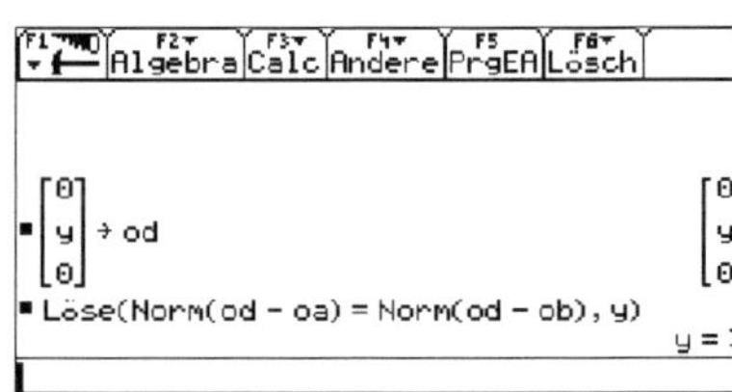

$$|\overrightarrow{AD}| = |\overrightarrow{BD}|$$

$$\sqrt{4+(y-9)^2+9} = \sqrt{49+(y-3)^2}$$

$$y^2 - 18y + 94 = y^2 - 6y + 58$$

$$12y = 36$$

$$y = 3$$

Damit ist der Punkt D(0; 3; 0) der gesuchte Punkt.

Man stellt fest, dass D mit dem in der Aufgabe gegebenen Punkt P(0; 3; 0) identisch ist, weshalb das Dreieck $\Delta ABP = \Delta ABD$ folglich gleichschenklig ist mit $\overline{DA} = \overline{DB} = 7$ (LE).

b) **Orthogonalitätsnachweis**

Die Grundfläche des Prismas liegt in der Ebene ε(A, B, P). Auf ihr steht der Vektor $\overrightarrow{PG}$ genau dann senkrecht, wenn sein Skalarprodukt mit zwei linear unabhängigen (also nicht parallelen) Richtungsvektoren dieser Ebene, z. B. $\overrightarrow{PA}$ und $\overrightarrow{PB}$, jeweils den Wert null hat.

$$\overrightarrow{PG}\cdot\overrightarrow{PA}=\begin{pmatrix}0\\-2\\4\end{pmatrix}\cdot\begin{pmatrix}-2\\6\\3\end{pmatrix}=0-12+12=0 \qquad \overrightarrow{PG}\cdot\overrightarrow{PB}=\begin{pmatrix}0\\-2\\4\end{pmatrix}\cdot\begin{pmatrix}7\\0\\0\end{pmatrix}=0$$

q. e. d.

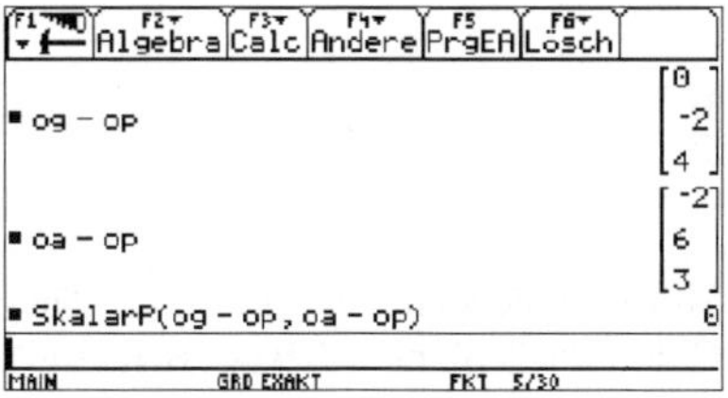

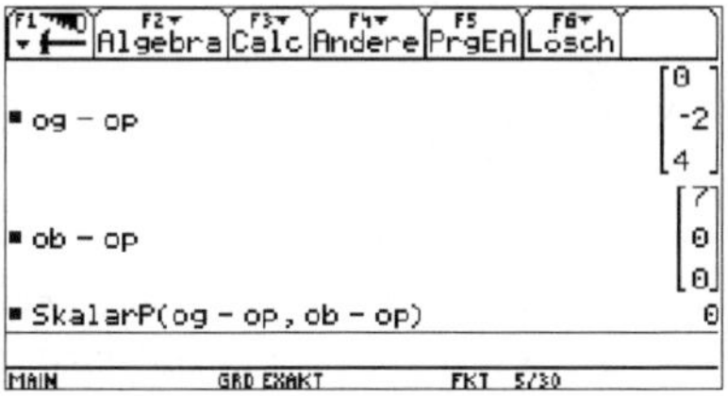

Darstellung des Prismas im kartesischen Koordinatensystem

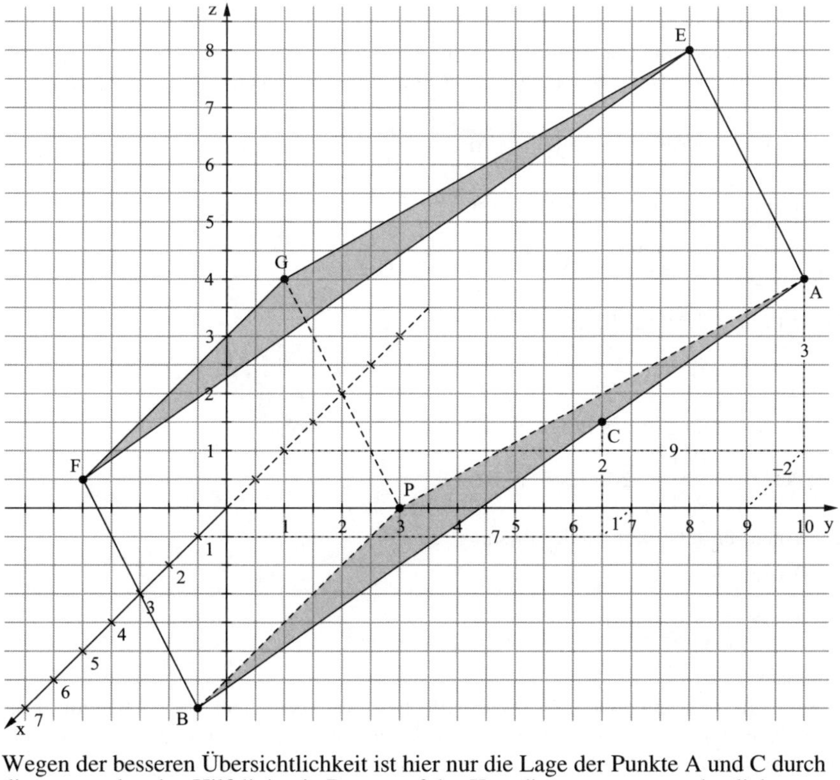

Wegen der besseren Übersichtlichkeit ist hier nur die Lage der Punkte A und C durch die entsprechenden Hilfslinien in Bezug auf das Koordinatensystem verdeutlicht.

Koordinaten der restlichen Eckpunkte

Im Prisma sind die Verbindungskanten zwischen Grund- und Deckfläche gleich lang und parallel. Das bedeutet: $\overrightarrow{PG} = \overrightarrow{AE} = \overrightarrow{BF}$

Aus $\overrightarrow{PG} = \overrightarrow{AE} = \overrightarrow{OE} - \overrightarrow{OA}$ folgt:

$$\overrightarrow{OE} = \overrightarrow{OA} + \overrightarrow{PG} = \begin{pmatrix} -2 \\ 9 \\ 3 \end{pmatrix} + \begin{pmatrix} 0 \\ -2 \\ 4 \end{pmatrix} = \begin{pmatrix} -2 \\ 7 \\ 7 \end{pmatrix} \Rightarrow \underline{\underline{E(-2;\ 7;\ 7)}}$$

Aus $\overrightarrow{PG} = \overrightarrow{BF} = \overrightarrow{OF} - \overrightarrow{OB}$ folgt:

$$\overrightarrow{OF} = \overrightarrow{OB} + \overrightarrow{PG} = \begin{pmatrix} 7 \\ 3 \\ 0 \end{pmatrix} + \begin{pmatrix} 0 \\ -2 \\ 4 \end{pmatrix} = \begin{pmatrix} 7 \\ 1 \\ 4 \end{pmatrix} \Rightarrow \underline{\underline{F(7;\ 1;\ 4)}}$$

Volumen des Prismas

Die Grundfläche des Prismas ist das Dreieck ΔABP; ihr Flächeninhalt sei $A_{\Delta ABP}$. Die Höhe h des Prismas ist die Länge seiner Kante $\overline{PG}$. Für das Volumen dieses Prismas gilt also: $V = A_{\Delta ABP} \cdot \overline{PG}$

Lösungsweg 1:

Der Flächeninhalt der Grundfläche ΔABP lässt sich elementar berechnen. In diesem Dreieck sei h_{AB} die Höhe vom Punkt P auf die Seite $\overline{AB}$. Diese Höhe zerlegt das gleichschenklige ΔABP in zwei kongruente rechtwinklige Teildreiecke. Nach dem Satz des Pythagoras gilt:

$$\left(\frac{\overline{AB}}{2}\right)^2 + h_{AB}^2 = \overline{AP}^2 \quad \Rightarrow \quad h_{AB} = \sqrt{\overline{AP}^2 - \left(\frac{\overline{AB}}{2}\right)^2}$$

Daraus erhält man durch Einsetzen von $\overline{AB} = 3\sqrt{14}$ (LE) und $\overline{AP} = 7$ (LE):

$$h_{AB} = \sqrt{7^2 - \left(\frac{3\sqrt{14}}{2}\right)^2} = \sqrt{49 - \frac{9 \cdot 14}{4}} = \sqrt{\frac{35}{2}} \text{ (LE)}$$

Für den Inhalt der Grundfläche ergibt sich damit:

$$A_{\Delta ABP} = \frac{1}{2} \cdot \overline{AB} \cdot h_{AB} = \frac{1}{2} \cdot 3\sqrt{14} \cdot \sqrt{\frac{35}{2}} = \frac{1}{2} \cdot 3 \cdot \sqrt{2 \cdot 7 \cdot \frac{5 \cdot 7}{2}} = \frac{21}{2}\sqrt{5} \text{ (FE)}$$

Unter Verwendung dieses Ergebnisses und der Prismenhöhe

$$h = |\overrightarrow{PG}| = \left|\begin{pmatrix} 0 \\ -2 \\ 4 \end{pmatrix}\right| = \sqrt{20} = 2\sqrt{5} \text{ (LE)}$$

erhält man für das Volumen des Prismas:

$$V = A_{\Delta ABP} \cdot h$$

$$V = \frac{21}{2}\sqrt{5} \cdot 2\sqrt{5} = \underline{\underline{105 \text{ VE}}}$$

Lösungsweg 2:

Es wird zuerst ein Innenwinkel der Grundfläche ΔABP berechnet. Im ΔABP gilt für die gleich langen Schenkel $|\overrightarrow{PA}| = |\overrightarrow{PB}| = 7$ (LE). Sie schließen den Winkel γ ein. Außerdem ist $\overline{AB} = 3\sqrt{14}$ (LE). Damit sind die Längen aller Seiten des ΔABP bekannt.

Nach dem Kosinussatz gilt im ΔABP:

$$\overline{AB}^2 = \overline{PA}^2 + \overline{PB}^2 - 2 \cdot \overline{PA} \cdot \overline{PB} \cdot \cos\gamma$$

$$\Rightarrow \quad \cos\gamma = \frac{\overline{PA}^2 + \overline{PB}^2 - \overline{AB}^2}{2 \cdot \overline{PA} \cdot \overline{PB}} = \frac{7^2 + 7^2 - (3\sqrt{14})^2}{2 \cdot 7 \cdot 7} = -\frac{2}{7}$$

$$\Rightarrow \quad \gamma = \arccos\left(-\frac{2}{7}\right) \approx 106{,}6°$$

Die Höhe h des Prismas ist:

$$h = |\overrightarrow{PG}| = \left|\begin{pmatrix} 0 \\ -2 \\ 4 \end{pmatrix}\right| = \sqrt{20} = 2\sqrt{5} \text{ (LE)}$$

Damit ergibt sich nunmehr das Volumen des Prismas aus:

$$\begin{aligned} V &= \quad A_{\Delta ABP} \qquad \cdot h \\ &= \frac{1}{2} \cdot |\overrightarrow{PA}| \cdot |\overrightarrow{PB}| \cdot \sin\gamma \cdot |\overrightarrow{PG}| \\ &= \frac{1}{2} \cdot 7 \cdot 7 \cdot \sin 106{,}6° \cdot 2\sqrt{5} \\ &= \underline{\underline{105 \text{ VE}}} \end{aligned}$$

Lösungsweg 3:

Für den Inhalt der dreieckigen Grundfläche wird zuerst ein Innenwinkel dieses gleichschenkligen Dreiecks berechnet. Vorzugsweise könnte das der Winkel γ zwischen den gleich langen Schenkeln sein; für diese gilt: $|\overrightarrow{PA}| = |\overrightarrow{PB}| = 7$ (LE)
Für den Winkel γ gilt:

$$\cos\gamma = \cos\sphericalangle(\overrightarrow{PA}, \overrightarrow{PB}) = \frac{\overrightarrow{PA} \cdot \overrightarrow{PB}}{|\overrightarrow{PA}| \cdot |\overrightarrow{PB}|}$$

$$= \frac{\begin{pmatrix} -2 \\ 6 \\ 3 \end{pmatrix} \cdot \begin{pmatrix} 7 \\ 0 \\ 0 \end{pmatrix}}{7 \cdot 7} = -\frac{14}{49} = -\frac{2}{7}$$

$$\Rightarrow \quad \underline{\underline{\gamma \approx 106{,}6°}}$$

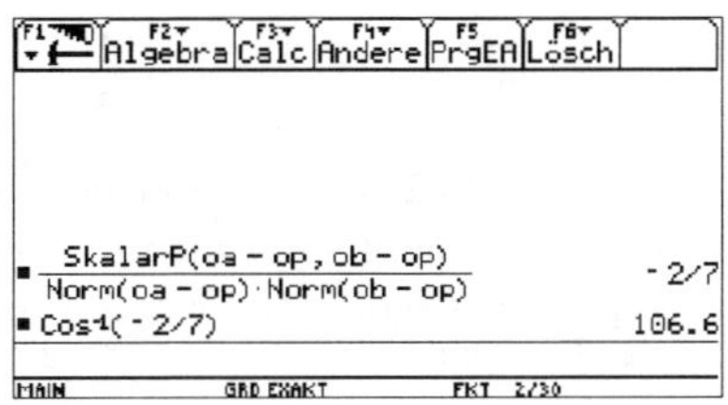

Die Höhe des Prismas ist:

$$|\overrightarrow{PG}| = \left|\begin{pmatrix} 0 \\ -2 \\ 4 \end{pmatrix}\right| = \sqrt{20} = 2\sqrt{5} \text{ (LE)}$$

Damit ergibt sich nunmehr das Volumen des Prismas aus:

$$\begin{aligned} V &= \quad A_{\Delta ABP} \qquad \cdot h \\ &= \frac{1}{2} \cdot |\overrightarrow{PA}| \cdot |\overrightarrow{PB}| \cdot \sin\gamma \cdot |\overrightarrow{PG}| \\ &= \frac{1}{2} \cdot 7 \cdot 7 \cdot \sin 106{,}6° \cdot 2\sqrt{5} \\ &= \underline{\underline{105 \text{ VE}}} \end{aligned}$$

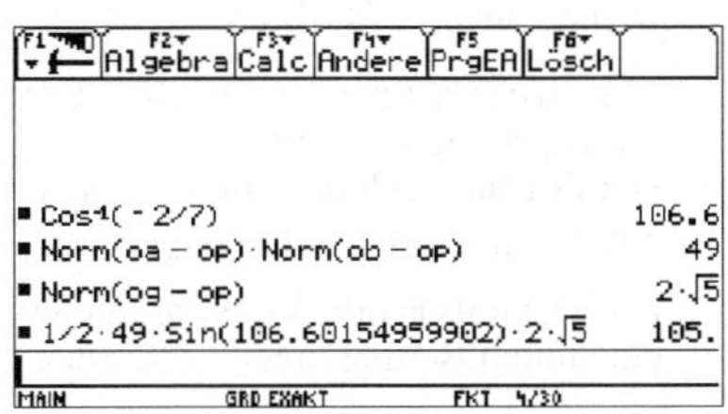

c) **Ermitteln eines Durchstoßpunktes**

Die Bohrung erfolgt längs der Geraden g(G; $\vec{u}$): $\vec{x} = \overrightarrow{OG} + t \cdot \vec{u};\ t \in \mathbb{R}$.

Für die Grundflächenebene ε(A, B, P) gilt: $\vec{x} = \overrightarrow{OP} + r \cdot \overrightarrow{PA} + s \cdot \overrightarrow{PB};\ r, s \in \mathbb{R}$

Einfügen aller Koordinaten und Gleichsetzen von Geraden- und Ebenengleichung:

$$\begin{pmatrix} 0 \\ 1 \\ 4 \end{pmatrix} + t \cdot \begin{pmatrix} \frac{1}{2} \\ 3 \\ -1 \end{pmatrix} = \begin{pmatrix} 0 \\ 3 \\ 0 \end{pmatrix} + r \cdot \begin{pmatrix} -2 \\ 6 \\ 3 \end{pmatrix} + s \cdot \begin{pmatrix} 7 \\ 0 \\ 0 \end{pmatrix}$$

Lösungshinweise für das CAS-Abitur

Speichern des Vektors $\vec{u}$, der Geraden- und der Ebenengleichung:

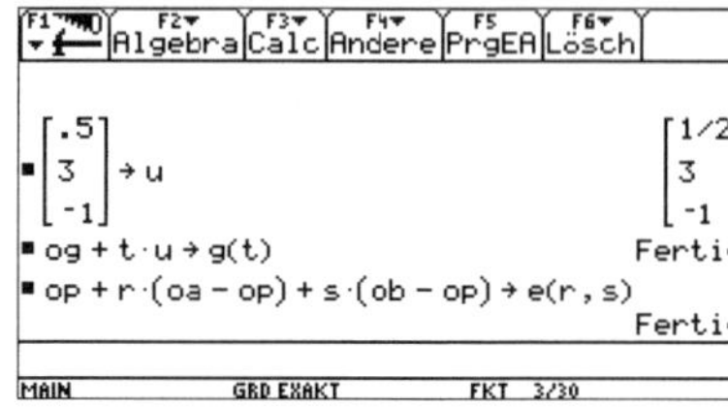

Durch Koordinatenvergleich entsteht das folgende Gleichungssystem:

(1) $0 + \frac{1}{2}t = 0 - 2r + 7s$

(2) $1 + 3t = 3 + 6r$

(3) $4 - t = 3r$

Aus (3) $\Rightarrow t = 4 - 3r$

in (2) $\Rightarrow 1 + 3 \cdot (4 - 3r) = 3 + 6r \Rightarrow r = \frac{2}{3}$

in (3) $\Rightarrow t = 2$

$r = \frac{2}{3}$ und $t = 2$ in (1) $\Rightarrow s = \frac{1}{3}$

Lösen der durch Gleichsetzen von Geraden- und Ebenengleichung entstehenden Vektorgleichung nach den in ihr enthaltenen Parametern:

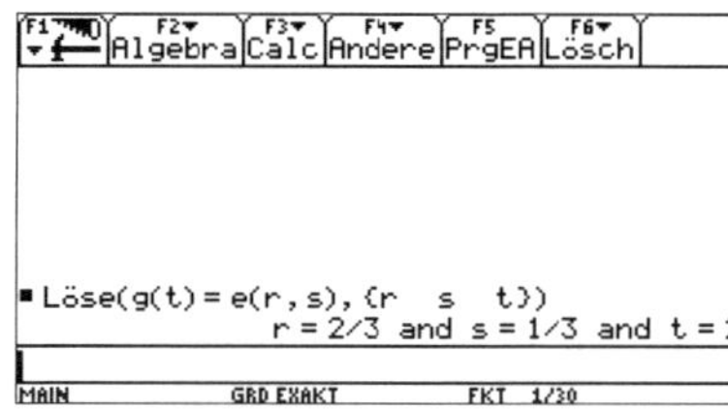

Setzt man $t = 2$ in die Geradengleichung bzw. $r = \frac{2}{3}$ und $s = \frac{1}{3}$ in die Gleichung der Ebene ein, so erhält man jeweils den Punkt mit den Koordinaten $x = 1,\ y = 7,\ z = 2$.

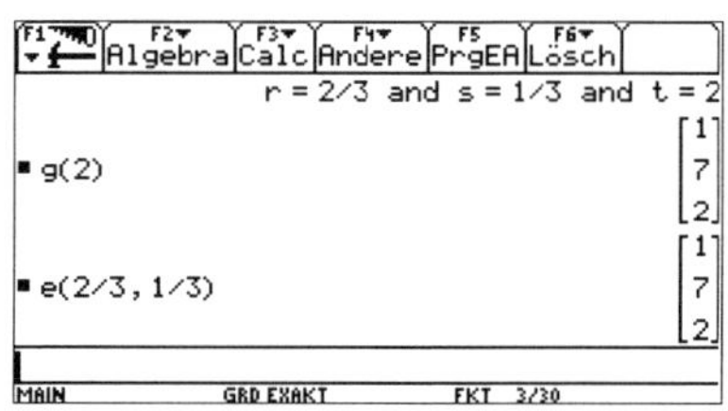

Damit ist der Punkt S(1; 7; 2) der gesuchte Durchstoßpunkt der Bohrung in der Grundflächenebene ε(A, B, P).

Ein aufmerksamer Vergleich mit den in der Aufgabe gegebenen Punkten zeigt, dass die Punkte S und C identisch sind.
Damit wäre auch die Frage nach der Lage des Durchstoßpunktes S bezüglich des Dreiecks ABP beantwortet: S liegt auf der Kante $\overline{AB}$ dieses Dreiecks.

Andererseits erfüllen die Parameterwerte die in den Hinweisen und Tipps zur Aufgabe c genannten Bedingungen (vgl. Seite 2010-28).

Berechnen des Schnittwinkels φ

Die folgende Abbildung zeigt das Prisma mit eingebrachter Bohrung:

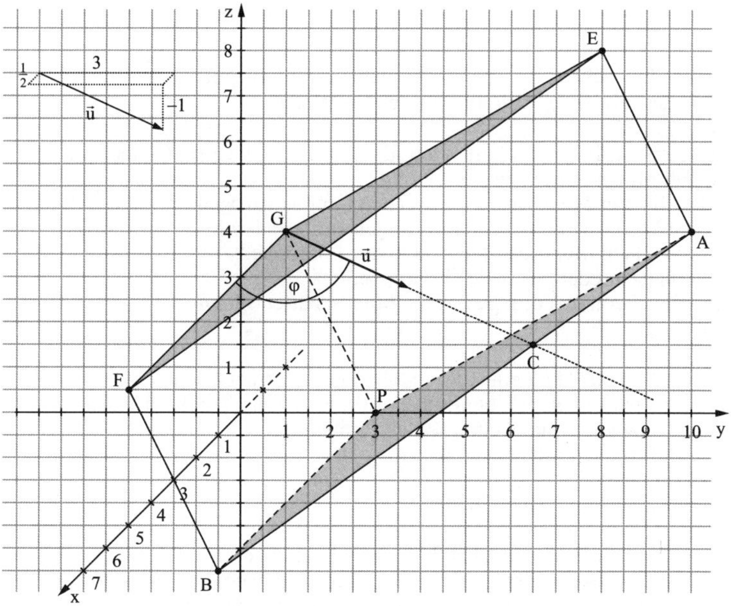

Der Richtungsvektor der Kante $\overline{GF}$ ist $\overrightarrow{GF} = \begin{pmatrix} 7 \\ 0 \\ 0 \end{pmatrix}$.

Die Bohrung erfolgt vom Punkt G aus in Richtung des Vektors $\vec{u} = \begin{pmatrix} \frac{1}{2} \\ 3 \\ -1 \end{pmatrix}$.

Um den Winkel φ zwischen der Kante $\overrightarrow{GF}$ und der Bohrung in Richtung von $\vec{u}$ zu berechnen, setzt man:

$$\cos\varphi = \frac{\overrightarrow{GF} \cdot \vec{u}}{|\overrightarrow{GF}| \cdot |\vec{u}|}$$

$$\cos\varphi = \frac{\begin{pmatrix} 7 \\ 0 \\ 0 \end{pmatrix} \cdot \begin{pmatrix} \frac{1}{2} \\ 3 \\ -1 \end{pmatrix}}{7 \cdot \sqrt{\frac{1}{4} + 9 + 1}} = \frac{3{,}5}{7 \cdot \sqrt{\frac{41}{4}}} = \frac{1}{\sqrt{41}}$$

$$\Rightarrow \quad \varphi = \arccos\left(\frac{1}{\sqrt{41}}\right) \approx \underline{\underline{81{,}02°}}$$

ist der gesuchte Winkel.

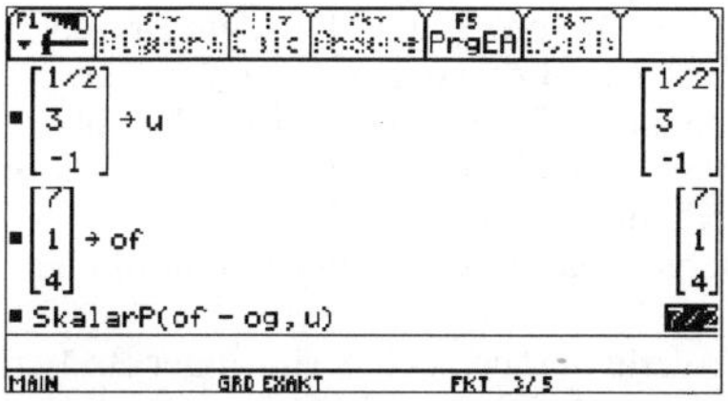

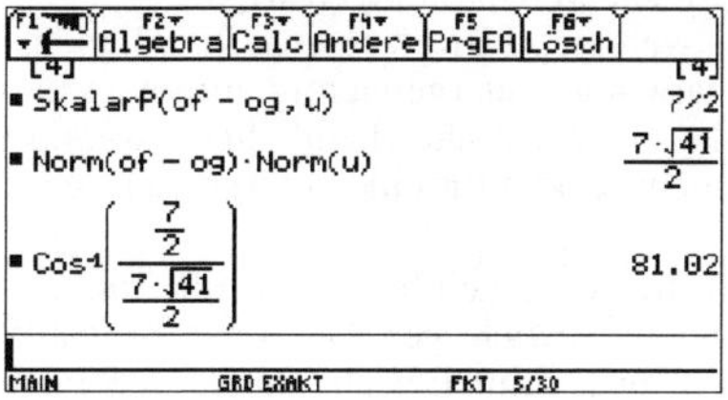

Grundkurs Mathematik (Thüringen): Abiturprüfung 2010
Aufgabe B2: Stochastik

Im Jahr der Fußballweltmeisterschaft haben sich auch die Mannschaften „FC Rundes Leder", „Einheit Holzheim" und „Wade 07" für ein Turnier qualifiziert.

a) Am Turnier nehmen zwölf Mannschaften teil. Es werden für die erste Runde vier Gruppen zu je drei Mannschaften ausgelost.
Zunächst werden die drei Mannschaften der ersten Gruppe gezogen.
Berechnen Sie die Wahrscheinlichkeiten für folgende Ereignisse!
A := „Die drei genannten Mannschaften sind in der 1. Gruppe."
B := „Nur „FC Rundes Leder" ist in der 1. Gruppe."
C := „Höchstens zwei von den drei genannten Mannschaften sind in der 1. Gruppe." (3 BE)

b) Der Torwart von „Wade 07" hält einen Strafstoß mit einer Wahrscheinlichkeit von 0,15. Beim Training wird in einer Übungsphase 20-mal auf das Tor geschossen.
Berechnen Sie die Wahrscheinlichkeiten für die Ereignisse:
D := „Der dritte Ball ist der erste, den er hält."
E := „Er hält genau drei Bälle."
F := „Keinen der 20 Schüsse kann er halten." (4 BE)

c) Der Fanclub von „Einheit Holzheim" hat 25 Mitglieder und bekommt fünf Freikarten für das Endspiel des Turniers. Um diese zu verteilen, werden Lose gezogen. In der Lostrommel befinden sich neben den fünf Gewinnlosen zwanzig Nieten. Die Mitglieder ziehen der Reihe nach jeder genau ein Los.
Prüfen Sie, ob der Zweite, der zieht, die gleiche Chance auf eine Freikarte hat wie der Erste! (2 BE)

Herr Lecker betreibt regelmäßig bei solchen Veranstaltungen einen Verpflegungsstand.

d) Er bereitet pro Tag 350 belegte Brötchen vor und stellt fest, dass er an 5 % der Tage 100 Brötchen, an 20 % der Tage 50 Brötchen, an 40 % der Tage 30 Brötchen und an 10 % der Tage 10 Brötchen übrig behält. An allen anderen Tagen verkauft er alle Brötchen. An einem belegten Brötchen verdient er 0,50 €, bei einem nicht verkauften macht er 0,80 € Verlust.
Berechnen Sie seinen durchschnittlichen Gewinn pro Tag! (4 BE)

e) Er verkauft auch echte Thüringer Bratwürste. Mit seinem Lieferanten hat er folgende Vereinbarung getroffen:
Es werden 50 Bratwürste auf ihr Mindestgewicht geprüft. Sind höchstens drei Bratwürste untergewichtig, nimmt er die Lieferung an.
Mit welcher Wahrscheinlichkeit kommt es zu einer Ablehnung, wenn die Wahrscheinlichkeit für eine untergewichtige Bratwurst 0,05 beträgt? (3 BE)

f) Nach einiger Zeit hat er den Eindruck, dass sich der Anteil der Bratwürste mit zu geringem Gewicht vergrößert hat. Er wählt deshalb 50 Bratwürste als Zufallsprobe aus. Wie muss seine Entscheidungsregel lauten, wenn die Wahrscheinlichkeit, dass er sich mit seiner Annahme irrt, höchstens 0,01 beträgt? (4 BE)

(20 BE)

Binomialverteilung

n	k	p = 0,05		p = 0,10		p = 0,125		p = 0,15	
		B(n; p; k)	$\sum_{i=0}^{k} B(n; p; i)$	B(n; p; k)	$\sum_{i=0}^{k} B(n; p; i)$	B(n; p; k)	$\sum_{i=0}^{k} B(n; p; i)$	B(n; p; k)	$\sum_{i=0}^{k} B(n; p; i)$
50	0	0,07694	0,07694	0,00515	0,00515	0,00126	0,00126	0,00030	0,00030
	1	0,20249	0,27943	0,02863	0,03379	0,00900	0,01026	0,00261	0,00291
	2	0,26110	0,54053	0,07794	0,11173	0,03150	0,04176	0,01128	0,01419
	3	0,21987	0,76041	0,13857	0,25029	0,07201	0,11377	0,03186	0,04605
	4	0,13598	0,89638	0,18090	0,43120	0,12087	0,23463	0,06606	0,11211
	5	0,06584	0,96222	0,18492	0,61612	0,15885	0,39349	0,10725	0,21935
	6	0,02599	0,98821	0,15410	0,77023	0,17020	0,56369	0,14195	0,36130
	7	0,00860	0,99681	0,10763	0,87785	0,15283	0,71652	0,15745	0,51875
	8	0,00243	0,99924	0,06428	0,94213	0,11735	0,83387	0,14935	0,66810
	9	0,00060	0,99984	0,03333	0,97546	0,07824	0,91211	0,12299	0,79109
	10	0,00013	0,99997	0,01518	0,99065	0,04582	0,95793	0,08899	0,88008
	11	0,00002	1,00000	0,00613	0,99678	0,02380	0,98173	0,05711	0,93719
	12			0,00222	0,99900	0,01105	0,99279	0,03275	0,96994
	13			0,00072	0,99971	0,00462	0,99740	0,01689	0,98683
	14			0,00021	0,99993	0,00174	0,99914	0,00788	0,99471
	15			0,00006	0,99998	0,00060	0,99974	0,00334	0,99805
	16			0,00001	1,00000	0,00019	0,99993	0,00129	0,99934
	17					0,00005	0,99998	0,00045	0,99979
	18					0,00001	1,00000	0,00015	0,99994
	19							0,00004	0,99998
	20							0,00001	1,00000
100	0	0,00592	0,00592	0,00003	0,00003				
	1	0,03116	0,03708	0,00030	0,00032	0,00002	0,00002		
	2	0,08118	0,11826	0,00162	0,00194	0,00016	0,00018	0,00001	0,00002
	3	0,13958	0,25784	0,00589	0,00784	0,00075	0,00093	0,00008	0,00009
	4	0,17814	0,43598	0,01587	0,02371	0,00259	0,00353	0,00033	0,00043
	5	0,18002	0,61600	0,03387	0,05758	0,00711	0,01064	0,00113	0,00155
	6	0,15001	0,76601	0,05958	0,11716	0,01609	0,02673	0,00315	0,00470
	7	0,10603	0,87204	0,08890	0,20605	0,03086	0,05759	0,00746	0,01217
	8	0,06487	0,93691	0,11482	0,32087	0,05126	0,10885	0,01531	0,02748
	9	0,03490	0,97181	0,13042	0,45129	0,07485	0,18370	0,02762	0,05509
	10	0,01672	0,98853	0,13187	0,58316	0,09730	0,28100	0,04435	0,09945
	11	0,00720	0,99573	0,11988	0,70303	0,11373	0,39473	0,06404	0,16349
	12	0,00281	0,99854	0,09879	0,80182	0,12050	0,51523	0,08382	0,24730
	13	0,00100	0,99954	0,07430	0,87612	0,11653	0,63176	0,10012	0,34743
	14	0,00033	0,99986	0,05130	0,92743	0,10345	0,73521	0,10980	0,45722
	15	0,00010	0,99996	0,03268	0,96011	0,08473	0,81994	0,11109	0,56832
	16	0,00003	0,99999	0,01929	0,97940	0,06430	0,88424	0,10415	0,67246
	17	0,00001	1,00000	0,01059	0,98999	0,04539	0,92963	0,09081	0,76328
	18			0,00543	0,99542	0,02990	0,95954	0,07390	0,83717
	19			0,00260	0,99802	0,01843	0,97797	0,05628	0,89346
	20			0,00117	0,99919	0,01067	0,98864	0,04022	0,93368
	21			0,00050	0,99969	0,00580	0,99444	0,02704	0,96072
	22			0,00020	0,99989	0,00298	0,99742	0,01714	0,97786
	23			0,00007	0,99996	0,00144	0,99886	0,01026	0,98811
	24			0,00003	0,99999	0,00066	0,99952	0,00581	0,99392
	25			0,00001	1,00000	0,00029	0,99981	0,00311	0,99703
	26					0,00012	0,99993	0,00159	0,99862
	27					0,00005	0,99997	0,00077	0,99939
	28					0,00002	0,99999	0,00035	0,99974
	29					0,00001	1,00000	0,00015	0,99989

Hinweise und Tipps

Aufgabe a

- Die drei gesuchten Wahrscheinlichkeiten könnten Sie mithilfe eines dreistufigen Baumdiagramms berechnen. Dies ist jedoch recht aufwendig, da es mindestens 34 Ergebnisse aufweisen müsste.
Die drei gesuchten Wahrscheinlichkeiten können Sie rationeller mithilfe eines Urnenmodells berechnen. Um das Urnenmodell angeben zu können, sollten Sie sich folgende Fragen beantworten: Wie viele Kugeln sind in der Urne? Wie sind die Kugeln gekennzeichnet? Wie viele Kugeln werden gezogen? Ziehen „auf gut Glück"? Ziehen mit oder ohne Zurücklegen? Ziehen mit oder ohne Beachtung der Reihenfolge?
- Aus einer Urne mit genau 12 Kugeln werden „auf gut Glück" und ohne Zurücklegen genau drei Kugeln gezogen.
- Mit der Urnenmodellannahme „Ziehen ohne Beachten der Reihenfolge" lässt sich jeweils die Anzahl der Möglichkeiten als Binomialkoeffizient berechnen. Die gesuchten Wahrscheinlichkeiten können mit der „Lottoformel" der hypergeometrischen Verteilung ermittelt werden:
$$\frac{\binom{K}{k}\cdot\binom{N-K}{n-k}}{\binom{N}{n}}$$

Aufgabe b

- Betrachten Sie das Halten oder Nichthalten eines Strafstoßes als ein Bernoulli-Experiment mit der Erfolgswahrscheinlichkeit p.
- Die zufällige Anzahl X_n der gehaltenen Strafstöße unter n Strafstößen ist binomialverteilt mit den Parametern n und p: $X_n \sim B_{n;\,p}$
- Die Bernoulliformel für „genau k Erfolge" bei n Strafstößen lautet:
$P(X_n = k) = \binom{n}{k}\cdot p^k \cdot (1-p)^{n-k}$
Die Wahrscheinlichkeit für den „ersten Erfolg" beim n-ten Strafstoß berechnet sich über das Produkt $P(X_{n-1} = 0)\cdot p$.

Aufgabe c

- Das Auslosen der Freikarten lässt sich durch ein Urnenmodell beschreiben. Zum Berechnen der beiden gesuchten Wahrscheinlichkeiten genügt es, die ersten beiden Kugelentnahmen zu betrachten und mittels Baumdiagramm zu veranschaulichen.
- Um das Urnenmodell angeben zu können, sollten Sie sich folgende Fragen beantworten: Wie viele Kugeln sind in der Urne? Wie sind die Kugeln gekennzeichnet? Wie viele Kugeln werden gezogen? Ziehen „auf gut Glück"? Ziehen mit oder ohne Zurücklegen? Ziehen mit oder ohne Beachtung der Reihenfolge?

Aufgabe d

- Wenn Sie die gegebenen Prozentsätze als relative Häugfigkeiten und damit als Näherungswerte für die entsprechenden Wahrscheinlichkeiten $p_n = P$(„genau n Brötchen verkauft") deuten, können Sie den zufälligen Gewinn als Zufallsgröße G definieren.
- Die möglichen Werte der Zufallsgröße G ergeben sich als jeweils möglicher Tagesreingewinn (ohne Maßeinheit Euro).
- Der Tagesreingewinn ergibt sich als Differenz aus dem Gewinn durch den Verkauf von n Brötchen und dem Verlust, der bei $(350-n)$ nicht verkauften Brötchen entsteht.

- Der Erwartungswert der Zufallsgröße G ist (abgesehen von der noch fehlenden Maßeinheit Euro) als durchschnittlicher Tagesgewinn zu interpretieren.

Aufgabe e

- Betrachten Sie das Unterschreiten bzw. Nichtunterschreiten des Bratwurstmindestgewichts als ein Bernoulli-Experiment mit der Erfolgswahrscheinlichkeit p.
- Die zufällige Anzahl X der „Untergewichtigen" unter 50 Bratwürsten ist binomialverteilt mit den Parametern $n = 50$ und p: $X \sim B_{50;\,p}$
- Die Bernoulliformel für „höchstens k Erfolge unter n" lautet:

$$P(X \leq k) = \sum_{i=0}^{k} \binom{n}{i} \cdot p^i \cdot (1-p)^{n-i}$$

- Die Wahrscheinlichkeit für „mehr als k Erfolge unter n" lässt sich über die Wahrscheinlichkeit des Gegenereignisses berechnen: $P(X > k) = 1 - P(X \leq k)$
- Die Wahrscheinlichkeiten $P(X > 3)$ bzw. $P(X \leq 3)$ kann man als aufsummierten Wert der Wahrscheinlichkeitstabelle $B_{50;\,0,05}$ entnehmen.

Aufgabe f

- Konstruieren Sie einen Signifikanztest mit der Nullhypothese $p = 0,05$ und der Gegenhypothese $p > 0,05$ für das Signifikanzniveau $\alpha = 0,01$.
- Wählen Sie als binomialverteilte Testgröße X die zufällige Anzahl der untergewichtigen Bratwürste in der Zufallsstichprobe.
- Wählen Sie als Ablehnungsbereich $\overline{A}$ die Werte von X, die gegen H_0 und damit für H_1 sprechen.
- Der Fehler 1. Art tritt auf, wenn H_0 wahr ist, aber aufgrund des Testergebnisses abgelehnt wird.
- Bestimmen Sie den Ablehnungsbereich $\overline{A} = \{k; k+1; \ldots; 50\}$ so, dass $B_{50;\,0,05}(X \geq k) \leq 0,01$ gilt.
- Formulieren Sie die gesuchte Entscheidungsregel, nach der die Hypothese, dass die Wahrscheinlichkeit für „Untergewicht" 0,05 beträgt, aufgrund des Testergebnisses abzulehnen und damit zu verwerfen ist.

Lösungen

a) **Wahrscheinlichkeiten der Ereignisse A bis C**

Das Auslosen der drei Mannschaften kann als ein dreistufiges Zufallsexperiment, das durch das folgende Urnenmodell beschrieben wird, interpretiert werden:
Einer Urne mit genau 12 Kugeln (von 1 bis 12 durchnummeriert, ansonsten nicht unterscheidbar) werden „auf gut Glück“ und ohne Zurücklegen genau drei Kugeln entnommen.

Lösungsweg 1:

Nimmt man an, dass das Ziehen außerdem ohne Beachtung der Reihenfolge, d. h. mit einem Griff, erfolgt, können die gesuchten Wahrscheinlichkeiten mithilfe der sogenannten „Lottoformel“, d. h. der hypergeometrischen Verteilung, berechnet werden.
(Kugel 1: „FC Rundes Leder“; Kugel 2: „Einheit Holzheim“; Kugel 3: „Wade 07“)

Wahrscheinlichkeit P(A)

P(A) = P(„die Kugeln mit den Nummern 1, 2 und 3 werden gezogen“)

$$= \frac{\binom{3}{3}\cdot\binom{9}{0}}{\binom{12}{3}} = \frac{1}{220}$$

$\underline{\underline{P(A) \approx 0{,}00455}}$

Wahrscheinlichkeit P(B)

P(B) = P(„die Kugel 1 wird gezogen und die Kugeln 2 und 3 werden nicht gezogen“)

$$= \frac{\binom{1}{1}\cdot\binom{2}{0}\cdot\binom{9}{2}}{\binom{12}{3}} = \frac{9}{55}$$

$\underline{\underline{P(B) \approx 0{,}164}}$

Wahrscheinlichkeit P(C)

P(C) = P(„von den Kugeln 1, 2, 3 werden höchstens zwei gezogen“)

$$= \frac{\binom{3}{0}\cdot\binom{9}{3}+\binom{3}{1}\cdot\binom{9}{2}+\binom{3}{2}\cdot\binom{9}{1}}{\binom{12}{3}} = \frac{219}{220}$$

$\underline{\underline{P(C) \approx 0{,}995}}$

oder

$$P(C) = 1 - P(A) = 1 - \frac{1}{220} = \frac{219}{220}$$

$\underline{\underline{P(C) \approx 0{,}995}}$

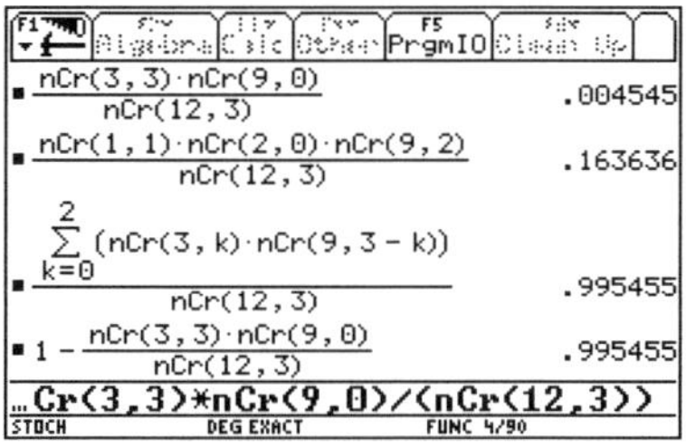

Lösungsweg 2:

Nimmt man an, dass das Ziehen ohne Zurücklegen und mit Beachtung der Reihenfolge erfolgt, können die gesuchten Wahrscheinlichkeiten mithilfe von Abzählprinzipien ermittelt werden.

Wahrscheinlichkeit P(A)

$$P(A) = \frac{3 \cdot 2 \cdot 1}{12 \cdot 11 \cdot 10} = \frac{1}{220}$$

$$\underline{\underline{P(A) \approx 0{,}0045}}$$

Wahrscheinlichkeit P(B)

$$P(B) = \frac{\binom{3}{1} \cdot 1 \cdot 9 \cdot 8}{12 \cdot 11 \cdot 10} = \frac{9}{55}$$

$$\underline{\underline{P(B) \approx 0{,}164}}$$

Wahrscheinlichkeit P(C)

$$P(C) = \frac{\binom{3}{2} \cdot 3 \cdot 2 \cdot 9}{12 \cdot 11 \cdot 10} + \frac{\binom{3}{1} \cdot 3 \cdot 9 \cdot 8}{12 \cdot 11 \cdot 10} + \frac{\binom{3}{0} \cdot 9 \cdot 8 \cdot 7}{12 \cdot 11 \cdot 10} = \frac{219}{220}$$

$$\underline{\underline{P(C) \approx 0{,}995}}$$

b) **Wahrscheinlichkeiten der Ereignisse D bis F**

Das Halten bzw. Nichthalten bei 20 Strafstößen werde durch das 20-malige Realisieren eines Bernoulli-Experiments mit der Erfolgswahrscheinlichkeit $p = 0{,}15$ modelliert. Da p nur mit zwei wesentlichen (geltenden) Ziffern gegeben ist, sind nach den Regeln für sinnvolle Genauigkeit die gesuchten Wahrscheinlichkeiten auch nur mit zwei wesentlichen Ziffern anzugeben.

Zufallsgröße X_n: zufällige Anzahl der gehaltenen Strafstöße bei n Strafstößen

$$X_n \sim B_{n;\,0,15}$$

Wahrscheinlichkeit P(D)

Lösungsweg 1:

$$P(D) = P(X_2 = 0) \cdot p$$

$$= \binom{2}{0} \cdot 0{,}15^0 \cdot 0{,}85^2 \cdot 0{,}15$$

$$\underline{\underline{P(D) \approx 0{,}11}}$$

Lösungsweg 2:

Dem nebenstehenden Baumdiagramm ist zu entnehmen:

$$P(D) = 0{,}85 \cdot 0{,}85 \cdot 0{,}15$$

$$\underline{\underline{P(D) \approx 0{,}11}}$$

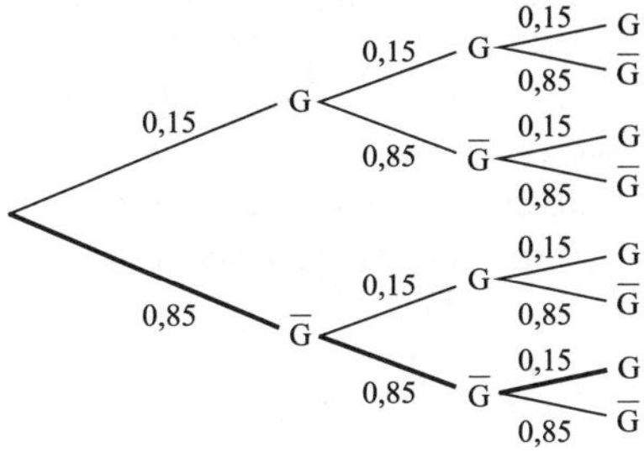

Wahrscheinlichkeit P(E)

$P(E) = P(X_{20} = 3) = \binom{20}{3} \cdot 0{,}15^3 \cdot 0{,}85^{17}$

$\underline{\underline{P(E) \approx 0{,}24}}$

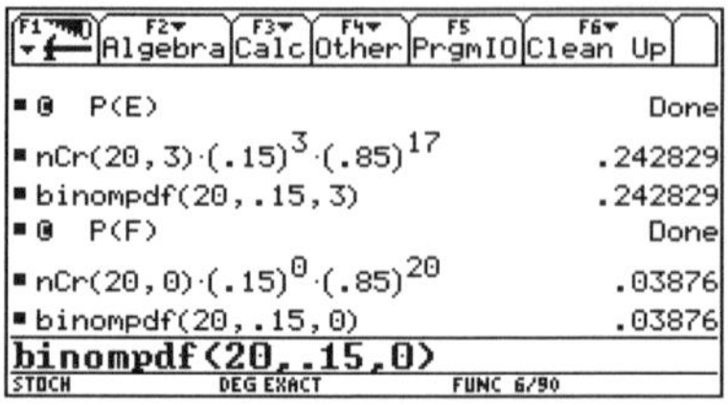

Wahrscheinlichkeit P(F)

$P(F) = P(X_{20} = 0) = \binom{20}{0} \cdot 0{,}15^0 \cdot 0{,}85^{20} = 0{,}85^{20}$

$\underline{\underline{P(F) \approx 0{,}039}}$

c) **Untersuchen auf Chancengleichheit**

Das Auslosen der fünf Freikartengewinner ist als ein 25-stufiges Zufallsexperiment zu interpretieren, das aber zum Berechnen der beiden gesuchten Wahrscheinlichkeiten nur als „zweimaliges Ziehen aus einer Urne" realisiert werden muss.
Einer Urne mit genau fünf weißen Kugeln (Gewinnlose) und 20 schwarzen Kugeln (Nieten), die ansonsten nicht voneinander unterscheidbar sind, werden nacheinander „auf gut Glück" ohne Zurücklegen und mit Beachtung der Reihenfolge zwei Kugeln entnommen.
Zu untersuchen ist, ob die Ereignisse
Z1: = „die erste entnommene Kugel ist weiß" und
Z2: = „die zweite entnommene Kugel ist weiß"
dieselbe Wahrscheinlichkeit besitzen.

$P(Z1) = P(\{(w;\, w), (w;\, s)\}) = P(\{w\}) = \frac{5}{25} = \frac{1}{5} = 0{,}2$

$P(Z2) = P(\{(w;\, w), (s;\, w)\}) = \frac{5}{25} \cdot \frac{4}{24} + \frac{20}{25} \cdot \frac{5}{24} = 0{,}2$

$\Rightarrow \quad \underline{\underline{P(Z1) = P(Z2)}}$

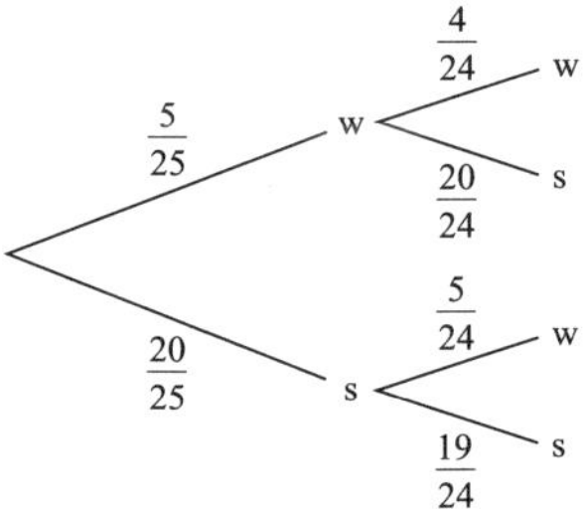

Der Zweite, der zieht, besitzt die gleiche Chance auf eine Freikarte wie der Erste.

d) **Erwartungswert EG**

Die durch die Prozentsätze angegebenen relativen Häufigkeiten werden als Näherungswerte für die entsprechenden Wahrscheinlichkeiten gedeutet.
Als durchschnittlicher Gewinn pro Tag wird der Erwartungswert des zufälligen Tagesgewinns angesehen.

Zufallsgröße X: zufällige Anzahl der verkauften Brötchen

$$X \hat{=} \begin{pmatrix} 250 & 300 & 320 & 340 & 350 \\ 0{,}05 & 0{,}20 & 0{,}40 & 0{,}10 & 0{,}25 \end{pmatrix}$$

Lösungsweg 1:

Zufallsgröße G: zufälliger Gewinn (in Euro)

$$G \hat{=} \begin{pmatrix} 250 \cdot 0{,}50 - 100 \cdot 0{,}80 & 300 \cdot 0{,}50 - 50 \cdot 0{,}80 & 320 \cdot 0{,}50 - 30 \cdot 0{,}80 & 340 \cdot 0{,}50 - 10 \cdot 0{,}80 & 350 \cdot 0{,}50 \\ 0{,}05 & 0{,}20 & 0{,}40 & 0{,}10 & 0{,}25 \end{pmatrix}$$

$$\hat{=} \begin{pmatrix} 45 & 110 & 136 & 162 & 175 \\ 0{,}05 & 0{,}20 & 0{,}40 & 0{,}10 & 0{,}25 \end{pmatrix}$$

$EG = 45 \cdot 0{,}05 + 110 \cdot 0{,}20 + 136 \cdot 0{,}40 + 162 \cdot 0{,}10 + 175 \cdot 0{,}25$

$\underline{\underline{EG = 138{,}60}}$

Lösungsweg 2:

$EX = 250 \cdot 0{,}05 + 300 \cdot 0{,}20 + 320 \cdot 0{,}40 + 340 \cdot 0{,}10 + 350 \cdot 0{,}25 = 322$

$EX \cdot 0{,}50 - (350 - EX) \cdot 0{,}80 = 322 \cdot 0{,}50 - 28 \cdot 0{,}80 = \underline{\underline{138{,}60}}$

Der durchschnittliche Gewinn pro Tag beträgt ca. 140 €.

Nachbetrachtung zur Gleichwertigkeit beider Lösungswege:

Lösungsweg 1:

$G = 0{,}50 \cdot X - (350 - X) \cdot 0{,}80 = 0{,}50 \cdot X - 350 \cdot 0{,}80 + 0{,}80 \cdot X = 1{,}30 \cdot X - 280$

$EG = 1{,}30 \cdot EX - 280$

Lösungsweg 2:

$EX \cdot 0{,}50 - (350 - EX) \cdot 0{,}80 = 0{,}50 \cdot EX - 280 + 0{,}80 \cdot EX = 1{,}30 \cdot EX - 280 = EG$

e) **Binomialwahrscheinlichkeit $B_{n;p}(X > k)$**

Das Überprüfen von 50 Bratwürsten auf „Untergewicht" wird als 50-maliges Realisieren eines Bernoulliexperiments mit der Erfolgswahrscheinlichkeit 0,05 angesehen. Da die Erfolgswahrscheinlichkeit nur mit einer wesentlichen (geltenden) Ziffer angegeben ist, kann auch die gesuchte Wahrscheinlichkeit nur auf eine wesentliche Ziffer sinnvoll gerundet werden.

Zufallsgröße X: zufällige Anzahl der untergewichtigen Bratwürste

$X \sim B_{50;\,0,05}$

$P(X > 3) = 1 - P(X \leq 3) \approx 1 - 0{,}76041 \approx \underline{\underline{0{,}2}}$

f) **Entscheidungsregel für einen einseitigen Signifikanztest**

Aufgrund der gegebenen Wahrscheinlichkeit 0,01, der Wahrscheinlichkeit, „dass er sich mit seiner Annahme irrt", dass also seine Annahme „der Anteil der Bratwürste mit zu geringem Gewicht hat sich vergrößert" falsch ist, kann man keine Entscheidungsregel im Sinne der klassischen Testtheorie erarbeiten.
Wird die Wahrscheinlichkeit 0,01 als Signifikanzniveau α mit

$P_{\text{„}H_0 \text{ ist wahr“}}(\text{„}H_0 \text{ wird aufgrund des Testergebnisses verworfen“})$

$= P_{\text{„}p = 0,05\text{“}}(\text{„}p \text{ wird aufgrund des Testergebnisses als größer } 0{,}05 \text{ eingestuft“}) \leq 0{,}01$

interpretiert, so lässt sich die gesuchte Entscheidungsregel ermitteln.

Testgröße X: zufällige Anzahl der untergewichtigen Bratwürste in der Zufallsstichprobe

$X \sim B_{50;\,p}$

Nullhypothese H_0: $p = 0{,}05$ Gegenhypothese H_1: $p > 0{,}05$

Ablehnungsbereich: $\overline{A} = \{k; k+1; \ldots; 50\}$

Annahmebereich: $A = \{0; \ldots; k-1\}$

$$P_{\text{„}H_0 \text{ ist wahr“}}(\text{„}H_0 \text{ wird abgelehnt“}) = B_{50;\,0,05}(X \geq k)$$

$$= 1 - B_{50;\,0,05}(X \leq k-1) \leq 0,01$$

$$0,99 \leq B_{50;\,0,05}(X \leq k-1)$$

$$7 \leq k-1$$

$$8 \leq k$$

$$\Rightarrow \quad \underline{\underline{\overline{A} = \{8; 9; \ldots; 50\}}}$$

Damit ergibt sich als Entscheidungsregel:

H_0 ist genau dann abzulehnen, wenn mindestens 8 untergewichtige Bratwürste in der Zufallsstichprobe enthalten sind.
Die Hypothese, dass die Wahrscheinlichkeit für „Untergewicht“ 0,05 beträgt, ist genau dann aufgrund des Testergebnisses zu verwerfen, wenn mindestens 8 untergewichtige Bratwürste in der Zufallsstichprobe sind.

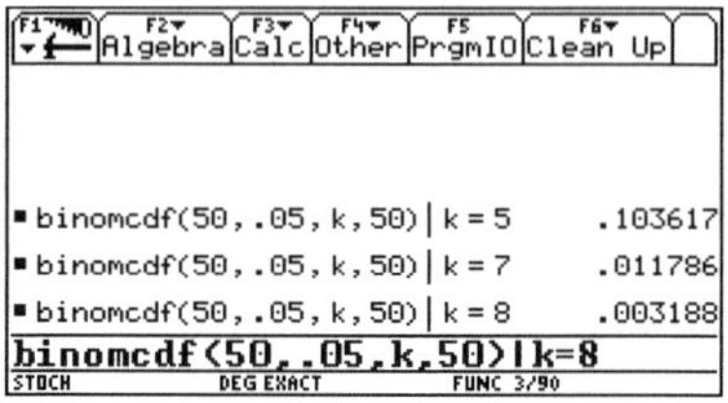

Grundkurs Mathematik (Thüringen): Abiturprüfung 2010
Aufgabe C: Themenübergreifend

a) Gegeben ist die Zahlenfolge (a_n) mit

$$a_n = \frac{2n+3}{n+1},\ n \geq 1.$$

Ab welchem n unterscheiden sich die Folgenglieder vom Grenzwert der Folge um weniger als $\frac{1}{100}$? (2 BE)

b) Eine gebrochenrationale Funktion der Form

$$f(x) = \frac{x^2 - ax}{x+b}$$

hat eine senkrechte Asymptote mit der Gleichung $x = -3$ und die Nullstellen $x_1 = 0$ und $x_2 = 4$.
Bestimmen Sie die Werte für a und b! (2 BE)

c) Gegeben sind die Vektoren

$$\vec{a} = \begin{pmatrix} 6 \\ 8 \\ 4 \end{pmatrix} \text{ und } \vec{b}_k = \begin{pmatrix} 0{,}5k+9 \\ k+10 \\ 8 \end{pmatrix} \text{ mit } k \in \mathbb{R}.$$

Für welche Werte von k sind die Vektoren
(1) parallel bzw.
(2) gleich lang? (3 BE)

Formulierung für das CAS-Abitur
Für welche Werte von k sind die Vektoren
(1) parallel zueinander bzw.
(2) gleich lang bzw.
(3) orthogonal zueinander?

d) Zwei ideale Würfel unterschiedlicher Farbe werden gleichzeitig geworfen und die Summe der Augenzahlen gebildet.
Ermitteln Sie die Wahrscheinlichkeiten folgender Ereignisse!
A := „Die Augensumme ist kleiner als 6.“
B := „Die Augensumme ist eine Primzahl.“
Beschreiben Sie zu diesem Zufallsexperiment ein Ereignis C, dessen Wahrscheinlichkeit $P(C) = \frac{1}{6}$ beträgt! (3 BE)

(10 BE)

Hinweise und Tipps

Aufgabe a

- Bestimmen Sie zuerst den Grenzwert g der Zahlenfolge (a_n).
- Um den Grenzwert g eines Quotienten für $n \to \infty$ zu bestimmen, kann man versuchen, ihn über die Quotientenregel für Grenzwerte zu ermitteln.
- Da die Anwendung dieser Quotientenregel zu einem unbestimmten Ausdruck $\frac{\infty}{\infty}$ führt, kann man nun verschiedene Lösungswege einschlagen:
  (1) Indem Sie im Zähler und Nenner n ausklammern und somit n herauskürzen, lässt sich g über die Quotientenregel berechnen.
  (2) Indem Sie den Quotienten durch Polynomdivision in eine Summe verwandeln, lässt sich g über die Summenregel ermitteln.
  (3) Indem Sie für einige hinreichend große n-Werte a_n berechnen, erhält man ein aussagekräftiges Indiz für den Wert von g.
- Der Unterschied, also der Abstand zwischen a_n und g, berechnet sich als Betrag $|a_n - g|$.
- Versuchen Sie die Differenz $a_n - g$ so weit zu vereinfachen, dass die Betragsstriche überflüssig werden, da n stets positiv ist.

Aufgabe b

- Zur Bestimmung der zwei Parameter benötigen Sie (mindestens) zwei Gleichungen.
- Drei Gleichungen erhalten Sie aufgrund der notwendigen Bedingungen für die Polstelle und die zwei Nullstellen der gebrochenrationalen Funktion f.
- Lösen Sie das entstandene Gleichungssystem, dessen Gleichungen jeweils nur einen der zwei Parameter enthalten.

Aufgabe c

- Die zwei Vektoren $\vec{a}$ und $\vec{b}_k$ sind genau dann parallel zueinander, wenn $\vec{b}_k = s \cdot \vec{a}$ mit $s \neq 0$ gilt.
- Die zwei Vektoren $\vec{a}$ und $\vec{b}_k$ sind gleich lang, wenn für ihre Beträge $|\vec{a}| = |\vec{b}_k|$ gilt.

Ergänzung für das CAS-Abitur: Orthogonalität

- Die zwei Vektoren $\vec{a}$ und $\vec{b}_k$ verlaufen genau dann orthogonal zueinander, wenn für ihr Skalarprodukt $\vec{a} \cdot \vec{b} = 0$ gilt.

Aufgabe d

- Das einmalige Werfen zweier unterscheidbarer Würfel kann man als ein zweistufiges Zufallsexperiment auffassen.
- Überlegen Sie, welche Struktur ein entsprechendes Baumdiagramm aufweist, wenn die Seitenflächen beider idealer Würfel jeweils von 1 bis 6 durchnummeriert sind.

Wahrscheinlichkeiten P(A) und P(B)

- Bestimmen Sie für jeden der 36 Pfade die Pfadwahrscheinlichkeit.
- Zählen Sie aus, wie viele Pfade zu einer Augensumme kleiner als 6 bzw. zu einer primen Augensumme führen.
- Berechnen Sie P(A) und P(B) über die zweite Pfadregel (Summenregel).

Ereignis C

- Als Ereignis C kann jedes Ereignis gewählt werden, das so viele der 36 Ergebnisse umfasst, dass deren aufsummierte Pfadwahrscheinlichkeiten $\frac{1}{6} = \frac{6}{36}$ betragen.

Lösungen

a) **Index n eines Folgegliedes**

Der Grenzwert $g = \lim\limits_{n \to \infty} a_n$ der Folge (a_n) lässt sich mithilfe der Grenzwertsätze berechnen, wenn man den Quotienten $\frac{2n+3}{n+1}$ mit n gekürzt hat oder ihn durch Polynomdivision in einen „gemischten" Term umwandelt.

Bestimmen des Grenzwertes g von (a_n):

Lösungsweg 1: Anwenden von Konvergenzkriterien

$$g = \lim_{n \to \infty} a_n = \lim_{n \to \infty} \frac{2n+3}{n+1} = \lim_{n \to \infty} \frac{n \cdot \left(2 + \frac{3}{n}\right)}{n \cdot \left(1 + \frac{1}{n}\right)} = \lim_{n \to \infty} \frac{2 + \frac{3}{n}}{1 + \frac{1}{n}} = \frac{2+0}{1+0} = 2$$

Lösungsweg 2: Termvereinfachung durch Polynomdivision

$$\frac{2n+3}{n+1} = (2n+3):(n+1) = 2 + \frac{1}{n+1} \quad \Rightarrow \quad g = \lim_{n \to \infty} a_n = \lim_{n \to \infty} \left(2 + \frac{1}{n+1}\right) = 2 + 0 = 2$$

Lösungsweg 3: Indiz für g

Die folgende Wertetabelle spricht für den Grenzwert $g = 2$:

n	a_n
100	2,0099
1 000	2,001
10 000	2,0001

Der Abstand $|a_n - g|$ soll kleiner als $\frac{1}{100}$ sein.

$$|a_n - 2| = \left|\frac{2n+3}{n+1} - 2\right| = \left|\frac{2n+3-2(n+1)}{n+1}\right| = \left|\frac{2n+3-2n-2}{n+1}\right| = \left|\frac{1}{n+1}\right| = \frac{1}{n+1} \quad (\text{da } n \geq 1)$$

$$\frac{1}{n+1} < \frac{1}{100} \quad |\cdot 100(n+1)$$

$$100 < n+1 \quad |-1$$

$$99 < n$$

$\underline{\underline{n \geq 100}}$, was auch direkt aus der Ungleichung $\frac{1}{n+1} < \frac{1}{100}$ abzulesen ist.

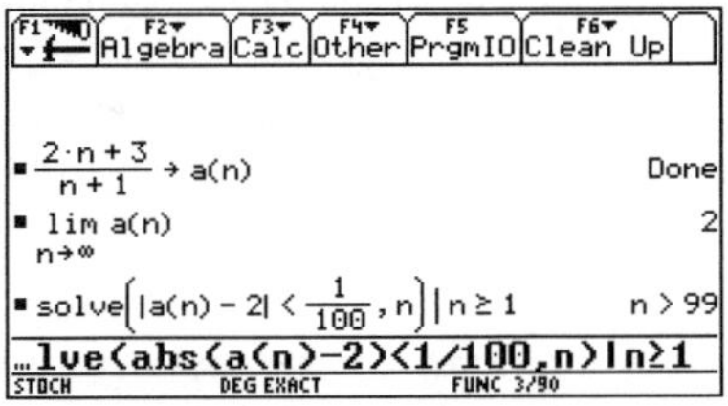

Ab $n = 100$, d. h. für alle $n \geq 100$, unterscheiden sich die Folgenglieder a_n um weniger als $\frac{1}{100}$ vom Grenzwert der Folge (a_n).

b) **Bestimmen der Parameter a, b eines Funktionsterms**

Der Graph der Funktion f hat eine senkrechte Asymptote mit der Gleichung $x = -3$, d. h. f besitzt die Polstelle $x_P = -3$. Folglich muss der Nenner $x + b$ für $x = -3$ null werden. Die Funktion f besitzt die Nullstellen $x_1 = 0$ und $x_2 = 4$. Folglich muss der Zähler $x^2 - ax$ sowohl für $x = 0$ als auch für $x = 4$ null werden.

Die Parameter a und b müssen deshalb den folgenden drei Gleichungen genügen:

$-3 + b = 0 \quad \Rightarrow \quad \underline{\underline{b = 3}}$

$0^2 - a \cdot 0 = 0 \quad$ gilt für alle reellen Zahlen a

$4^2 - a \cdot 4 = 0 \quad \Rightarrow \quad \underline{\underline{a = 4}}$

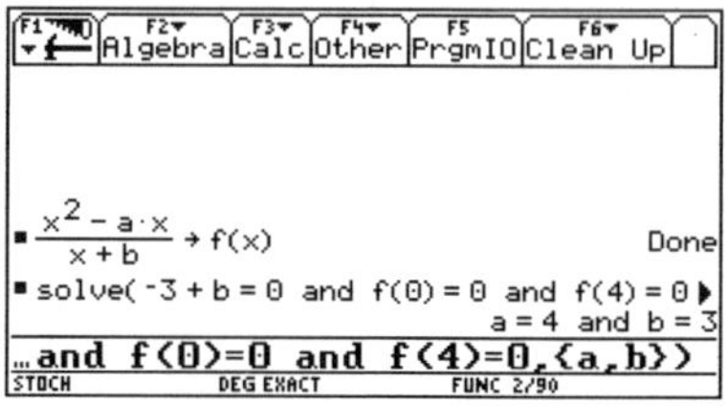

c) **Parameter k für $\vec{a} \parallel \vec{b}_k$**

Zwei Vektoren sind genau dann parallel zueinander, wenn der eine Vektor ein Vielfaches des anderen Vektors ist.

$$\vec{b}_k = s \cdot \vec{a} \quad (s \neq 0)$$

$$\begin{pmatrix} 0{,}5k + 9 \\ k + 10 \\ 8 \end{pmatrix} = s \cdot \begin{pmatrix} 6 \\ 8 \\ 4 \end{pmatrix}$$

(Analog – aber etwas umständlicher – lässt sich k über den Ansatz $\vec{a} = s \cdot \vec{b}_k$ bestimmen.)

$$\left.\begin{aligned} 0{,}5k + 9 &= 6s \\ k + 10 &= 8s \\ 8 &= 4s \quad \Rightarrow \quad s = 2 \end{aligned}\right\} \quad \left.\begin{aligned} 0{,}5k + 9 = 12 \quad &\Rightarrow \quad k = 6 \\ k + 10 = 16 \quad &\Rightarrow \quad k = 6 \end{aligned}\right\} \quad \underline{\underline{k = 6}}$$

Parameter k für $|\vec{a}| = |\vec{b}_k|$

Zwei Vektoren sind genau dann gleich lang, wenn ihre Beträge übereinstimmen.

$$|\vec{a}| = |\vec{b}_k|$$

$$\sqrt{6^2 + 8^2 + 4^2} = \sqrt{(0{,}5k + 9)^2 + (k + 10)^2 + 8^2}$$

| Das Quadrieren ist hier eine äquivalente Termumformung, da in den Radikanden keiner der Summanden negativ ist.

$$116 = (0{,}5k + 9)^2 + (k + 10)^2 + 8^2$$

| 1. binomische Formel anwenden

$$116 = 0{,}25k^2 + 9k + 81 + k^2 + 20k + 100 + 64$$

| -116

$$0 = 1{,}25k^2 + 29k + 129$$

$$\underset{TR}{\Rightarrow} \quad \underline{\underline{k_1 = -17{,}2}}$$

$$\underline{\underline{k_2 = -6}}$$

Lösungshinweise für das CAS-Abitur: Parameter k für $\vec{a} \perp \vec{b}_k$

Die Vektoren $\vec{a}$ und $\vec{b}_k$ sind genau dann orthogonal zueinander, wenn ihr Skalarprodukt null ist.

$$\vec{a} \cdot \vec{b}_k = \begin{pmatrix} 6 \\ 8 \\ 4 \end{pmatrix} \cdot \begin{pmatrix} 0{,}5k+9 \\ k+10 \\ 8 \end{pmatrix}$$

$$= 6 \cdot (0{,}5k+9) + 8 \cdot (k+10) + 4 \cdot 8$$

$$= 11k + 166$$

$$0 = 11k + 166$$

$$k = -\frac{166}{11}$$

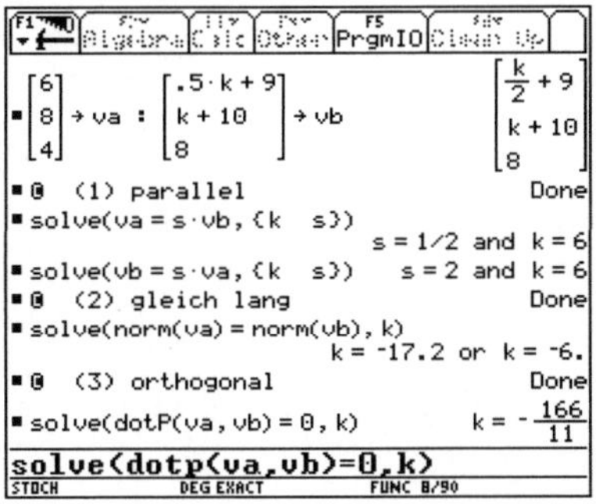

d) **Wahrscheinlichkeiten P(A) und P(B)**

Das einmalige Werfen zweier idealer unterscheidbarer Würfel, deren Seitenflächen mit 1 bis 6 durchnummeriert sind, wird durch das angedeutete Baumdiagramm beschrieben. Jede der 36 Pfadwahrscheinlichkeiten beträgt $\frac{1}{6} \cdot \frac{1}{6} = \frac{1}{36}$.

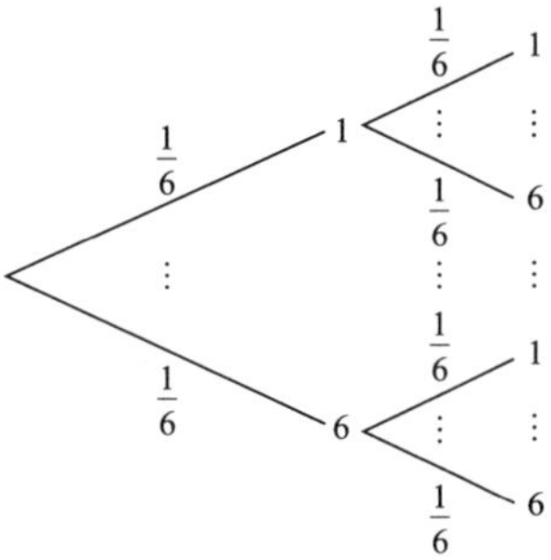

Eine Augensumme kleiner als 6 erhält man auf genau 10 Pfaden:

$2 = 1+1$

$3 = 1+2 = 2+1$

$4 = 1+3 = 2+2 = 3+1$

$5 = 1+4 = 2+3 = 3+2 = 4+1$

$$\Rightarrow \quad P(A) = 10 \cdot \frac{1}{36} = \frac{5}{18}$$

Als Augensumme eine Primzahl erhält man auf genau 15 Pfaden:

$2 = 1+1$

$3 = 1+2 = 2+1$

$5 = 1+4 = 2+3 = 3+2 = 4+1$

$7 = 1+6 = 2+5 = 3+4 = 4+3 = 5+2 = 6+1$

$11 = 5+6 = 6+5$

$$\Rightarrow \quad P(B) = 15 \cdot \frac{1}{36} = \frac{5}{12}$$

Beschreiben eines Ereignisses C

Da im obigen Baumdiagramm jede Pfadwahrscheinlichkeit $\frac{1}{36}$ beträgt, kann für das Ereignis C mit $P(C) = \frac{1}{6} = \frac{6}{36}$ jedes Ereignis gewählt werden, das durch genau sechs Pfade beschrieben wird.

Einige Möglichkeiten für das Ereignis C, die sich aus den obigen Summenbildungen ergeben:
C = „Die Augensumme beträgt 7."
C = „Die Augensumme beträgt 3 oder 5."
C = „Die Augensumme ist kleiner als 5."

Gegeben ist eine Funktion f durch

$$y = f(x) = \frac{1}{2}x + \frac{2}{x}.$$

a) Geben Sie den größtmöglichen Definitionsbereich von f an.
Untersuchen Sie den Graphen von f auf Symmetrie sowie auf Schnittpunkte mit der x-Achse, auf lokale Extrempunkte und auf Wendepunkte. Geben Sie gegebenenfalls deren Koordinaten an.
Geben Sie die Gleichungen aller Asymptoten des Graphen von f an.
Skizzieren Sie den Graphen von f und seine Asymptoten im Intervall $-5 \le x \le 5$.
Geben Sie den Wertebereich von f an. (13 BE)

b) Im Punkt P(1; f(1)) wird die Tangente t an den Graphen von f gelegt. Die Tangente t und die Gerade g mit der Gleichung $y = g(x) = \frac{1}{2}x$ begrenzen mit der y-Achse ein Dreieck.
Berechnen Sie den Flächeninhalt dieses Dreiecks.
Bestimmen Sie die Größe des Schnittwinkels der Tangenten t und der Geraden g. (6 BE)

c) Geben Sie eine Gleichung der Stammfunktion F von f für $x > 0$ an.
Der Graph von f, die Gerade g mit der Gleichung $y = g(x) = \frac{1}{2}x$ sowie die Geraden $x = 1$ und $x = 4$ begrenzen eine Fläche vollständig.
Berechnen Sie deren Flächeninhalt. (3 BE)

d) Die Gerade h ist gegeben durch $y = h(x) = -x + 2$.
Bestimmen Sie die Stelle u $(u > 0)$, an der die Differenz der Funktionswerte der beiden Funktionen f und h minimal wird.
Geben Sie die minimale Differenz an. (5 BE)

Für jede reelle Zahl a $(a \neq 0)$ ist eine Funktion f_a mit der Gleichung

$$y = f_a(x) = \frac{x^2 - 2x}{x + a} \text{ gegeben.}$$

e) Für welchen Wert von a hat die Funktion f_a genau eine Nullstelle?
Beschreiben Sie für diesen Fall den Verlauf des Graphen der zugehörigen Funktion f_a. (3 BE)

(30 BE)

Aufgabenstellung für das CAS-Abitur

Gegeben ist eine Funktion f durch

$$y = f(x) = \frac{x^2 + 4}{2x}.$$

a) Geben Sie den größtmöglichen Definitionsbereich von f an.
Untersuchen Sie den Graphen von f auf Symmetrie sowie auf Schnittpunkte mit der x-Achse, auf lokale Extrempunkte und auf Wendepunkte.
Berechnen Sie gegebenenfalls die Koordinaten dieser Punkte.
Bestimmen Sie die Gleichungen aller Asymptoten des Graphen von f.
Geben Sie den Wertebereich von f an. (CAS: 10 BE)

b) Im Punkt P(1; f(1)) wird die Tangente t an den Graphen von f gelegt. Die Tangente t und die Gerade g mit der Gleichung $y = g(x) = \frac{1}{2}x$ begrenzen mit der y-Achse ein Dreieck.
Berechnen Sie den Flächeninhalt dieses Dreiecks.
Die Dreiecksfläche rotiert um die y-Achse.
Berechnen Sie das Volumen des dabei entstehenden Körpers.
Die Gerade p ist eine weitere Tangente an den Graphen von f, die parallel zur Tangente t verläuft.
Geben Sie die Gleichung dieser Tangente p an.
Berechnen Sie den Abstand der Tangenten p und t. (CAS: 10 BE)

c) Die Funktion F ist eine Stammfunktion von f.
Geben Sie die geometrische Bedeutung des Terms $F(5) - F(3)$ an.
Der Graph von f, die Gerade g mit der Gleichung $y = g(x) = \frac{1}{2}x$ sowie die Geraden $x = 1$ und $x = 4$ begrenzen eine Fläche vollständig.
Berechnen Sie deren Flächeninhalt. (CAS: 3 BE)

d) Die Gerade h ist gegeben durch $y = h(x) = 2 - x$.
Bestimmen Sie die Stelle u $(u > 0)$, an der die Differenz der Funktionswerte der beiden Funktionen f und h minimal wird.
Geben Sie die minimale Differenz an. (CAS: 3 BE)

Für jede reelle Zahl k ist eine Funktion f_k mit der Gleichung

$$y = f_k(x) = \frac{x^2 - 2x}{x + k} \text{ gegeben.}$$

e) Untersuchen Sie die Graphen der Funktionen f_k auf die Anzahl der Nullstellen und der Polstellen in Abhängigkeit von k. (CAS: 4 BE)

(CAS: 30 BE)

Hinweise und Tipps

Aufgabe a

Abitur ohne CAS

- Der Funktionsterm kann sowohl als Summe als auch als Quotient untersucht werden.

Ableitungen

- Wird der Funktionsterm als eine Summe aus Vielfachen von x-Potenzen geschrieben, kann man ihn mittels Summen- und Potenzregel differenzieren.
- Wird der Funktionsterm als Quotient geschrieben, kann er mittels Quotientenregel differenziert werden.

Definitionsbereich

- Ein Argument x gehört genau dann zum Definitionsbereich einer Funktion f, wenn man den zugehörigen Funktionswert berechnen kann.
- Der vorliegende Funktionsterm f(x) ist zusammengesetzt aus einem linearen und einem gebrochenen Funktionsterm.
- Gebrochenrationale Funktionen sind nur definiert, wenn ihr Nennerterm ungleich null ist.

Symmetrie

- Zu entscheiden ist, ob der Graph von f axialsymmetrisch zur y-Achse verläuft oder punktsymmetrisch zum Koordinatenursprung liegt oder keine von beiden Eigenschaften aufweist.
- Gilt $f(-x)=-f(x)$ für alle x des Definitionsbereiches von f, dann ist der Graph von f punktsymmetrisch zum Koordinatenursprung.

Schnittpunkte mit der x-Achse

- Der Graph von f schneidet die x-Achse nur dann an den (Null-)Stellen x, für die $f(x)=0$ gilt.
- Beachten Sie, dass das Gesuchte Punkte und nicht (Null-)Stellen sind.

lokale Extrempunkte

- Die Extrempunkte können Sie mit der ersten und zweiten Ableitung bestimmen.
- Mögliche Extremstellen x_E erhalten Sie als Lösungen der Gleichung $f'(x)=0$.
- Gilt für eine mögliche Extremstelle x_E außerdem $f''(x_E)\neq 0$, so ist x_E tatsächlich eine Extremstelle.
  (Gilt $f''(x_E)<0$, so ist x_E eine lokale Maximumstelle; gilt $f''(x_E)>0$, so ist x_E eine lokale Minimumstelle.)

Wendepunkte

- Die Wendepunkte können Sie mit der zweiten und dritten Ableitung von f bestimmen.
- Mögliche Wendestellen x_W erhalten Sie als Lösungen der Gleichung $f''(x)=0$.
- Gilt für eine mögliche Wendestelle x_W außerdem $f'''(x_W)\neq 0$, so ist x_W tatsächlich eine Wendestelle.

Asymptoten

- Zu untersuchen ist, ob G_f senkrechte, waagerechte oder schiefe Asymptoten besitzt.
- G_f besitzt senkrechte Asymptoten, wenn f Polstellen besitzt.

G_f mit $f(x)=\dfrac{Z(x)}{N(x)}$

f besitzt eine schiefe Asymptote, wenn die entsprechende Polynomdivision $Z(x) : N(x)$ als ganzrationalen Anteil einen linearen Term liefert.
G_f besitzt waagerechte Asymptoten, wenn $Z(x) : N(x)$ als ganzrationalen Anteil eine Konstante liefert (bzw. die Grenzwerte $\lim\limits_{x \to \infty} f(x)$ oder $\lim\limits_{x \to -\infty} f(x)$ endliche Werte annehmen).

Wertebereich

- Der Wertebereich einer Funktion f umfasst alle ihre Funktionswerte y.
- Der Wertebereich kann dem Graphen G_f entnommen werden, wenn man dabei sein Verhalten an den Grenzen seines Definitionsbereiches beachtet.

Aufgabe b

Gleichung der Tangente t

- Die Gleichung der Tangente t ist eine Geradengleichung der Form $t(x) = mx + n$.
- Der Tangentenanstieg m ist gleich dem Anstieg von G_f im Berührungspunkt P.
- Der somit erhaltenen Gleichung $t(x) = f'(1) \cdot x + n$ müssen auch die Koordinaten von $P(1;\, f(1))$ genügen.

Flächeninhalt des Dreiecks

- Veranschaulichen Sie sich den beschriebenen Dreiecksflächeninhalt.
- Die Gleichung der Tangente t im Punkt $P(1;\, f(1))$ ist eine Geradengleichung der Form $t(x) = m \cdot x + n$.
- Für den Tangentenanstieg gilt $m = f'(x_P)$.
- Die y-Achsenschnittstelle n bestimmt sich durch Einsetzen der Koordinaten x_P und y_P sowie des bereits berechneten Wertes m.
- Der Flächeninhalt eines Dreiecks ABC lässt sich nach der Formel $A = \frac{1}{2} c \cdot h_c$ (bzw. nach einer anderen Flächeninhaltsformel des Tafelwerks bzw. mittels bestimmten Integrals) berechnen.
- Die Seitenlänge c entspricht n und die Höhe h_c der Abszisse x_C des Punktes C.
- x_C bestimmt man als Schnittstelle der Geraden g und t, indem man die Gleichung $g(x) = t(x)$ löst.

Abitur ohne CAS: Schnittwinkel α der Geraden t und g

- Beachten Sie, dass als Schnittwinkel zweier Geraden stets der spitze (ggf. rechte) Winkel zwischen ihnen bezeichnet wird.
- Der Schnittwinkel α der Geraden t und g lässt sich als eine Differenz der Anstiegswinkel von t und g berechnen (oder mittels der entsprechenden Formel für $\tan \alpha$ oder $\cos \alpha$).

CAS-Abitur: Volumen des Rotationskörpers

- Bei der Rotation des Dreiecks um die y-Achse entsteht ein Doppelkegel, dessen Volumen sich als Summe zweier Kegelvolumina berechnen lässt.
- Die Volumenformel für einen Kegel kann dem Tafelwerk entnommen werden.
- Ermitteln Sie für jeden der beiden Kegel sowohl seinen Radius als auch seine Höhe, indem Sie das Lot vom Schnittpunkt $S(2;\, g(2))$ auf die y-Achse fällen.
- Beide Kegel besitzen als Radius die Abszisse x_S des Schnittpunktes und als Höhe die (positive) Differenz der Tangentenschnittstelle n_t bzw. der Geradenschnittstelle n_g und der Ordinate y_S des Schnittpunktes S.

CAS-Abitur: Gleichung der Tangente p

Die Tangente p an G_f muss vier Eigenschaften besitzen:
- Die Tangente p ist eine Gerade.
- Der Anstieg von p ist gleich dem Anstieg der Tangente t.
- Der Berührungspunkt $Q(x_Q; y_Q)$ liegt sowohl auf G_f als auch auf p und ist ungleich dem Punkt P(1; f(1)).
- An der Berührungsstelle x_Q besitzen G_f und p denselben Anstieg.

Diesen vier Eigenschaften von p entsprechen die vier Gleichungen:
- $p(x) = m \cdot x + n$
- $m = m_t = -1{,}5$
- $p(x_Q) = f(x_Q)$ mit $x_Q \neq 1$
- $m = f'(x_Q)$ mit $x_Q \neq 1$

CAS-Abitur: Abstand der Tangenten t und p

Es ist der Abstand zweier paralleler Geraden zu ermitteln.

Der Abstand zweier zueinander paralleler Geraden ist die kürzeste Entfernung eines (beliebigen, aber fest gewählten) Punktes $P(x_P; y_P)$ zu einem Punkt R der Geraden p.

Jeder Punkt R der Geraden p besitzt die Koordinaten (x; −1,5x − 4).

Die Entfernung $\overline{PQ}$ der Punkte P und Q lässt sich als Länge des Vektors $\overrightarrow{PQ}$ berechnen.

Die Minimumstelle der Funktion e mit $e(x) = \left|\begin{pmatrix} x - x_P \\ -1{,}5x - 4 - y_P \end{pmatrix}\right|$ lässt sich kurz (statt mit den Mitteln der Differenzialrechnung) über die Taschencomputerfunktion fMin berechnen.

Aufgabe c

Abitur ohne CAS: Stammfunktion

Eine Funktion F ist genau dann eine Stammfunktion von f, wenn $F'(x) = f(x)$ gilt.

Wenn F eine Stammfunktion von f ist, dann sind auch alle Funktionen F_C mit $F_C(x) = F(x) + C$ ($C \in \mathbb{R}$) eine Stammfunktion von f. Die Gesamtheit all dieser Funktionen F_C erhält man durch Integration:
$F_C(x) = \int f(x)\,dx = F(x) + C$

CAS-Abitur: Geometrische Interpretation von F(5) − F(3)

Die Differenz F(b) − F(a) zweier Funktionswerte der Stammfunktion F von f ist gleich dem bestimmten Integral $\int_a^b f(x)\,dx$.

Das bestimmte Integral $\int_a^b f(x)\,dx$ ist als ein Flächeninhalt des Graphen G_f im Intervall [a; b] zu interpretieren.

Liegt der Graph G_f im Intervall [a; b] stets oberhalb der x-Achse, so gibt $\int_a^b f(x)\,dx$ den Inhalt der Fläche an, die von G_f, der x-Achse sowie den beiden Senkrechten in x = a und x = b eingeschlossen wird.

Inhalt A der eingeschlossenen Fläche

- Veranschaulichen Sie sich die Fläche, deren Inhalt zu berechnen ist.
- Diese Fläche wird im ersten Quadranten durch den Graphen von f, die Ursprungsgerade g sowie die zwei senkrechten Geraden begrenzt.
- Der Inhalt A der eingeschlossenen Fläche lässt sich mithilfe eines bestimmten Integrals berechnen.
- Zu integrieren ist die Differenz der Funktionsterme $f(x)-g(x)$ über dem Intervall, das durch die senkrechten Geraden begrenzt wird.

Aufgabe d

- Bestimmen Sie den Funktionsterm für $d(u)=f(u)-h(u)$.
- Mögliche lokale Extremstellen u_E lassen sich mit dem notwendigen Kriterium $d'(u)=0$ bestimmen.
- Ob eine ermittelte mögliche Extremstelle u_E eine lokale Minimumstelle u_{min} ist, lässt sich mit dem hinreichenden Kriterium $d''(u_E)>0$ überprüfen.
- Die minimale Differenz berechnet sich als Funktionswert $d(u_{min})$.

Aufgabe e

- x_0 ist eine Nullstelle einer gebrochenrationalen Funktion f_a mit $f_a(x)=\frac{Z(x)}{N_a(x)}$ genau dann, wenn sowohl $Z(x_0)=0$ als auch $N_a(x_0)\neq 0$ gilt.
- Alle Lösungen der Gleichung $Z(x)=0$ sind mögliche Nullstellen von f_a.
- Eine mögliche Nullstelle x_0 von f_a ist keine Nullstelle von f_a, wenn a $(a\neq 0)$ so gewählt wird, dass $N_a(x_0)=0$ gilt.

Abitur ohne CAS: Beschreiben des Graphen von f_a mit nur einer Nullstelle

- Besitzt f_a eine mögliche Nullstelle x_0, die aber keine Nullstelle von f_a ist, so lässt sich sowohl der Zählerfunktionsterm Z(x) als auch der Nennerfunktionsterm $N_a(x)$ als ein Produkt mit dem Faktor $x-x_0$ schreiben.
- Diesen gemeinsamen Faktor $x-x_0$ kann man herauskürzen. Dabei ist zu beachten, dass $x=x_0$ auch nicht zum Definitionsbereich von f_a mit dem vereinfachten Funktionsterm gehört.
- Nun ist noch zu entscheiden, ob diese Definitionslücke $x=x_0$ eine Polstelle oder eine Lücke ist.

CAS-Abitur: Anzahl der Nullstellen von f_k

- Der Graph von f_k mit $f_k(x)=\frac{Z(x)}{N_k(x)}$ besitzt genau dann eine Nullstelle x_0, wenn $Z(x_0)=0$ und $N_k(x_0)\neq 0$ gilt.
- Für alle Lösungen x_0 der Gleichung $Z(x)=0$ sind alle die k zu bestimmen, für die die Ungleichung $N_k(x_0)\neq 0$ gilt.

CAS-Abitur: Anzahl der Polstellen von f_k

- Der Graph von f_k mit $f_k(x)=\frac{Z(x)}{N_k(x)}$ besitzt genau dann eine Polstelle x_P, wenn $N_k(x_P)=0$ und $Z(x_P)\neq 0$ gilt.
- Für alle Lösungen x_P der Gleichung $N_k(x)=0$ sind alle die k zu bestimmen, für die die Ungleichung $Z(x_P)\neq 0$ gilt.

$$f(x) = \frac{1}{2}x + \frac{2}{x} = \frac{x^2+4}{2x} =: \frac{Z(x)}{N(x)}$$

$$f'(x) = \left(\frac{1}{2}x + \frac{2}{x}\right)' = \left(\frac{1}{2}x + 2x^{-1}\right)'$$

$$= \frac{1}{2} + 2\cdot(-1)\cdot x^{-2} = \frac{1}{2} - \frac{2}{x^2}$$

$$f''(x) = \left(\frac{1}{2} - 2x^{-2}\right)' = 0 - 2\cdot(-2)\cdot x^{-3} = \frac{4}{x^3}$$

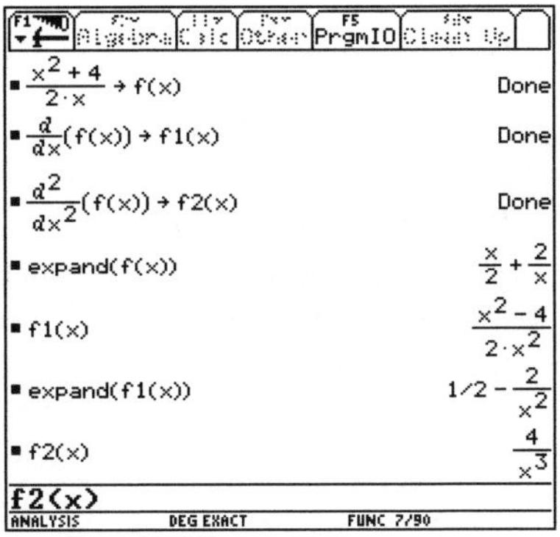

Alternativ kann $f(x) = \frac{x^2+4}{2x}$ auch mittels Quotientenregel abgeleitet werden:

$$f'(x) = \frac{2x\cdot 2x - (x^2+4)\cdot 2}{(2x)^2} = \frac{4x^2 - 2x^2 - 8}{4x^2}$$

$$= \frac{2x^2-8}{4x^2} = \frac{x^2-4}{2x^2} = \frac{1}{2} - \frac{2}{x^2}$$

$$f''(x) = \frac{2x\cdot 2x^2 - (x^2-4)\cdot 4x}{(2x^2)^2} = \frac{4x^3 - 4x^3 + 16x}{4x^4} = \frac{16x}{4x^4} = \frac{4}{x^3}$$

G_f bezeichne den Graphen der Funktion f.

a) **größtmöglicher Definitionsbereich D_f**

Die Funktion f ist für alle die x-Werte definiert, für die auch $\frac{2}{x}$ definiert ist.

$$D_f = \left\{x \;\middle|\; \frac{2}{x} \text{ ist definiert}\right\}$$

$$\underline{\underline{D_f = \{x \mid x \neq 0\} = \mathbb{R}\setminus\{0\}}}$$

Symmetrieverhalten von G_f

Lösungsweg 1:

$$f(-x) = \frac{1}{2}(-x) + \frac{2}{-x} = -\frac{1}{2}x - \frac{2}{x}$$

$$= -\left(\frac{1}{2}x + \frac{2}{x}\right) = -f(x)$$

$\Rightarrow$ G_f ist punktsymmetrisch zum Koordinatenursprung.

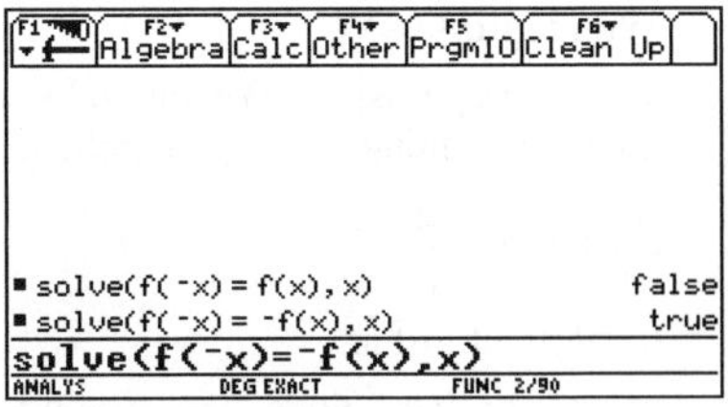

Lösungsweg 2:

Der Funktionsterm $\frac{x^2+4}{2x}$ enthält im Zähler mit x^2 und $4x^0$ nur geradzahlige Exponenten bei x sowie im Nenner mit $2\cdot x^1$ nur ungeradzahlige Exponenten bei x.

$\Rightarrow$ G_f ist punktsymmetrisch zum Koordinatenursprung.

Schnittpunkte S_x mit der x-Achse

G_f kann die x-Achse nur im Punkt $S_x(x; f(x))$ mit $f(x) = 0$ schneiden:

$$0 = f(x) = \frac{x^2 + 4}{2x}$$

$0 = x^2 + 4$ nicht lösbar $\Rightarrow$ $\underline{\underline{G_f \text{ besitzt keinen Schnittpunkt mit der x-Achse.}}}$

lokale Extrempunkte E

$E(x_E; f(x_E))$ ist ein lokaler Extrempunkt von G_f, wenn sowohl die Gleichung $f'(x_E) = 0$ als auch die Ungleichung $f''(x_E) \neq 0$ gelten.

$$0 = f'(x) = \frac{1}{2} - \frac{2}{x^2}$$

$$\frac{2}{x^2} = \frac{1}{2}$$

$$x^2 = 4$$

$$x_1 = -2$$

$$x_2 = 2$$

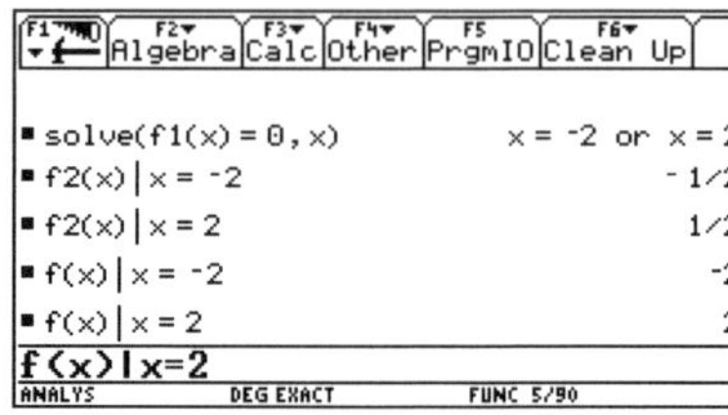

$\Rightarrow$ $x_1 = -2$ und $x_2 = 2$ sind die einzig möglichen Extremstellen von G_f.

$$f''(-2) = \frac{4}{(-2)^3} = -\frac{1}{2} < 0$$

$$f''(2) = \frac{4}{2^3} = \frac{1}{2} > 0$$

$\Rightarrow$ $x_1 = -2$ und $x_2 = 2$ sind die einzigen lokalen Extremstellen von G_f.

$$f(-2) = \frac{1}{2} \cdot (-2) + \frac{2}{-2} = -2$$

$$f(2) = \frac{1}{2} \cdot 2 + \frac{2}{2} = 2$$

$\Rightarrow$ Als einzige Extrempunkte von G_f sind $\underline{\underline{E_1(-2; -2)}}$ der Hochpunkt und $\underline{\underline{E_2(2; 2)}}$ der Tiefpunkt von G_f.

Wendepunkte W

$W(x_W; f(x_W))$ ist ein Wendepunkt von G_f, wenn sowohl die Gleichung $f''(x_W) = 0$ als auch die Ungleichung $f'''(x_W) \neq 0$ gelten.

$$0 = f''(x) = \frac{4}{x^3}$$

$0 = 4$ nicht lösbar

$\Rightarrow$ $\underline{\underline{G_f \text{ besitzt keinen Wendepunkt.}}}$

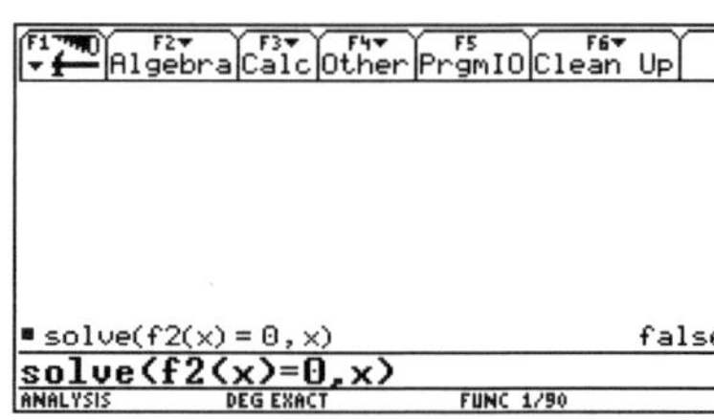

Asymptoten

Ist x_P eine Polstelle von f, so besitzt G_f die senkrechte Asymptote mit der Gleichung $x = x_P$.

$0 = N(x) = 2x$

$x = 0$ mit $Z(0) = 0^2 + 4 = 4 \neq 0 \;\; \Rightarrow \;\; x_P = 0$

$\Rightarrow$ G_f besitzt die senkrechte Asymptote mit der Gleichung $x = 0$, d. h. die y-Achse ist die einzige senkrechte Asymptote von G_f.

Abitur ohne CAS

Das Ergebnis der Polynomdivision $Z(x) : N(x)$ ist bereits durch die Funktionsgleichung $f(x) = \frac{1}{2}x + \frac{2}{x}$ vorgegeben.

$\frac{1}{2}x$ ist der lineare Anteil und für den zweiten Summanden gilt $\lim\limits_{x \to \pm\infty} \frac{2}{x} = 0.$

CAS-Abitur

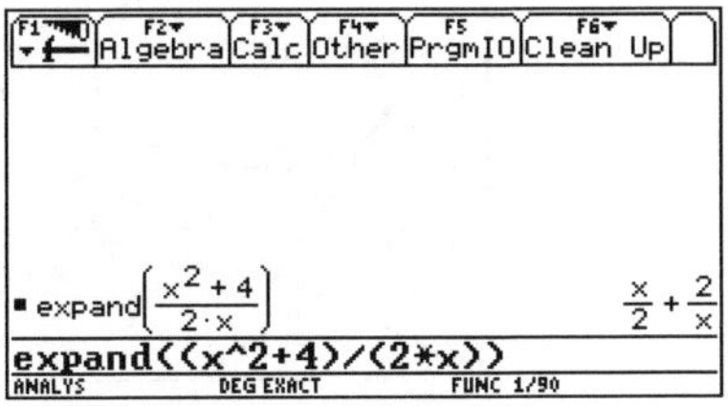

$\Rightarrow$ Die Gerade g mit der Gleichung $g(x) = \frac{1}{2}x$ ist die einzige schiefe Asymptote von G_f.

Abitur ohne CAS: Skizze des Graphen G_f und der Asymptoten

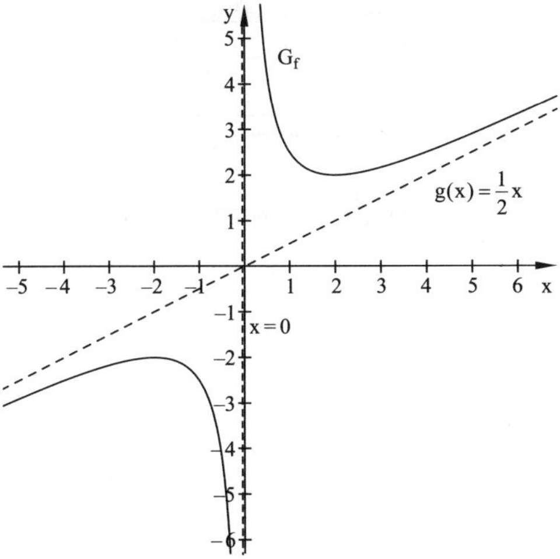

Hochpunkt H(–2; –2)
Tiefpunkt T(2; 2)

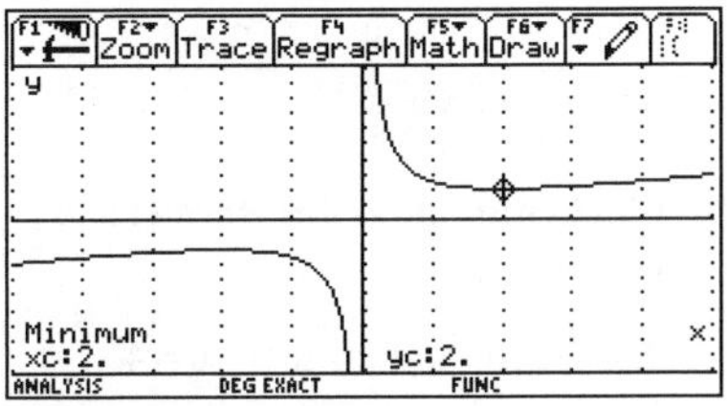

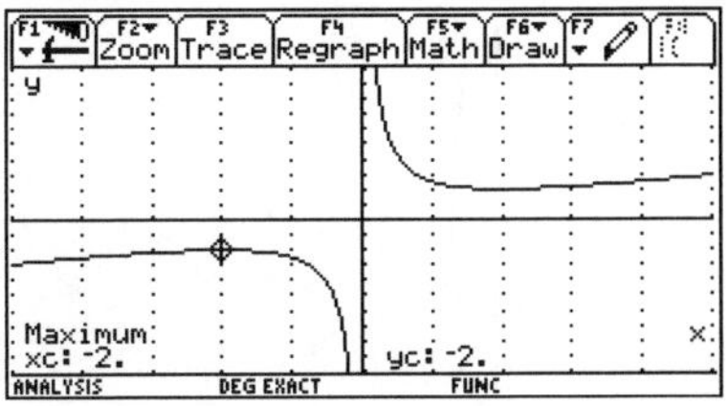

Wertebereich W_f

Der Wertebereich kann dem Graphen entnommen werden.

$W_f = \{y \mid y \leq y_H \text{ oder } y \geq y_T\}$

$W_f = \{y \mid y \leq -2 \text{ oder } y \geq 2\} =]-\infty; -2] \cup [2; \infty[= \mathbb{R} \setminus]-2; 2[$

b) **Gleichung der Tangente t**

Die Tangente t wird im Punkt $P(1;\, f(1)) = P(1;\, 2{,}5)$ an G_f gelegt.

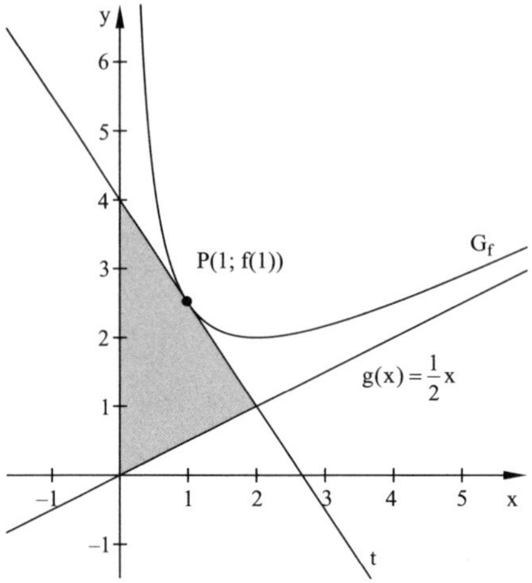

$t(x) = m \cdot x + n \quad$ mit $m = f'(1) = \frac{1}{2} - \frac{2}{1^2} = -1{,}5$

$t(x) = -1{,}5 \cdot x + n \quad$ mit $P(1;\, 2{,}5) \in t$

$2{,}5 = -1{,}5 \cdot 1 + n \quad \Rightarrow \quad n = 4$

$\underline{\underline{t(x) = -1{,}5x + 4}}$

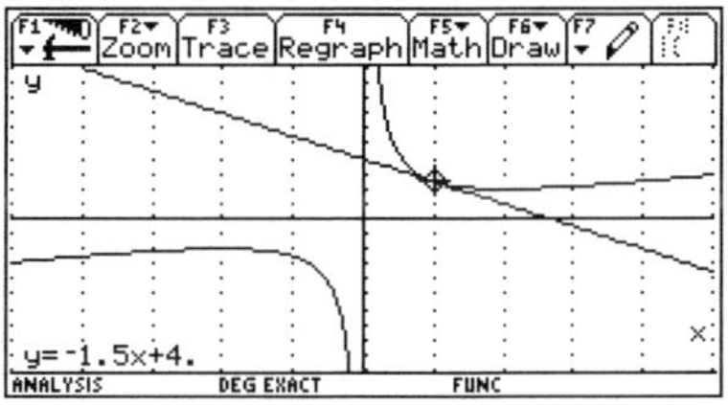

Flächeninhalt A des Dreiecks

Lösungsweg 1:

$A = \frac{1}{2} c \cdot h_c \quad$ mit $c = t(0) = n = 4$

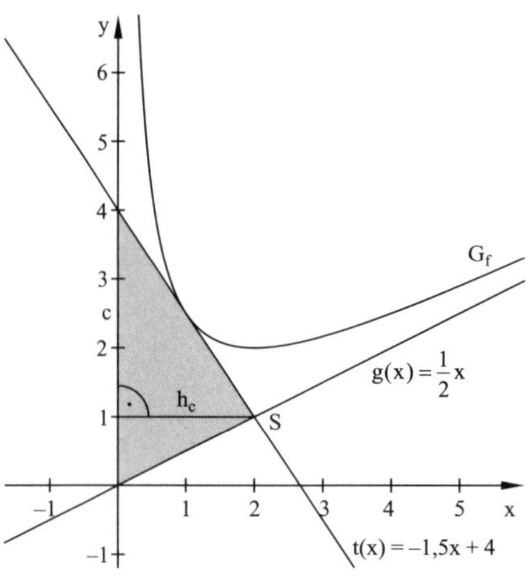

$A = \frac{1}{2} \cdot 4 \cdot h_c$ mit $h_c = x_S$, d. h., h_c ist gleich der Abszisse des Schnittpunktes S von t und g

$$t(x) = g(x)$$

$$-1{,}5x + 4 = \frac{1}{2}x$$

$$4 = 2x$$

$$\Rightarrow x_S = 2$$

$$A = \frac{1}{2} \cdot 4 \cdot 2$$

$$\underline{\underline{A = 4}}$$

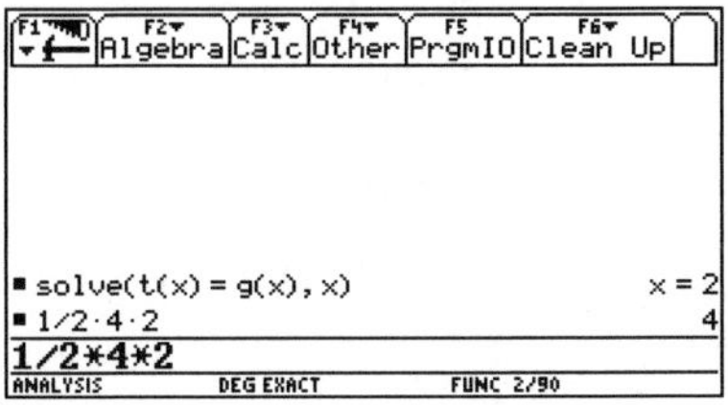

Lösungsweg 2:

$$A = \int_0^{x_S} (t(x) - g(x))\,dx \quad \text{mit } x_S = 2 \text{ (siehe oben)}$$

$$A = \int_0^2 \left(-1{,}5x + 4 - \frac{1}{2}x\right)dx = \int_0^2 (-2x + 4)\,dx$$

$$= \left[-x^2 + 4x\right]_0^2 = -4 + 8 - 0$$

$$\underline{\underline{A = 4}}$$

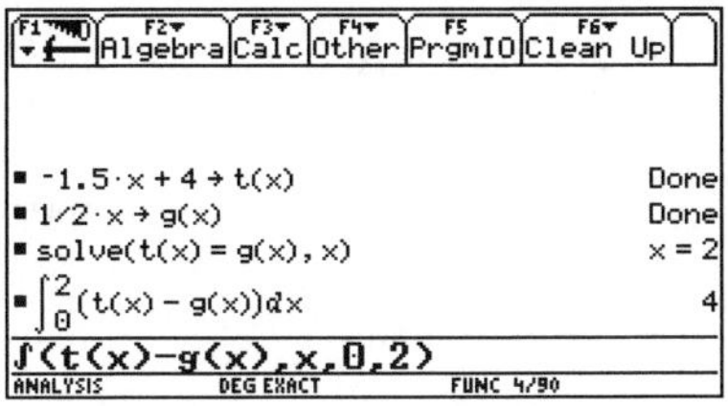

Lösungsweg 3:

$A = \sqrt{s\,(s-a)\,(s-b)\,(s-c)}$ nach der heronschen Formel

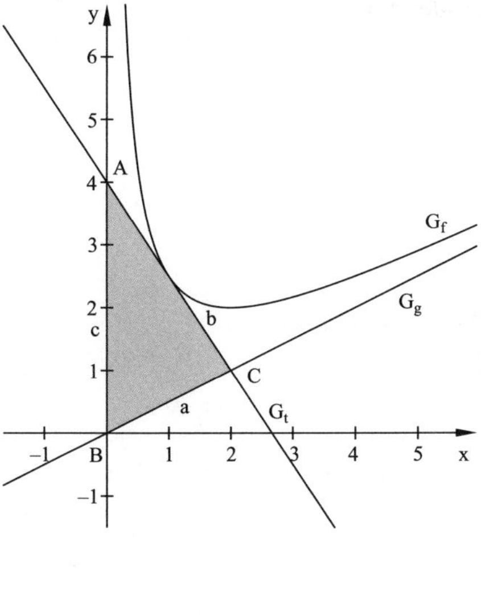

Mit c = t(0) = n = 4:

$$a = \sqrt{x_C^2 + y_C^2} = \sqrt{x_S^2 + (g(x_S))^2}$$
$$= \sqrt{2^2 + 1^2} = \sqrt{5}$$
$$b = \sqrt{x_S^2 + (c - g(x_S))^2}$$
$$= \sqrt{2^2 + (4-1)^2} = \sqrt{13}$$
$$s = \frac{1}{2}(a + b + c)$$

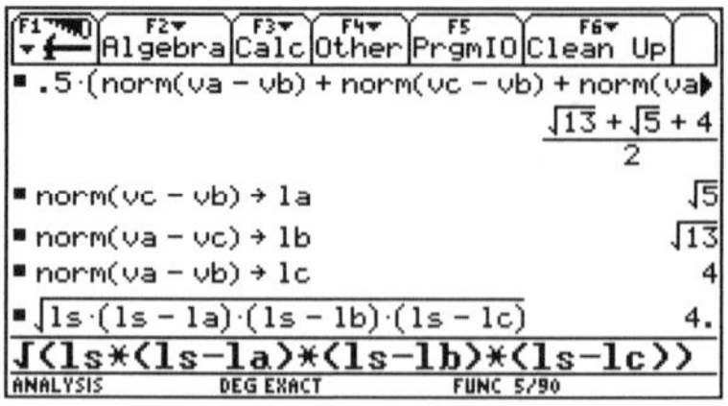

$\underline{\underline{A = 4}}$

Lösungsweg 4:

$A = \frac{1}{2} \cdot c \cdot a \cdot \sin\beta$ mit $c = 4$ (siehe oben)

$a = \sqrt{5}$

$\tan\varphi = \frac{1}{2} \Rightarrow \varphi = 26{,}6° \Rightarrow \beta = 90° - \varphi \approx 63{,}4°$

$$A \approx \frac{1}{2} \cdot 4 \cdot \sqrt{5} \cdot \sin 63{,}4°$$
$$A \approx 3{,}99878$$

$\underline{\underline{A \approx 4}}$ $\left(A = \frac{1}{2} \cdot 4 \cdot \sqrt{5} \cdot \sin\left(90° - \tan^{-1}\left(\frac{1}{2}\right)\right) = 4\right)$

Der Flächeninhalt des Dreiecks beträgt 4 FE.

Abitur ohne CAS: Schnittwinkel α der Geraden t und g

Lösungsweg 1:

Anstiegswinkel von t: $\beta_1 = \tan^{-1}(-1{,}5)$

$\beta_1 \approx -56{,}3° + 180°$

$\beta_1 \approx 123{,}7°$

Anstiegswinkel von g: $\beta_2 = \tan^{-1}\left(\frac{1}{2}\right)$

$\beta_2 \approx 26{,}6°$

Schnittwinkel α: $\beta_1 - \beta_2 \approx 123{,}7° - 26{,}6° = 97{,}1° > 90°$

$\Rightarrow \alpha \approx 180° - 97{,}1°$

$\underline{\underline{\alpha \approx 82{,}9°}}$

Lösungsweg 2:

$$\tan\alpha = \left|\frac{m_t - m_g}{1 + m_t \cdot m_g}\right| = \left|\frac{-1{,}5 - 0{,}5}{1 + (-1{,}5) \cdot 0{,}5}\right|$$

$\Rightarrow \underline{\underline{\alpha \approx 82{,}9°}}$

Lösungsweg 3:

$$\cos\alpha = \frac{\overrightarrow{CB}\cdot\overrightarrow{CA}}{|\overrightarrow{CB}|\cdot|\overrightarrow{CA}|} \quad \text{mit } A(0;\,4),\ B(0;\,0),\ C(x_S;\,g(x_S)) = C(2;\,1) \ \text{(siehe oben)}$$

$$= \frac{\begin{pmatrix}-2\\-1\end{pmatrix}\cdot\begin{pmatrix}-2\\3\end{pmatrix}}{\sqrt{(-2)^2+(-1)^2}\cdot\sqrt{(-2)^2+3^2}} = \frac{(-2)\cdot(-2)+(-1)\cdot 3}{\sqrt{5}\cdot\sqrt{13}}$$

$$\Rightarrow \quad \underline{\underline{\alpha \approx 82{,}9°}}$$

CAS-Abitur: Volumen V des Rotationskörpers

Bei der Rotation des Dreiecks ABC um die y-Achse entsteht ein Doppelkegel. Der obere Kegel besitzt den Radius $r = x_C$ und die Höhe $h_1 = y_A - y_C$. Der untere Kegel besitzt den Radius $r = x_C$ und die Höhe $h_2 = y_C$.

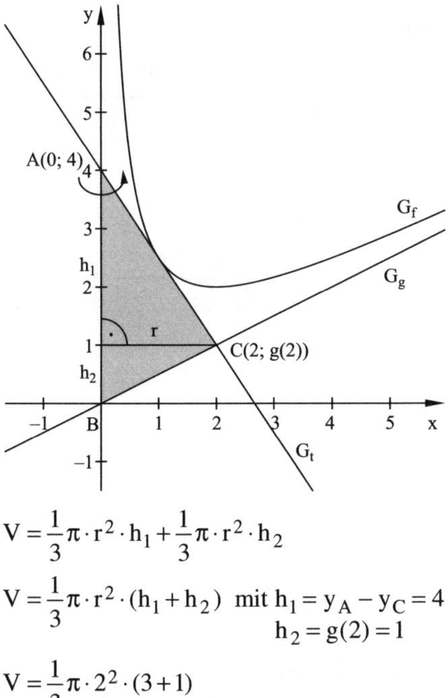

$$V = \frac{1}{3}\pi\cdot r^2\cdot h_1 + \frac{1}{3}\pi\cdot r^2\cdot h_2$$

$$V = \frac{1}{3}\pi\cdot r^2\cdot(h_1+h_2) \quad \text{mit } h_1 = y_A - y_C = 4 - g(2) = 4 - 1 = 3$$
$$h_2 = g(2) = 1$$

$$V = \frac{1}{3}\pi\cdot 2^2\cdot(3+1)$$

$$\underline{\underline{V = \frac{16}{3}\pi \approx 16{,}76}}$$

Das Volumen des Rotationskörpers beträgt ca. 16,76 VE.

CAS-Abitur: Gleichung der Tangente p

Die Tangente p hat denselben Anstieg $m = -1{,}5$ wie die Tangente t und verläuft durch den Punkt Q des Graphen G_f mit $f'(x_Q) = -1{,}5$.

$p(x) = -1{,}5x + n_p \quad \text{mit } Q(x_Q;\, f(x_Q)) \in p$

Lösungsweg 1:

$$f'(x) = -1{,}5$$
$$x_1 = 1 = x_P$$
$$x_2 = -1 = x_Q$$
$$f(x_Q) = f(-1) = -2{,}5$$
$$p(x) = -1{,}5x + n_P \quad \text{mit } Q(-1; -2{,}5) \in p$$
$$-2{,}5 = -1{,}5 \cdot (-1) + n_P$$
$$n_P = -4$$
$$\Rightarrow \quad \underline{\underline{p(x) = -1{,}5x - 4}}$$

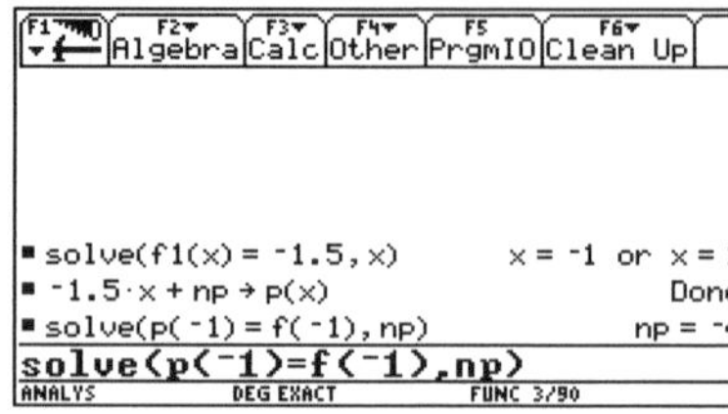

Lösungsweg 2:
Aufgrund der Punktsymmetrie zum Koordinatenursprung von G_f gilt $x_Q = -x_p = -1$ und $n_p = -n_t = -4$.

CAS-Abitur: Abstand a der Tangenten t und p

Der Abstand a ist die kürzeste Entfernung des Punktes $P \in t$ von einem Punkt $R \in p$.

$$\overline{PR} = |\overrightarrow{PR}| \quad \text{mit } P(1; 2{,}5) \text{ und } R(x; -1{,}5x - 4)$$
$$= \left|\begin{pmatrix} x-1 \\ -1{,}5x - 4 - 2{,}5 \end{pmatrix}\right|$$
$$= \left|\begin{pmatrix} x-1 \\ -1{,}5x - 6{,}5 \end{pmatrix}\right|$$

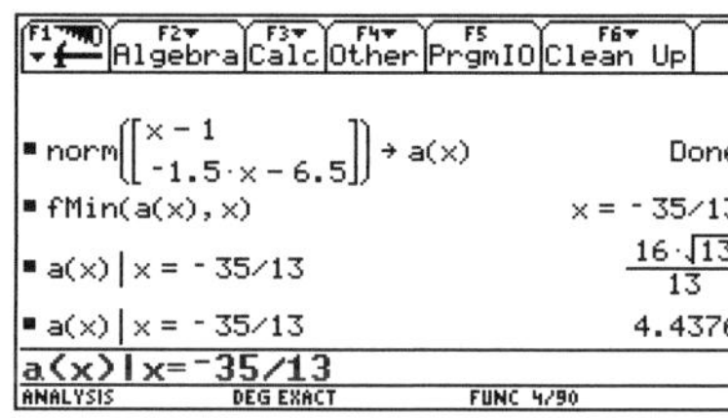

Das Minimum der Streckenlänge $\overline{PR}$ wird bei $x = -\frac{35}{13}$ angenommen und beträgt ca. $\underline{\underline{4{,}44 \text{ LE}}}$.

c) **Abitur ohne CAS: Bestimmen einer Stammfunktion F**

Eine Stammfunktion erhält man über $F_C(x) = \int f(x)\,dx = F(x) + C$ für einen speziellen C-Wert, z. B. $C = 0$.

$$F_C(x) = \int f(x)\,dx = \int \left(\frac{1}{2}x + \frac{2}{x}\right) dx = \frac{1}{4}x^2 + 2\ln|x| + C \quad \text{mit } x > 0 \text{ und für } C = 0$$

$$\Rightarrow \quad \underline{\underline{F(x) = \frac{1}{4}x^2 + 2\ln x}}$$

CAS-Abitur: Geometrische Interpretation von F(5) – F(3)

Eine Differenz F(b) – F(a) zweier Funktionswerte einer Stammfunktion F von f ist gleich dem bestimmten Integral $\int_a^b f(x)\,dx$.

$$F(5) - F(3) = \int_3^5 f(x)\,dx$$

Da der Graph G_f im Intervall [3; 5] stets oberhalb der x-Achse verläuft, ist F(5) – F(3) als Inhalt der Fläche zu interpretieren, die eingeschlossen wird von G_f, der x-Achse sowie den beiden vertikalen Geraden mit den Gleichungen $x = 3$ und $x = 5$.

Inhalt A der eingeschlossenen Fläche

Der Graph G_f liegt im gesamten Intervall [1; 4] oberhalb der Geraden g.

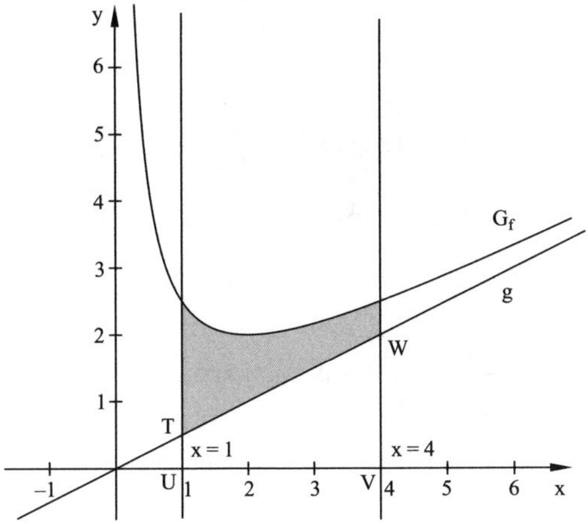

Lösungsweg 1:

$$A = \int_1^4 (f(x) - g(x))\,dx = \int_1^4 \left(\frac{1}{2}x + \frac{2}{x} - \frac{1}{2}x\right) dx$$

$$= \int_1^4 \left(\frac{2}{x}\right) dx = 2 \cdot [\ln|x|]_1^4$$

$$\underline{\underline{A = 2\ln 4 = 4 \cdot \ln 2 \approx 2{,}77}}$$

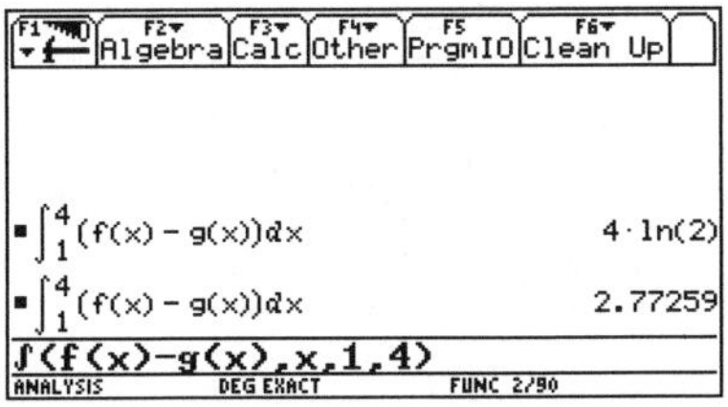

Lösungsweg 2:

$$A = F(4) - F(1) - A_{\text{Trapez TUVW}}$$

$$= \frac{1}{4} \cdot 4^2 + 2 \cdot \ln 4 - \frac{1}{4} \cdot 1^2 - 2 \cdot \ln 1 - \frac{g(1) + g(4)}{2} \cdot (4 - 1)$$

$$\underline{\underline{A = 4 \cdot \ln 2 \approx 2{,}77}}$$

Der Inhalt der eingeschlossenen Fläche beträgt ca. 2,77 FE.

d) **Minimumstelle u_{min}**

Die Funktionswertedifferenz $d(u) = f(u) - h(u)$ besitzt die lokale Minimumstelle u_{min}, wenn sowohl die Gleichung $d'(u_{min}) = 0$ gilt als auch die Ungleichung $d''(u_{min}) > 0$.

$$d(u) = f(u) - h(u) = \frac{1}{2}u + \frac{2}{u} + u - 2$$

$$= 1{,}5u + \frac{2}{u} - 2 = 1{,}5u + 2u^{-1} - 2$$

$$d'(u) = 1{,}5 - 2u^{-2} = 1{,}5 - \frac{2}{u^2}$$

$$0 = 1{,}5 - \frac{2}{u^2}$$

$$u^2 = \frac{4}{3} \text{ mit } u > 0$$

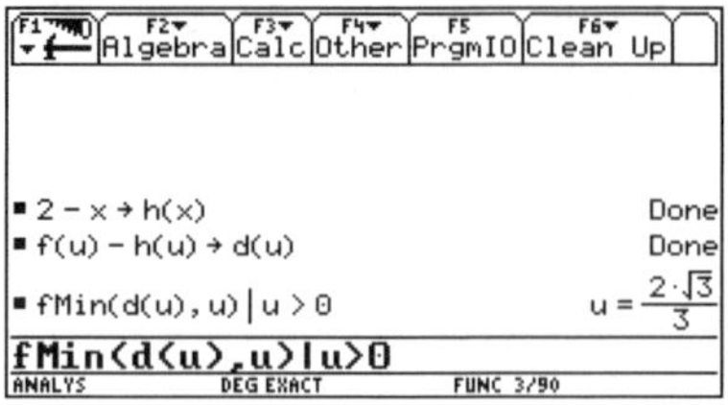

$\Rightarrow$ $u = \frac{2}{\sqrt{3}} = \frac{2\sqrt{3}}{3}$ ist die einzig mögliche lokale Extremstelle von d.

$$d''(u) = (1{,}5 - 2u^{-2})' = 4u^{-3} = \frac{4}{u^3}$$

$d''\left(\frac{2}{\sqrt{3}}\right) = 2{,}598\ldots > 0 \quad \Rightarrow \quad \underline{\underline{u_{min} = \frac{2}{\sqrt{3}} = \frac{2\sqrt{3}}{3}}}$ ist die lokale Minimumstelle von d.

Die Funktionswertedifferenz $d(u) = f(u) - h(u)$ wird für $u = \frac{2}{\sqrt{3}} = \frac{2\sqrt{3}}{3}$ minimal.

Minimale Differenz

Die gesuchte minimale Differenz ist der Wert der Funktion d an der Stelle $u_{min} = \frac{2}{\sqrt{3}} = \frac{2\sqrt{3}}{3}$.

$$d(u_{min}) = 1{,}5 \cdot \frac{2}{\sqrt{3}} + 2 \cdot \frac{\sqrt{3}}{2} - 2 = \sqrt{3} + \sqrt{3} - 2$$

$$\underline{\underline{d(u_{min}) = 2\sqrt{3} - 2 \approx 1{,}46}}$$

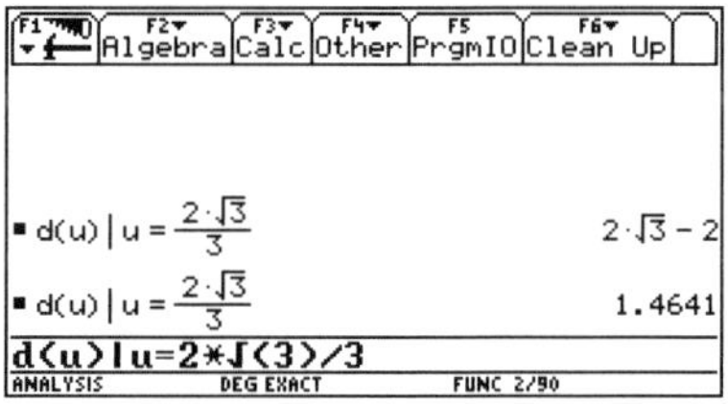

e) **Abitur ohne CAS: Bestimmen des Parameters a**

Damit die gebrochenrationale Funktion f_a genau eine Nullstelle besitzt, darf ihre Zählerfunktion nur eine Nullstelle besitzen, für die die Nennerfunktion von f ungleich null ist.

$$0 = f_a(x) = \frac{x^2 - 2x}{x + a} =: \frac{Z(x)}{N(x)} \quad \text{mit } a \neq 0$$

$0 = Z(x)$

$0 = x^2 - 2x$

$0 = x(x - 2)$

$x_1 = 0$ $\quad N(0) = 0 + a = a \neq 0 \quad \Rightarrow \quad x = 0$ ist für jede Funktion f_a eine Nullstelle.

$\Rightarrow$ Damit f_a nur eine Nullstelle besitzt, darf eine zweite mögliche Nullstelle keine Nullstelle sein.

$x_2 = 2$ $\quad \Rightarrow$ $N(2) = 2 + a$ muss gleich null sein, sonst hätte f_a zwei Nullstellen.

$2 + a = 0 \quad \Rightarrow \quad \underline{\underline{a = -2}}$

Nur die Funktion f_{-2} besitzt genau eine Nullstelle.

Abitur ohne CAS: Beschreiben des Graphen von f_{-2}

$$f_{-2}(x)=\frac{x^2-2x}{x-2}=\frac{x(x-2)}{x-2}=\begin{cases} x & \text{für } x\neq 2\\ \text{nicht definiert} & \text{für } x=2\end{cases}$$

Der Graph von f_{-2} ist die Ursprungsgerade mit dem Anstieg 1 und dem Loch (2; 2).

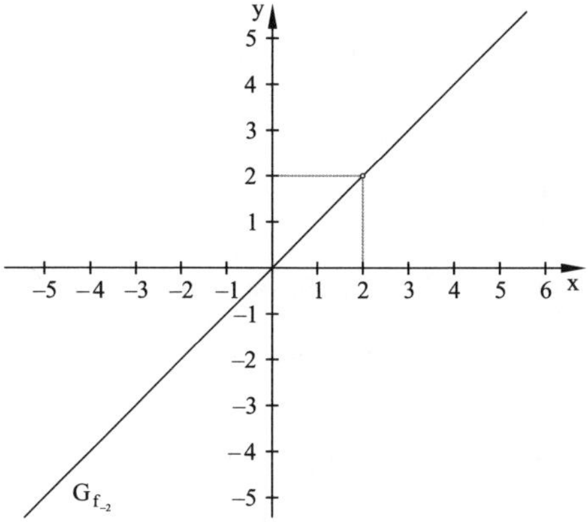

CAS-Abitur: Anzahl der Nullstellen von f_k

f_k mit $f_k(x)=\frac{x^2-2x}{x+k}$ besitzt an der Stelle x_0 genau dann eine Nullstelle, wenn $x_0^2-2x_0=0$ und $x_0+k\neq 0$ gilt.

$$x^2-2x=0$$
$$x(x-2)=0$$
$$x_{01}=0 \qquad 0+k\neq 0 \Rightarrow k\neq 0$$
$$x_{02}=2 \qquad 2+k\neq 0 \Rightarrow k\neq -2$$

Der Graph von f_k besitzt genau dann nur eine Nullstelle, wenn $k=0$ oder $k=-2$ gilt. Der Graph von f_k besitzt genau zwei Nullstellen sonst, d. h. wenn $k\neq 0$ und $k\neq -2$ gilt.

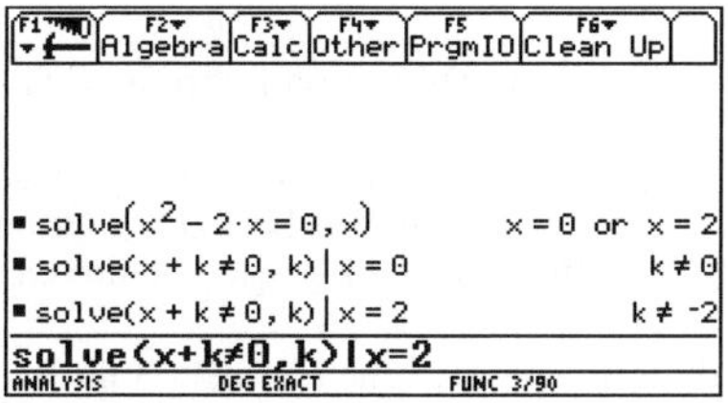

CAS-Abitur: Anzahl der Polstellen von f_k

f_k mit $f_k(x)=\frac{x^2-2x}{x+k}$ besitzt an der Stelle $x=x_P$ genau dann eine Polstelle, wenn $x+k=0$ und $x_P^2-2x_P\neq 0$ gilt.

$$x+k=0$$
$$x=-k \qquad (-k)^2-2\cdot(-k)\neq 0$$
$$k^2+2k\neq 0$$
$$k\cdot(k+2)\neq 0$$
$$\Rightarrow k\neq 0 \text{ und } k+2\neq 0$$
$$k\neq 0 \text{ und } k\neq -2$$

Der Graph von f_k besitzt genau dann nur eine Polstelle, wenn $k\neq 0$ und $k\neq -2$ gilt. Der Graph von f_k besitzt keine Polstelle sonst, d. h. wenn $k=0$ oder $k=-2$ gilt.

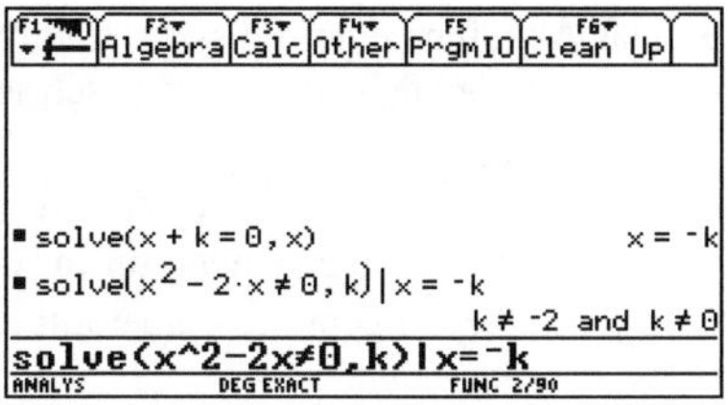

Kernfach Mathematik (Thüringen): Abiturprüfung 2011
Aufgabe A2: Analysis

Gegeben sind die Funktionen f und g durch

$y = f(x) = (2-x)\cdot e^x$ und $y = g(x) = (1-x)\cdot e^{x+1}$ $(x \in \mathbb{R})$.

a) Untersuchen Sie den Graphen von f auf Schnittpunkte mit den Koordinatenachsen, auf lokale Extrempunkte und auf Wendepunkte.
Geben Sie gegebenenfalls deren Koordinaten an.
Skizzieren Sie den Graphen von f in einem geeigneten Intervall.
Geben Sie den Wertebereich von f an.
Der Graph von g geht aus dem Graphen von f durch eine Verschiebung um eine Einheit nach links hervor.
Weisen Sie diesen Sachverhalt anhand der Funktionsgleichungen nach.
Skizzieren Sie den Graphen von g in dasselbe Koordinatensystem. (13 BE)

b) Zeigen Sie, dass die Funktion F mit $F(x) = (3-x)\cdot e^x + e^2$ eine Stammfunktion von f ist.
Der Graph von f, die Gerade mit der Gleichung $x = 1$ und die x-Achse begrenzen eine Fläche vollständig.
Berechnen Sie den Flächeninhalt dieser Fläche.
Der Graph von g begrenzt mit den Koordinatenachsen eine zweite Fläche vollständig.
Geben Sie deren Flächeninhalt an. (4 BE)

c) An den Graphen von f wird im Schnittpunkt mit der x-Achse die Tangente h gelegt.
Bestimmen Sie eine Gleichung dieser Tangente h.
An welchen Stellen besitzt der Graph von f Tangenten mit positivem Anstieg?
Ermitteln Sie den größten positiven Anstieg der Funktion f. (4 BE)

d) Eine quadratische Parabel p mit dem Scheitelpunkt H(1; f(1)) verläuft durch den Punkt N(2; f(2)).
Bestimmen Sie eine Funktionsgleichung der Parabel p.
Es gibt weitere Funktionen, deren Graphen durch die Punkte H und N verlaufen.
Ermitteln Sie eine Gleichung einer solchen Funktion. (5 BE)

e) Das Abkühlen einer Flüssigkeit wird durch das Newtonsche Abkühlungsgesetz $\vartheta(t) = \vartheta_u + (\vartheta_0 - \vartheta_u)\cdot e^{-kt}$ beschrieben.
Dabei sind
$\vartheta(t)$ ... die Temperatur zur Zeit in t in °C,
ϑ_0 ... die Anfangstemperatur in °C,
ϑ_u ... die Umgebungstemperatur in °C,
k ... Konstante in $\frac{1}{\text{min}}$.
Während einer Messung wurden folgende Werte ermittelt:
$\vartheta_u = 22\,°C$, $\vartheta_0 = 82\,°C$ und $\vartheta(10\text{ min}) = 42\,°C$.

Berechnen Sie die Temperatur der Flüssigkeit 5 Minuten nach Beginn der Messung.
Nach welcher Zeit liegt die Temperatur der Flüssigkeit 5 Kelvin über der Umgebungstemperatur? (4 BE)

(30 BE)

Aufgabenstellung für das CAS-Abitur

Gegeben sind die Funktionen f und g durch

$y = f(x) = (2 - x) \cdot e^x$ und $y = g(x) = (1 - x) \cdot e^{x+1}$ $(x \in \mathbb{R})$.

a) Untersuchen Sie den Graphen von f auf Schnittpunkte mit den Koordinatenachsen, auf lokale Extrempunkte und auf Wendepunkte.
Berechnen Sie gegebenenfalls deren Koordinaten.
Beschreiben Sie, wie der Graph von g aus dem Graphen von f hervorgeht, und weisen Sie diesen Sachverhalt anhand der Funktionsgleichungen nach.
Erläutern Sie unter Verwendung der bisherigen Ergebnisse, wie auf das Monotonieverhalten der Funktion g geschlossen werden kann. (CAS: 10 BE)

b) Die Koordinatenachsen und die Graphen der Funktionen f und g schließen eine Fläche vollständig ein.
Berechnen Sie den Flächeninhalt dieser Fläche. (CAS: 3 BE)

c) An den Graphen von f wird im Schnittpunkt mit der x-Achse die Tangente h gelegt.
Berechnen Sie deren Gleichung.
Eine weitere Tangente an den Graphen von f hat den Anstieg $m = -\frac{e}{2}$.
Ermitteln Sie deren Berührungsstelle.
An welchen Stellen besitzt der Graph von f Tangenten mit positivem Anstieg?
Ermitteln Sie den größten positiven Anstieg der Funktion f. (CAS: 6 BE)

d) Für alle u $(u \in \mathbb{R}, 0 < u < 2)$ wird durch die Punkte O(0; 0), P(u; 0) und Q(u; f(u)) ein Dreieck bestimmt.
Berechnen Sie den Wert u, für den der Flächeninhalt dieses Dreiecks maximal wird, und geben Sie diesen maximalen Flächeninhalt an. (CAS: 4 BE)

e) Eine quadratische Parabel p mit dem Scheitelpunkt H(1; f(1)) verläuft durch den Punkt N(2; f(2)).
Bestimmen Sie eine Funktionsgleichung der Parabel p.
Es gibt weitere Funktionen, deren Graphen durch die Punkte H und N verlaufen.
Ermitteln Sie eine Gleichung einer solchen Funktion. (CAS: 4 BE)

f) Das Abkühlen einer Flüssigkeit wird durch das Newtonsche Abkühlungsgesetz $\vartheta(t) = \vartheta_u + (\vartheta_0 - \vartheta_u) \cdot e^{-kt}$ beschrieben.
Dabei sind
$\vartheta(t)$ ... die Temperatur zur Zeit in t in °C,
ϑ_0 ... die Anfangstemperatur in °C,
ϑ_u ... die Umgebungstemperatur in °C,
k ... Konstante in $\frac{1}{\text{min}}$.

Während einer Messung wurden folgende Werte ermittelt:
$\vartheta_u = 22\,°C$, $\vartheta_0 = 82\,°C$ und $\vartheta(10\text{ min}) = 42\,°C$.
Berechnen Sie die Temperatur der Flüssigkeit 5 Minuten nach Beginn der Messung.
Nach welcher Zeit liegt die Temperatur der Flüssigkeit 5 Kelvin über der Umgebungstemperatur? (CAS: 3 BE)

(CAS: 30 BE)

Hinweise und Tipps

Hinweis für CAS-Nutzer

- Lesen Sie bitte auch die Hinweise und Tipps sowie die Lösungen für das Abitur ohne CAS. In vielen Teilen sind Ihre Aufgabenstellungen mit denen des Abiturs ohne CAS identisch, sodass auf eine getrennte Darstellung verzichtet wurde. Jedoch sind an den Stellen, an denen es sinnvoll erscheint, Hinweise zur CAS-Nutzung eingefügt worden.
- Die Lösungswege sind nachvollziehbar zu dokumentieren.

Aufgabe a

- Beachten Sie, dass Sie zunächst die Funktion $y = f(x) = (2 - x) \cdot e^x$ zu untersuchen haben.

Schnittpunkte mit den Koordinatenachsen

- Schnittpunkte mit der x-Achse erhalten Sie für $y = 0$.
- Schnittpunkte mit der y-Achse können Sie berechnen, wenn Sie $x = 0$ setzen.

Ableitungen der Funktion f

- Beachten Sie die Produktregel beim Bilden der ersten drei Ableitungen von f.

Lokale Extrempunkte

- Berechnen Sie für die notwendige Bedingung die Nullstelle x_e von $f'(x)$.
- Überprüfen Sie für die hinreichende Bedingung, ob $f''(x_e) \neq 0$ gilt.
- Entscheiden Sie, welche Art des Extremums vorliegt. Beachten Sie dazu das Vorzeichen von $f''(x_e)$.
- Berechnen Sie die y-Koordinate $y_e = f(x_e)$ des Extrempunktes und geben Sie die Koordinaten des Extrempunktes als geordnetes Paar $H(x_e;\, y_e)$ an.

Wendepunkte

- Berechnen Sie für die notwendige Bedingung die Nullstelle x_w von $f''(x)$.
- Überprüfen Sie für die hinreichende Bedingung, ob $f'''(x_w) \neq 0$ gilt.
- Berechnen Sie die y-Koordinate $y_w = f(x_w)$ des Wendepunktes und geben Sie die Koordinaten des Wendepunktes als geordnetes Paar $H(x_w;\, y_w)$ an.

Abitur ohne CAS: Skizze

- Verwenden Sie die bereits berechneten besonderen Punkte und eventuell weitere über die Funktionsgleichung bestimmte Punkte zum Skizzieren des Graphen.

Abitur ohne CAS: Wertebereich

- Der Wertebereich ergibt sich aus der Menge der möglichen y-Werte der Funktion f.
- Da Sie den Wertebereich nur angeben sollen, ist eine Begründung nicht notwendig.

CAS-Abitur: Kontrollmöglichkeiten

- Auch wenn keine Skizze verlangt ist, ist man gut beraten, sich die Funktion vom CAS-Rechner grafisch darstellen zu lassen und die Ergebnisse anhand der Grafik zu kontrollieren. Es ist aber nicht ausreichend, Extrempunkt und Wendepunkt allein auf diesem Wege zu bestimmen, weil man immer nur einen Teil des Funktionsgraphen auf dem Bildschirm sieht und deshalb nicht sicher sein kann, die Aufgabe vollständig gelöst zu haben.

Abitur ohne CAS: Verschiebung der Graphen von f und g

- Eine Verschiebung des Graphen um d Einheiten in x-Richtung liegt vor, wenn gilt: $g(x) = f(x + d)$. Für $d > 0$ geht der Graph von g durch eine Verschiebung des Graphen von f um d Einheiten nach links hervor.
- Nutzen Sie diese Eigenschaft auch, um den Graphen von g zu skizzieren.

CAS-Abitur: Zusammenhang zwischen den Graphen von f und g

- Durch grafische Darstellung der beiden Funktionen f und g auf dem Rechner in ein und dasselbe Koordinatensystem kann man eine Vermutung über den Zusammenhang der beiden Graphen finden und beschreiben.
- Dieser Zusammenhang ist auch hilfreich, um aus den Eigenschaften der Funktion f auf das Monotonieverhalten der Funktion g zu schließen.
- Eine Skizze des Graphen von g auf Papier ist nicht verlangt.

Aufgabe b für das Abitur ohne CAS

Nachweis Stammfunktion

- Zeigen Sie, dass $F'(x) = f(x)$ gilt.

Flächenberechnung zur Funktion f

- Identifizieren Sie die zu berechnende Fläche anhand einer Skizze.
- Beachten Sie, dass diejenige Fläche zu berechnen ist, die vom Graphen von f, der Geraden $x = 1$ und der x-Achse **vollständig** eingeschlossen wird.
- Zur Flächenberechnung können Sie ein bestimmtes Integral verwenden.
- Nutzen Sie die Stammfunktion F zur Berechnung.

Flächenberechnung zur Funktion g

- Verwenden Sie die Tatsache, dass der Graph von g durch Verschiebung aus dem Graphen von f hervorgeht.

Aufgabe b für das CAS-Abitur

- Stellen Sie beide Graphen in ein und demselben Koordinatensystem auf dem Rechner dar.
- Veranschaulichen Sie durch eine Skizze die zu berechnende Fläche.
- Beachten Sie, dass die **Koordinatenachsen und die beiden Graphen** die Fläche **vollständig** begrenzen sollen.
- Zerlegen Sie zur Berechnung die Gesamtfläche geeignet in Teilflächen.
- Berechnen Sie die Schnittstelle der beiden Graphen von f und g.

Aufgabe c

Tangentengleichung bestimmen

- Den Schnittpunkt S_x mit der x-Achse haben Sie in Teilaufgabe a bestimmt.
- Die Tangente ist Graph einer linearen Funktion $y = t(x) = m \cdot x + n$.

- Der Anstieg m der Tangente in diesem Punkt ergibt sich aus dem Wert der 1. Ableitung von f an dieser Stelle.
- Den Wert für n können Sie durch Einsetzen der Koordinaten von S_x und des Wertes von m berechnen.
- ***CAS-Nutzer:*** Beachten Sie, dass eine **Berechnung** der Tangentengleichung verlangt wird. Schreiben Sie dazu also einen nachvollziehbaren und etwas ausführlicheren Lösungsweg auf.

Ergänzung für das CAS-Abitur: Tangente mit dem Anstieg $m = -\frac{e}{2}$

- Nutzen Sie die 1. Ableitung von f, um die Stelle mit dem Anstieg $m = -\frac{e}{2}$ zu bestimmen.

Tangenten mit positivem Anstieg

- Nutzen Sie Ihre Erkenntnisse aus Teilaufgabe a über den lokalen Extrempunkt.

Größter positiver Anstieg

- Sie können Ihre Erkenntnisse über den Wendepunkt verwenden.
- Verwenden Sie, dass der Wendepunkt einer Funktion f ein Extrempunkt ihrer 1. Ableitungsfunktion f' ist.

Aufgabe d für das CAS-Abitur

- Veranschaulichen Sie den Zusammenhang in einer Skizze.
- Das Dreieck ΔOPQ ist rechtwinklig mit dem rechten Winkel bei P.
- Der Flächeninhalt A eines rechtwinkligen Dreiecks mit den Katheten a und b wird durch $A = \frac{1}{2} \cdot a \cdot b$ berechnet.
- Stellen Sie damit die Zielfunktion A(u) auf.
- Untersuchen Sie die Zielfunktion A(u) auf lokale Extrema.

Aufgabe d für das Abitur ohne CAS bzw.
Aufgabe e für das CAS-Abitur

Funktionsgleichung einer quadratischen Parabel

- Nutzen Sie die Scheitelpunktsform der Parabelgleichung, um Parameter der Gleichung zu bestimmen.
- Der Scheitelpunkt H ist gegeben, seine Koordinaten können in die Scheitelpunktsform eingesetzt werden.
- Setzen Sie die Koordinaten des Punktes N ein, um den fehlenden Parameter zu ermitteln.

Funktionen, deren Graphen durch H und N verlaufen

- Sie können beliebige Ihnen bekannte Funktionsklassen verwenden.
- Am sinnvollsten ist es aber, eine möglichst einfach zu berechnende Funktion zu wählen, etwa eine lineare Funktion.

Aufgabe e für das Abitur ohne CAS bzw.
Aufgabe f für das CAS-Abitur

- Setzen Sie die Angaben für t = 10 Minuten in die Gleichung des Newton'schen Abkühlungsgesetzes ein und berechnen Sie den Wert für die Konstante k.
- Mit diesem Wert für k lassen sich dann auch über das Newton'sche Abkühlungsgesetz die Temperatur nach 5 Minuten bzw. die Zeit t für eine Temperatur 5 Kelvin über der Umgebungstemperatur bestimmen.

Lösungen

a) **Schnittpunkte mit den Achsen**

Schnittpunkte des Graphen der Funktion f mit der **x-Achse** ergeben sich für $y = 0$:

$0 = (2 - x) \cdot e^x$

Dieses Produkt ist null, wenn ein Faktor null ist:

$(2 - x) = 0 \quad | e^x \neq 0$ für alle $x \in \mathbb{R}$

$x = 2$

Der Schnittpunkt mit der x-Achse ist $\underline{\underline{S_x (2; 0)}}$.

Define $f(x)=(2-x)\cdot e^x$	*Fertig*
solve$(f(x)=0,x)$	$x=2$

Schnittpunkte mit der **y-Achse** erhält man für $x = 0$:

$y = f(0) = (2 - 0) \cdot e^0 = 2 \cdot 1 = 2$

Der Schnittpunkt mit der y-Achse ist $\underline{\underline{S_y (0; 2)}}$.

$f(0)$	2

Ableitungen der Funktion f

$f(x) = (2 - x) \cdot e^x$

$f'(x) = (-1) \cdot e^x + (2 - x) \cdot e^x = (-1 + 2 - x) \cdot e^x = (1 - x) \cdot e^x$

$f''(x) = (-1) \cdot e^x + (1 - x) \cdot e^x = (-1 + 1 - x) \cdot e^x = -x \cdot e^x$

$f'''(x) = (-1) \cdot e^x + (-x) \cdot e^x = (-1 - x) \cdot e^x$

Lösungshinweis für das CAS-Abitur

Ableitungen mit dem CAS bilden und speichern:

$\frac{d}{dx}(f(x))$	$(1-x)\cdot e^x$
$fa1(x):=(1-x)\cdot e^x$	*Fertig*
$\frac{d}{dx}(fa1(x))$	$-x\cdot e^x$

$fa2(x):=-x\cdot e^x$	*Fertig*
$\frac{d}{dx}(fa2(x))$	$(-x-1)\cdot e^x$
$fa3(x):=(-x-1)\cdot e^x$	*Fertig*

Lokaler Extrempunkt

Bestimmen der Nullstelle x_e von $f'(x)$:

$f'(x) = (1 - x) \cdot e^x = 0$

Wegen $e^x \neq 0$ ist dieses Produkt genau dann null, wenn der Faktor $1 - x = 0$ ist.
Dies ist für $x_e = 1$ der Fall.

Ob $x_e = 1$ tatsächlich eine lokale Extremstelle ist, wird durch Einsetzen in $f''(x)$ überprüft:

$f''(1) = -1 \cdot e^1 = -e \approx -2{,}72 < 0$

Es liegt also ein lokales Maximum vor.

solve$(fa1(x)=0,x)$	$x=1$
$fa2(1)$	$-e$
$f(1)$	e

Die Koordinate y_e ergibt sich zu:

$f(1) = (2 - 1) \cdot e^1 = e \approx 2{,}72$

Es gibt also genau einen lokalen $\underline{\underline{\text{Hochpunkt } H(1; e)}}$.

Wendepunkt

Bestimmen der Nullstelle von $f''(x) = -x \cdot e^x$:

$-x \cdot e^x = 0$

Wegen $e^x \neq 0$ ist $x_w = 0$ die einzige mögliche Wendestelle.

Überprüfung, ob $f'''(x_W) \neq 0$ ist:
$f'''(0) = (-1 - 0) \cdot e^0 = -1 \neq 0$

Es liegt also tatsächlich eine Wendestelle vor.

Die zugehörige y-Koordinate ist
$y_W = f(0) = (2 - 0) \cdot e^0 = 2.$

solve(fa2(x)=0,x)	x=0
fa3(0)	-1
f(0)	2

Der Wendepunkt hat die Koordinaten $\underline{\underline{W(0;\ 2)}}$. Er stimmt mit S_y überein.

Lösungshinweis für das CAS-Abitur

Kontrolle der Ergebnisse auf grafischem Wege mit dem CAS:

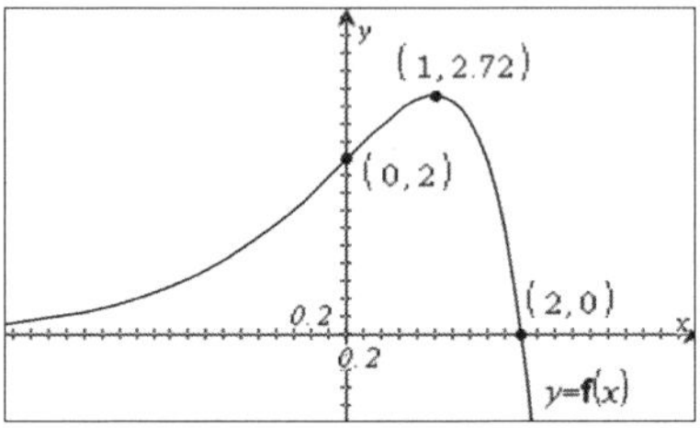

Abitur ohne CAS: Skizze des Graphen und Wertebereich von f; Nachweis der Behauptung; Skizze des Graphen von g

Mit den oben berechneten Werten lässt sich die **Skizze** schon realisieren, wenn man noch einige Werte berechnet und bedenkt, dass offensichtlich gilt:

$$\lim_{x \to -\infty} f(x) = 0$$

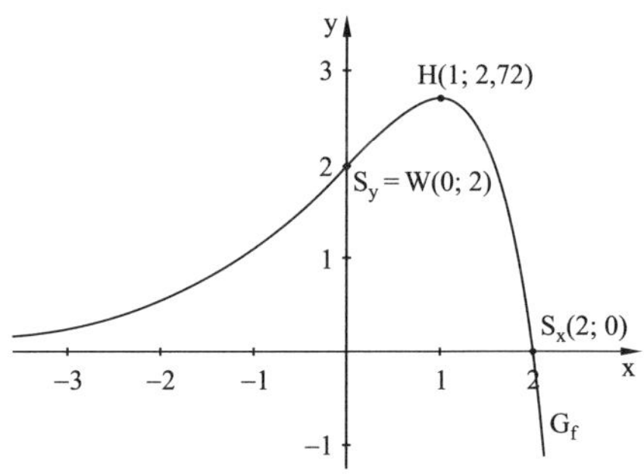

Der **Wertebereich** von f ist
$-\infty < x \leq e.$

Der **Nachweis der Behauptung** „Der Graph der Funktion g geht aus dem Graphen der Funktion f durch eine Verschiebung um eine Einheit nach links hervor." geschieht folgendermaßen:

$g(x) = (1 - x) \cdot e^{x+1} = (2 - (x + 1)) \cdot e^{x+1} = f(x + 1)$

Der **Graph von g** kann nun leicht skizziert werden, wenn man einige Punkte des Graphen von f um eine Einheit nach links verschiebt und sie dann geeignet verbindet.

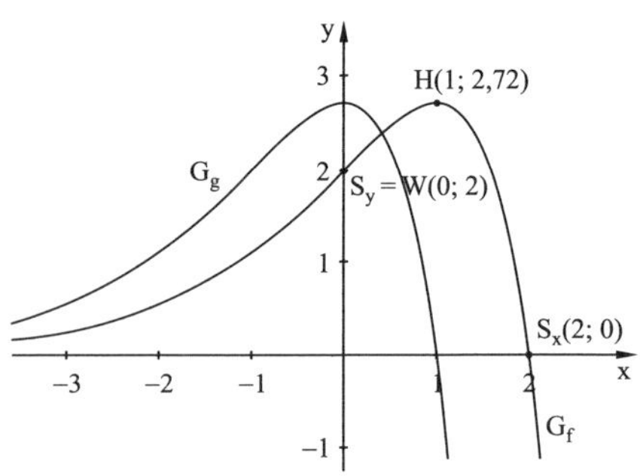

CAS-Abitur: Zusammenhang zwischen den Graphen von f und g; Monotonie von g

Durch Darstellung der Graphen von f und g in ein und demselben Koordinatensystem gewinnt man rasch die Vermutung, dass der Graph von g durch Verschiebung des Graphen von f um eine Einheit nach links entsteht.

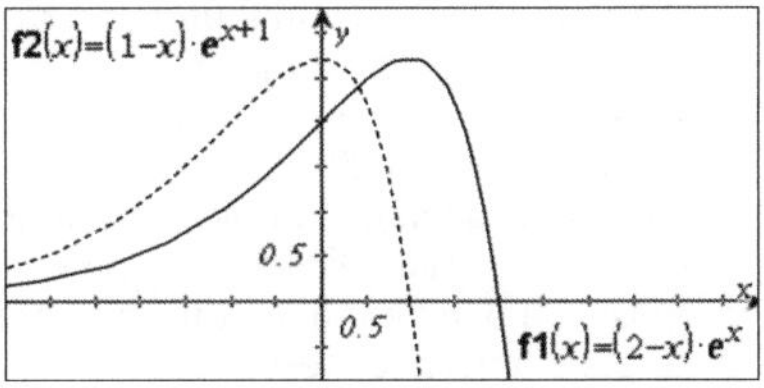

Diese Vermutung kann durch den Vergleich der Funktionen g und $f(x+1)$ sowohl grafisch als auch rechnerisch bestätigt werden:

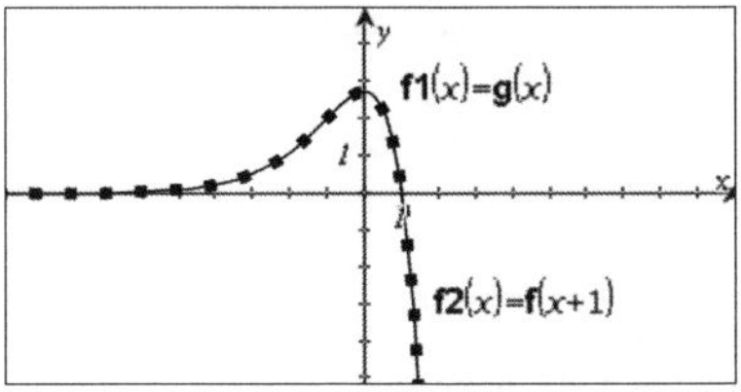

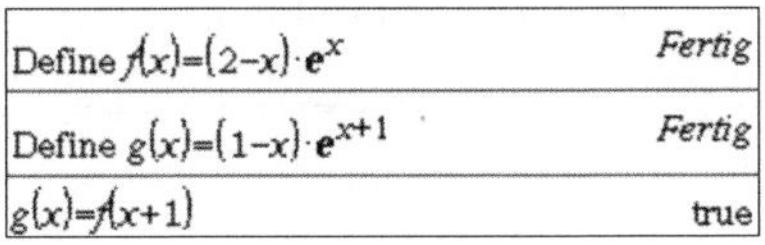

$f(x+1)$ ist hier dick und punktiert gezeichnet. Beide Funktionsgraphen sind identisch. Der Nachweis kann so geführt werden wie oben (für das Abitur ohne CAS) angegeben oder unter Verwendung des Rechners (rechtes Bild).

Monotonie von g

Da g durch eine Verschiebung um eine Einheit nach links aus dem Graphen von f hervorgeht, kann man das Monotonieverhalten von f auf das von g übertragen.
Da f den Hochpunkt H(1; e) besitzt, liegt der Hochpunkt H' von g bei H'(0; e).
Demzufolge ist der Graph von g für $x < 0$ streng monoton steigend und für $x > 0$ streng monoton fallend.

b) **für das Abitur ohne CAS**

Nachweis Stammfunktion

$F(x) = (3-x)\cdot e^x + e^2$

Zu zeigen ist $F'(x) = f(x)$.

Beim Ableiten von F muss die Produktregel beachtet werden. Der von x unabhängige konstante Summand e^2 wird beim Ableiten null.

$F'(x) = (-1)\cdot e^x + (3-x)\cdot e^x + 0 = (-1+3-x)\cdot e^x = (2-x)\cdot e^x = f(x)$

Flächenberechnung zur Funktion f

Die zu berechnende Fläche liegt im Intervall [1; 2], denn der Schnittpunkt des Graphen von f mit der x-Achse wurde in Teilaufgabe a mit $S_x(2; 0)$ berechnet.

$$A = \int_1^2 f(x)\,dx = F(2) - F(1) = \left[(3-x)\cdot e^x + e^2\right]_1^2$$

$$= \left((3-2)\cdot e^2 + e^2\right) - \left((3-1)\cdot e^1 + e^2\right)$$

$$= \left(1\cdot e^2 + e^2\right) - \left(2\cdot e^1 + e^2\right)$$

$$\underline{\underline{A = e^2 - 2e \approx 1{,}95 \text{ FE}}}$$

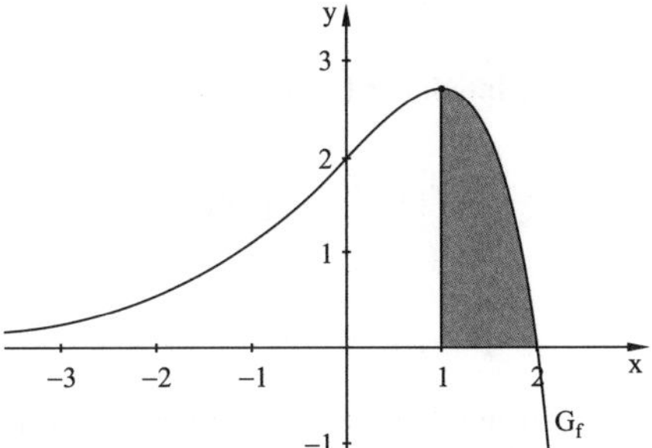

Flächenberechnung zur Funktion g

Die vom Graphen von g und den Koordinatenachsen begrenzte Fläche kann man sich aus der soeben berechneten Fläche mit dem Inhalt $A = e^2 - 2e$ durch eine Verschiebung um eine Einheit nach links entstanden denken, da ja gerade dieser Zusammenhang zwischen den Graphen von f und g in Teilaufgabe a nachgewiesen wurde.

Diese Fläche muss also denselben Flächeninhalt $\underline{\underline{A = e^2 - 2e \approx 1{,}95 \text{ FE}}}$ haben.

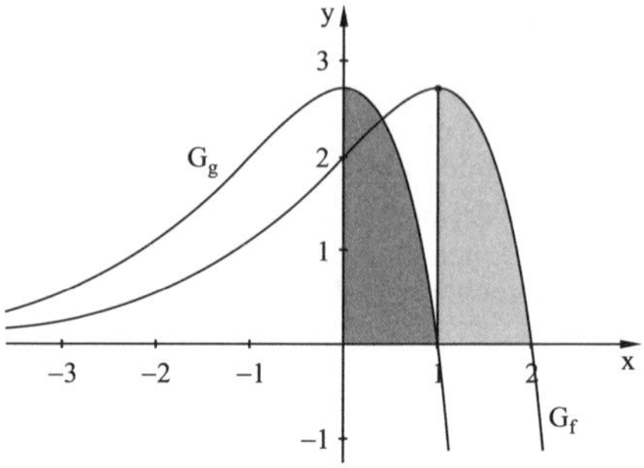

b) **für das CAS-Abitur**

Das linke Bild zeigt die zu berechnende Gesamtfläche.
Das rechte Bild veranschaulicht die Zerlegung in zwei Teilflächen.

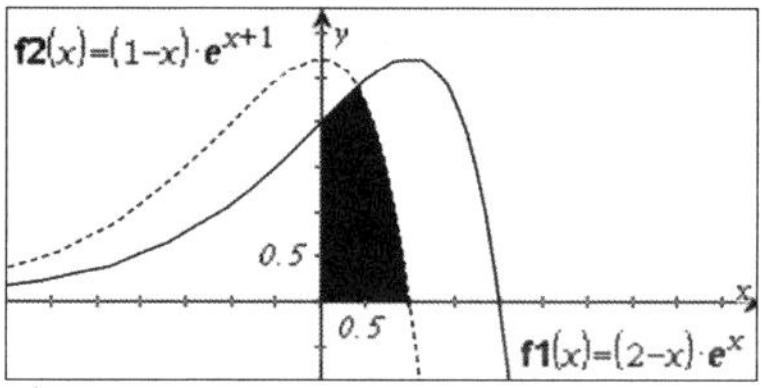

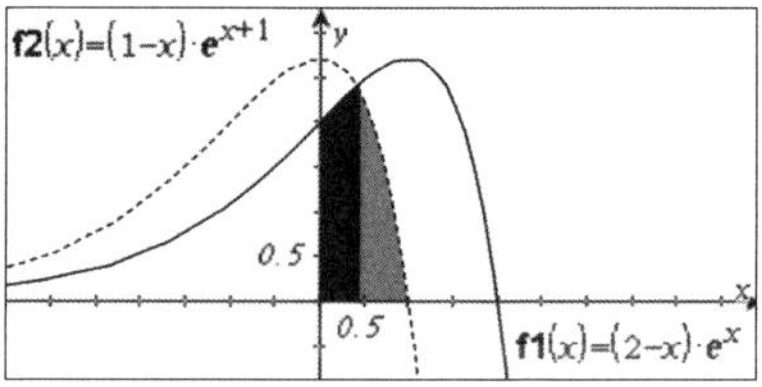

Für die Flächenberechnung ist die Schnittstelle x_s beider Graphen von Bedeutung.
Die erste Teilfläche liegt im Intervall $[0; x_s]$ unterhalb des Graphen der Funktion f(x).
Die zweite Teilfläche liegt im Intervall $[x_s; 1]$ unter dem Graphen von g(x).
Die Schnittstelle x_s der Graphen von f und g ergibt sich aus der Lösung der Gleichung $f(x) = g(x)$. Sie kann mit dem CAS ermittelt oder ohne Hilfsmittel berechnet werden:

$$(2-x)\cdot e^x = (1-x)\cdot e^{x+1}$$

$$(2-x)\cdot e^x = (1-x)\cdot e^x \cdot e^1 \qquad \Big|: e^x \neq 0$$

$$(2-x) = (1-x)\cdot e^1$$

$$2 - x = e - x\cdot e$$

$$2 - e = x - x\cdot e$$

$$x = \frac{2-e}{1-e} = \frac{e-2}{e-1} \approx 0{,}418$$

Define $f(x)=(2-x)\cdot e^x$	*Fertig*
Define $g(x)=(1-x)\cdot e^{x+1}$	*Fertig*
solve$(f(x)=g(x),x)$	$x=\frac{e-2}{e-1}$
$xs:=\frac{e-2}{e-1}$	$\frac{e-2}{e-1}$

Der Inhalt der Fläche ist dann:

$$A = \int_0^{\frac{e-2}{e-1}} f(x)\,dx + \int_{\frac{e-2}{e-1}}^{1} g(x)\,dx$$

$$= (1-e)\cdot e^{\frac{e-2}{e-1}} + e^2 - 3 \approx \underline{\underline{1{,}8}}$$

$\int_0^{xs} f(x)\,dx + \int_{xs}^{1} g(x)\,dx$	$-(e-1)\cdot e^{1-\frac{1}{e-1}} + e^2 - 3$
$\int_0^{xs} f(x)\,dx + \int_{xs}^{1} g(x)\,dx$	1.77906

Der Inhalt der gesuchten Fläche beträgt ca. 1,8 FE.

c) **Tangentengleichung bestimmen**

Der Schnittpunkt S_x von f mit der x-Achse hat die Koordinaten $S_x(2;\,0)$. Die 1. Ableitung von f hat die Gleichung $f'(x) = (1-x)\cdot e^x$. Somit gilt:

$m = f'(2) = (1-2)\cdot e^2 = -e^2$

Einsetzen der Koordinaten von S_x und des Wertes von m in $y = t(x) = m\cdot x + n$ ergibt:

$0 = -e^2\cdot 2 + n \;\Rightarrow\; n = 2\cdot e^2$

Die Tangentengleichung lautet $y = t(x) = -e^2\cdot x + 2\cdot e^2$.

Lösungshinweis für CAS-Nutzer

Die Berechnung der Tangentengleichung sollte mit dem CAS-Rechner grafisch und rechnerisch kontrolliert werden:

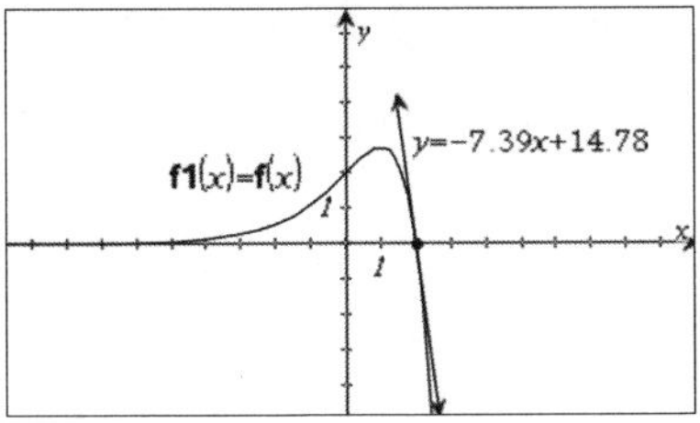

Define $f(x)=(2-x)\cdot e^x$	*Fertig*
tangentLine$(f(x),x,2)$	$2\cdot e^2-e^2\cdot x$
tangentLine$(f(x),x,2)$	$14.7781-7.38906\cdot x$

Ergänzung für das CAS-Abitur: Tangente mit dem Anstieg $m = -\frac{e}{2}$

Um die Stelle mit dem Anstieg $m = -\frac{e}{2}$ zu finden, wird die Gleichung

$f'(x) = -\dfrac{e}{2}$

gelöst. Dies ist eine Gleichung, die man nur näherungsweise lösen kann. Der CAS-Rechner liefert das Ergebnis $x \approx \underline{\underline{1{,}35}}$.

Define $f(x)=(2-x)\cdot e^x$	*Fertig*
$\frac{d}{dx}(f(x))$	$(1-x)\cdot e^x$
solve$\left((1-x)\cdot e^x=\frac{-e^1}{2},x\right)$	$x=1.35173$

Tangenten mit positivem Anstieg

Da die Funktion f genau einen lokalen Hochpunkt $H(1;\,e)$ besitzt, hat ihr Graph an allen Stellen links von $x = 1$, also für $\underline{\underline{x < 1}}$, Tangenten mit positivem Anstieg.

Größter positiver Anstieg

Der größte positive Anstieg liegt im Wendepunkt $W(0;\,2)$ vor, denn dieser Wendepunkt liegt links von $x = 1$ und hat deshalb eine Tangente mit positivem Anstieg. Seiner Definition nach ist außerdem der Wendepunkt das Extremum der 1. Ableitungsfunktion.
Der größte positive Anstieg der Funktion f ist aus diesem Grunde an der Stelle $x_w = 0$ zu finden. Er ist $\underline{\underline{f'(0)}} = (1-0)\cdot e^0 = \underline{\underline{1}}$.

d) **für das CAS-Abitur**

Der Zusammenhang wird in einer Skizze veranschaulicht.

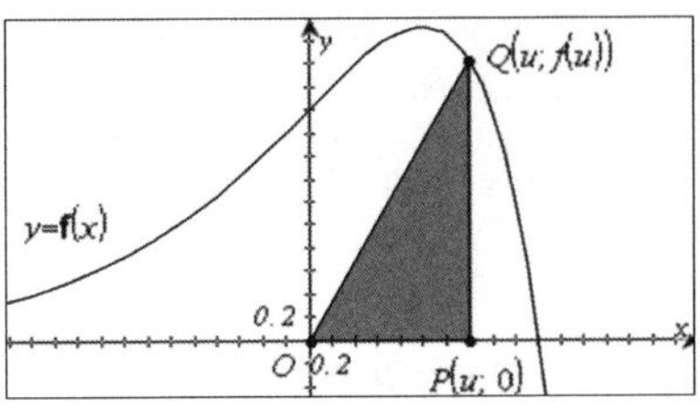

Die Zielfunktion ist

$A(u) = \dfrac{1}{2}\cdot u\cdot f(u) = \dfrac{1}{2}\cdot u\cdot (2-u)\cdot e^u$

mit $0 < u < 2$.

Lokale Extrema

Die notwendige Bedingung ist:

$$A'(u) = \left(1 - \frac{u^2}{2}\right) \cdot e^u = 0$$

Die Lösung dieser Gleichung ist (unter Beachtung des Definitionsbereichs)

$u = \sqrt{2}.$

Define $a(u)=\frac{1}{2}\cdot u\cdot f(u)$	*Fertig*
$\frac{d}{du}(a(u))$	$\left(1-\frac{u^2}{2}\right)\cdot e^u$
solve$\left(\left(1-\frac{u^2}{2}\right)\cdot e^u=0,u\right) \vert 0<u<2$	$u=\sqrt{2}$

Für die hinreichende Bedingung wird in die 2. Ableitung

$$A''(u) = \left(1 - u - \frac{u^2}{2}\right) \cdot e^u$$

der Wert $u = \sqrt{2}$ eingesetzt.
Als Resultat erhält man die negative Zahl

$A''(\sqrt{2}) = -\sqrt{2} \cdot e^{\sqrt{2}} \approx -5{,}82.$

$\frac{d^2}{du^2}(a(u))$	$\left(\frac{-u^2}{2}-u+1\right)\cdot e^u$
$\left(\frac{-u^2}{2}-u+1\right)\cdot e^u \vert u=\sqrt{2}$	$-\sqrt{2}\cdot e^{\sqrt{2}}$

Demzufolge liegt an der Stelle $u = \sqrt{2}$ ein lokales Maximum der Funktion A(u) vor.

Der zugehörige Funktionswert ist:

$A(\sqrt{2}) = (\sqrt{2} - 1) \cdot e^{\sqrt{2}} \approx 1{,}70$

$a(u)\vert u=\sqrt{2}$	$(\sqrt{2}-1)\cdot e^{\sqrt{2}}$
$a(u)\vert u=\sqrt{2}$	1.70376

Das Dreieck ΔOPQ besitzt für $0 < u < 2$ an der Stelle $\underline{\underline{u = \sqrt{2}}}$ den maximalen Flächeninhalt.

Er beträgt ca. $\underline{\underline{1{,}70 \text{ FE}}}$.

Alternativer Lösungsweg

Mit dem TI-Nspire kann mit einem einzigen Befehl die Stelle bestimmt werden, an der eine Funktion ihren maximalen Wert annimmt.

fMax$(a(u),u) \vert 0<u<\sqrt{2}$	$u=\sqrt{2}$
$a(u)\vert u=\sqrt{2}$	$(\sqrt{2}-1)\cdot e^{\sqrt{2}}$

d) **für Nicht-CAS-Nutzer bzw.**
e) **für CAS-Nutzer**

Funktionsgleichung einer quadratischen Parabel

Die Scheitelpunktsform der Gleichung einer Parabel mit dem Scheitelpunkt S(b; c) lautet $y = p(x) = a \cdot (x - b)^2 + c$.

Der Punkt H(1; f(1)) ist der in Teilaufgabe a berechnete lokale Hochpunkt H(1; e). Da H der Scheitelpunkt der Parabel sein soll, ergibt sich bereits $y = p(x) = a \cdot (x - 1)^2 + e$.

Der Buchstabe e steht hier für die Euler'sche Zahl.

Der Punkt N(2; f(2)) ist der in Teilaufgabe a ermittelte Schnittpunkt $S_x(2; 0)$ mit der x-Achse. Diese Koordinaten werden in die Gleichung eingesetzt, um den fehlenden Parameter a zu ermitteln:

$0 = a \cdot (2 - 1)^2 + e$

$a = -e$

Die Parabelgleichung lautet also $y = p(x) = -e \cdot (x - 1)^2 + e = -e \cdot x^2 + 2ex$.

Funktionen, deren Graphen durch H und N verlaufen

Man wählt am einfachsten eine lineare Funktion $y = h(x) = m \cdot x + n$, die durch die Punkte H(1; e) und N(2; 0) verläuft.

Die Koordinaten von H und N in die Gleichung eingesetzt, ergibt ein lineares Gleichungssystem für m und n:

$H(1; e) \;\rightarrow\; e = m + n \quad (1)$

$N(2; 0) \;\rightarrow\; \underline{0 = 2m + n} \quad (2)$

Aus Gleichung (2) folgt $n = -2m$. Einsetzen in (1) ergibt

$e = m - 2m \;\Rightarrow\; m = -e$ und damit $n = 2e$.

Die lineare Funktion, deren Graph durch die Punkte H und N verläuft, hat die Gleichung $y = h(x) = -e \cdot x + 2e$.

Lösungshinweis für CAS-Nutzer

Eine Kontrolle durch grafische Darstellung ist angeraten.

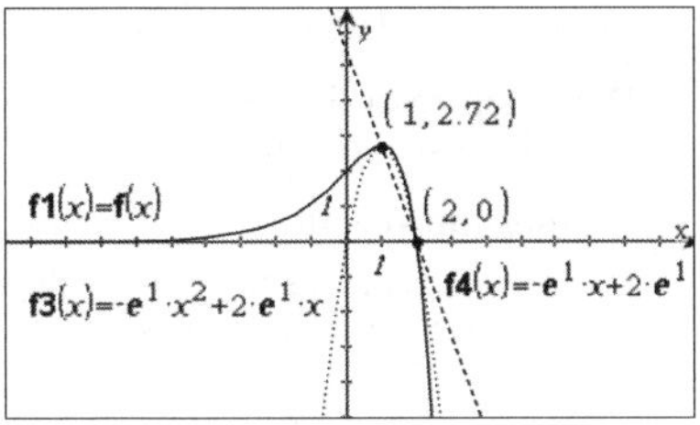

e) **für Nicht-CAS-Nutzer bzw.**

f) **für CAS-Nutzer**

Die Angaben für $t = 10$ min werden in die Gleichung des Newton'schen Abkühlungsgesetzes eingesetzt:

$$42\,°C = 22\,°C + (82\,°C - 22\,°C) \cdot e^{-k \cdot 10} \qquad \big| -22\,°C$$

$$20\,°C = (60\,°C) \cdot e^{-k \cdot 10} \qquad \big| : 60\,°C$$

$$\frac{1}{3} = e^{-k \cdot 10} \qquad \big| \text{logarithmieren}$$

$$-k \cdot 10 = \ln\left(\frac{1}{3}\right) \qquad \Big| \ln\left(\frac{a}{b}\right) = \ln(a) - \ln(b)$$

$$-k \cdot 10 = \ln(1) - \ln(3) \qquad \big| \ln(1) = 0$$

$$k = \frac{\ln(3)}{10} \approx 0{,}1099$$

Das Newton'sche Abkühlungsgesetz lautet für den hier betrachteten Zusammenhang also:

$$\vartheta(t) = 22\,°C + (60\,°C) \cdot e^{-\frac{\ln(3)}{10} \cdot t}$$

Für $t = 5$ min ergibt sich:

$$\underline{\underline{\vartheta(5)}} = 22\,°C + (60\,°C) \cdot e^{-\frac{\ln(3)}{10} \cdot 5} \approx \underline{\underline{56{,}6\,°C}}$$

Die Temperatur der Flüssigkeit beträgt 5 Minuten nach Beginn der Messung ca. 57 °C.

Wenn die Temperatur 5 Kelvin über der Umgebungstemperatur von 22 °C liegt, dann beträgt der aktuelle Temperaturwert 27 °C:

$$27\,°C = 22\,°C + (60\,°C) \cdot e^{-\frac{\ln(3)}{10} \cdot t} \qquad \left| -22\,°C \right.$$

$$5\,°C = (60\,°C) \cdot e^{-\frac{\ln(3)}{10} \cdot t} \qquad \left| :60\,°C \right.$$

$$\frac{1}{12} = e^{-\frac{\ln(3)}{10} \cdot t} \qquad | \text{ logarithmieren}$$

$$-\frac{\ln(3)}{10} \cdot t = \ln\left(\frac{1}{12}\right) \qquad \left| \ln\left(\frac{a}{b}\right) = \ln(a) - \ln(b) \text{ und } \ln(1) = 0 \right.$$

$$-\frac{\ln(3)}{10} \cdot t = -\ln(12) \qquad \left| \cdot \frac{-10}{\ln(3)} \right.$$

$$\underline{\underline{t}} = \frac{10 \cdot \ln(12)}{\ln(3)} \approx \underline{\underline{22{,}6}}$$

Die Temperatur liegt etwa 23 Minuten nach Beobachtungsbeginn 5 Kelvin über der Umgebungstemperatur.

Lösungshinweis für CAS-Nutzer

Die Ansätze zur Lösung entsprechen den oben erläuterten Überlegungen.
Die Rechnungen können mit dem CAS ausgeführt werden.

solve$(42=22+(82-22)\cdot e^{-k\cdot 10},k)$	$k=\frac{\ln(3)}{10}$
solve$(42=22+(82-22)\cdot e^{-k\cdot 10},k)$	$k=0.109861$

Define $f(t)=22+60\cdot e^{\frac{-\ln(3)}{10}\cdot t}$	*Fertig*
$f(5)$	56.641
solve$(f(t)=27,t)$	$t=22.6186$

Kernfach Mathematik (Thüringen): Abiturprüfung 2011
Aufgabe B1: Analytische Geometrie / Vektorrechnung

Gegeben ist ein Quader ABCDEFGH mit der quadratischen Grundfläche ABCD. Die Kantenlänge der Grundfläche beträgt 3 m und die Höhe des Quaders 13 m. Der Punkt A liegt im Koordinatenursprung und der Punkt G hat die Koordinaten G(3; 3; 13).

a) Stellen Sie den Quader in einem kartesischen Koordinatensystem dar und geben Sie die Koordinaten der restlichen Eckpunkte an.
Der Punkt M ist der Mittelpunkt der Kante $\overline{CG}$. Der Punkt P liegt auf der Kante $\overline{AE}$. Es gilt: $\overline{AP}:\overline{PE} = 2:11$.
Untersuchen Sie, ob die Vektoren $\overrightarrow{PM}$ und $\overrightarrow{PB}$ orthogonal zueinander sind. (5 BE)

b) Die Gerade g verläuft durch die Punkte B und H, die Gerade h durch die Punkte M und P.
Untersuchen Sie die gegenseitige Lage der Geraden g und h. (3 BE)

c) Die Punkte F, M und H bilden ein Dreieck.
Begründen Sie, dass es sich um ein spezielles Dreieck handelt.
Berechnen Sie die Größe des Innenwinkels HMF.
Der Punkt M wird an der Geraden durch die Punkte F und H gespiegelt.
Geben Sie die Koordinaten des Spilgelpunktes von M an. (4 BE)

d) Das Dreieck FMH liegt in der Ebene ε.
Geben Sie für die Ebene ε eine Parametergleichung und eine Koordinatengleichung an.
Die Gerade k verläuft durch die Punkte P und G.
Bestimmen Sie die Koordinaten des Durchstoßpunktes Q der Geraden k mit der Ebene ε. (5 BE)

e) Auf der Kante $\overline{BF}$ existiert ein Punkt R, der vom Koordinatenursprung genauso weit entfernt ist wie vom Punkt H.
Ermitteln Sie die Koordinaten des Punktes R. (3 BE)

(20 BE)

Hinweise und Tipps

Allgemeines für CAS-Nutzer

- Die Aufgabe B1 für das Abitur ohne CAS ist identisch mit der Aufgabe B1 im CAS-Abitur. Aus diesem Grunde wurde auf eine getrennte Darstellung verzichtet. Hinweise zum Einsatz des CAS-Rechners sind eingefügt worden.
- Die Rechenwege fallen bei effektiver Nutzung des CAS-Rechners mitunter sehr knapp aus. Beachten Sie deshalb, dass Sie den Lösungsweg ausführlich, übersichtlich, sauber und nachvollziehbar dokumentiert aufschreiben.

Aufgabe a

Koordinaten der Eckpunkte und Darstellung des Quaders

- Veranschaulichen Sie die Lage des Quaders im Koordinatensystem zunächst mit einer Skizze.
- Beachten Sie, dass der Punkt A im Koordinatenursprung liegen soll.
- Überprüfen Sie, ob die Lage des Punktes G in Ihrer Skizze mit den Angaben zu den Koordinaten von G im Aufgabentext übereinstimmt.
- Überlegen Sie, welche Auswirkungen die quadratische Grundfläche auf die Koordinaten von Eckpunkten hat.
- Achten Sie bei der Darstellung des Quaders im Koordinatensystem auf Festlegungen hinsichtlich verdeckter Kanten, vollständige Bezeichnung und Sauberkeit.

Orthogonalität der Vektoren $\overrightarrow{PM}$ und $\overrightarrow{PB}$

- Bestimmen Sie die Koordinaten des Mittelpunktes M der Kante $\overline{CG}$.
- Ermitteln Sie die Koordinaten des Punktes P. Nutzen Sie dazu die Angaben über das Streckenverhältnis.
- Geben Sie die Koordinatendarstellung der Vektoren $\overrightarrow{PM}$ und $\overrightarrow{PB}$ an.
- Mithilfe des Skalarprodukts können Sie die Orthogonalität der Vektoren $\overrightarrow{PM}$ und $\overrightarrow{PB}$ überprüfen.

Aufgabe b

Geradengleichungen der Geraden g und h

- Bestimmen Sie jeweils einen Richtungsvektor beider Geraden und stellen Sie die Punkt-Richtungsform der Geradengleichungen auf.

Gegenseitige Lage der Geraden g und h

- Überprüfen Sie die Richtungsvektoren der Geraden auf Parallelität.
- Entscheiden Sie, ob das aus den Geradengleichungen gebildete Gleichungssystem eine Lösung hat oder nicht.
- Leiten Sie aus dem Ergebnis Ihrer Untersuchung Ihre Entscheidung über die gegenseitige Lage der Geraden ab.

Aufgabe c

Begründung für spezielles Dreieck ΔFMH

- Ergänzen Sie Ihre Skizze aus Teilaufgabe a um das Dreieck ΔFMH.
- Sie können auf die speziellen Eigenschaften des Dreiecks ΔFMH aus den besonderen Eigenschaften des Quaders schließen.
- Vergleichen Sie die beiden Teildreiecke ΔFMG und ΔMHG.

Größe des Innenwinkels HMF

- Sie können die spezielle Eigenschaft des Dreiecks ΔFMH bei der Winkelberechnung ausnutzen.
- Zerlegen Sie das Dreieck in zwei kongruente rechtwinklige Teildreiecke.
- Berechnen Sie einen geeigneten Innenwinkel eines solchen Teildreiecks und schließen Sie auf die Größe des gesuchten Winkels.
- Alternativ können Sie den Winkel auch mithilfe des Skalarprodukts der den Winkel einschließenden Vektoren berechnen.

Spiegelpunkt von M

- Der Spiegelpunkt liegt auf einer Senkrechten zur Spiegelgeraden und ist vom Schnittpunkt dieser beiden Geraden genauso weit entfernt wie der Originalpunkt.
- Der Schnittpunkt N dieser beiden Geraden ist der Mittelpunkt der quadratischen Deckfläche.
- Sie können die Koordinaten des Spiegelpunktes auch ohne Rechnung durch inhaltliche Überlegungen finden.

Aufgabe d

Gleichungen der Ebene ε

- Um eine Parametergleichung der Ebene aufzustellen, benötigen Sie neben einem festen Punkt zwei nicht parallele Vektoren, die die Ebene aufspannen.
- Verwenden Sie Ergebnisse aus den Teilaufgaben a bis c.
- Um aus der Parametergleichung eine Koordinatengleichung zu entwickeln, müssen Sie die Parameter eliminieren.
- Schreiben Sie dazu die Parametergleichung als Gleichungssystem.
- Ermitteln Sie aus zwei Gleichungen Terme für die Parameter.
- Setzen Sie diese Terme in die dritte Gleichung ein.

Gleichung der Geraden k

- Verwenden Sie einen der Punkte P oder G als festen Punkt der Geraden und z. B. den Vektor $\overrightarrow{PG}$ als Richtungsvektor von k.

Koordinaten des Durchstoßpunktes

- Setzen Sie die Koordinaten der Geradengleichung in die Koordinatenform der Ebenengleichung ein und lösen Sie die entstandene Gleichung nach dem Parameter auf.
- Setzen Sie den Parameterwert in die Gleichung von k ein und bestimmen Sie die Koordinaten des Durchstoßpunktes.

Aufgabe e

- Da der Punkt R auf der Kante $\overline{BF}$ liegt, hat er die Koordinaten R(3; 0; r).
- Die fehlende Koordinate r können Sie durch einen Ansatz über die gleichen Abstände von R zu A bzw. zu H berechnen.
- Die Vektoren $\overrightarrow{AR}$ und $\overrightarrow{HR}$ müssen gleiche Beträge haben.

Lösungen

a) **Koordinaten der Eckpunkte und Darstellung des Quaders**

Die Koordinaten der Eckpunkte des Quaders sind:

A(0; 0; 0), B(3; 0; 0), C(3; 3; 0), D(0; 3; 0)

E(0; 0; 13), F(3; 0; 13), G(3; 3; 13), H(0; 3; 13)

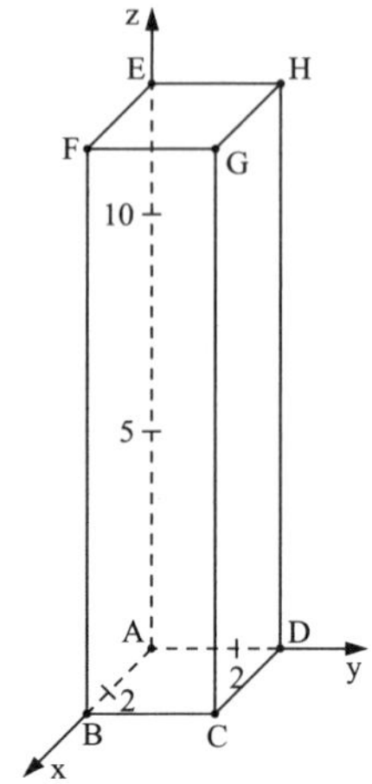

Orthogonalität der Vektoren $\overrightarrow{PM}$ und $\overrightarrow{PB}$

Der Punkt M liegt genau über dem Punkt C und halb so hoch wie der Punkt G über der x-y-Ebene.
Er hat deshalb die Koordinaten

M(3; 3; 6,5).

Wenn der Punkt P auf der Kante $\overline{AE}$ liegt, dann liegt er genau über dem Ursprung des Koordinatensystems.

Aus dem Streckenverhältnis $\overline{AP}:\overline{PE} = 2:11$ kann man entnehmen, dass P zwei Einheiten über der x-y-Ebene liegen muss, weil $\overline{AE} = 13 = 2 + 11$ ist. Damit ergeben sich die Koordinaten für P zu

P(0; 0; 2).

Die Vektoren $\overrightarrow{PM}$ und $\overrightarrow{PB}$ haben also folgende Koordinatendarstellungen:

$$\overrightarrow{PM} = \overrightarrow{OM} - \overrightarrow{OP} = \begin{pmatrix} 3 \\ 3 \\ 6{,}5 \end{pmatrix} - \begin{pmatrix} 0 \\ 0 \\ 2 \end{pmatrix} = \begin{pmatrix} 3 \\ 3 \\ 4{,}5 \end{pmatrix}$$

$$\overrightarrow{PB} = \overrightarrow{OB} - \overrightarrow{OP} = \begin{pmatrix} 3 \\ 0 \\ 0 \end{pmatrix} - \begin{pmatrix} 0 \\ 0 \\ 2 \end{pmatrix} = \begin{pmatrix} 3 \\ 0 \\ -2 \end{pmatrix}$$

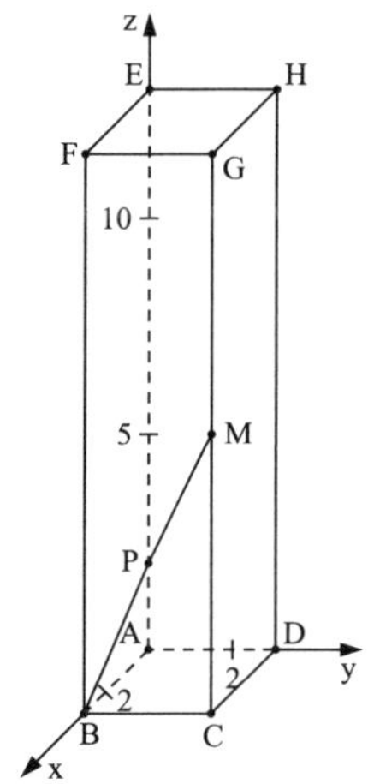

Die beiden Vektoren $\overrightarrow{PM}$ und $\overrightarrow{PB}$ sind orthogonal zueinander, weil ihr Skalarprodukt null ergibt:

$$\overrightarrow{PM} \circ \overrightarrow{PB} = \begin{pmatrix} 3 \\ 3 \\ 4{,}5 \end{pmatrix} \circ \begin{pmatrix} 3 \\ 0 \\ -2 \end{pmatrix}$$

$$= 3 \cdot 3 + 3 \cdot 0 + 4{,}5 \cdot (-2) = 9 - 9 = 0$$

Lösungshinweis für das CAS-Abitur

Die Ortsvektoren der Punkte werden als Variable gespeichert, um mit diesen Variablen zu arbeiten.

$p:=\begin{bmatrix} 0 \\ 0 \\ 2 \end{bmatrix}:m:=\begin{bmatrix} 3 \\ 3 \\ 6.5 \end{bmatrix}:b:=\begin{bmatrix} 3 \\ 0 \\ 0 \end{bmatrix}$	$\begin{bmatrix} 3 \\ 0 \\ 0 \end{bmatrix}$
dotP(m−p,b−p)	0.

b) **Gleichung der Geraden g**

Richtungsvektor:

$$\overrightarrow{BH} = \overrightarrow{OH} - \overrightarrow{OB} = \begin{pmatrix} 0 \\ 3 \\ 13 \end{pmatrix} - \begin{pmatrix} 3 \\ 0 \\ 0 \end{pmatrix} = \begin{pmatrix} -3 \\ 3 \\ 13 \end{pmatrix}$$

$h:=\begin{bmatrix} 0 \\ 3 \\ 13 \end{bmatrix}$	$\begin{bmatrix} 0 \\ 3 \\ 13 \end{bmatrix}$
$h-b$	$\begin{bmatrix} -3 \\ 3 \\ 13 \end{bmatrix}$

Gerade g: $\vec{x} = \overrightarrow{OB} + r \cdot \overrightarrow{BH}$

$$= \begin{pmatrix} 3 \\ 0 \\ 0 \end{pmatrix} + r \cdot \begin{pmatrix} -3 \\ 3 \\ 13 \end{pmatrix} \text{ mit } r \in \mathbb{R}$$

Gleichung der Geraden h

Richtungsvektor:

$$\overrightarrow{MP} = \overrightarrow{OP} - \overrightarrow{OM} = \begin{pmatrix} 0 \\ 0 \\ 2 \end{pmatrix} - \begin{pmatrix} 3 \\ 3 \\ 6{,}5 \end{pmatrix} = \begin{pmatrix} -3 \\ -3 \\ -4{,}5 \end{pmatrix}$$

$$= -1{,}5 \cdot \begin{pmatrix} 2 \\ 2 \\ 3 \end{pmatrix}$$

$p-m$	$\begin{bmatrix} -3 \\ -3 \\ -4.5 \end{bmatrix}$

Wegen der einfacheren Rechnungen wird im Weiteren der Vektor $\begin{pmatrix} 2 \\ 2 \\ 3 \end{pmatrix}$ als Richtungsvektor der Geraden h verwendet.

Gerade h: $\vec{x} = \overrightarrow{OP} + s \cdot \overrightarrow{MP} = \begin{pmatrix} 0 \\ 0 \\ 2 \end{pmatrix} + s \cdot \begin{pmatrix} 2 \\ 2 \\ 3 \end{pmatrix}$ mit $s \in \mathbb{R}$

Gegenseitige Lage der Geraden g und h

Zunächst erfolgt ein Vergleich der Richtungsvektoren von g und h auf Parallelität.

Die Richtungsvektoren $\overrightarrow{BH}$ und $\overrightarrow{MP}$ sind parallel zueinander, wenn es eine reelle Zahl k ($k \neq 0$) gibt, sodass $\overrightarrow{BH} = k \cdot \overrightarrow{MP}$ ist.

$$\begin{pmatrix} -3 \\ 3 \\ 13 \end{pmatrix} = k \cdot \begin{pmatrix} 2 \\ 2 \\ 3 \end{pmatrix} \Rightarrow \begin{array}{l} -3 = 2k \Rightarrow k = -\frac{3}{2} \\ 3 = 2k \Rightarrow k = \frac{3}{2} \\ 13 = 3k \Rightarrow k = \frac{13}{3} \end{array}$$

© Parallelität der Richtungsvektoren	
$(h-b)\ ./\ (p-m)$	$\begin{bmatrix} 1 \\ -1 \\ -2.88889 \end{bmatrix}$

Eine solche reelle Zahl k gibt es in diesem Falle nicht, also sind die Richtungsvektoren $\overrightarrow{BH}$ und $\overrightarrow{MP}$ nicht parallel zueinander.

Die Geraden g und h sind daher entweder windschief zueinander oder sie schneiden sich in einem Punkt S. Um dazu eine Entscheidung zu treffen, wird aus den Geradengleichungen für g und h (siehe oben) durch Gleichsetzen ein lineares Gleichungssystem aufgestellt und dessen Lösungsmenge ermittelt.

(1) $3 - 3r = 0 + 2s$

(2) $0 + 3r = 0 + 2s$

(3) $0 + 13r = 2 + 3s$

© Untersuchung des Gleichungssystems	
solve$(b+r\cdot(h-b)=m+s\cdot(p-m),r,s)$	false

Aus (2) folgt $s = \frac{3}{2}r$. In (1) eingesetzt ergibt dies $3 - 3r = 2 \cdot \frac{3}{2}r$, also $r = \frac{1}{2}$ und $s = \frac{3}{4}$.

Eingesetzt in (3) folgt $13 \cdot \frac{1}{2} = 2 + 3 \cdot \frac{3}{4}$, also $\frac{13}{2} = \frac{17}{4}$.

Dies ist eine falsche Aussage. Das Gleichungssystem hat keine Lösung, also sind die beiden Geraden g und h windschief zueinander.

c) **Begründung für spezielles Dreieck ΔFMH**

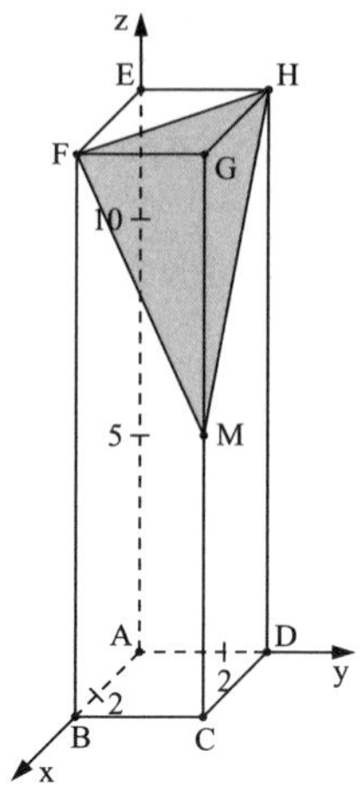

Der Quader ABCDEFGH hat eine quadratische Grund- und Deckfläche. Deshalb sind die Seitenkanten $\overline{FG}$ und $\overline{GH}$ gleich lang. Die Seite $\overline{GM}$ gehört zu beiden Dreiecken ΔFMG und ΔMHG. Außerdem besitzen diese beiden Dreiecke bei G je einen rechten Winkel.
Darum sind nach dem Kongruenzsatz sws die Dreiecke ΔFMG und ΔMHG kongruent.

Deshalb gilt auch $\overline{FM} = \overline{HM}$. Daraus folgt:
Das Dreieck ΔFMH ist gleichschenklig.

Alternativ kann die Gleichheit der beiden Strecken $\overline{FM}$ und $\overline{HM}$ auch rechnerisch nachgewiesen werden:

$$\overrightarrow{FM} = \begin{pmatrix} 3-3 \\ 3-0 \\ 6{,}5-13 \end{pmatrix} = \begin{pmatrix} 0 \\ 3 \\ -6{,}5 \end{pmatrix}$$

$$\Rightarrow \quad |\overrightarrow{FM}| = \sqrt{0^2 + 3^2 + (-6{,}5)^2} = \frac{\sqrt{205}}{2} \approx 7{,}16 \text{ m}$$

$$\overrightarrow{HM} = \begin{pmatrix} 3-0 \\ 3-3 \\ 6{,}5-13 \end{pmatrix} = \begin{pmatrix} 3 \\ 0 \\ -6{,}5 \end{pmatrix}$$

$$\Rightarrow \quad |\overrightarrow{HM}| = \sqrt{3^2 + 0^2 + (-6{,}5)^2} = \frac{\sqrt{205}}{2} \approx 7{,}16 \text{ m}$$

```
f:=[3; 0; 13]                 [3; 0; 13]
norm(m-f)=norm(m-h)           true
```

Größe des Innenwinkels HMF

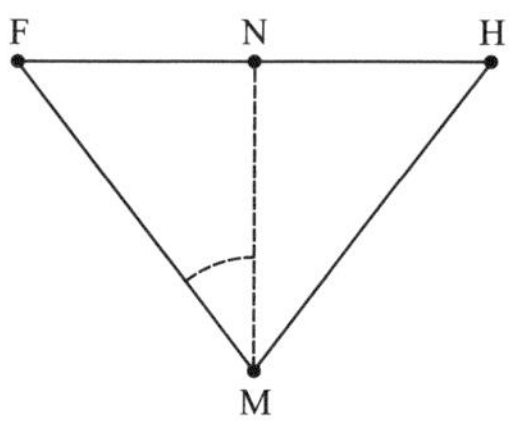

Der Mittelpunkt N der Seite $\overline{FH}$ zerlegt das gleichschenklige Dreieck ΔFMH in zwei kongruente rechtwinklige Teildreiecke ΔFMN und ΔNMH.
Im Dreieck ΔFMN gilt:

$$\sin(\measuredangle FMN) = \frac{\overline{FN}}{\overline{FM}}$$

Da $\overline{FH}$ die Diagonale im Quadrat EFGH mit der Seitenlänge 3 LE ist, folgt:

$$\overline{FN} = \frac{1}{2} \cdot \overline{FH} = \frac{1}{2} \cdot \sqrt{2} \cdot 3 \text{ m}$$

Die Länge der Seite $\overline{FM}$ wurde weiter oben bereits berechnet:

$$\overline{FM} = \frac{\sqrt{205}}{2} \text{ m}$$

Somit gilt:

$$\sin(\measuredangle FMN) = \frac{\frac{1}{2} \cdot \sqrt{2} \cdot 3}{\frac{\sqrt{205}}{2}} = \frac{3 \cdot \sqrt{2}}{\sqrt{205}} \approx 0{,}2963 \quad \Rightarrow \quad \measuredangle FMN \approx 17{,}237°$$

Der gesuchte Winkel $\measuredangle$ HMF ist wegen der Achsensymmetrie des Dreiecks ΔFHM doppelt so groß:

$\underline{\underline{\measuredangle FMH \approx 34{,}47°}}$

Alternativ kann die Berechnung des gesuchten Winkels auch über das Skalarprodukt erfolgen:

$$\cos(\measuredangle \text{FMH}) = \left|\frac{\overrightarrow{\text{MF}} \circ \overrightarrow{\text{MH}}}{\left|\overrightarrow{\text{MF}}\right| \cdot \left|\overrightarrow{\text{MH}}\right|}\right| = \left|\frac{\begin{pmatrix}0\\-3\\6{,}5\end{pmatrix} \circ \begin{pmatrix}-3\\0\\6{,}5\end{pmatrix}}{\sqrt{0^2+(-3)^2+6{,}5^2} \cdot \sqrt{(-3)^2+0^2+6{,}5^2}}\right| = \left|\frac{\frac{169}{4}}{\frac{205}{4}}\right|$$

$$= \frac{169}{205} \approx 0{,}8244 \quad \Rightarrow \quad \underline{\underline{\measuredangle \text{FMH} \approx 34{,}47^\circ}}$$

Lösungshinweis für das CAS-Abitur

Der Winkel sollte im Gradmaß angegeben werden.

$\left\lvert\frac{\text{dotP}(f-m,h-m)}{\text{norm}(f-m)\cdot\text{norm}(h-m)}\right\rvert$	0.82439
$\frac{\cos^{-1}(0.82439024390244)}{1°}$	34.4733

Spiegelpunkt von M

Weil die Deckfläche EFGH ein Quadrat ist und M auf der Seitenkante $\overline{\text{CG}}$ liegt, ist der Vektor $\overrightarrow{\text{MN}}$ senkrecht zur Spiegelgeraden durch F und H.

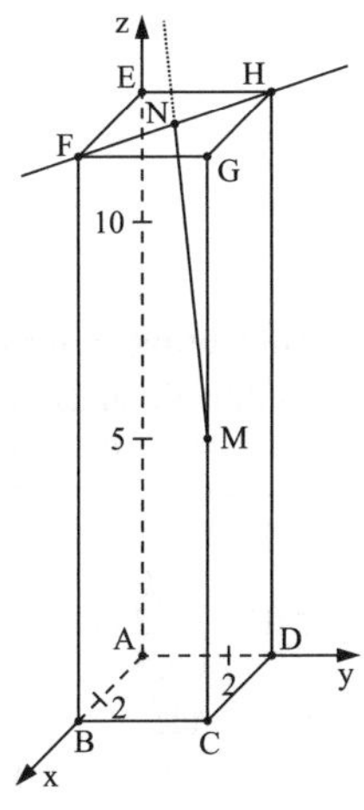

Vergleichen Sie dazu die Überlegungen zu den speziellen Eigenschaften des Dreiecks ΔFMH.

Weil außerdem Original- und Spiegelpunkt gleiche Abstände zur Spiegelgeraden haben, ergeben sich die Koordinaten des Spiegelpunktes M_1 durch $\overrightarrow{\text{OM}_1} = \overrightarrow{\text{ON}} + \overrightarrow{\text{MN}}$.

Der Mittelpunkt N der Strecke $\overline{\text{FH}}$ hat die Koordinaten $\text{N}\left(\frac{3+0}{2}; \frac{0+3}{2}; \frac{13+13}{2}\right)$, also $\text{N}\left(\frac{3}{2}; \frac{3}{2}; 13\right)$.

Damit folgt:

$$\overrightarrow{\text{OM}_1} = \begin{pmatrix}\frac{3}{2}\\\frac{3}{2}\\13\end{pmatrix} + \begin{pmatrix}\frac{3}{2}-3\\\frac{3}{2}-3\\13-\frac{13}{2}\end{pmatrix} = \begin{pmatrix}0\\0\\\frac{39}{2}\end{pmatrix}$$

Der Spiegelpunkt hat die Koordinaten $\underline{\underline{\text{M}_1\left(0; 0; \frac{39}{2}\right)}}$.

Lösungshinweis für das CAS-Abitur

Die Ortsvektoren der Punkte werden als Variable gespeichert, um mit diesen Variablen zu arbeiten.

$g:=\begin{bmatrix}3\\3\\13\end{bmatrix}:n:=\frac{f+h}{2}$	$\begin{bmatrix}\frac{3}{2}\\\frac{3}{2}\\13\end{bmatrix}$
$n+n-m$	$\begin{bmatrix}0\\0\\19.5\end{bmatrix}$

Alternative Lösung durch inhaltliche Überlegungen:
Die Gerade, auf der der Spiegelpunkt M_1 liegt, geht durch die Punkte M und N, wobei N der Mittelpunkt der Strecke $\overline{FH}$ ist.

Der Spiegelpunkt muss außerdem auf der Verlängerung der Kante $\overline{AE}$ über E hinaus liegen, denn die Spiegelung von M an der Geraden durch die Punkte F und H ist gleichbedeutend mit einer Drehung des Dreiecks ΔNMG um 180° um den Punkt N.

Weil die Deckfläche EFGH ein Quadrat ist, kommt dabei der Punkt G mit dem Punkt E zur Deckung und der Punkt M geht in den Spiegelpunkt M_1 über.

M_1 ist dann von E genauso weit entfernt wie M von G, nämlich 6,5 m.

Die Koordinaten von M_1 lauten also $\underline{\underline{M_1(0;0;19{,}5)}}$.

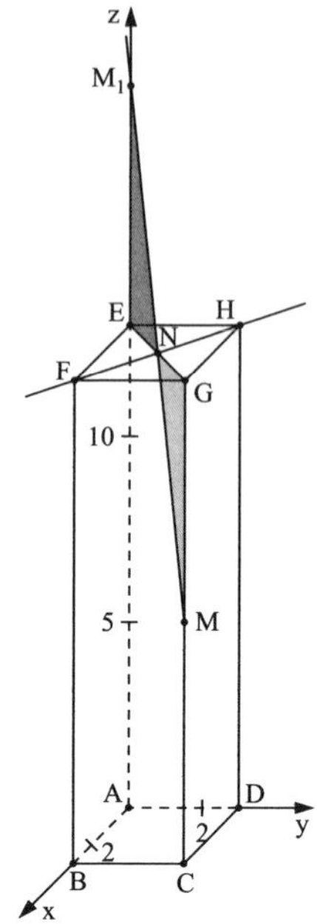

d) **Gleichungen der Ebene ε**

Für die Parametergleichung der Ebene ε kann als fester Punkt zum Beispiel der Punkt M(3; 3; 6,5) gewählt werden. Als Spannvektoren werden die in Teilaufgabe c bereits ermittelten Vektoren

$$\overrightarrow{MF} = \begin{pmatrix} 0 \\ -3 \\ 6{,}5 \end{pmatrix} \text{ und } \overrightarrow{MH} = \begin{pmatrix} -3 \\ 0 \\ 6{,}5 \end{pmatrix}$$

verwendet:

$$\varepsilon\colon\ \vec{x} = \overrightarrow{OM} + r \cdot \overrightarrow{MF} + s \cdot \overrightarrow{MH} \text{ mit } r, s \in \mathbb{R}$$

$$\varepsilon\colon\ \vec{x} = \begin{pmatrix} 3 \\ 3 \\ 6{,}5 \end{pmatrix} + r \cdot \begin{pmatrix} 0 \\ -3 \\ 6{,}5 \end{pmatrix} + s \cdot \begin{pmatrix} -3 \\ 0 \\ 6{,}5 \end{pmatrix} \text{ mit } r, s \in \mathbb{R}$$

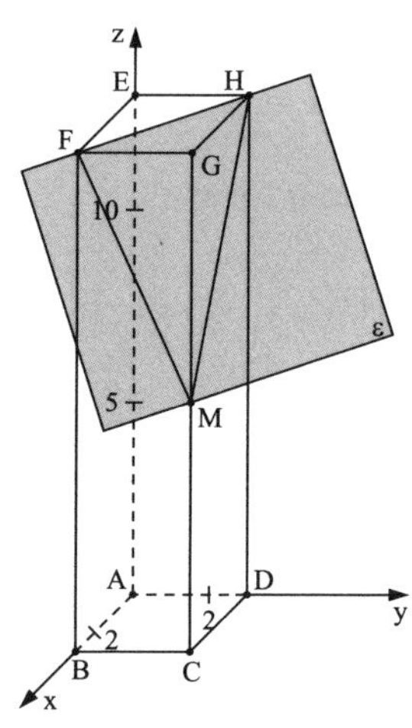

© Gleichung der Ebene ε	
$m+r\cdot(f-m)+s\cdot(h-m)$	$\begin{bmatrix} 3-3\cdot s \\ 3-3\cdot r \\ 6.5\cdot r+6.5\cdot s+6.5 \end{bmatrix}$

Zeilenweise aufgeschrieben, ist auch das folgende Gleichungssystem eine Parameterdarstellung der Ebene ε:

(1) $x = 3 \qquad\qquad - 3s$

(2) $y = 3 - \quad 3r$

(3) $z = 6{,}5 + 6{,}5r + 6{,}5s$

Um diese Gleichung parameterfrei zu bekommen, werden die Gleichungen (1) und (2) nach r bzw. s umgestellt:

$$s = \frac{3-x}{3} \text{ und } r = \frac{3-y}{3}$$

Die Ergebnisse werden in (3) eingesetzt und dabei wird der Dezimalbruch 6,5 durch $\frac{13}{2}$ ersetzt:

$$z = \frac{13}{2} + \frac{13}{2} \cdot \frac{3-y}{3} + \frac{13}{2} \cdot \frac{3-x}{3} \qquad | \cdot 6$$

$$6z = 39 + 39 - 13y + 39 - 13x \qquad | \text{zusammenfassen und ordnen}$$

$$13x + 13y + 6z = 117$$

Dies ist eine Koordinatengleichung der Ebene ε.

Lösungshinweise für das CAS-Abitur

Das Gleichungssystem wird nach r und s aufgelöst.

Der markierte Teil entspricht der Koordinatengleichung.

$$\text{solve}\left(\begin{cases} x=3-3\cdot s \\ y=3-3\cdot r \\ z=\frac{13}{2}\cdot r+\frac{13}{2}\cdot s+\frac{13}{2} \end{cases}, r, s\right)$$

$$s=\frac{13\cdot y+6\cdot(z-13)}{39} \text{ and } x=\frac{-(13\cdot y+3\cdot(2\cdot z-39))}{13}$$

Der markierte Teil wird in die Eingabezeile kopiert, um die Gleichung zu vereinfachen.

$$\left(x=\frac{-(13\cdot y+3\cdot(2\cdot z-39))}{13}\right)\cdot 13$$

$$13\cdot x=-(13\cdot y+3\cdot(2\cdot z-39))$$

$$\text{expand}(13\cdot x=-(13\cdot y+3\cdot(2\cdot z-39)))$$

$$13\cdot x=-13\cdot y-6\cdot z+117$$

Alternativ kann die Koordinatengleichung auch über das Vektorprodukt bestimmt werden. Ein Normalenvektor ist z. B.:

$$\vec{n} = \overrightarrow{MF} \times \overrightarrow{MH} = \begin{pmatrix} 0 \\ -3 \\ 6{,}5 \end{pmatrix} \times \begin{pmatrix} -3 \\ 0 \\ 6{,}5 \end{pmatrix} = \begin{pmatrix} -19{,}5 \\ -19{,}5 \\ -9 \end{pmatrix}$$

$$\text{crossP}(f-m, h-m) \quad \begin{bmatrix} -19.5 \\ -19.5 \\ -9 \end{bmatrix}$$

Für die Koordinatengleichung gilt dann:

$$\vec{n} \circ (\vec{x} - \overrightarrow{OM}) = 0$$

$$\begin{pmatrix} -19{,}5 \\ -19{,}5 \\ -9 \end{pmatrix} \circ \left[\begin{pmatrix} x \\ y \\ z \end{pmatrix} - \begin{pmatrix} 3 \\ 3 \\ 6{,}5 \end{pmatrix}\right] = 0$$

$$-19{,}5x - 19{,}5y - 9z + 175{,}5 = 0 \qquad | \cdot \left(-\tfrac{2}{3}\right)$$

$$13x + 13y + 6z = 117$$

$$\text{dotP}\left(\begin{bmatrix} -19.5 \\ -19.5 \\ -9 \end{bmatrix}, \begin{bmatrix} x \\ y \\ z \end{bmatrix} - m\right)$$

$$-19.5\cdot x-19.5\cdot y-9\cdot z+175.5$$

Das ist dieselbe Koordinatengleichung wie oben.

Gleichung der Geraden k

Mit P als Aufpunkt (festem Punkt) der Geradengleichung und $\overrightarrow{PG}$ als Richtungsvektor lautet die Geradengleichung von k:

$\vec{x} = \overrightarrow{OP} + t \cdot \overrightarrow{PG}$ mit $t \in \mathbb{R}$

$$\vec{x} = \begin{pmatrix} 0 \\ 0 \\ 2 \end{pmatrix} + t \cdot \begin{pmatrix} 3 \\ 3 \\ 11 \end{pmatrix} \text{ mit } t \in \mathbb{R}$$

$p+t\cdot(g-p) \quad \begin{bmatrix} 3\cdot t \\ 3\cdot t \\ 11\cdot t+2 \end{bmatrix}$

Koordinaten des Durchstoßpunktes

Die Koordinaten der Geradengleichung werden in die Koordinatenform der Ebenengleichung eingesetzt:

$$13 \cdot (0+3t) + 13 \cdot (0+3t) + 6 \cdot (2+11t) = 117$$

Die Gleichung wird nach t aufgelöst:

$$39t + 39t + 12 + 66t = 117$$
$$144t = 105$$
$$t = \frac{105}{144} = \frac{35}{48}$$

$\text{solve}(13\cdot 3\cdot t+13\cdot 3\cdot t+6\cdot(11\cdot t+2)=117,t) \quad t=\frac{35}{48}$

Dieser Wert wird in die Gleichung der Geraden k eingesetzt:

$$\vec{x} = \begin{pmatrix} 0 \\ 0 \\ 2 \end{pmatrix} + \frac{35}{48} \cdot \begin{pmatrix} 3 \\ 3 \\ 11 \end{pmatrix} = \begin{pmatrix} \frac{35}{16} \\ \frac{35}{16} \\ \frac{481}{48} \end{pmatrix} \approx \begin{pmatrix} 2{,}1875 \\ 2{,}1875 \\ 10{,}0208 \end{pmatrix}$$

$\begin{bmatrix} 3\cdot t \\ 3\cdot t \\ 11\cdot t+2 \end{bmatrix} \Big| t=\frac{35}{48} \quad \begin{bmatrix} \frac{35}{16} \\ \frac{35}{16} \\ \frac{481}{48} \end{bmatrix}$

Der Durchstoßpunkt Q hat die Koordinaten $Q\left(\frac{35}{16}; \frac{35}{16}; \frac{481}{48}\right)$.

e) Der Punkt R hat die Koordinaten R(3; 0; r) mit $0 < r < 13$.
Der Punkt H ist gegeben durch H(0; 3; 13) und der Ursprung durch O(0; 0; 0), wobei O = A.

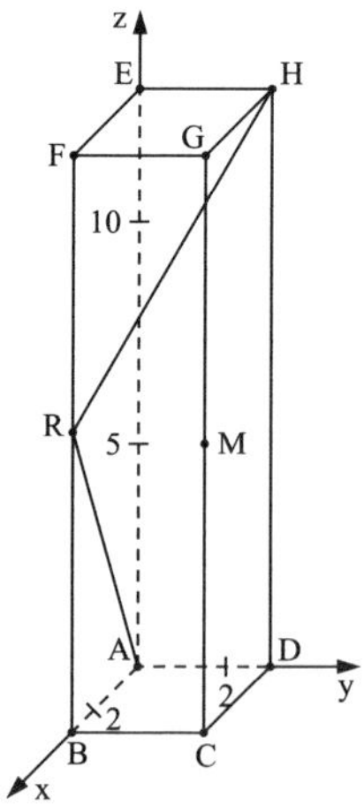

Damit ergibt sich für den Vektor $\overrightarrow{AR}$:

$$\overrightarrow{AR} = \begin{pmatrix} 3 \\ 0 \\ r \end{pmatrix} \text{ und}$$

$$|\overrightarrow{AR}| = \sqrt{9 + r^2} \text{ mit } 0 < r < 13$$

Für den Vektor $\overrightarrow{HR}$ gilt:

$$\overrightarrow{HR} = \begin{pmatrix} 3 \\ -3 \\ r-13 \end{pmatrix} \text{ und}$$

$$|\overrightarrow{HR}| = \sqrt{3^2 + (-3)^2 + (r-13)^2} = \sqrt{r^2 - 26r + 187} \text{ mit } 0 < r < 13$$

Wegen $|\overrightarrow{AR}| = |\overrightarrow{HR}|$ ist:

$$\sqrt{9+r^2} = \sqrt{r^2-26r+187} \qquad |\text{quadrieren (Auf Scheinlösungen achten!)}$$

$$9+r^2 = r^2-26r+187 \qquad |-r^2$$

$$r = \frac{178}{26} = \frac{89}{13}$$

Probe wegen möglicher Scheinlösungen:

$$\overrightarrow{AR} = \begin{pmatrix} 3 \\ 0 \\ \frac{89}{13} \end{pmatrix} \text{ und } |\overrightarrow{AR}| = \sqrt{9+\left(\frac{89}{13}\right)^2} = \frac{\sqrt{9442}}{13} \approx 7{,}47$$

$$\overrightarrow{HR} = \begin{pmatrix} 3 \\ -3 \\ \frac{89}{13}-13 \end{pmatrix} = \begin{pmatrix} 3 \\ -3 \\ -\frac{80}{13} \end{pmatrix} \text{ und } |\overrightarrow{HR}| = \sqrt{3^2+(-3)^2+\left(-\frac{80}{13}\right)^2} = \frac{\sqrt{9442}}{13} \approx 7{,}47$$

Der Punkt R hat die Koordinaten $\underline{\underline{R\left(3;\, 0;\, \frac{89}{13}\right)}}$.

Lösungshinweise für das CAS-Abitur

Bei der Definition des Ortsvektors von R(3; 0; r) muss ggf. darauf geachtet werden, dass keine zirkuläre Definition entsteht, weil der TI-Nspire bei Variablen nicht zwischen Klein- und Großbuchstaben unterscheidet. Eine Umbenennung ist deshalb zweckmäßig, z. B. so: R(3; 0; z)

$a:=\begin{bmatrix} 0 \\ 0 \\ 0 \end{bmatrix}:r:=\begin{bmatrix} 3 \\ 0 \\ z \end{bmatrix}$	$\begin{bmatrix} 3 \\ 0 \\ z \end{bmatrix}$
solve(norm(r−a)=norm(r−h),z)	$z=\frac{89}{13}$

Kernfach Mathematik (Thüringen): Abiturprüfung 2011
Aufgabe B2: Stochastik

Zwanzig ehemalige Auszubildende (Azubis) treffen sich im Ausbildungsbetrieb. Acht von ihnen haben die Lehre in zwei Jahren erfolgreich abgeschlossen, neun in drei Jahren. Die restlichen Azubis haben die Lehre abgebrochen.

Die Kellnerin bringt ihnen die ersten sechs Sektgläser.

a) Berechnen Sie die Wahrscheinlichkeiten der Ereignisse.
   A := „Das erste Glas bekommt jemand, der die Lehre nach zwei Jahren erfolgreich abgeschlossen hat."
   B := „Das erste Glas bekommt jemand, der die Lehre erfolgreich abgeschlossen hat."
   C := „Das zweite Glas ist das erste, das an einen Abbrecher geht."
   D := „Spätestens das dritte Glas geht an einen Abbrecher."
   E := „Alle sechs Gläser gehen an ehemalige Azubis, die die Lehre in zwei Jahren geschafft haben."
   F := „Unter denen, die die sechs Gläser bekommen, sind alle drei Abbrecher." (7 BE)

b) Der Ausbilder berichtet stolz, dass nur noch 10 % seiner Azubis die Lehre abbrechen.
   Mit welcher Wahrscheinlichkeit schließen die nächsten fünf Azubis die Lehre erfolgreich ab?
   Mit welcher Wahrscheinlichkeit schließen mindestens vier der nächsten fünf Azubis die Lehre erfolgreich ab?
   Der Ausbilder stellt fest, dass unter den diesjährigen 25 Azubis auch wieder Mädchen sind. Die Wahrscheinlichkeit, bei zufälliger Wahl zweier Azubis nur Mädchen zu wählen, beträgt 0,05.
   Berechnen Sie die Anzahl der Mädchen unter den diesjährigen Azubis. (4 BE)

c) Nach dem Anstoßen erinnert einer der ehemaligen Azubis an ein Prüfverfahren für Werkstücke. Von diesem Verfahren wurden 90 % der fehlerhaften Werkstücke als solche erkannt, jedoch wurden auch 5 % der fehlerfreien Werkstücke fälschlicherweise als fehlerhaft aussortiert. Die Wahrscheinlichkeit, dass ein als fehlerhaft eingestuftes Werkstück auch tatsächlich fehlerhaft war, betrug $\frac{18}{67}$.
   Wie viel Prozent der geprüften Werkstücke waren fehlerhaft? (4 BE)

d) Der Firmeninhaber meint, dass nur 2 % der Werkstücke fehlerhaft sind. Einer der ehemaligen Azubis, der übernommen wurde, vermutet jedoch, dass sich der Anteil auf 3 % erhöht hat. Die ehemaligen Azubis wollen einen Prüfplan erstellen, der folgende Eigenschaften haben soll:
   (1) Es werden 1500 Werkstücke überprüft.
   (2) Die Meinung des Firmeninhabers trifft zu, aber seine Hypothese wird dennoch mit Wahrscheinlichkeit kleiner als 5 % abgelehnt.
   Geben Sie einen solchen Prüfplan an.
   Bestimmen Sie ferner die sich aus diesem Prüfplan ergebende Wahrscheinlichkeit dafür, dass die Vermutung des ehemaligen Azubis wahr ist, sie aber abgelehnt wird. (5 BE)

(20 BE)

Binomialverteilung

n	k	p = 0,01 B(n; p; k)	p = 0,01 $\sum_{i=0}^{k} B(n;p;i)$	p = 0,02 B(n; p; k)	p = 0,02 $\sum_{i=0}^{k} B(n;p;i)$	p = 0,03 B(n; p; k)	p = 0,03 $\sum_{i=0}^{k} B(n;p;i)$	p = 0,04 B(n; p; k)	p = 0,04 $\sum_{i=0}^{k} B(n;p;i)$
1500	0	0	0	0	0	0	0	0	0
	1	0	0	0	0	0	0	0	0
	2	0	0	0	0	0	0	0	0
	3	0,0002	0,0002	0	0	0	0	0	0
	4	0,0006	0,0008	0	0	0	0	0	0
	5	0,0019	0,0027	0	0	0	0	0	0
	6	0,0047	0,0074	0	0	0	0	0	0
	7	0,0102	0,0176	0	0	0	0	0	0
	8	0,0192	0,0368	0	0	0	0	0	0
	9	0,0321	0,0689	0	0	0	0	0	0
	10	0,0484	0,1172	0	0	0	0	0	0
	11	0,0662	0,1834	0	0,0001	0	0	0	0
	12	0,0829	0,2664	0,0001	0,0001	0	0	0	0
	13	0,0959	0,3623	0,0002	0,0004	0	0	0	0
	14	0,1029	0,4651	0,0005	0,0008	0	0	0	0
	15	0,1030	0,5681	0,0010	0,0018	0	0	0	0
	16	0,0965	0,6646	0,0018	0,0036	0	0	0	0
	17	0,0851	0,7497	0,0032	0,0068	0	0	0	0
	18	0,0708	0,8205	0,0054	0,0123	0	0	0	0
	19	0,0558	0,8763	0,0086	0,0209	0	0	0	0
	20	0,0417	0,9181	0,0131	0,0339	0	0	0	0
	21	0,0297	0,9478	0,0188	0,0527	0	0	0	0
	22	0,0202	0,9680	0,0258	0,0785	0,0001	0,0001	0	0
	23	0,0131	0,9811	0,0338	0,1122	0,0001	0,0002	0	0
	24	0,0081	0,9892	0,0424	0,1547	0,0002	0,0004	0	0
	25	0,0049	0,9941	0,0511	0,2058	0,0003	0,0007	0	0
	26	0,0028	0,9968	0,0592	0,2650	0,0006	0,0013	0	0
	27	0,0015	0,9984	0,0659	0,3309	0,0010	0,0024	0	0
	28	0,0008	0,9992	0,0708	0,4017	0,0017	0,0040	0	0
	29	0,0004	0,9996	0,0733	0,4750	0,0026	0,0067	0	0
	30	0,0002	0,9998	0,0734	0,5484	0,0040	0,0107	0	0
	31	0,0001	0,9999	0,0710	0,6194	0,0058	0,0165	0	0
	32	0	1	0,0665	0,6859	0,0083	0,0248	0	0
	33	0	1	0,0604	0,7463	0,0114	0,0362	0	0,0001
	34	0	1	0,0532	0,7995	0,0152	0,0514	0,0001	0,0001
	35	0	1	0,0455	0,8449	0,0197	0,0712	0,0001	0,0003
	36	0	1	0,0378	0,8827	0,0248	0,0960	0,0002	0,0005
	37	0	1	0,0305	0,9131	0,0304	0,1264	0,0003	0,0008
	38	0	1	0,0240	0,9371	0,0362	0,1626	0,0005	0,0013
	39	0	1	0,0183	0,9554	0,0420	0,2045	0,0008	0,0022
	40	0	1	0,0137	0,9691	0,0474	0,2519	0,0013	0,0034
	41	0	1	0,0099	0,9790	0,0522	0,3041	0,0019	0,0053
	42	0	1	0,0070	0,9860	0,0561	0,3602	0,0027	0,0080
	43	0	1	0,0049	0,9909	0,0588	0,4190	0,0038	0,0119
	44	0	1	0,0033	0,9942	0,0602	0,4793	0,0053	0,0172
	45	0	1	0,0022	0,9964	0,0603	0,5395	0,0071	0,0243
	46	0	1	0,0014	0,9978	0,0590	0,5985	0,0094	0,0337
	47	0	1	0,0009	0,9987	0,0564	0,6549	0,0121	0,0459
	48	0	1	0,0005	0,9992	0,0528	0,7077	0,0153	0,0612
	49	0	1	0,0003	0,9995	0,0484	0,7561	0,0189	0,0801
	50	0	1	0,0002	0,9997	0,0434	0,7996	0,0229	0,1030

Hinweise und Tipps

Aufgabe a

Bestimmen Sie die gesuchten Wahrscheinlichkeiten unter den beiden Modellannahmen, dass
- jeder höchstens ein Glas erhält und dass
- jeder, der noch ohne Glas ist, mit derselben Wahrscheinlichkeit das nächste Glas erhält.

Das Verteilen der sechs Gläser ist somit als ein sechsstufiges Zufallsexperiment modellierbar, bei dem die Wahrscheinlichkeiten auf jeder Stufe nach der Laplace-Regel zu berechnen sind. Um die gesuchten Wahrscheinlichkeiten zu ermitteln, können Teile eines sechsstufigen Baumdiagramms hilfreich sein, das auf jeder Stufe die drei Verzweigungen A2, A3 und Aa besitzt.

Die Wahrscheinlichkeiten P(A) und P(B) können der ersten Stufe des „umfassenden" Baumdiagramms entnommen werden.

P(C) ist den Pfadwahrscheinlichkeiten mit den ersten zwei Stufen des „umfassenden" Baumdiagramms zu entnehmen.

P(D) kann den Pfadwahrscheinlichkeiten mit den ersten drei Stufen entnommen werden. Besonders rationell ist, wenn Sie dabei das Gegenereignis $\overline{D}$ betrachten.
Einen anderen Zugang zur Ermittlung von P(D) bietet die sogenannte „Lottoformel".

Für P(E) und P(F) benötigen Sie alle sechs Stufen des Baumdiagramms.
Auch hier lassen sich beide Wahrscheinlichkeiten mit der „Lottoformel" berechnen.

Aufgabe b

Betrachten Sie das Abbrechen der Lehre für jeden Azubi jeweils als ein Bernoulli-Experiment mit der Erfolgswahrscheinlichkeit p, indem Sie die im Aufgabentext gegebenen 10 % als $1-p=0{,}10$ interpretieren.

Die zufällige Anzahl X_n der „Erfolgreichen" unter n Azubis ist binomialverteilt mit den Parametern n und p.

Betrachten Sie die zufällige Auswahl zweier Mädchen als ein zweimaliges Losen „ohne Zurücklegen".

Den Ansatz zur gegebenen Wahrscheinlichkeit können Sie über ein zweistufiges Baumdiagramm oder über die „Lottoformel" $\frac{\binom{M}{m}\cdot\binom{N-M}{n-m}}{\binom{N}{n}}$ herleiten.

Aufgabe c

Lösen Sie diese Aufgabe unter der Modellannahme, dass jedes fehlerhafte Werkstück mit der Wahrscheinlichkeit $p=0{,}90$ als fehlerhaft eingestuft und jedes fehlerfreie Werkstück mit der Wahrscheinlichkeit $q=0{,}05$ als fehlerhaft eingestuft wird.

Das zu betrachtende Zufallsexperiment lässt sich in einem zweistufigen Baumdiagramm veranschaulichen, wobei die Übergangswahrscheinlichkeiten auf der zweiten Stufe durch die bedingten Wahrscheinlichkeiten p und q beschrieben werden.

Die gegebene bedingte Wahrscheinlichkeit $\frac{18}{67}$ lässt sich aufgrund der Definition
$P_B(A)=\frac{P(A\cap B)}{P(B)}$ mithilfe von p und q sowie der unbekannten Wahrscheinlichkeit
$x := P($„das Werkstück wird fehlerhaft produziert"$)$ darstellen.

Die nun über eine lineare Gleichung zu berechnende Wahrscheinlichkeit x gibt den zu *erwartenden* Prozentsatz fehlerhaft produzierter Werkstücke an. Der *tatsächliche* Prozentsatz kann aufgrund der gegebenen Daten nicht ermittelt werden.

Aufgabe d

Erstellen Sie den Prüfplan unter der abgeänderten Eigenschaft (2): *Wenn* die Meinung des Firmeninhabers zutrifft, wird seine Hypothese mit einer Wahrscheinlichkeit kleiner als 0,05 abgelehnt. („Die Meinung des Firmeninhabers trifft zu …" erübrigt das Aufstellen eines Prüfplanes.)

Konstruieren Sie einen Alternativtest mit der Nullhypothese $p = 0{,}02$ und der Gegenhypothese $p = 0{,}03$ sowie einem Stichprobenumfang von $n = 1500$ und einem Signifikanzniveau $\alpha < 0{,}05$.

Wählen Sie als binomialverteilte Testgröße X die zufällige Anzahl der fehlerhaften Werkstücke unter den geprüften.

Wählen Sie als Ablehnungsbereich $\overline{A}$ die Werte von X, die gegen H_0 und damit für H_1 sprechen.

Der Fehler 1. Art tritt auf, wenn H_0 wahr ist, aber aufgrund des Testergebnisses abgelehnt wird. Seine Fehlerwahrscheinlichkeit soll kleiner als 0,05 sein.

Ermitteln Sie den Ablehnungsbereich $\overline{A} = \{k; k+1; \ldots; 1500\}$ so, dass $B_{1500;\,0{,}02}(X \geq k) < 0{,}05$ gilt.

Als abschließend zu bestimmende Wahrscheinlichkeit ist die Wahrscheinlichkeit für einen Fehler 2. Art und damit die bedingte Wahrscheinlichkeit $P_{p=0{,}03}(X \in A)$ gemeint.

Die unbedingte Wahrscheinlichkeit, dass die Vermutung $p = 0{,}03$ wahr ist, sie aber abgelehnt wird, ist aufgrund eines Alternativtests nicht zu berechnen.

Lösungen

Modellannahme: Dem Verteilen der sechs Gläser entspricht das sechsmalige Ziehen jeweils genau einer Kugel „auf gut Glück“ und ohne Zurücklegen. Zu Beginn befinden sich in der Urne genau 20 Kugeln (acht A2-Kugeln und neun A3-Kugeln für die Azubis, die nach zwei bzw. drei Jahren ihre Lehre erfolgreich abgeschlossen haben, sowie drei Aa-Kugeln für die Azubis, die ihre Lehre abgebrochen haben).

a) **Wahrscheinlichkeiten P(A) und P(B)**

$$P(A)=\frac{8}{20}=0{,}4$$

$$P(B)=\frac{8}{20}+\frac{9}{20}=\frac{17}{20}=0{,}85$$

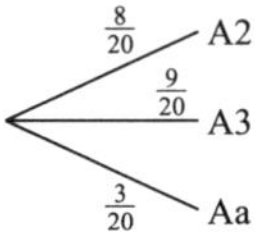

Wahrscheinlichkeit P(C)

$$P(C)=\frac{8}{20}\cdot\frac{3}{19}+\frac{9}{20}\cdot\frac{3}{19}=\frac{51}{380}\approx 0{,}13$$

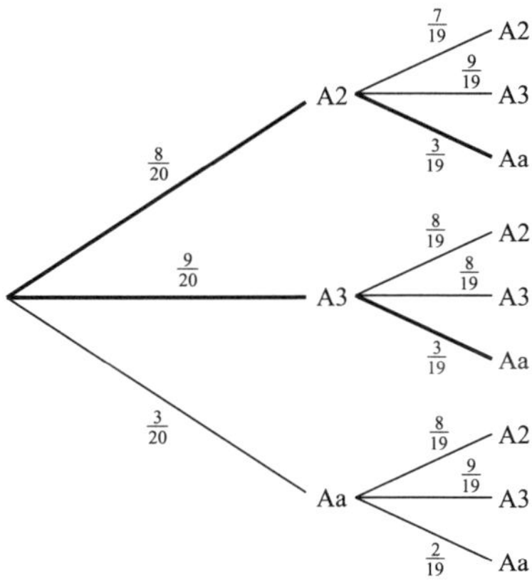

Wahrscheinlichkeit P(D)

Lösungsweg 1:

Da für das Ereignis D nur die ersten drei Stufen des Zufallsexperiments von Interesse sind und auf jeder dieser Stufen nur beobachtet werden muss, ob entweder ein „Abbrecher“ (Aa) oder ein „Nichtabbrecher“ ($\overline{\text{Aa}}$) das jeweilige Glas erhält, lässt sich ein vereinfachtes (dreistufiges) Baumdiagramm mit nur jeweils zwei Verzweigungen nutzen.

$$P(D)=\frac{17}{20}\cdot\frac{16}{19}\cdot\frac{3}{18}+\frac{17}{20}\cdot\frac{3}{19}+\frac{3}{20}=\frac{23}{57}\approx 0{,}40$$

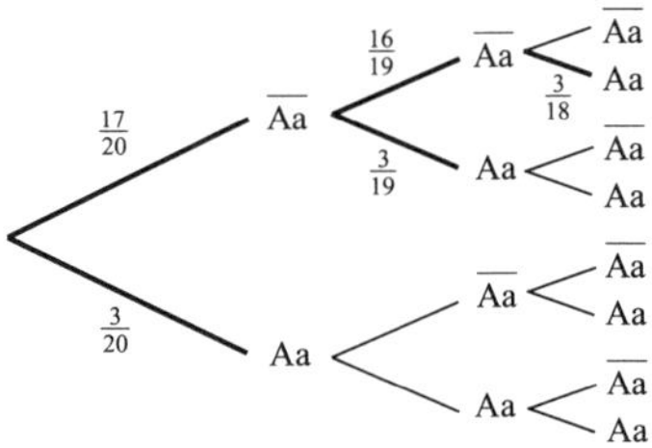

Lösungsweg 2:

Zu dem Gegenereignis $\overline{D}$ = „die ersten drei Gläser erhalten ‚Nichtabbrecher' " führt nur ein einziger Pfad.

$$P(D) = 1 - P(\overline{D}) = 1 - \frac{17}{20} \cdot \frac{16}{19} \cdot \frac{15}{18} = \underline{\underline{\frac{23}{57}}} \approx 0{,}40$$

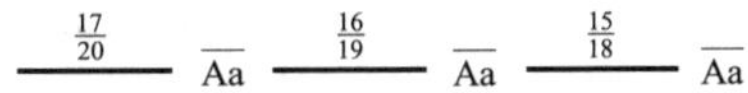

Lösungsweg 3:

Um P(D) zu berechnen, kann das (auf die ersten drei Stufen reduzierte) Zufallsexperiment auch durch folgendes Urnenmodell beschrieben werden: Einer Urne mit 20 Kugeln (3 Abbrecher-Kugeln und 17 Nichtabbrecher-Kugeln) werden „auf gut Glück" und mit einem Griff (d. h. ohne Zurücklegen und ohne Beachtung der Reihenfolge) genau drei Kugeln entnommen.

P(D) = P(„unter den drei Kugeln ist mindestens eine Abbrecher-Kugel")

= 1 – P($\overline{D}$) = 1 – P(„alle drei Kugeln sind Nichtabbrecher-Kugeln")

$$= 1 - \frac{\binom{17}{3} \cdot \binom{3}{0}}{\binom{20}{3}}$$ nach der „Lottoformel"

$$= \underline{\underline{\frac{23}{57}}} \approx 0{,}40$$

Wahrscheinlichkeit P(E)

Lösungsweg 1:

Nur ein Pfad des sechsstufigen Ausgangsbaumdiagramms stellt das Ereignis E dar.

$$P(E) = \frac{8}{20} \cdot \frac{7}{19} \cdot \frac{6}{18} \cdot \frac{5}{17} \cdot \frac{4}{16} \cdot \frac{3}{15} = \underline{\underline{\frac{7}{9690}}} \approx 0{,}00072$$

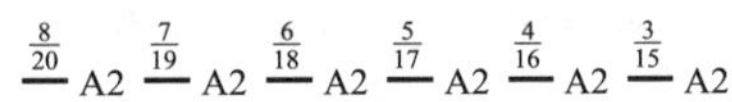

Lösungsweg 2:

Um P(E) zu berechnen, kann das Zufallsexperiment auch durch folgendes Urnenmodell beschrieben werden: Einer Urne mit genau 20 Kugeln (8 A2-Kugeln und 12 $\overline{A2}$-Kugeln) werden „auf gut Glück" und mit „einem Griff" genau sechs Kugeln entnommen.

P(E) = P(„alle sechs Kugeln sind A2-Kugeln")

$$= \frac{\binom{8}{6} \cdot \binom{12}{0}}{\binom{20}{6}}$$ nach der „Lottoformel"

$$= \underline{\underline{\frac{7}{9690}}} \approx 0{,}00072$$

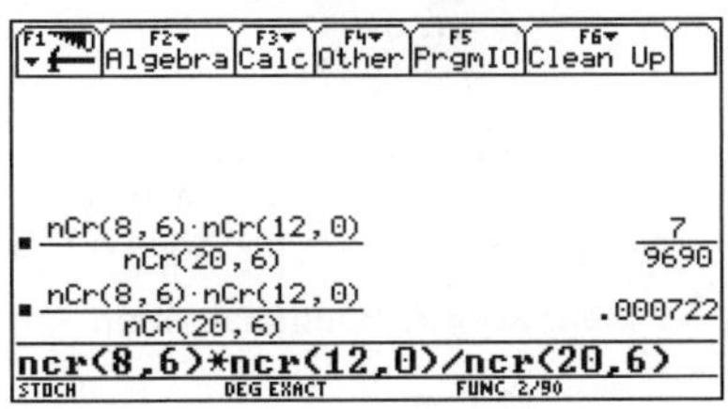

Wahrscheinlichkeit P(F)

Lösungsweg 1:

In dem Ausgangsbaumdiagramm gehören alle die Pfade zum Ereignis F, die genau drei Ergebnisse Aa enthalten. Die Anzahl dieser Pfade ist gleich der Anzahl der Möglichkeiten, aus 6 Elementen drei Elemente ohne Wiederholung und ohne Beachtung der Reihenfolge auszuwählen.

$$P(F)=\binom{6}{3}\cdot\frac{3}{20}\cdot\frac{2}{19}\cdot\frac{1}{18}\cdot\frac{17}{17}\cdot\frac{16}{16}\cdot\frac{15}{15}=\underline{\underline{\frac{1}{57}\approx 0{,}018}}$$

Lösungsweg 2:

Um P(F) zu berechnen, kann das Zufallsexperiment auch durch folgendes Urnenmodell beschrieben werden: Einer Urne mit genau 20 Kugeln (3 Abbrecher-Kugeln und 17 Nichtabbrecher-Kugeln) werden „auf gut Glück“ und „mit einem Griff“ genau sechs Kugeln entnommen.

P(F) = P(„genau drei Abbrecher-Kugeln werden entnommen“)

$$=\frac{\binom{3}{3}\cdot\binom{17}{3}}{\binom{20}{6}} \quad \text{nach der „Lottoformel“}$$

$$=\underline{\underline{\frac{1}{57}\approx 0{,}018}}$$

b) **Binomialwahrscheinlichkeiten $B_{n;\,p}$**

Die zufällige Anzahl X_5 der „Erfolgreichen“ unter fünf Azubis ist binomialverteilt mit den Parametern $n=5$ und $p=0{,}90$.

$$P(X_5=5)=\binom{5}{5}\cdot 0{,}90^5\cdot 0{,}10^0=0{,}90^5\approx\underline{\underline{0{,}59}}$$

$$P(X_5\geq 4)=P(X_5=4)+P(X_5=5)$$

$$=\binom{5}{4}\cdot 0{,}90^4\cdot 0{,}10^1+\binom{5}{5}\cdot 0{,}90^5\cdot 0{,}10^0$$

$$\approx\underline{\underline{0{,}92}}$$

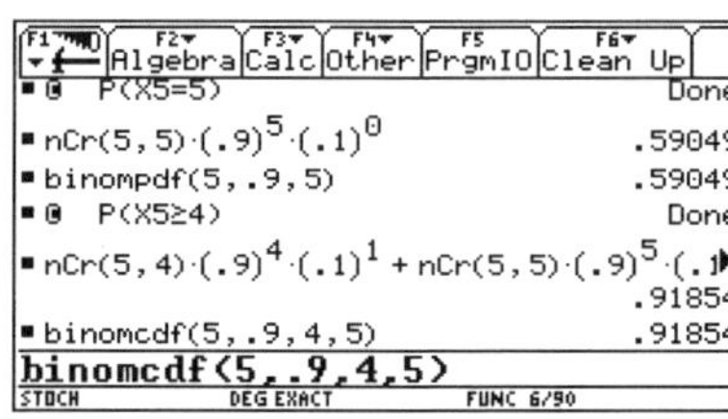

Die Auswahl zweier Mädchen aus 25 Azubis, unter denen genau m Mädchen sind, erfolge durch zweimaliges Losziehen und damit „ohne Zurücklegen“. In der Lostrommel befinden sich genau m Mädchen-Lose und 25 – m Jungen-Lose.

Lösungsweg 1: Baumdiagramm

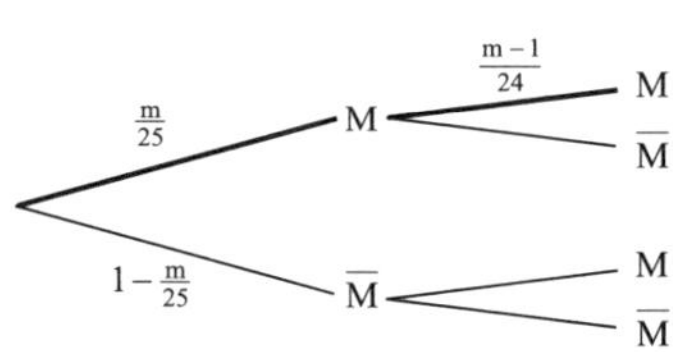

$$0{,}05=\frac{m}{25}\cdot\frac{m-1}{24}$$

$$25\cdot 24\cdot 0{,}05=m^2-m$$

$$0=m^2-m-25\cdot 24\cdot 0{,}05$$

$\Rightarrow$ $m_1=-5$ entfällt als Anzahl

$\underline{\underline{m_2=6}}$

Lösungsweg 2: Lottoformel

$$0{,}05 = \frac{\binom{m}{2}\cdot\binom{25-m}{0}}{\binom{25}{2}} = \frac{\binom{m}{2}}{\binom{25}{2}}$$

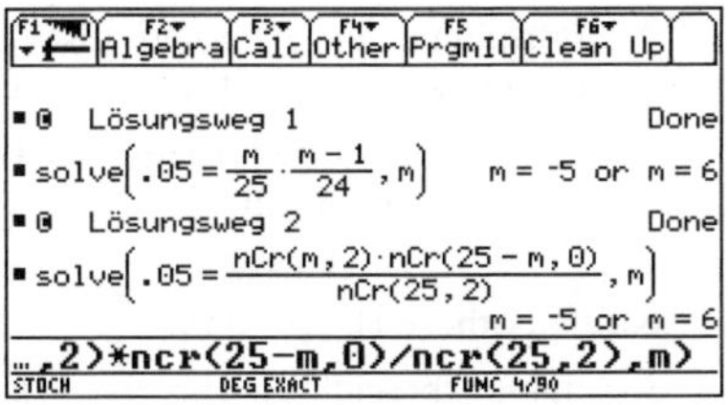

$$0{,}05 = \frac{\frac{m!}{2!(m-2)!}}{\frac{25!}{2!23!}} = \frac{\frac{(m-1)\cdot m}{2}}{\frac{24\cdot 25}{2}}$$

$$0{,}05 = \frac{(m-1)\cdot m}{24\cdot 25}$$

$$25\cdot 24\cdot 0{,}05 = m^2 - m$$

$$0 = m^2 - m - 25\cdot 24\cdot 0{,}05 \quad \text{mit } m > 0$$

$$\Rightarrow \quad \underline{\underline{m = 6}}$$

Sechs Mädchen befinden sich unter den diesjährigen Azubis.

c) **Der zu erwartende Prozentsatz**

Wenn Sie die gegebenen Prozentsätze als relative Häufigkeiten und damit als Näherungswerte $p \approx 0{,}90$ und $q \approx 0{,}05$ für die entsprechenden bedingten Wahrscheinlichkeiten p und q interpretieren, lässt sich das beschriebene Zufallsexperiment durch ein zweistufiges Baumdiagramm veranschaulichen. Dabei sind $p = P_{\{\text{fehlerhaft produziert}\}}(\{\text{als fehlerhaft eingestuft}\})$ und $q = P_{\{\text{fehlerfrei produziert}\}}(\{\text{als fehlerhaft eingestuft}\})$ zwei Übergangswahrscheinlichkeiten auf der zweiten Stufe.

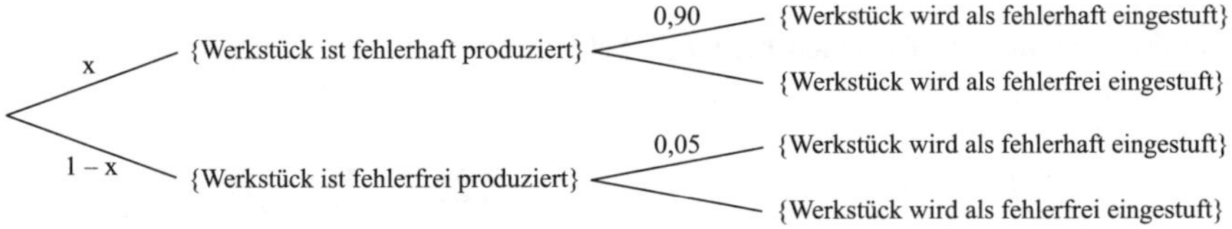

$$\frac{18}{67} = P_{\{\text{fehlerhaft eingestuft}\}}(\{\text{fehlerhaft produziert}\})$$

$$= \frac{P(\{\text{fehlerhaft produziert und fehlerhaft eingestuft}\})}{P(\{\text{fehlerhaft eingestuft}\})}$$

$$\frac{18}{67} = \frac{x\cdot 0{,}90}{x\cdot 0{,}90 + (1-x)\cdot 0{,}05} = \frac{0{,}90x}{0{,}85x + 0{,}05}$$

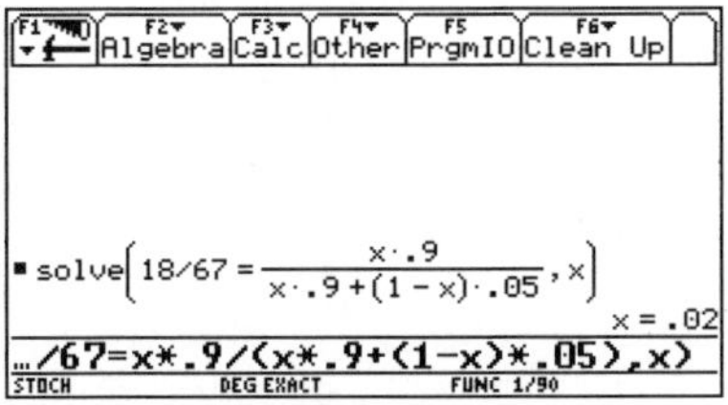

$$18\cdot 0{,}85x + 18\cdot 0{,}05 = 67\cdot 0{,}9x$$

$$-45x = -0{,}9$$

$$\underline{\underline{x = 0{,}02}}$$

Die Wahrscheinlichkeit, dass ein Werkstück fehlerhaft produziert wird, beträgt 0,02, d. h., es sind 2 % fehlerhaft produzierte Werkstücke *zu erwarten*. Die gestellte Frage nach dem *tatsächlichen* Prozentsatz der fehlerhaften unter den geprüften Werkstücken ist aufgrund der gegebenen Daten nicht zu beantworten.

d) **Alternativtest**

Als Prüfplan ist ein Alternativtest zu entwickeln für die Hypothesen $p = 0{,}02$ und $p = 0{,}03$ sowie einer Zufallsstichprobe vom Umfang $n = 1500$ und einem Signifikanzniveau $\alpha < 0{,}05$.

Testgröße X: zufällige Anzahl der fehlerhaften Werkstücke unter 1500 aus der Zufallsstichprobe
$X \sim B_{1500;\,p}$

Nullhypothese H_0: $p = 0{,}02$ Gegenhypothese H_1: $p = 0{,}03$

Ablehnungsbereich für H_0: $\overline{A} = \{k;\, k+1;\, \ldots;\, 1500\}$
Annahmebereich für H_0: $A = \{0;\, 1;\, \ldots;\, k-1\}$

Der größtmögliche Ablehnungsbereich $\overline{A}$ ist so zu bestimmen, dass die Wahrscheinlichkeit für einen Fehler 1. Art kleiner als 0,05 wird.

$$P_{p=0,02}(\overline{A}) = P_{p=0,02}(X \ge k) = B_{1500;\,0,02}(\{k;\, k+1;\ldots;\,1500\})$$
$$= 1 - B_{1500;\,0,02}(\{0;\,1;\ldots;\,k-1\}) < 0{,}05$$

$$0{,}95 < B_{1500;\,0,02}(X \le k-1)$$

$$0{,}95 < \sum_{i=0}^{k-1} \binom{1500}{i} \cdot 0{,}02^i \cdot 0{,}98^{1500-i}$$

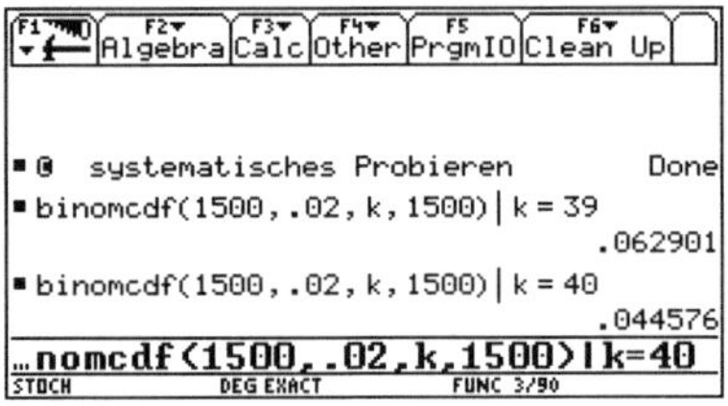

$\Rightarrow$ $39 \le k-1$ nach $B_{1500;\,0,02}$-Tabelle

$40 \le k$

$\Rightarrow$ $\overline{A} = \{40;\, 41;\, \ldots;\, 1500\}$ und demzufolge $A = \{0;\, 1;\, \ldots;\, 39\}$

Wahrscheinlichkeit für einen Fehler 2. Art

Gesucht sei nun die bedingte Wahrscheinlichkeit $P_{p=0,03}(A)$ und damit die Wahrscheinlichkeit für einen Fehler 2. Art.

$$P_{p=0,03}(A) = P_{p=0,03}(X \le 39)$$
$$= B_{1500;\,0,03}(\{0;\,1;\ldots;\,39\})$$
$$= \sum_{i=0}^{39} \binom{1500}{i} \cdot 0{,}03^i \cdot 0{,}97^{1500-i}$$
$$\approx \underline{\underline{0{,}20}} \quad \text{nach } B_{1500;\,0,03}\text{-Tabelle}$$

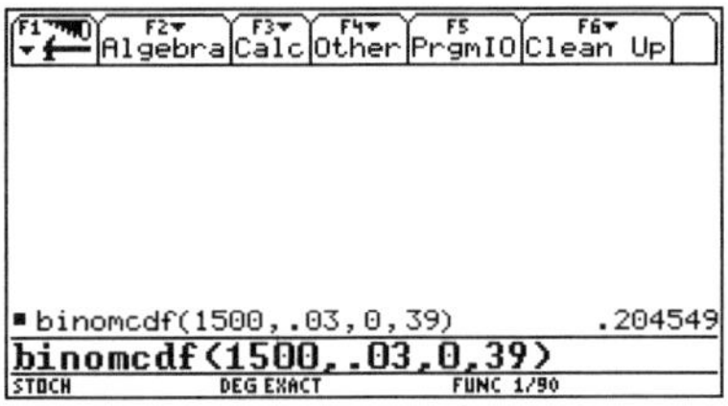

Kernfach Mathematik (Thüringen): Abiturprüfung 2011
Aufgabe C: Themenübergreifend

a) Ermitteln Sie den Definitionsbereich des Terms.
$\sqrt{x^2 - 4x}$ (2 BE)

b) Für jede positive reelle Zahl a ist eine Funktion f_a mit $y = f_a(x) = a \cdot \sin x$ gegeben.
Der Graph von f_a begrenzt im Intervall $0 \le x \le \pi$ mit der x-Achse eine Fläche mit dem Inhalt 4 FE vollständig.
Berechnen Sie a. (2 BE)

Formulierung für das CAS-Abitur
Der Graph von f_a begrenzt im Intervall $0 \le x \le 2\pi$ mit der x-Achse eine Fläche mit dem Inhalt 8 FE vollständig.
Berechnen Sie a.

c) Gegeben sind die Graphen der Funktionen f, g und h.

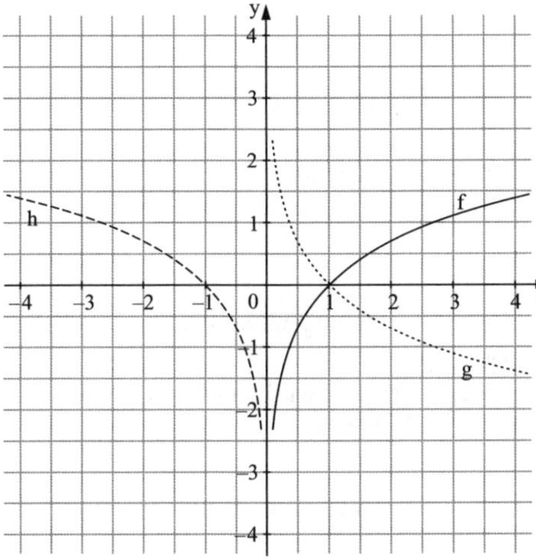

Die Funktion f hat die Gleichung $y = f(x) = \ln(x)$ mit $x > 0$.
Geben Sie jeweils eine Gleichung für die Funktionen g und h an. (2 BE)

d) Gegeben sind die Eckpunkte eines Dreiecks A(–4; 5; 1), B(3; 4; –5) und C(0; 5; 7).
Bestimmen Sie die Koordinaten eines Punktes D so, dass die vier Punkte A, B, C und D ein Parallelogramm bilden.
Wie viele Möglichkeiten für einen solchen Punkt D existieren? (2 BE)

e) Auf das dargestellte Spielfeld wird auf zwei zufällig ausgewählte Felder je ein Spielstein gelegt.

Berechnen Sie die Wahrscheinlichkeiten der folgenden Ereignisse.
A := „Beide Steine liegen auf einem schwarzen Feld."
B := „Beide Steine liegen auf verschiedenfarbigen Feldern." (2 BE)

(10 BE)

Hinweise und Tipps

Aufgabe a

- Ein x-Wert gehört genau dann zum Definitionsbereich eines Terms, wenn zu diesem x der zugehörige Termwert existiert.
- Eine Quadratwurzel ist nur definiert, wenn ihr Radikand nicht negativ ist.

Aufgabe b

Abitur ohne CAS

- Fertigen Sie zunächst eine Skizze des Graphen einer Funktion f_a mit $a > 0$ an und markieren Sie darin die Fläche, deren Inhalt vorgegeben ist.
- Die zu markierende Fläche liegt nur im ersten Quadranten und wird von dem Graphen von f_a und der x-Achse im Intervall $[0; \pi]$ vollständig eingeschlossen.

CAS-Abitur

- Veranschaulichen Sie zunächst den Graphen einer Funktion f_a mit $a > 0$ auf dem Bildschirm, um die Fläche zu erkennen, deren Inhalt vorgegeben ist.
- Die über dem Intervall $[0; 2\pi]$ zu betrachtende Fläche liegt teils oberhalb und teils unterhalb der x-Achse.
- Die Hälfte der zu betrachtenden Fläche liegt nur im ersten Quadranten und wird von dem Graphen von f_a und der x-Achse im Intervall $[0; \pi]$ vollständig eingeschlossen.

Aufgabe c

- Wenn die Graphen G_g und G_h der Funktionen g und h jeweils dieselbe Gestalt wie der Graph G_f von f haben sollen, gehen G_g und G_h jeweils durch eine oder mehrere Bewegungen aus G_f hervor.
- G_g ist das Spiegelbild von G_f bezüglich der x-Achse.
- G_h ist das Spiegelbild von G_f bezüglich der y-Achse.

Aufgabe d

- Aus dem Dreieck ABC entsteht das Parallelogramm ABCD nur dann, wenn die Seiten $\overline{AB}$ und $\overline{DC}$ parallel liegen und dieselbe Länge besitzen.
- Eckpunkt D kann über die Gleichheit der Vektoren $\overrightarrow{AB}$ und $\overrightarrow{DC}$ bestimmt werden.
- Um zu erkennen, welche Parallelogramme noch aus dem Dreieck ABC und einem Punkt D entstehen können, sollten Sie eine entsprechende Skizze anfertigen.

Aufgabe e

- Das Setzen der zwei Spielsteine stellt ein zweistufiges Zufallsexperiment dar. Auf jeder der beiden Stufen können genau zwei verschiedene Ergebnisse eintreten.
- Erstellen Sie für das beschriebene Zufallsexperiment ein Baumdiagramm. Beachten Sie dabei, dass auf jedes Feld höchstens ein Spielstein gelegt werden darf.

Lösungen

a) **Definitionsbereich**

Der Quadratwurzelterm ist für alle die x-Werte definiert, für die auch der Radikand nicht negativ ist.

Lösungsweg 1:

$D = \{x \mid x^2 - 4x \geq 0\}$

$D = \{x \mid x(x-4) \geq 0\}$

Ein Produkt $a \cdot b$ ist genau dann nicht negativ, wenn $a \geq 0$ und $b \geq 0$ oder wenn $a \leq 0$ und $b \leq 0$.

$D = \{x \mid (x \geq 0 \text{ und } x - 4 \geq 0) \text{ oder } (x \leq 0 \text{ und } x - 4 \leq 0)\}$

$D = \{x \mid (x \geq 0 \text{ und } x \geq 4) \text{ oder } (x \leq 0 \text{ und } x \leq 4)\}$

$\underline{\underline{D = \{x \mid x \geq 4 \text{ oder } x \leq 0\}}} = \underline{\underline{\mathbb{R} \setminus\,]0; 4[}}$

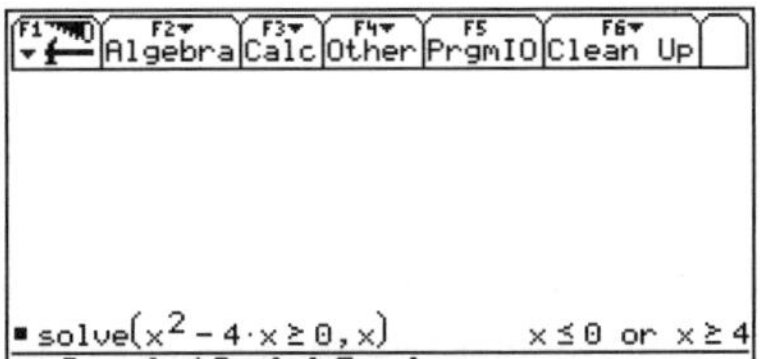

Lösungsweg 2:

$D = \{x \mid x^2 - 4x \geq 0\}$

Der Graph von f mit $f(x) = x^2 - 4x$ ist eine nach oben geöffnete Parabel mit den Nullstellen $x_1 = 0$, $x_2 = 4$. Der Skizze ist zu entnehmen, dass $f(x) \geq 0$ gilt, genau dann, wenn $x \leq 0$ oder wenn $x \geq 4$.

$\underline{\underline{D = \{x \mid x \leq 0 \text{ oder } x \geq 4\}}} = \underline{\underline{\mathbb{R} \setminus\,]0;4[}}$

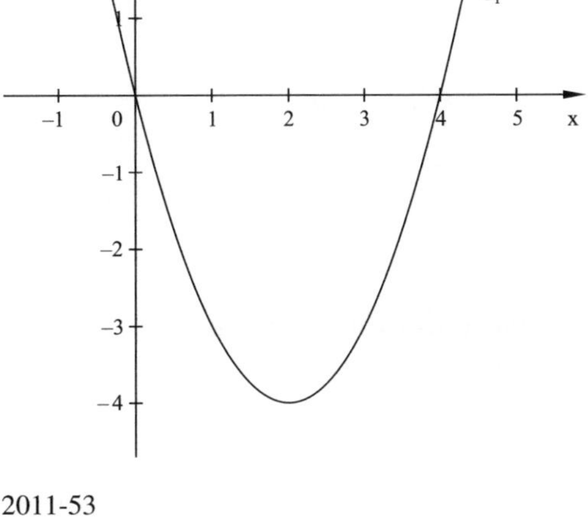

b) **Abitur ohne CAS: Bestimmen des Parameters a**

Es ist der Parameter a so zu bestimmen, dass der Inhalt der Fläche, die der Graph von f_a mit der x-Achse über dem Intervall $[0; \pi]$ einschließt, 4 FE betragen soll. Diese Fläche liegt nirgends unterhalb der x-Achse, weil $a > 0$ gilt.

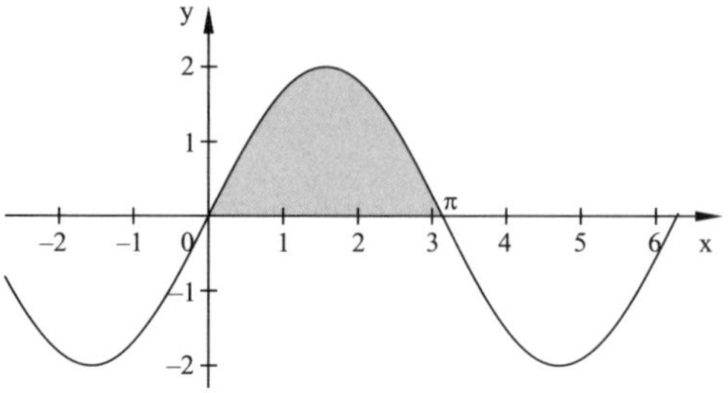

$$A = \int_0^{\pi} a \cdot \sin x \, dx = 4$$

$$a \cdot \int_0^{\pi} \sin x \, dx = 4$$

$$a \cdot [-\cos x]_0^{\pi} = 4$$

$$a \cdot [-(-1) - (-1)] = 4$$

$$2a = 4$$

$$\underline{\underline{a = 2}}$$

CAS-Abitur: Bestimmen des Parameters a

Die Hälfte der zu betrachtenden Fläche liegt nur im ersten Quadranten und wird von dem Graphen von f_a und der x-Achse im Intervall $[0; \pi]$ vollständig eingeschlossen.
Damit ergibt sich derselbe Ansatz wie im Abitur ohne CAS und das CAS liefert dieselbe Lösung:
$\underline{\underline{a = 2}}$

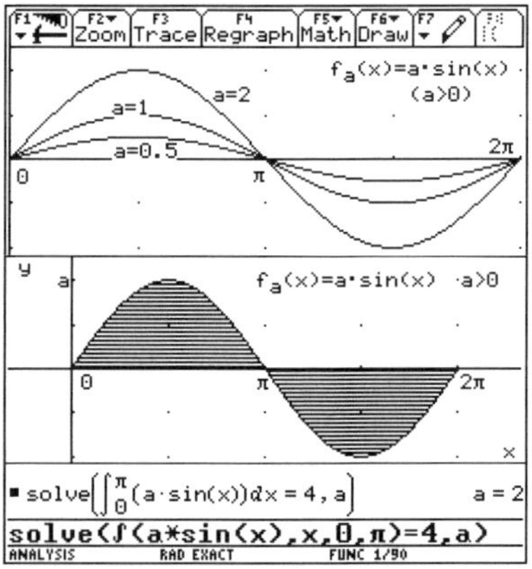

c) **Funktionsgleichungen von g und h**

Der Graph von g geht durch eine Spiegelung an der x-Achse aus dem Graphen von f hervor.

$g(x) = -f(x)$

$\underline{\underline{g(x) = -\ln x \qquad (x > 0)}}$

Der Graph von h geht durch eine Spiegelung an der y-Achse aus dem Graphen von f hervor.

$h(x) = f(-x)$

$\underline{\underline{h(x) = \ln(-x) \qquad (x < 0)}}$

d) **Koordinaten des Eckpunktes D**

Aus dem Dreieck ABC entsteht das Parallelogramm ABCD nur, wenn D der Gleichung $\overrightarrow{AB} = \overrightarrow{DC}$ genügt.

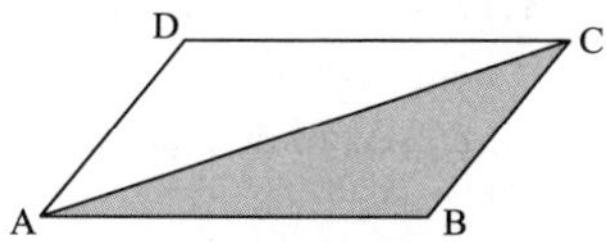

Lösungsweg 1:

$$\overrightarrow{AB} = \overrightarrow{DC} \quad \text{mit } D(x; y; z)$$

$$\begin{pmatrix} 3-(-4) \\ 4-5 \\ -5-1 \end{pmatrix} = \begin{pmatrix} 0-x \\ 5-y \\ 7-z \end{pmatrix}$$

$$\left.\begin{array}{lll} 7 = -x & \Rightarrow & x = -7 \\ -1 = 5-y & \Rightarrow & y = 6 \\ -6 = 7-z & \Rightarrow & z = 13 \end{array}\right\} \Rightarrow \underline{\underline{D(-7; 6; 13)}}$$

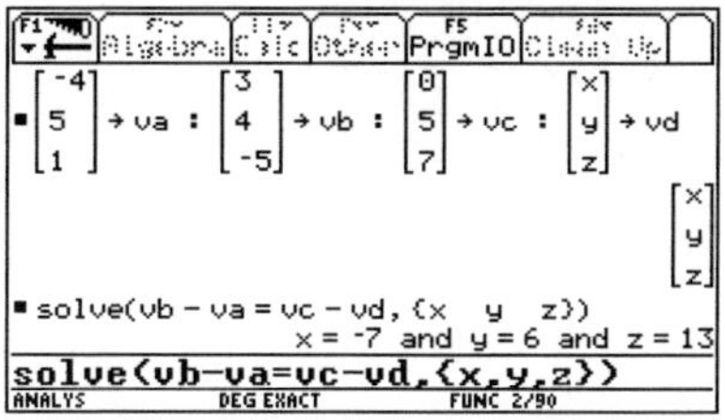

Lösungsweg 2:

$$\overrightarrow{OD} = \overrightarrow{OA} + \overrightarrow{AD}$$

$$= \overrightarrow{OA} + \overrightarrow{BC}$$

$$= \begin{pmatrix} -4 \\ 5 \\ 1 \end{pmatrix} + \begin{pmatrix} 0-3 \\ 5-4 \\ 7-(-5) \end{pmatrix}$$

$$\underline{\underline{\overrightarrow{OD} = \begin{pmatrix} -7 \\ 6 \\ 13 \end{pmatrix}}}$$

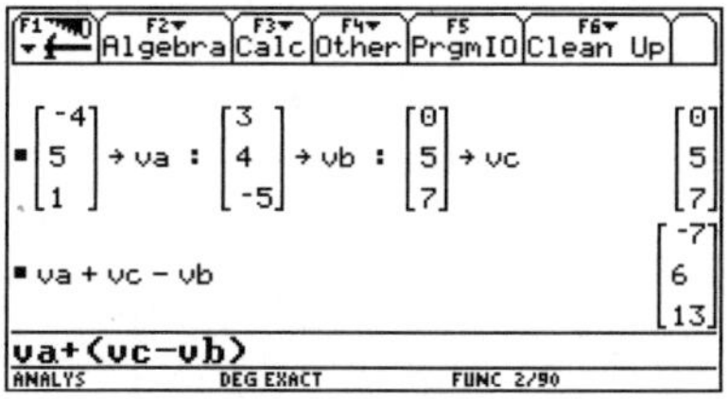

Anzahl der möglichen Parallelogramme

Lösungsweg 1:

mögliche Parallelogramme:

$ABCD_1$

ABD_2C

AD_3BC

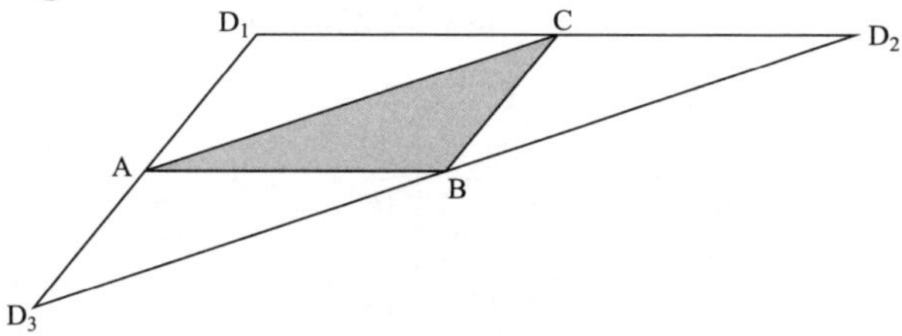

Lösungsweg 2:

Die Anzahl der möglichen Parallelogramme mit den Eckpunkten A, B, C und D ergibt sich aus der Anzahl der Möglichkeiten, die vier Buchstaben in einer Reihe (ohne Wiederholung) so anzuordnen, dass A stets links von B und B stets links von C steht.

ABCD
ABDC
ADBC
DABC

Dabei sind jedoch die Parallelogramme ABCD und DABC identisch.
Es existieren folglich genau drei Möglichkeiten für einen derartigen Parallelogrammeckpunkt D.

Analog zur Bestimmung der Koordinaten von $D = D_1$ lassen sich auch die Koordinaten der Eckpunkte $D_2(7; 4; 1)$ und $D_3(-1; 4; -11)$ berechnen.

e) **Wahrscheinlichkeiten P(A), P(B)**

Lösungsweg 1:

Mittels Baumdiagramm lässt sich das angegebene zweistufige Zufallsexperiment beschreiben.

P(A) = P(„Beide Steine liegen jeweils auf einem schwarzen Feld.")

$$P(A) = \frac{8}{16} \cdot \frac{7}{15} = \underline{\underline{\frac{7}{30}}}$$

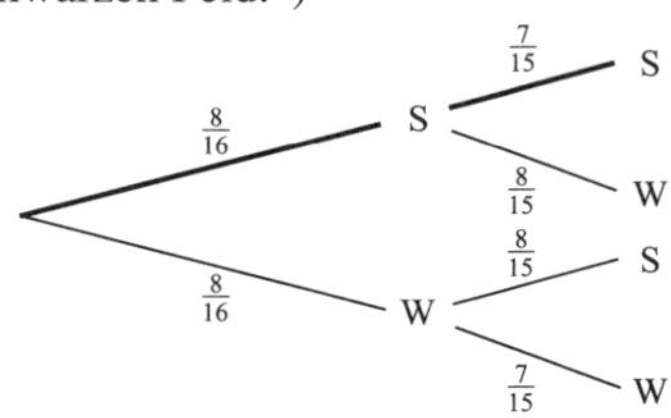

P(B) = P(„Beide Steine liegen auf verschiedenfarbigen Feldern.")

$$P(B) = \frac{8}{16} \cdot \frac{8}{15} + \frac{8}{16} \cdot \frac{8}{15} = \underline{\underline{\frac{8}{15}}}$$

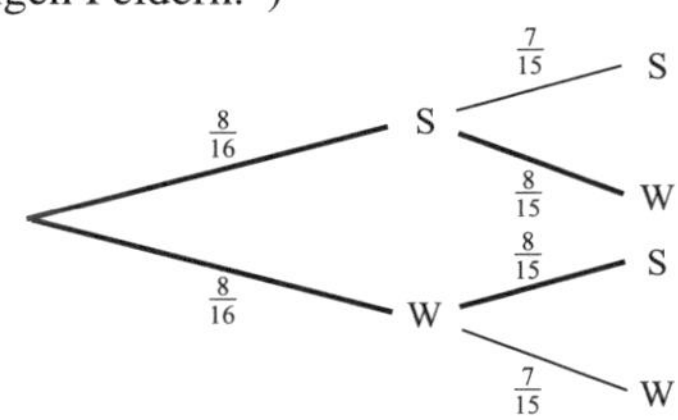

Lösungsweg 2:

Auch mittels einer Vierfeldertafel lässt sich das angegebene zweistufige Zufallsexperiment beschreiben.

X:= „erster Stein auf ein schwarzes Feld"
Y:= „zweiter Stein auf ein schwarzes Feld"

	Y	$\overline{Y}$	
X	$\frac{8 \cdot 7}{16 \cdot 15}$	$\frac{8 \cdot 8}{16 \cdot 15}$	$\frac{8}{16}$
$\overline{X}$	$\frac{8 \cdot 8}{16 \cdot 15}$	$\frac{8 \cdot 7}{16 \cdot 15}$	$\frac{8}{16}$
	$\frac{1}{2}$	$\frac{1}{2}$	

$$P(A) = P(X \cap Y) = \frac{8 \cdot 7}{16 \cdot 15} = \underline{\underline{\frac{7}{30}}}$$

$$P(B) = P(X \cap \overline{Y}) + P(\overline{X} \cap Y) = \frac{8 \cdot 8}{16 \cdot 15} + \frac{8 \cdot 8}{16 \cdot 15} = \underline{\underline{\frac{8}{15}}}$$

Kernfach Mathematik (Thüringen): Abiturprüfung 2012
Aufgabe A1: Analysis

Gegeben sind die Funktion f durch $y = f(x) = (-x^2 + 3) \cdot e^{-x}$ und die Funktion g durch $y = g(x) = e^{-x}$ $(x \in \mathbb{R})$.

a) Untersuchen Sie den Graphen von f auf Schnittpunkte mit den Koordinatenachsen sowie auf lokale Extrempunkte.
Geben Sie gegebenenfalls die Koordinaten dieser Punkte an.
Geben Sie das Verhalten von f im Unendlichen an.
Skizzieren Sie den Graphen von f im Intervall $-2 \leq x \leq 6$.
Begründen Sie, dass der Graph von f zwei Wendepunkte besitzt. (12 BE)

b) Skizzieren Sie den Graphen von g in das Koordinatensystem aus Teilaufgabe a.
Berechnen Sie die Größe des Winkels, unter dem sich die Graphen der Funktionen f und g im II. Quadranten schneiden. (4 BE)

c) Weisen Sie nach, dass die Funktion F mit der Gleichung $F(x) = (x^2 + 2x - 1) \cdot e^{-x}$ eine Stammfunktion der Funktion f ist.
Bestimmen Sie den Inhalt der Fläche, die von den Graphen der Funktionen f und g vollständig begrenzt wird. (3 BE)

d) Die Graphen der Funktionen f und g schneiden sich in den Punkten $S_1(x_1; f(x_1))$ und $S_2(x_2; f(x_2))$.
Bestimmen Sie die Stelle p mit $x_1 < p < x_2$, für welche die Differenz der Funktionswerte maximal wird.
(Auf den Nachweis des Maximums kann verzichtet werden.) (3 BE)

e) An die Graphen von f und g werden jeweils im Schnittpunkt mit der y-Achse die Tangenten gelegt. Diese Tangenten begrenzen mit der y-Achse ein Dreieck.
Berechnen Sie dessen Flächeninhalt.
Begründen Sie, dass es für $x < -1$ einen Punkt auf dem Graphen der Funktion f gibt, in dem die Tangente mit den Koordinatenachsen ein gleichschenkliges Dreieck bildet. (5 BE)

f) Für jede reelle Zahl t ist eine Funktion $f_t(x) = (-x^2 + 3) \cdot e^{-x} + t$ $(x \in \mathbb{R})$ gegeben.
Geben Sie jeweils einen Wert von t an, für den $f_t(x)$
- keine Nullstelle,
- genau eine Nullstelle bzw.
- drei Nullstellen

besitzt. (3 BE)

(30 BE)

Hinweise und Tipps

Aufgabe a

Ableitungen

- Die Funktionsterme sind Produkte und können demzufolge mittels der Produktregel differenziert werden.
- Um e^{-x} zu differenzieren, kann die Kettenregel angewendet werden.

Schnittpunkte mit den Koordinatenachsen

- Um die Schnittstellen des Graphen von f mit der x-Achse zu berechnen, lösen Sie die Gleichung $f(x)=0$.
- Die Schnittstelle des Graphen von f mit der y-Achse ist der Funktionswert f(0).
- Beachten Sie, dass das Gesuchte Punkte und keine Stellen sind.

lokale Extrempunkte

- Die Extremstellen können Sie mit der ersten und der zweiten Ableitung von f bestimmen.
- Mögliche Extremstellen x_E erhalten Sie als Lösung der Gleichung $f'(x)=0$.
- Gilt für eine mögliche Extremstelle x_E außerdem $f''(x_E)\neq 0$, so ist x_E tatsächlich eine Extremstelle.
(Gilt $f''(x_E)<0$, so ist x_E eine lokale Maximumstelle; gilt $f''(x_E)>0$, so ist x_E eine lokale Minimumstelle.)
- Die Extrempunkte ergeben sich als $E(x_E; f(x_E))$.

Verhalten im Unendlichen

- Um das Verhalten von f im Unendlichen zu ermitteln, sind nur die beiden Grenzwerte $\lim\limits_{x\to+\infty} f(x)$ und $\lim\limits_{x\to-\infty} f(x)$ zu bestimmen. (Obwohl der Funktionsterm als Quotient $f(x)=\frac{-x^2+3}{e^x}$ aufgefasst werden kann, besitzt f keine Polstelle, da der Nenner e^x stets ungleich null ist.)
- $\lim\limits_{x\to+\infty} f(x)$ bzw. $\lim\limits_{x\to-\infty} f(x)$ kann man angeben, wenn man f(x) bzw. f(–x) für „große" x-Werte berechnet. Eine zusätzliche Kontrollmöglichkeit bietet der noch zu skizzierende Graph G_f.

Wendepunkte

- Die Wendestellen können Sie mit der zweiten und dritten Ableitung von f bestimmen.
- Mögliche Wendestellen x_W erhalten Sie als Lösungen der Gleichung $f''(x)=0$.
- Gilt für eine mögliche Wendestelle x_W außerdem $f'''(x_W)\neq 0$, so ist x_W tatsächlich eine Wendestelle.
- Die Wendepunkte ergeben sich als $W(x_W; f(x_W))$.

Aufgabe b

Schnittwinkel

- Beachten Sie, dass als Schnittwinkel zweier Geraden stets der spitze (ggf. rechte) Winkel zwischen ihnen bezeichnet wird.
- Wenn sich die zwei Graphen G_f und G_g im Punkt S schneiden, so berechnet sich ihr zugehöriger Schnittwinkel als Schnittwinkel der beiden Tangenten an G_f und G_g im Punkt S.
- Der Schnittpunkt $S(x_S; f(x_S))$ von G_f und G_g liegt genau dann („echt") im zweiten Quadranten, wenn $x_S<0$ und $f(x_S)>0$ gilt.

- An der Schnittstelle x_S muss $f(x_S) = g(x_S)$ gelten.
- Den Schnittwinkel α zweier Tangenten und damit zweier Geraden mit den Anstiegen $m_1 = f'(x_S)$ und $m_2 = g'(x_S)$ kann man über $\tan\alpha$ mittels Formel aus dem Tafelwerk berechnen.

Aufgabe c

Stammfunktion F

- Eine Funktion F ist genau dann eine Stammfunktion von f, wenn $F'(x) = f(x)$ gilt.

Inhalt A der eingeschlossenen Fläche

- Veranschaulichen Sie sich die Fläche, deren Inhalt zu berechnen ist.
- Der Inhalt A der eingeschlossenen Fläche lässt sich mithilfe eines bestimmten Integrals berechnen.
- Zu integrieren ist die Differenz $f(x) - g(x)$ von der „linken" Schnittstelle x_{S1} bis zur „rechten" Schnittstelle x_{S2} der Graphen von f und g.
- Wenn man bedenkt, dass $\int_{x_{S1}}^{x_{S2}} (f(x) - g(x))\,dx = \int_{x_{S1}}^{x_{S2}} f(x)\,dx - \int_{x_{S1}}^{x_{S2}} g(x)\,dx$ gilt, kann man das Integral unter Zuhilfenahme der Stammfunktion F berechnen.

Aufgabe d

Maximumstelle

- Bestimmen Sie den Funktionsterm $d(x) = f(x) - g(x)$ der Zielfunktion d.
- Mögliche lokale Extremstellen x_E lassen sich mit dem notwendigen Kriterium $d'(x) = 0$ berechnen.
- Die gesuchte Stelle p ist die mögliche Extremstelle x_E, die zwischen den beiden Schnittstellen x_{S1} und x_{S2} der Graphen von f und g liegt.

Aufgabe e

Flächeninhalt des Dreiecks

- Veranschaulichen Sie sich den bezeichneten Dreiecksflächeninhalt.
- Um den Flächeninhalt des Dreiecks zu bestimmen, muss man die Koordinaten des Schnittpunktes R der beiden Tangenten t_1 und t_2 berechnen.
- Die Gleichung der Tangente t_1 im Punkt $P(0;\, f(0))$ ist eine Geradengleichung der Form $t_1(x) = m \cdot x + n$ mit $m = f'(x_P)$ und $n = y_P$.
- Die Gleichung der Tangente t_2 im Punkt $Q(0;\, g(0))$ ist die Geradengleichung der Form $t_2(x) = m \cdot x + n$ mit $m = g'(x_Q)$ und $n = y_Q$.
- Der Flächeninhalt eines Dreiecks ABC lässt sich nach der Formel $A = \frac{1}{2} \cdot c \cdot h_c$ (bzw. nach einer anderen Flächeninhaltsformel des Tafelwerks oder mittels bestimmten Integrals) berechnen.
- Die Seitenlänge c entspricht $\overline{PQ}$ und die Höhe h_c der Abszisse x_R des Punktes R.
- x_R berechnet man als Schnittstelle der Tangenten t_1 und t_2, indem man die Gleichung $t_1(x) = t_2(x)$ löst.

Existenznachweis

- Einen Nachweis zur Existenz des beschriebenen Punktes B kann man führen, indem man die Koordinaten eines derartigen Punktes berechnet (dazu wird eine entsprechende Rechentechnik benötigt) oder indem man die Existenz von B aufgrund geometrischer Betrachtungen begründet.
- Damit eine Tangente t an den Graphen von f mit den Koordinatenachsen ein gleichschenkliges (rechtwinkliges) Dreieck bildet, muss sie einen Anstieg $m = 1$ oder $m = -1$ besitzen.
- Wenn für die (stetige) Funktion f' gilt $f'(a) = k$ und $f'(b) = \ell$, wobei $k \leq \ell$, so muss $f'(x)$ jeden Wert aus $[k; \ell]$ annehmen.
- Durch Betrachten des Graphen von f und Probieren kann man derartige Intervalle $[k; \ell]$ mit $k < 1 < \ell$ bzw. $k < -1 < \ell$ finden. Damit existiert tatsächlich ein x_B zwischen a und b mit den geforderten Eigenschaften.
- Probieren Sie z. B. mit den Werten $f'(-1)$ und $f'(-2)$ oder $f'(-1)$ und $f'(0)$.

Aufgabe f

- Die Nullstellen der Funktion f_t bestimmt man als Lösung der Gleichung $f_t(x) = 0$. Mit dem Taschenrechner ist dies aber nicht möglich.
- Da aber nur die Anzahl der Nullstellen von f_t zu ermitteln ist, genügt es, den Graphen von f_t genauer zu betrachten.
- Der Graph von f_t besitzt dieselbe Gestalt wie der Graph von f, nur ist er um t LE in Richtung der y-Achse verschoben, weil $f_t(x) = f(x) + t$ gilt. Für $t > 0$ wird der Graph nach „oben“ und für $t < 0$ nach „unten“ verschoben.
- An der in Aufgabe a angefertigten Skizze des Graphen von f mit seinen genau zwei Nullstellen kann man sich überlegen, wie weit dieser nach „oben“ bzw. nach „unten“ verschoben werden könnte bzw. müsste, damit der dabei entstehende Graph von f_t keine, genau eine bzw. genau drei Nullstellen besitzt.
- Betrachten Sie beispielsweise $t = -6$, $t = 1$ und $t = 0{,}1$.

Lösungen

$f(x) = (-x^2 + 3) \cdot e^{-x}$
$f'(x) = (-2x) \cdot e^{-x} + (-x^2 + 3) \cdot (-e^{-x}) = (-2x + x^2 - 3) \cdot e^{-x} = (x^2 - 2x - 3) \cdot e^{-x}$
$f''(x) = (2x - 2) \cdot e^{-x} + (x^2 - 2x - 3) \cdot (-e^{-x}) = (2x - 2 - x^2 + 2x + 3) \cdot e^{-x} = (-x^2 + 4x + 1) \cdot e^{-x}$
$f'''(x) = (-2x + 4) \cdot e^{-x} + (-x^2 + 4x + 1) \cdot (-e^{-x}) = (-2x + 4 + x^2 - 4x - 1) \cdot e^{-x} = (x^2 - 6x + 3) \cdot e^{-x}$

$g(x) = e^{-x}$
$g'(x) = e^{-x} \cdot (-x)' = e^{-x} \cdot (-1) = -e^{-x}$
G_f bzw. G_g bezeichnet den Graphen der Funktion f bzw. der Funktion g.

a) **Schnittpunkte S_x und S_y mit den Koordinatenachsen**

G_f kann die x-Achse nur in den Punkten $S_x(x; f(x))$ mit $f(x) = 0$ schneiden.

$0 = f(x) = (-x^2 + 3) \cdot e^{-x}$
$0 = -x^2 + 3$ $\qquad$ $0 = e^{-x}$ (nicht lösbar)
$x^2 = 3$
$x_{1,2} = \pm\sqrt{3}$ sind die Nullstellen von f.

$\Rightarrow$ G_f schneidet die x-Achse nur in den beiden Punkten $\underline{\underline{S_{x_{1,2}}(\pm\sqrt{3}; 0)}}$.

G_f kann die y-Achse nur im Punkt $S_y(0; f(0))$ schneiden.

$f(0) = 3$
$\Rightarrow$ G_f schneidet die y-Achse nur im Punkt $\underline{\underline{S_y(0; 3)}}$.

lokale Extrempunkte E

$E(x_E; f(x_E))$ ist ein lokaler Extrempunkt von G_f, wenn sowohl die Gleichung $f'(x_E) = 0$ als auch die Ungleichung $f''(x_E) \neq 0$ gelten.

$0 = f'(x) = (x^2 - 2x - 3) \cdot e^{-x}$
$0 = x^2 - 2x - 3$ $\qquad$ $0 = e^{-x}$ (nicht lösbar)
$x_{1,2} = 1 \pm \sqrt{1 + 3}$
$x_1 = 3$
$x_2 = -1$

$\Rightarrow$ $x_1 = 3$ und $x_2 = -1$ sind die einzig möglichen Extremstellen von G_f.

$f''(3) = (-3^2 + 4 \cdot 3 + 1) \cdot e^{-3} = 4 \cdot e^{-3} > 0$
$f''(-1) = (-(-1)^2 + 4 \cdot (-1) + 1) \cdot e^{-(-1)} = -4 \cdot e < 0$
$\Rightarrow$ $x_1 = 3$ und $x_2 = -1$ sind die einzigen lokalen Extremstellen von G_f.

$f(3) = (-3^2 + 3) \cdot e^{-3} = -6 \cdot e^{-3} \approx -0{,}299$
$f(-1) = (-(-1)^2 + 3) \cdot e^{-(-1)} = 2 \cdot e \approx 5{,}44$
$\Rightarrow$ Als einzige Extrempunkte von G_f sind $\underline{\underline{E_1(3; -6e^{-3})}}$ der Tiefpunkt T und $\underline{\underline{E_2(-1; 2e)}}$ der Hochpunkt H von G_f.

Verhalten im Unendlichen

$$\underline{\underline{\lim_{x\to+\infty} f(x)}} = \lim_{x\to+\infty} \frac{-x^2+3}{e^x} = \underline{\underline{0}}; \qquad \underline{\underline{\lim_{x\to-\infty} f(x)}} = \lim_{x\to-\infty} (-x^2+3)\cdot e^{-x} = \underline{\underline{-\infty}}$$

Skizze des Graphen G_f

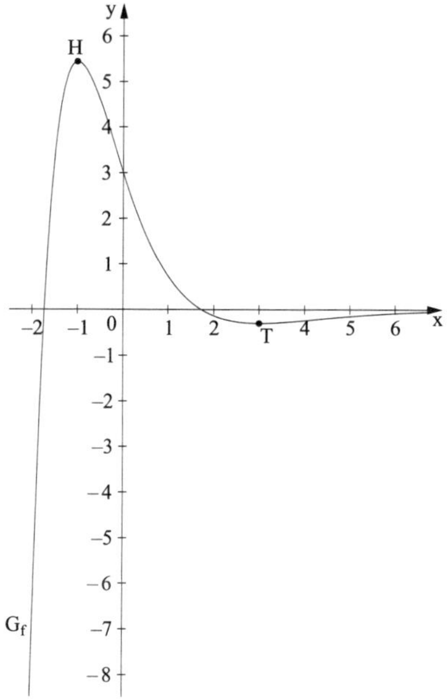

$f(-2) = -7{,}39\ldots$
$f(6) = -0{,}08\ldots$

Wendepunkte W

Begründungsmöglichkeit 1: Berechnen der Koordinaten von W

$W(x_W; f(x_W))$ ist ein Wendepunkt von G_f, wenn sowohl die Gleichung $f''(x_W) = 0$ als auch die Ungleichung $f'''(x_W) \neq 0$ gelten.

$$\begin{aligned} 0 &= f''(x) = (-x^2+4x+1)\cdot e^{-x} \\ 0 &= -x^2+4x+1 \qquad\qquad 0 = e^{-x} \text{ (nicht lösbar)} \\ 0 &= x^2-4x-1 \\ x_{1,2} &= 2 \pm \sqrt{4+1} \\ x_1 &= 2+\sqrt{5} \approx 4{,}24 \\ x_2 &= 2-\sqrt{5} \approx -0{,}236 \end{aligned}$$

$\Rightarrow$ G_f besitzt zwei mögliche Wendestellen.

$$f'''(2+\sqrt{5}) = \left((2+\sqrt{5})^2 - 6\cdot(2+\sqrt{5})+3\right)\cdot e^{-(2+\sqrt{5})} \approx -0{,}0647 \neq 0$$

$$f'''(2-\sqrt{5}) = \left((2-\sqrt{5})^2 - 6\cdot(2-\sqrt{5})+3\right)\cdot e^{-(2-\sqrt{5})} \approx 5{,}66 \neq 0$$

$\Rightarrow$ G_f besitzt die zwei (verschiedenen) Wendestellen $x_{W_1} = 2+\sqrt{5}$ und $x_{W_2} = 2-\sqrt{5}$ und damit zwei Wendepunkte $W_1(x_{W_1}; f(_{W_1}))$ und $W_2(x_{W_2}; f(x_{W_2}))$.

Begründungsmöglichkeit 2: Interpretation des Graphen G_f

G_f ist der Graph einer stetigen Funktion f mit den (genau) zwei lokalen Extrempunkten H und T. Daher besitzt G_f zwischen H und T einen Wendepunkt W mit $x_H < x_W < x_T$.
Da $\lim\limits_{x \to \infty} f(x) = 0$, besitzt G_f noch einen Wendepunkt rechts von T, d. h. mit $x_W > x_T$.

$\Rightarrow$ G_f besitzt (mindestens) zwei Wendepunkte.

b) **Skizze von G_g**

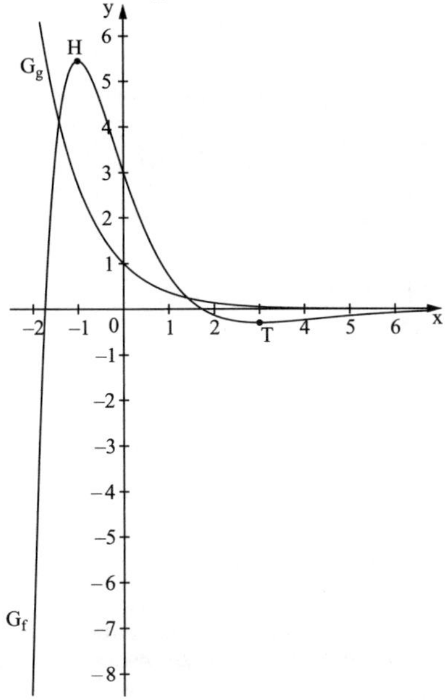

Schnittwinkel α

Der gesuchte Schnittwinkel α ist der Schnittwinkel der beiden Tangenten an G_f und G_g in ihrem Schnittpunkt S, der im II. Quadranten liegt

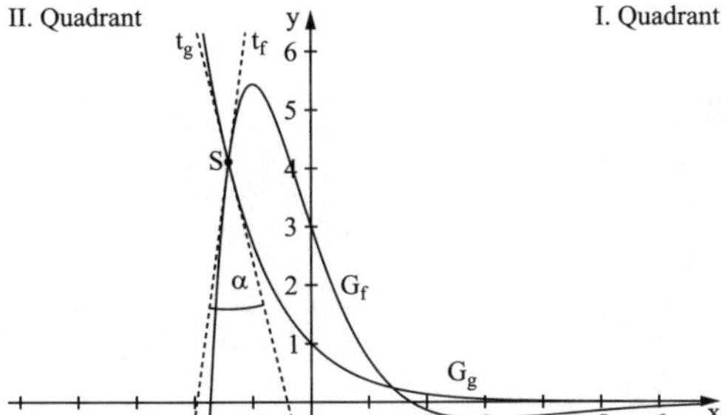

Die Schnittstelle x_S ist die negative Lösung der Gleichung $f(x) = g(x)$.

$$f(x) = g(x)$$
$$(-x^2+3)\cdot e^{-x} = e^{-x} \qquad \Big|: e^{-x}, \text{ da stets gilt } e^{-x} \neq 0$$
$$-x^2+3 = 1$$
$$x^2 = 2$$
$$x_1 = -\sqrt{2} < 0 \quad \Rightarrow \quad x_S = -\sqrt{2}$$
$$x_2 = \sqrt{2} > 0$$

Die Größe des spitzen Winkels α ist mithilfe der Anstiege der Tangenten t_f und t_g zu berechnen.

Anstieg von t_f: $m_f = f'(x_S) = \left((-\sqrt{2})^2 - 2\cdot(-\sqrt{2}) - 3\right)\cdot e^{-(-\sqrt{2})} = (2\sqrt{2}-1)\cdot e^{\sqrt{2}}$

Anstieg von t_g: $m_g = g'(x_S) = -e^{-x_s} = -e^{\sqrt{2}}$

Lösungsweg 1:
Anstiegswinkel von t_f: $\beta_f = \tan^{-1}\left((2\sqrt{2}-1)\cdot e^{\sqrt{2}}\right) \approx 82{,}43°$

Anstiegswinkel von t_g: $\beta_g = \tan^{-1}(-e^{\sqrt{2}}) \approx -76{,}34° + 180° = 103{,}66°$

Schnittwinkel α: $\beta_g - \beta_f \approx 103{,}66° - 82{,}43° \quad \Rightarrow \quad \underline{\underline{\alpha = 21{,}2°}}$

Lösungsweg 2:

$$\tan\alpha = \left|\frac{m_f - m_g}{1 + m_f \cdot m_g}\right| = \left|\frac{(2\sqrt{2}-1)\cdot e^{\sqrt{2}} + e^{\sqrt{2}}}{1-(2\sqrt{2}-1)\cdot e^{\sqrt{2}+\sqrt{2}}}\right| \quad \Rightarrow \quad \underline{\underline{\alpha = 21{,}2°}}$$

c) **Nachweis, dass F eine Stammfunktion von f ist**

Für den Nachweis, dass F eine Stammfunktion von f ist, genügt es zu zeigen, dass $F'(x) = f(x)$ für alle $x \in D_f$ gilt. Bei der folgenden Differenziation werden insbesondere die Produkt- und die Kettenregel angewandt.

$$F'(x) = ((x^2+2x-1)\cdot e^{-x})' = (x^2+2x-1)'\cdot e^{-x} + (x^2+2x-1)\cdot(e^{-x})'$$
$$= (2x+2)\cdot e^{-x} + (x^2+2x-1)\cdot(-e^{-x}) = (2x+2-x^2-2x+1)\cdot e^{-x}$$
$$= (-x^2+3)\cdot e^{-x}$$
$$= f(x)$$

Inhalt A der eingeschlossenen Fläche

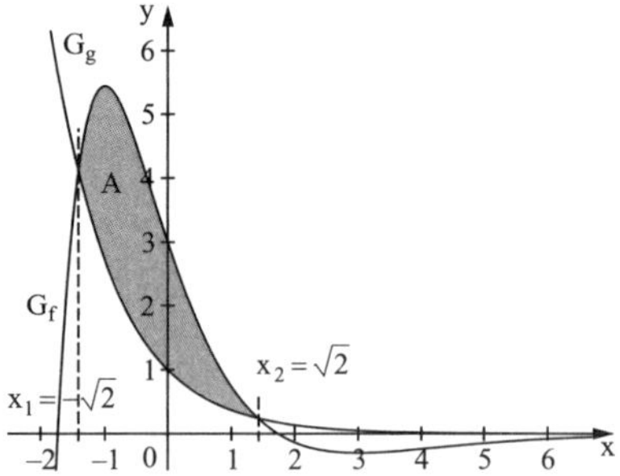

Es ist der Inhalt A der Fläche zu bestimmen, die von den Graphen G_f und G_g eingeschlossen wird und die nicht ins Unendliche reicht.

$$A = \int_{-\sqrt{2}}^{\sqrt{2}} (f(x) - g(x))\,dx = \int_{-\sqrt{2}}^{\sqrt{2}} f(x)\,dx - \int_{-\sqrt{2}}^{\sqrt{2}} g(x)\,dx = F(\sqrt{2}) - F(-\sqrt{2}) - \int_{-\sqrt{2}}^{\sqrt{2}} e^{-x}\,dx$$

$$= F(\sqrt{2}) - F(-\sqrt{2}) + \left[e^{-x}\right]_{-\sqrt{2}}^{\sqrt{2}}$$

$$= \left((\sqrt{2})^2 + 2\cdot\sqrt{2} - 1\right)\cdot e^{-\sqrt{2}} - \left((-\sqrt{2})^2 + 2\cdot(-\sqrt{2}) - 1\right)\cdot e^{\sqrt{2}} + e^{-\sqrt{2}} - e^{\sqrt{2}}$$

$$\underline{\underline{A = (2\sqrt{2} + 2)\cdot e^{-\sqrt{2}} - (-2\sqrt{2} + 2)\cdot e^{\sqrt{2}} \approx 4{,}6}}$$

Der Inhalt der eingeschlossenen Fläche beträgt ca. 4,6 FE.

d) **Maximumstelle p**

Als Zielfunktion ist die Funktion d mit den nichtnegativen Funktionswertedifferenzen $d(x) = f(x) - g(x)$ im Intervall $[-\sqrt{2}; \sqrt{2}]$ zu betrachten. p ist eine mögliche lokale Maximumstelle von d, wenn die Gleichung $d'(p) = 0$ gilt.

$$d(x) = f(x) - g(x) = (-x^2 + 3)\cdot e^{-x} - e^{-x} = e^{-x}\cdot(-x^2 + 2)$$

$$d'(x) = (e^{-x})'\cdot(-x^2 + 2) + e^{-x}\cdot(-x^2 + 2)' = -e^{-x}\cdot(-x^2 + 2) + e^{-x}\cdot(-2x) = e^{-x}\cdot(x^2 - 2 - 2x)$$

$$0 = d'(x)$$

$$0 = e^{-x}\cdot(x^2 - 2 - 2x)$$

$$0 = x^2 - 2x - 2 \qquad\qquad 0 = e^{-x} \text{ (nicht lösbar)}$$

$$x_{1,2} = 1 \pm \sqrt{1 + 2}$$

$$x_1 = 1 - \sqrt{3} \approx -0{,}732 \in [-\sqrt{2}; \sqrt{2}]$$

$$x_2 = 1 + \sqrt{3} \approx 2{,}73 \notin [-\sqrt{2}; \sqrt{2}]$$

$$\Rightarrow \quad \underline{\underline{p = 1 - \sqrt{3}}}$$

$p = 1 - \sqrt{3}$ ist die gesuchte mögliche Maximumstelle. (Auf den Nachweis, dass p tatsächlich die gesuchte Maximumstelle ist, kann laut Aufgabenstellung verzichtet werden.)

e) **Flächeninhalt A_D des Dreiecks**

Das Dreieck PQR, dessen Flächeninhalt A_D zu berechnen ist, wird begrenzt durch die beiden Tangenten t_1 und t_2 sowie die y-Achse.

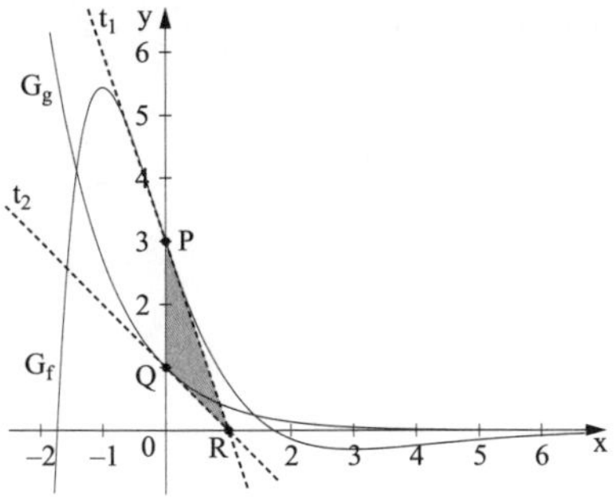

Lösungsweg 1: Dreiecksformel

$A_D = \frac{1}{2} \cdot \overline{PQ} \cdot h$ mit $P(0; f(0)) = P(0; 3)$

$Q(0; g(0)) = Q(0; 1)$

$\overline{PQ} = y_P - y_Q = 3 - 1 = 2$

$h = x_R$

$A_D = \frac{1}{2} \cdot 2 \cdot x_R = x_R$

x_R ist die Schnittstelle der beiden Tangenten t_1 und t_2.
Die Tangente t_1 wird im Punkt P(0; 3) an G_f gelegt.

$t_1(x) = m \cdot x + n$ mit $m = f'(0) = -3$

$t_1(x) = -3 \cdot x + n$ mit $P(0; 3) \in t_1$

$3 = -3 \cdot 0 + n \Rightarrow n = 3$

$t_1(x) = -3 \cdot x + 3$

Die Tangente t_2 wird im Punkt Q(0; 1) an G_g gelegt.

$t_2(x) = m \cdot x + n$ mit $m = g'(0) = -1$

$t_2(x) = -x + n$ mit $Q(0; 1) \in t_2$

$1 = -0 + n \Rightarrow n = 1$

$t_2(x) = -x + 1$

x_R ist die Lösung der Gleichung $t_1(x) = t_2(x)$.

$$\begin{aligned} t_1(x) &= t_2(x) \\ -3x + 3 &= -x + 1 \quad | + x - 3 \\ -2x &= -2 \\ x &= 1 \end{aligned}$$

$\Rightarrow x_R = 1 \Rightarrow \underline{\underline{A_D = 1}}$

Alternativ zur Formel $A_D = \frac{1}{2} \cdot \overline{PQ} \cdot h$ kann auch die Differenz $A_{POR} - A_{QOR}$ mit O(0; 0) verwendet werden, um A_D zu berechnen.

Lösungsweg 2: bestimmtes Integral

$A_D = \int_0^{x_R} (t_1(x) - t_2(x))\,dx$ mit $t_1(x) = -3x + 3$

$t_2(x) = -x + 1$

$x_R = 1$ (siehe Lösungsweg 1)

$$\begin{aligned} &= \int_0^1 (-3x + 3 + x - 1)\,dx \\ &= \int_0^1 (-2x + 2)\,dx \\ &= \left[-x^2 + 2x\right]_0^1 \\ &= -1 + 2 - 0 \end{aligned}$$

$\underline{\underline{A_D = 1}}$

Lösungsweg 3: Vektorprodukt

$A_D = \frac{1}{2} \cdot |\overrightarrow{RQ} \times \overrightarrow{RP}|$ mit $Q(0;\, g(0)) = Q(0;1)$

$P(0;\, f(0)) = P(0;\, 3)$

R ist der Schnittpunkt der Tangenten t_1 und t_2.

$\Rightarrow\ x_R = 1$ (vgl. t_1, t_2 und x_R im Lösungsweg 1)

$y_R = t_1(x_R) = -3 \cdot 1 + 3 = 0$

$$= \frac{1}{2} \cdot \left| \begin{pmatrix} 0-1 \\ 1-0 \end{pmatrix} \times \begin{pmatrix} 0-1 \\ 3-0 \end{pmatrix} \right|$$

$$= \frac{1}{2} \cdot \left| \begin{pmatrix} -1 \\ 1 \end{pmatrix} \times \begin{pmatrix} -1 \\ 3 \end{pmatrix} \right|$$

$$= \frac{1}{2} \cdot \left\| \begin{matrix} \vec{i} & -1 & -1 \\ \vec{j} & 1 & 3 \\ \vec{k} & 0 & 0 \end{matrix} \right\| = \frac{1}{2} \cdot \left| \begin{pmatrix} 0 \\ 0 \\ -3-(-1) \end{pmatrix} \right| = \frac{1}{2} \cdot \left| \begin{pmatrix} 0 \\ 0 \\ -2 \end{pmatrix} \right| = \frac{1}{2}\sqrt{0^2 + 0^2 + (-2)^2} = \frac{1}{2}\sqrt{4}$$

$\underline{\underline{A_D = 1}}$

Der gesuchte Flächeninhalt beträgt 1 FE.

Nachweis der Existenz eines speziellen Punktes B

Es ist die Existenz eines solchen Punktes B mit $x_B < -1$ nachzuweisen, der Berührungspunkt einer Tangente t an den Graphen G_f ist, die die Koordinatenachsen in den Punkten A und C mit $\overline{OA} = \overline{OC}$ schneidet, d. h., den Anstieg $m = f'(x_B) = 1$ besitzt.

Lösungsweg 1

$t(x) = m \cdot x + n$ mit $m = 1$

$t(x) = x + n$ mit $B(x_B;\, f(x_B)) \in t$ und $f'(x_B) = 1$

$$(x^2 - 2x - 3) \cdot e^{-x} = 1 \quad \Rightarrow \quad x \approx -1{,}08$$

Diese Lösung kann mit einigen zugelassenen Nicht-CAS-Taschenrechnern ermittelt werden.
Der Punkt $B(x_B;\, f(x_B))$ mit den geforderten Eigenschaften existiert für $x_B \approx -1{,}08$.

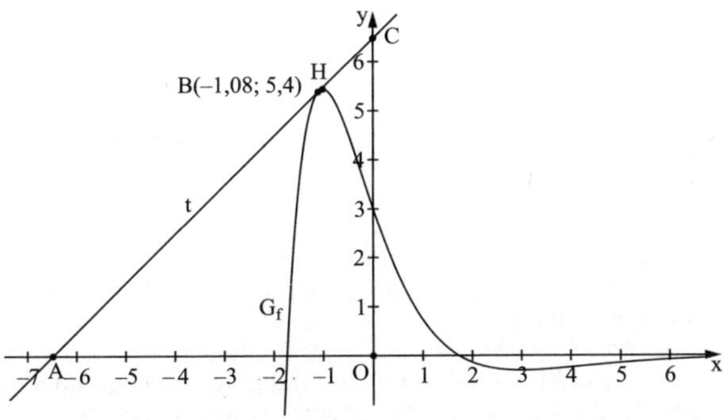

Aus dem Aufgabenteil a ist bekannt, dass H(–1; 2e) der Hochpunkt des Graphen G_f ist.

Lösungsweg 2

Für $-\infty < x < -1$ nimmt die Ableitungsfunktion f' alle Werte $0 < f'(x) < \infty$ an und damit existiert auch ein x_B mit $f'(x_B) = 1$. Der Punkt $B(x_B;\, f(x_B))$ mit den geforderten Eigenschaften existiert also.

f) **Parameter t für eine bestimmte Anzahl von Nullstellen**

Die Funktion f_t besitzt eine Nullstelle, wenn die Gleichung $f_t(x)=0$ eine Lösung besitzt.

$$0 = f_t(x) = (-x^2+3)\cdot e^{-x} + t$$

$$(x^2-3)\cdot e^{-x} = t$$

Diese Gleichung ist aber rechnerisch nicht elementar lösbar.
Der Graph von f_t entsteht jedoch aus dem Graphen G_f durch eine Verschiebung in y-Achsen-Richtung um t.

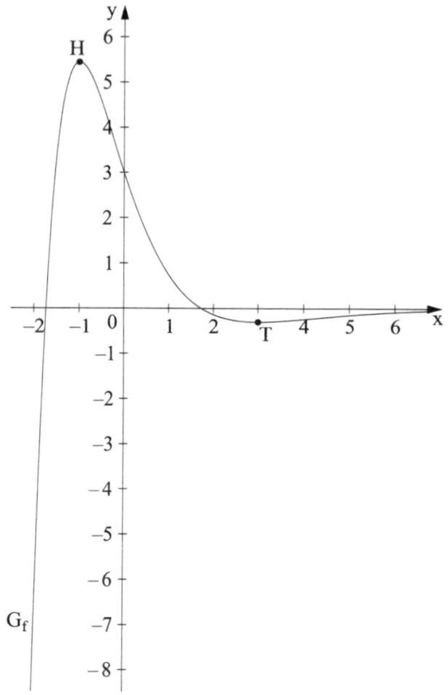

- Wenn ein $t < -y_H = -2e$ gewählt wird, verläuft demzufolge der Graph von f_t stets unterhalb der x-Achse, d. h., f_t mit z. B. $t = -6$ besitzt keine Nullstelle.

- Wenn $t = -y_H = -2e$, so liegt H auf der x-Achse und der Graph von f_t ansonsten unterhalb der x-Achse, demzufolge besitzt f_{-2e} nur eine Nullstelle. Wenn ein $t > |y_T| = 6e^{-3}$ gewählt wird, liegt der lokale Tiefpunkt des Graphen von f_t oberhalb der x-Achse und f_t besitzt damit z. B. für $t = 1$ nur eine Nullstelle.

- Wenn ein t mit $0 < t < |y_T| = 6e^{-3}$ gewählt wird, besitzt der Graph von f_t außer einer negativen Nullstelle x_{01} und einer Nullstelle $0 < x_{02} < x_T$ „rechts" von x_T noch eine dritte Nullstelle $x_{03} > x_T$, d. h. genau drei Nullstellen z. B. für $t = 0{,}1$.

Kernfach Mathematik (Thüringen): Abiturprüfung 2012
Aufgabe A1: Analysis (mit CAS)

Gegeben sind die Funktion f durch $y = f(x) = (3 - x^2) \cdot e^{-x}$ und die Funktion g durch $y = g(x) = e^{-x}$ $(x \in \mathbb{R})$.

a) Bestimmen Sie die Koordinaten der Schnittpunkte des Graphen der Funktion f mit den Koordinatenachsen.
Zeigen Sie unter Verwendung von Ableitungsregeln, dass für die erste Ableitung der Funktion f gilt: $f'(x) = -f(x) - 2x \cdot e^{-x}$
Berechnen Sie gegebenenfalls die Koordinaten der lokalen Extrempunkte und Wendepunkte des Graphen von f. (9 BE)

b) An den Graphen der Funktion f wird an der Stelle $x = 1$ eine Tangente t gelegt. Die Tangente und die Koordinatenachsen begrenzen ein Dreieck. Bei der Rotation dieses Dreiecks um die y-Achse entsteht ein Körper.
Berechnen Sie das Volumen dieses Körpers.
Eine weitere Tangente h an den Graphen der Funktion f begrenzt mit den Koordinatenachsen ebenfalls ein Dreieck, das um die y-Achse rotiert. Es entsteht ein zweiter Körper.
Ermitteln Sie eine Gleichung für eine Tangente h so, dass Höhe und Durchmesser dieses Körpers übereinstimmen. (5 BE)

c) Die Punkte P(p; f(p)) und Q(p; 0) mit $-\sqrt{3} < p < 0$ sowie der Koordinatenursprung O sind Eckpunkte des Dreiecks QOP.
Berechnen Sie p so, dass der Flächeninhalt dieses Dreiecks maximal wird. (3 BE)

d) Berechnen Sie die Größe des Winkels, unter dem sich die Graphen der Funktionen f und g im II. Quadranten schneiden.
Der Graph der Funktion g teilt die Fläche, die der Graph der Funktion f und die x-Achse vollständig einschließen, in zwei Teilflächen.
Berechnen Sie den Flächeninhalt dieser Teilflächen. (6 BE)

e) Der Graph der Funktion z mit

$$y = z(x) = \begin{cases} f(x), & -\sqrt{3} \le x \le 0 \\ f(-x), & 0 < x \le \sqrt{3} \end{cases}$$

lässt sich im Intervall $-\sqrt{3} \le x \le \sqrt{3}$ durch einen Graphen einer Funktion 4. Grades annähern.
Bestimmen Sie eine Gleichung für eine solche Funktion. (3 BE)

f) Für jede reelle Zahl a ist eine Funktion k_a durch $y = k_a(x) = f(x) + a$ gegeben.
Geben Sie die Anzahl der Nullstellen der Funktion k_a in Abhängigkeit von a an. (4 BE)

(30 BE)

Hinweise und Tipps

Aufgabe a

Schnittpunkte mit den Koordinatenachsen

- Die Schnittstellen des Graphen von f mit der x-Achse sind die Lösungen der Gleichung $f(x) = 0$.
- Die Schnittstelle des Graphen von f mit der y-Achse ist der Funktionswert f(0).
- Beachten Sie, dass das Gesuchte Punkte und keine Stellen sind.

Nachweis

- Der Funktionsterm ist ein Produkt und kann demzufolge mithilfe der Produktregel differenziert werden.
- Um e^{-x} zu differenzieren, kann die Kettenregel angewendet werden.

Lokale Extrempunkte

- Die Extremstellen können Sie mit der ersten und zweiten Ableitung von f bestimmen.
- Mögliche Extremstellen x_E erhalten Sie als Lösung der Gleichung $f'(x) = 0$.
- Gilt für eine mögliche Extremstelle x_E außerdem $f''(x_E) \neq 0$, so ist x_E tatsächlich eine Extremstelle.
  (Gilt $f''(x_E) < 0$, so ist x_E eine lokale Maximumstelle; gilt $f''(x_E) > 0$, so ist x_E eine lokale Minimumstelle.)
- Die gesuchten Extrempunkte ergeben sich als $E(x_E; f(x_E))$.

Wendepunkte

- Die Wendestellen können Sie mit der zweiten und dritten Ableitung von f bestimmen.
- Mögliche Wendestellen x_W erhalten Sie als Lösung der Gleichung $f''(x) = 0$.
- Gilt für eine mögliche Wendestelle x_W außerdem $f'''(x_W) \neq 0$, so ist x_W tatsächlich eine Wendestelle.
- Die gesuchten Wendepunkte ergeben sich als $W(x_W; f(x_W))$.

Aufgabe b

Volumen

- Veranschaulichen Sie sich die beschriebene Dreiecksfläche und wie diese rotieren soll.
- Das Volumen V des Rotationskörpers lässt sich mithilfe der Volumenformel für Kegel (oder auch mittels Integralrechnung) ermitteln.

Tangente

- Ein Kegel, dessen Höhe doppelt so lang ist wie dessen Radius, besitzt eine Mantelfläche, die mit dem Anstieg 2 zur Grundfläche geneigt ist.
- Da die beschriebene Tangente Mantellinie des Kegels ist, muss sie einen Anstieg von entweder $m = 2$ oder $m = -2$ aufweisen.
- Ein Näherungswert einer Berührungsstelle x_B ergibt sich als eine Lösung der Gleichung $f'(x) = 2$ bzw. $f'(x) = -2$.
- Das noch fehlende n der Gleichung $h(x) = m \cdot x + n$ einer gesuchten Tangente mit der Berührungsstelle x_B kann man sowohl rein rechnerisch als auch im Graphikmodus (jeweils nur näherungsweise) bestimmen.

Aufgabe c

- Veranschaulichen Sie sich die Lage und die Art des beschriebenen Dreiecks QOP.
- Die Zielfunktion A für das zu lösende Extremwertproblem beschreibt den Flächeninhalt des rechtwinkligen Dreiecks QOP.
- Wenn p den beiden Bedingungen $A'(p) = 0$ und $A''(p) < 0$ genügt, ist p die gesuchte Maximumstelle.

Aufgabe d

Schnittwinkel

- Beachten Sie, dass als Schnittwinkel zweier Geraden stets der spitze (ggf. rechte) Winkel zwischen ihnen bezeichnet wird.
- Wenn sich die zwei Graphen G_f und G_g im Punkt S schneiden, so berechnet sich ihr zugehöriger Schnittwinkel als Schnittwinkel der beiden Tangenten an G_f und G_g im Punkt S.
- Der Schnittpunkt $S(x_S; f(x_S))$ liegt genau dann („echt") im zweiten Quadranten, wenn $x_S < 0$ und $f(x_S) > 0$ gilt.
- An der Schnittstelle x_S muss $f(x_S) = g(x_S)$ gelten.
- Den Schnittwinkel α zweier Tangenten und damit zweier Geraden mit den Anstiegen $m_1 = f'(x_S)$ und $m_2 = g'(x_S)$ kann man über $\tan \alpha$ mittels Formel aus dem Tafelwerk oder mit dem Taschenrechner im DEG-Modus berechnen.

Flächeninhalte

- Veranschaulichen Sie sich die zu berechnenden Flächeninhalte im Koordinatensystem mit den Graphen von f und g.
- Die eine Teilfläche besitzt den Inhalt A_1 der Fläche, die von den Graphen f und g (im Endlichen) eingeschlossen wird.
- A_1 berechnet sich als positives bestimmtes Integral von $f(x) - g(x)$ mit den Schnittstellen von f und g als Integrationsgrenzen.
- Die zweite Teilfläche besitzt den Inhalt A_2 der Fläche, die von den Graphen von f und g sowie der x-Achse eingeschlossen wird.
- A_2 kann man berechnen als positive Differenz aus dem Flächeninhalt, den G_f mit der x-Achse im Endlichen einschließt, und A_1.

Aufgabe e

- Veranschaulichen Sie sich den Graphen von z.
- Die gesuchte Funktion h sollte eine gerade ganzrationale Funktion 4. Grades sein, da der Graph von z axialsymmetrisch zur y-Achse verläuft.
- $h(x) = ax^4 + bx^2 + c \; (a \neq 0)$ wäre ein sinnvoller Ansatz für eine Funktionsgleichung von h.
- Zur Bestimmung der drei Parameter a, b und c genügen drei (voneinander unabhängige) geltende Gleichungen.
- Drei derartige Gleichungen ergeben sich z. B. aus den Bedingungen, dass der Hochpunkt des Graphen von f (und damit auch von z) und der lokale Tiefpunkt des Graphen von z auch Hoch- und Tiefpunkt des Graphen von h sind.
  Alternativ dazu (und noch einfacher) lassen sich drei Gleichungen dadurch finden, dass h und z an drei markanten Stellen (z. B. $x = -\sqrt{3}$, $x = -1$ und $x = 0$) jeweils dieselben Funktionswerte aufweisen.

Aufgabe f

Der zum Bestimmen der Nullstellen von k_a gewohnte Ansatz ergibt die Gleichung $k_a(x) = 0$, die aber rechnerisch nicht elementar zu lösen ist.

Aber der Funktionsterm $k_a(x)$ stimmt bis auf eine additive Konstante a mit dem bereits untersuchten Funktionsterm f(x) überein, d. h., der Graph von k_a geht durch eine Verschiebung um a in y-Achsen-Richtung aus dem Graphen von f hervor.

Am Graphen von f kann man daher ablesen, wie er zu verschieben ist, damit der Graph von k_a eine bestimmte Anzahl von Nullstellen besitzt.

Achten Sie darauf, dass Sie alle Werte von $a \in \mathbb{R}$ in ihre diesbezüglichen Untersuchungen einbeziehen.

Lösungen

$f(x) = (3 - x^2) \cdot e^{-x}$
$f'(x) = (x^2 - 2x - 3) \cdot e^{-x}$
$f''(x) = (-x^2 + 4x + 1) \cdot e^{-x}$
$f'''(x) = (x^2 - 6x + 3) \cdot e^{-x}$

$g(x) = e^{-x}$
$g'(x) = -e^{-x}$

G_f bzw. G_g bezeichnet den Graphen der Funktion f bzw. der Funktion g.

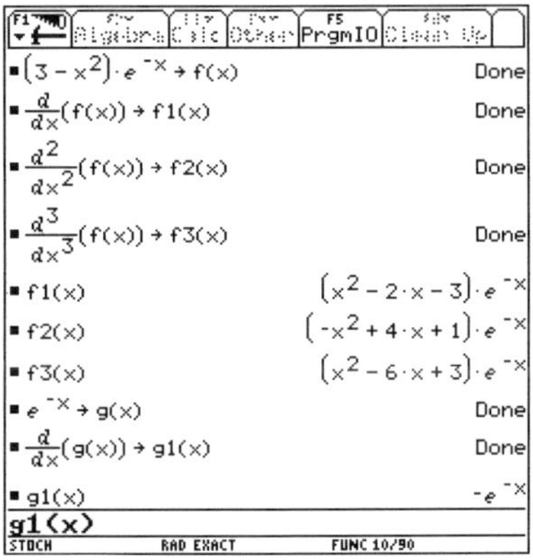

a) **Schnittpunkte S_x und S_y mit den Koordinatenachsen**

G_f kann die x-Achse nur in den Punkten $S_x(x; f(x))$ mit $f(x) = 0$ schneiden.

$0 = f(x)$

$x_{1,2} = \pm\sqrt{3}$

$\Rightarrow$ G_f schneidet die x-Achse nur in den beiden Punkten $\underline{\underline{S_{x_{1,2}}(\pm\sqrt{3}; 0)}}$.

G_f kann die y-Achse nur im Punkt $S_y(0; f(0))$ schneiden.

$f(0) = 3$

$\Rightarrow$ G_f schneidet die y-Achse nur im Punkt $\underline{\underline{S_y(0; 3)}}$.

Nachweis

Unter Verwendung von Ableitungsregeln ist nachzuweisen, dass für f' gilt:
$f'(x) = -f(x) - 2x \cdot e^{-x}$

$f'(x) = ((3 - x^2) \cdot e^{-x})' = (3 - x^2)' \cdot e^{-x} + (3 - x^2) \cdot (e^{-x})'$ nach Produktregel
$f'(x) = (-2x) \cdot e^{-x} + (3 - x^2) \cdot (-e^{-x})$ nach Summen-, Potenz- und Kettenregel
$f'(x) = -2x \cdot e^{-x} - f(x)$
$f'(x) = -f(x) - 2x \cdot e^{-x}$

lokale Extrempunkte E

$E(x_E; f(x_E))$ ist ein lokaler Extrempunkt von G_f, wenn sowohl die Gleichung $f'(x_E) = 0$ als auch die Ungleichung $f''(x_E) \neq 0$ gelten.

$0 = f'(x)$

$x_1 = 3$

$x_2 = -1$

$\Rightarrow$ $x_1 = 3$ und $x_2 = -1$ sind die einzig möglichen Extremstellen von G_f.

$f''(3) > 0$

$f''(-1) < 0$

$f(3) = -6 \cdot e^{-3} \approx -0{,}299$

$f(-1) = 2 \cdot e \approx 5{,}44$

$\Rightarrow$ Als einzige Extrempunkte von G_f sind $\underline{\underline{E_1(3; -6e^{-3})}}$ der Tiefpunkt T und $\underline{\underline{E_2(-1; 2e)}}$ der Hochpunkt H von G_f.

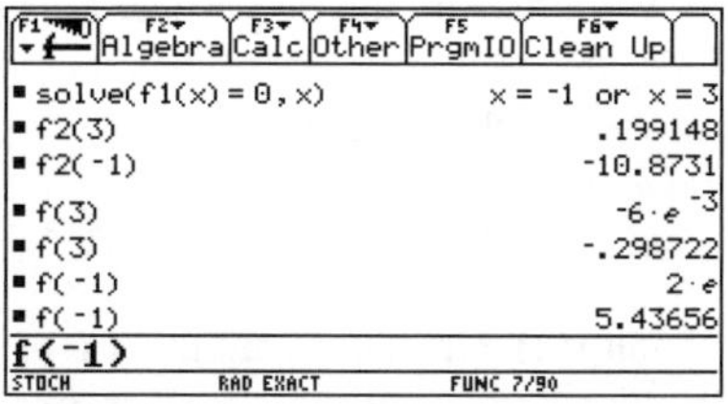

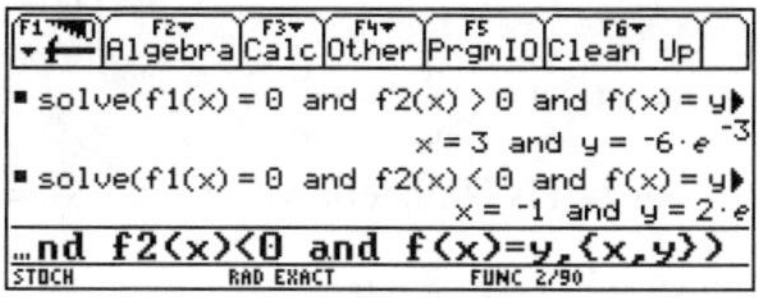

Wendepunkte W

$W(x_W; f(x_W))$ ist ein Wendepunkt von G_f, wenn sowohl die Gleichung $f''(x_W) = 0$ als auch die Ungleichung $f'''(x_W) \neq 0$ gelten.

$0 = f''(x)$

$x_1 = 2 + \sqrt{5} \approx 4{,}24$

$x_2 = 2 - \sqrt{5} \approx -0{,}236$

$f'''(2 + \sqrt{5}) \neq 0$

$f'''(2 - \sqrt{5}) \neq 0$

$f(2 + \sqrt{5}) = (-4\sqrt{5} - 6) \cdot e^{-\sqrt{5} - 2} \approx -0{,}216$

$f(2 - \sqrt{5}) = (4\sqrt{5} - 6) \cdot e^{\sqrt{5} - 2} \approx 3{,}73$

$\Rightarrow$ $\underline{\underline{W_1(2 + \sqrt{5}; (-4\sqrt{5} - 6) \cdot e^{-\sqrt{5} - 2})}}$

$= \underline{\underline{W_1(\approx 4{,}24; \approx -0{,}216)}}$ und

$\underline{\underline{W_2(2 - \sqrt{5}; (4\sqrt{5} - 6) \cdot e^{\sqrt{5} - 2}) = W_2(\approx -0{,}236; \approx 3{,}73)}}$

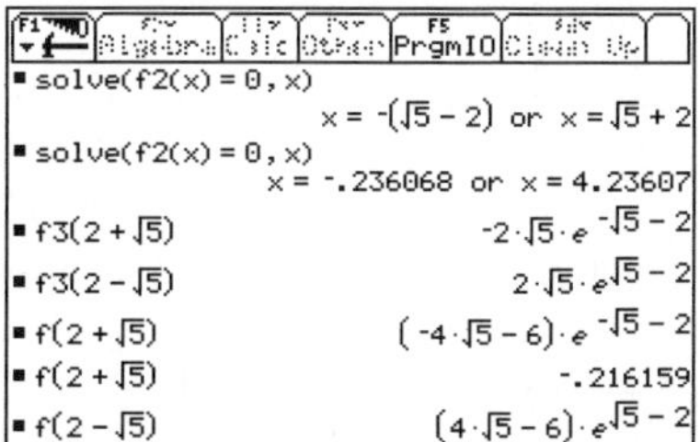

b) **Volumen**

Bei der Rotation des Dreiecks OPQ um die y-Achse entsteht als Rotationskörper ein Kegel mit dem Radius $\overline{OP}$ und der Höhe $h = \overline{OQ}$.

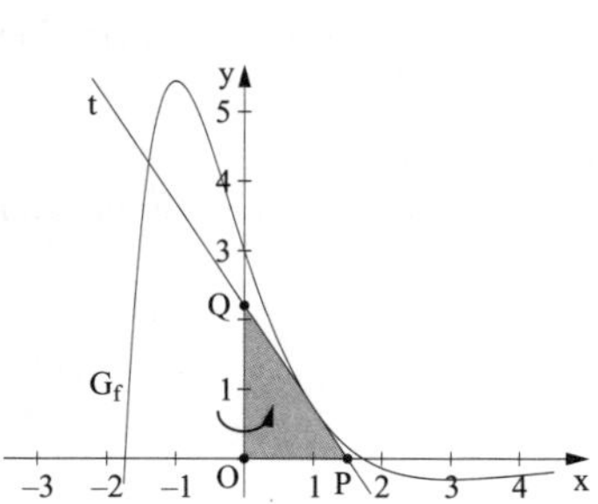

Lösungsweg 1

Das Kegelvolumen kann man nach der Volumenformel $V = \frac{1}{3}\pi r^2 h$ für Kegel berechnen.

$$V = \frac{1}{3}\pi r^2 \cdot h \quad \text{mit } r = \overline{OP} \text{ und } h = \overline{OQ}$$

$$V = \frac{1}{3} \cdot \overline{OP}^2 \cdot \pi \cdot \overline{OQ}$$

$$V = \frac{1}{3} \cdot x_P^2 \cdot \pi \cdot t(0)$$

mit $t(x) = m \cdot x + n$ mit $m = f'(1)$

$t(1) = f(1)$

$$\Rightarrow \quad t(x) = -\frac{4}{e} \cdot x + \frac{6}{e}$$

mit x_P als Nullstelle von t $\Rightarrow$ $x_P = 1{,}5$

$$V = \frac{1}{3} \cdot 1{,}5^2 \cdot \pi \cdot t(0)$$

$$\underline{\underline{V = \frac{9\pi}{2e} \approx 5{,}20}}$$

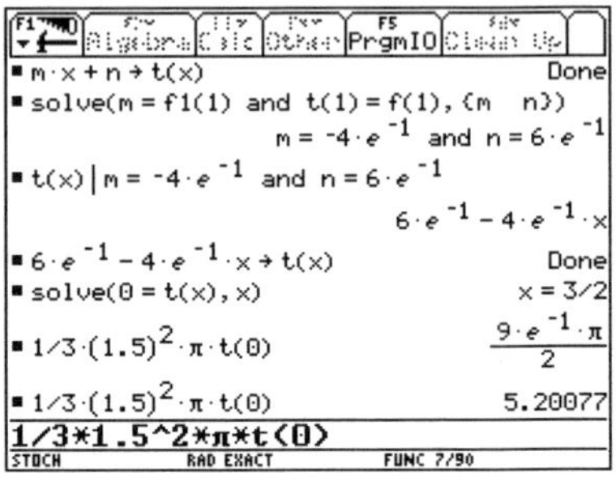

Lösungsweg 2

$$V = \int_{x = x_P}^{x=0} \pi \cdot x^2 \cdot dy$$

mit $y = t(x) = -\frac{4}{e} \cdot x + \frac{6}{e}$ (vgl. Lösungsweg 1)

$$\Rightarrow \quad dy = t'(x) \cdot dx = -\frac{4}{e} \cdot dx$$

mit $x_P = 1{,}5$ (vgl. Lösungsweg 1)

$$V = \int_{1{,}5}^{0} \pi \cdot x^2 \cdot \left(-\frac{4}{e}\right) dx$$

$$\underline{\underline{V = \frac{9\pi}{2e} \approx 5{,}20}}$$

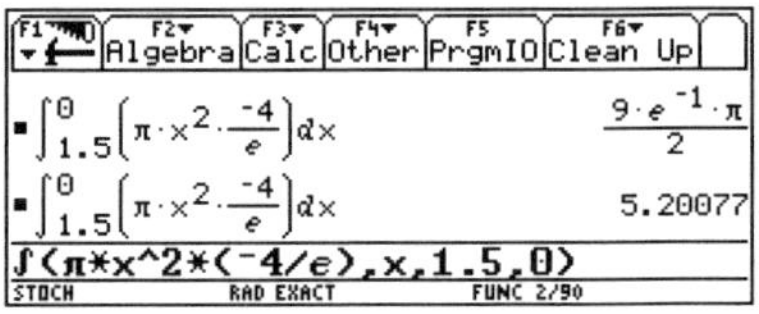

Der Rotationskörper besitzt ein Volumen von ca. 5,2 VE.

Tangente h

Eine Tangente mit den geforderten Eigenschaften kann einen positiven oder einen negativen Anstieg besitzen.

Fall 1: positiver Anstieg

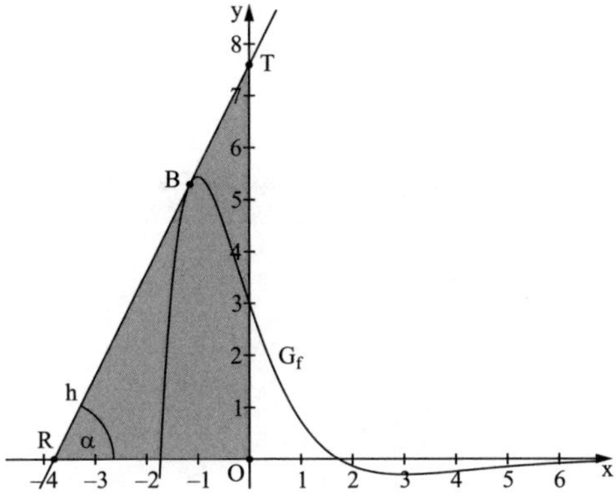

$h(x) = m \cdot x + n \quad \text{mit } m = f'(x_B) \text{ und}$

$$m = \tan\alpha = \frac{\overline{OT}}{\overline{RO}} = \frac{2 \cdot \overline{RO}}{\overline{RO}} = 2$$

$h(x) = 2x + n \qquad \text{mit } B(x_B;\, f(x_B)) \in h$

$\Rightarrow \; f'(x_B) = 2$

$\Rightarrow \; x_B = -1{,}152\ldots$

$f(x_B) = 5{,}293\ldots$

$5{,}293\ldots = 2 \cdot (-1{,}152\ldots) + n$

$7{,}597\ldots = n$

$\Rightarrow \; \underline{\underline{h(x) = 2x + 7{,}60}}$ (näherungsweise)

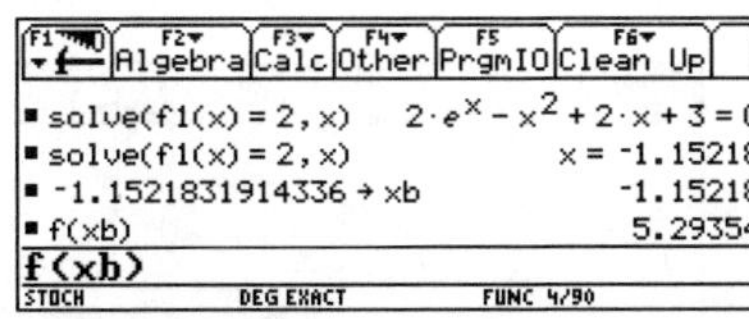

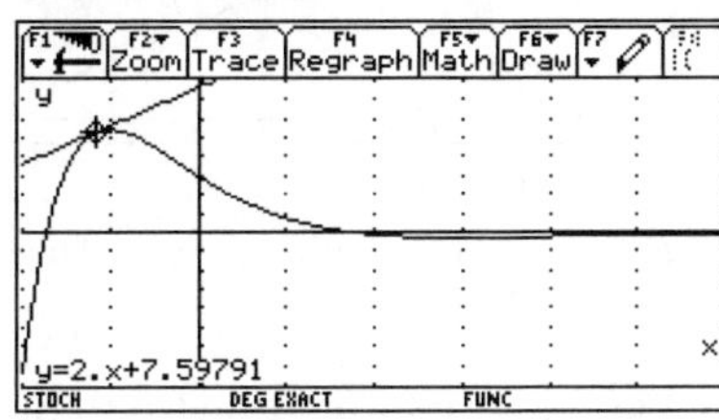

Tangente an der Stelle x_B

Fall 2: negativer Anstieg

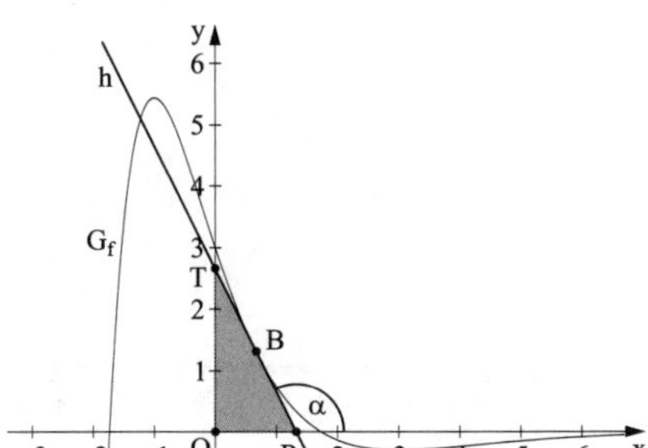

$h(x) = m \cdot x + n$ mit $m = f'(x_B)$ und $m = \tan\alpha$

$$\tan(180° - \alpha) = \frac{\overline{OT}}{\overline{OR}} = \frac{2 \cdot \overline{OR}}{\overline{OR}} = 2$$

$$\Rightarrow \quad \tan(-\alpha) = 2$$

$$\Rightarrow \quad \tan\alpha = -2$$

$h(x) = 2x + n$ mit $B(x_B; f(x_B)) \in h$

$m = f'(x_B) = -2$

$\Rightarrow \; x_{B_1} = -0{,}7471\ldots$

$f(x_{B_1}) = 5{,}154\ldots$

$\Rightarrow \; x_{B_2} = 0{,}6646\ldots$

$f(x_{B_2}) = 1{,}316\ldots$

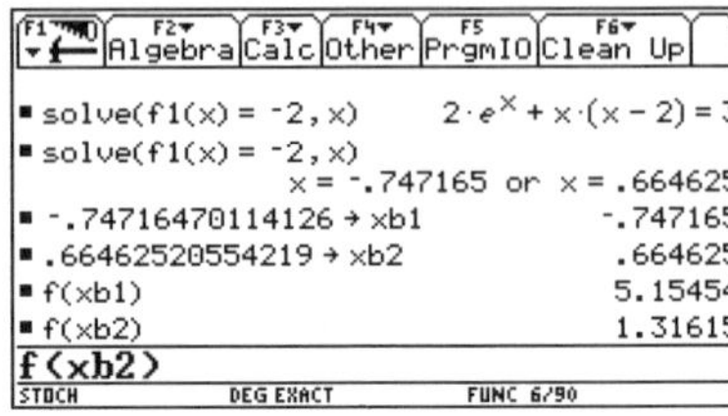

$5{,}154\ldots = 2 \cdot (-0{,}7471\ldots) + n$

$3{,}660\ldots = n$

$\Rightarrow \; \underline{\underline{h_1(x) = -2x + 3{,}66}}$ (näherungsweise)

$1{,}316\ldots = -2 \cdot 0{,}6646\ldots + n$

$2{,}645\ldots = n$

$\Rightarrow \; \underline{\underline{h_2(x) = -2x + 2{,}65}}$ (näherungsweise)

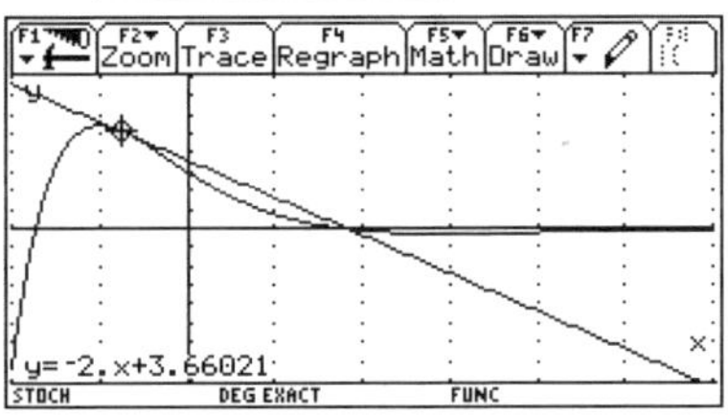

Tangente an der Stelle x_{B_1}

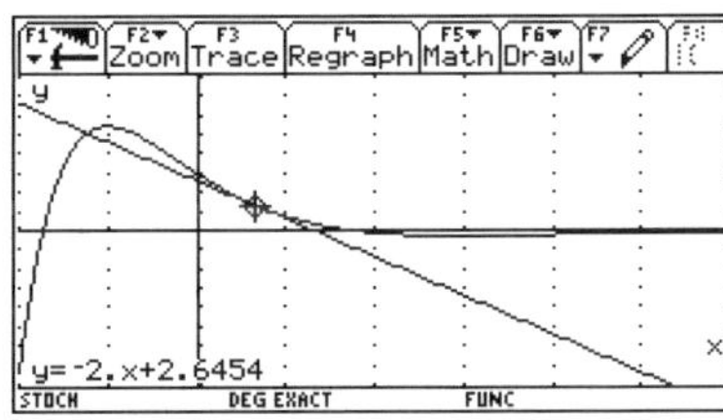

Tangente an der Stelle x_{B_2}

Hinweis: Als Lösung der Aufgabe genügt es, die Gleichung für eine der Tangenten h, h_1, h_2 zu ermitteln.

c) **Parameter p für maximalen Dreiecksflächeninhalt**
Die Dreiecke QOP sind rechtwinklig mit den Katheten $\overline{QO}$ und $\overline{QP}$.

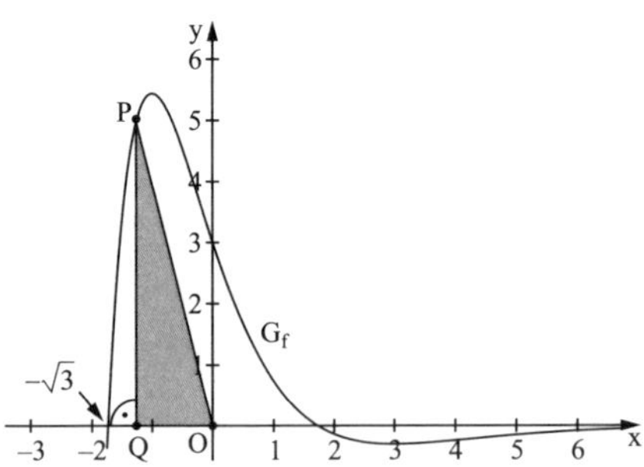

$Q(p; 0)$, $O(0; 0)$, $P(p; f(p))$ mit $-\sqrt{3} < p < 0$

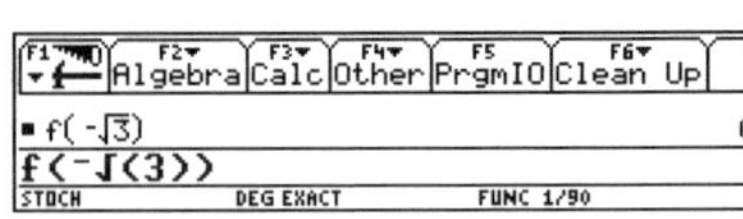

Aufstellen der Zielfunktion:

$A(p) = \frac{1}{2} a \cdot b \quad \text{mit } a = \overline{QO} = |p| = -p \text{ und } b = f(p)$

$A(p) = -\frac{1}{2} p \cdot f(p) = \frac{p}{2} \cdot (p^2 - 3) \cdot e^{-p} \quad \text{mit } -\sqrt{3} < p < 0$

Lösungsweg 1:

Der Flächeninhalt A(p) des Dreiecks QOP kann nur für ein solches p ein (lokales) Maximum annehmen, das den Bedingungen $A'(p) = 0$ und $A''(p) < 0$ genügt.

Notwendige Bedingung für die Existenz einer lokalen Maximumstelle:

$0 = A'(p)$ unter der Bedingung $-\sqrt{3} < p < 0$

$$0 = \left(-\frac{p^3}{2} + \frac{3p^2}{2} + \frac{3p}{2} - \frac{3}{2}\right) \cdot e^{-p}$$

$\Rightarrow \quad p = -1{,}261\ldots$ ist die einzige mögliche negative Extremstelle.

Hinreichende Bedingung für die Existenz einer lokalen Maximumstelle:

$A''(p) \neq 0$

$A''(-1{,}261\ldots) = -16{,}50\ldots < 0$

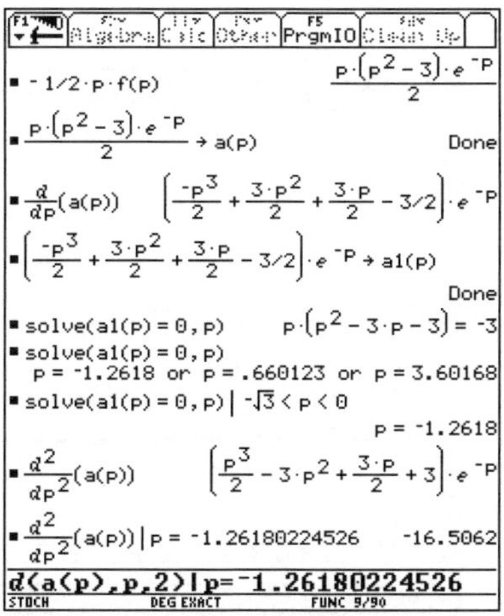

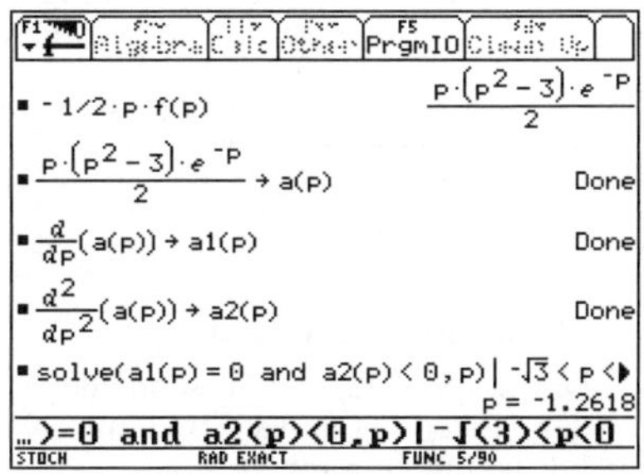

Die Funktion A besitzt also für $-\sqrt{3} < p < 0$ die einzige lokale Maximumstelle bei $p = -1{,}261\ldots$

Lösungsweg 2:

Die gesuchte lokale Maximumstelle von A lässt sich mit dem Taschencomputer grafisch bestimmen.

Das Dreieck QOP besitzt für $\underline{\underline{p \approx -1{,}26}}$ seinen maximalen Flächeninhalt.

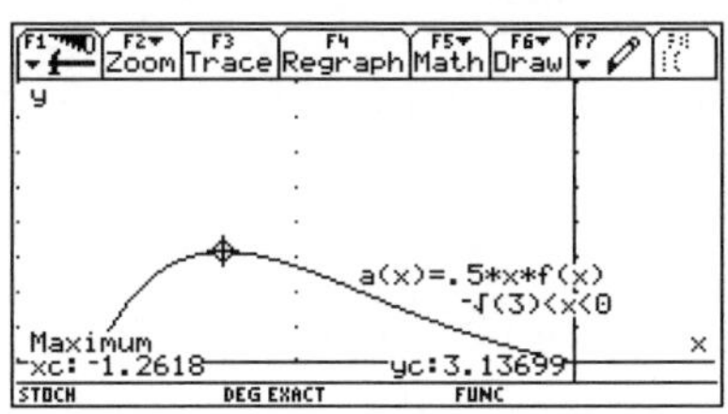

Lösungsweg 3:

Taschencomputer eröffnen auch die Möglichkeit, mit nur einem Befehl die gesuchte Maximumstelle der Zielfunktion A zu berechnen.

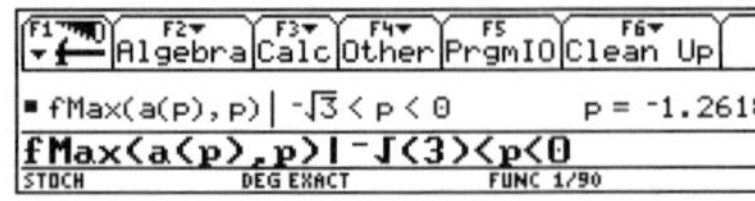

Das Dreieck QOP besitzt für $\underline{\underline{p \approx -1{,}26}}$ seinen maximalen Flächeninhalt.

d) **Schnittwinkel α**

Der gesuchte Schnittwinkel α ist der Schnittwinkel der beiden Tangenten an G_f und G_g in ihrem Schnittpunkt S, der im II. Quadranten liegt.

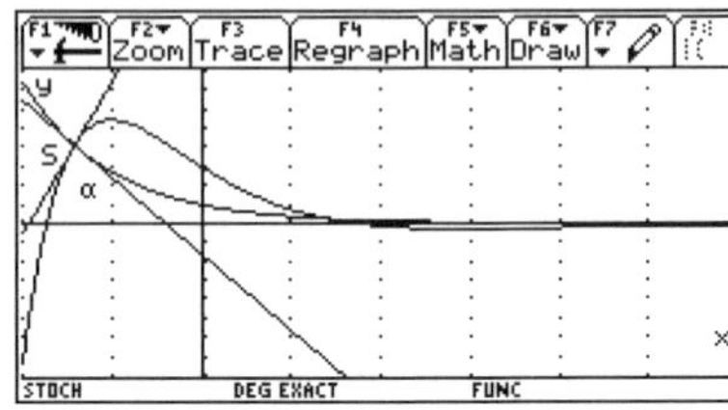

Die Schnittstelle x_S ist die negative Lösung der Gleichung $f(x) = g(x)$.

$$f(x) = g(x) \text{ und } x < 0$$

$$\Rightarrow \quad x_S = -\sqrt{2}$$

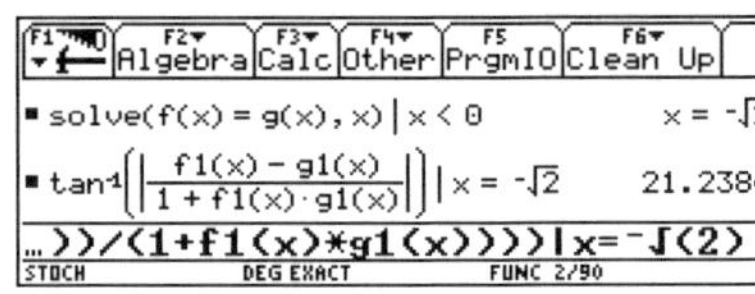

Die Größe des Winkels α ist mithilfe der Anstiege der Tangenten t_f und t_g zu berechnen.

$$\tan\alpha = \left|\frac{m_f - m_g}{1 + m_f \cdot m_g}\right| = \left|\frac{f'(x_S) - g'(x_S)}{1 + f'(x_S) \cdot g'(x_S)}\right|$$

$$\Rightarrow \quad \underline{\underline{\alpha \approx 21{,}2°}}$$

Flächeninhalte A_1 und A_2

Die Graphen G_f und G_g schneiden sich an den Stellen x_{S1} und x_{S2} und umschließen eine Fläche mit dem Inhalt A_1.

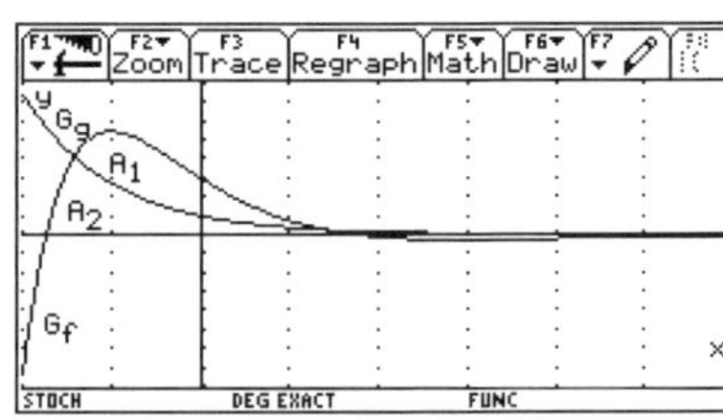

$$A_1 = \int_{x_{S1}}^{x_{S2}} (f(x) - g(x))\,dx$$

mit den Schnittstellen x_{S1} und x_{S2}

$$f(x) = g(x)$$

$$\Rightarrow \quad x_{S1} = -\sqrt{2}$$

$$x_{S2} = \sqrt{2}$$

$\underline{\underline{A_1 \approx 4{,}58}}$

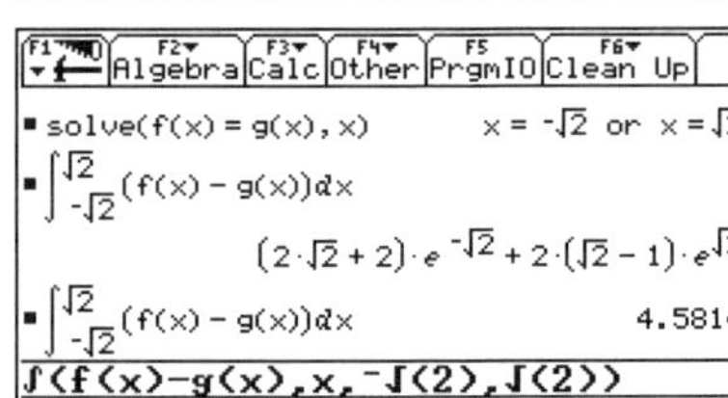

Die Fläche mit dem Inhalt A_2 wird eingeschlossen von G_f, G_g und der x-Achse.

Lösungsweg 1:

A_2 berechnet sich als positive Differenz aus dem Flächeninhalt, den G_f mit der x-Achse (im Endlichen) einschließt, und A_1.

$$A_2 = \int_{x_{01}}^{x_{02}} f(x)\,dx - A_1 \quad \text{mit } x_{01} = -\sqrt{3} \text{ und}$$

$$x_{02} = \sqrt{3}$$

(vgl. Teilaufgabe a)

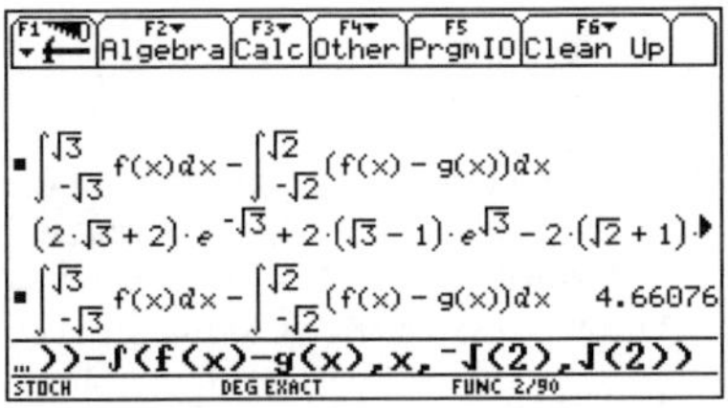

$\underline{\underline{A_2 \approx 4{,}66}}$

Lösungsweg 2:

A_2 berechnet sich als Inhalt der Fläche, die von G_f, G_g und der x-Achse (im Endlichen) eingeschlossen wird.

$$A_2 = \int_{x_{01}}^{x_{S1}} f(x)\,dx + \int_{x_{S1}}^{x_{S2}} g(x)\,dx + \int_{x_{S2}}^{x_{02}} f(x)\,dx$$

$$\text{mit } x_{01} = -\sqrt{3} \text{ und } x_{S1} = -\sqrt{2}$$

$$x_{02} = \sqrt{3} \text{ und } x_{S2} = \sqrt{2}$$

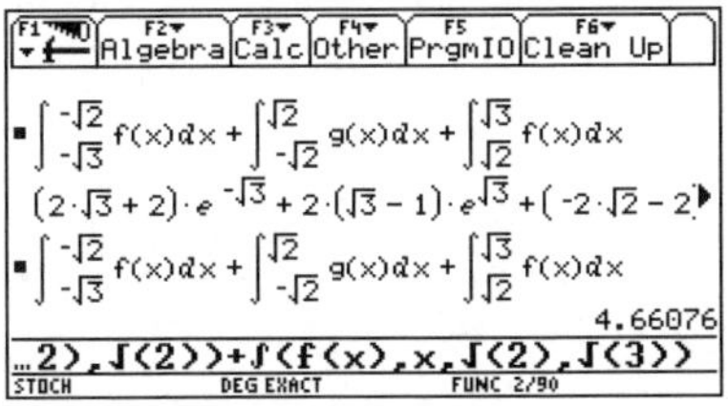

$\underline{\underline{A_2 \approx 4{,}66}}$

Die Inhalte der beiden Teilflächen betragen ca. 4,58 FE und ca. 4,66 FE.

e) **Funktion h als Näherungsfunktion**

Die Funktion z besitzt einen zur y-Achse symmetrischen Graphen, folglich sollte auch der Graph von h axialsymmetrisch zur y-Achse verlaufen, d. h., h sollte eine gerade Funktion sein.

$h(x) = ax^4 + bx^2 + c \quad (a \neq 0)$

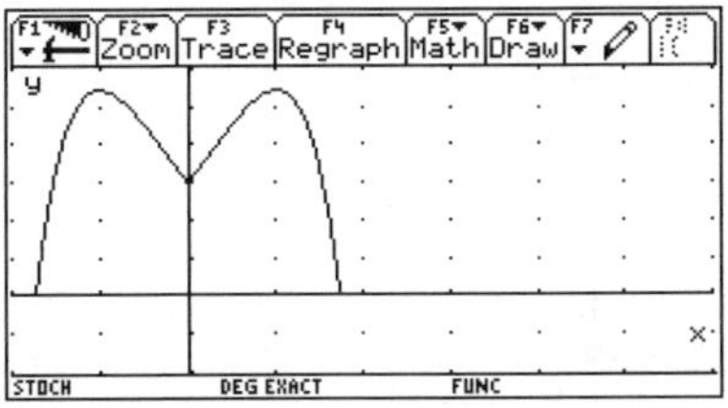

Um die Parameter a, b und c zu bestimmen, gibt es verschiedenartige Ansätze, von denen nachfolgend zwei ausgewählt werden.

Lösungsweg 1:

Der Graph von z besitzt den Hochpunkt H(–1; 2e), den auch der Graph von h besitzen sollte.

I $h(-1) = 2e$

II $h'(-1) = 0$

III $h''(-1) < 0$

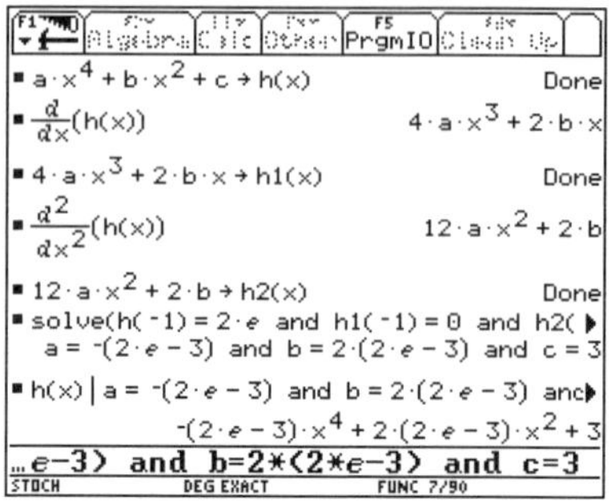

Der Graph von z besitzt (obwohl die Funktion z an der Stelle $x = 0$ nicht differenzierbar ist) den Tiefpunkt $T(0; f(0)) = T(0; 3)$, den auch der Graph von h besitzen sollte.

IV $h(0) = 3$

V $h'(0) = 0$

VI $h''(0) > 0$

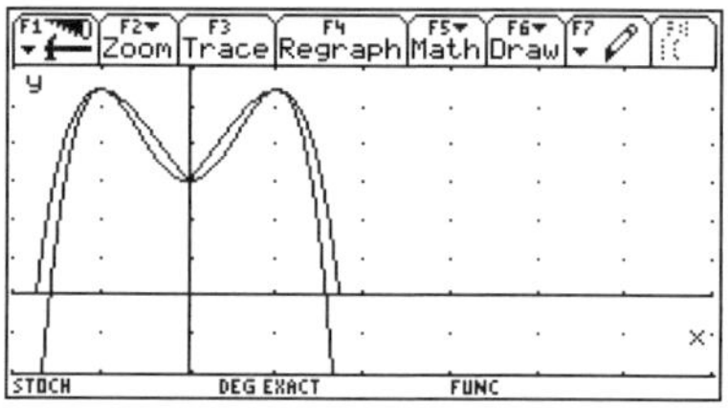

Die Lösung des Systems dieser Gleichungen bzw. Ungleichungen von I bis VI liefert:

$a = 3 - 2e$

$b = 4e - 6$

$c = 3$

$$\Rightarrow \quad \underline{\underline{h(x) = (3-2e)\cdot x^4 + (4e-6)\cdot x^2 + 3}}$$

$$\text{mit } -\sqrt{3} < x < \sqrt{3}$$

Lösungsweg 2:

Der Graph von z verläuft durch die drei markanten Punkte $(-\sqrt{3}; f(-\sqrt{3}))$, $(-1; f(-1))$ und $(0; f(0))$, die auch auf dem Graphen von h liegen sollten.

I $h(-\sqrt{3}) = f(-\sqrt{3})$

II $h(-1) = f(-1)$

III $h(0) = f(0)$

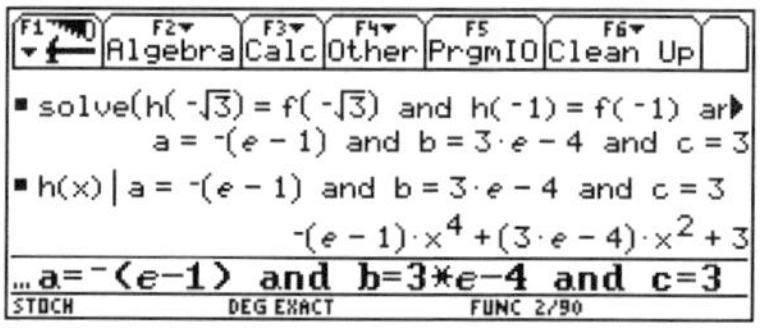

Die Lösung des Systems dieser drei Gleichungen I, II, III liefert:

$a = 1 - e$

$b = 3e - 4$

$c = 3$

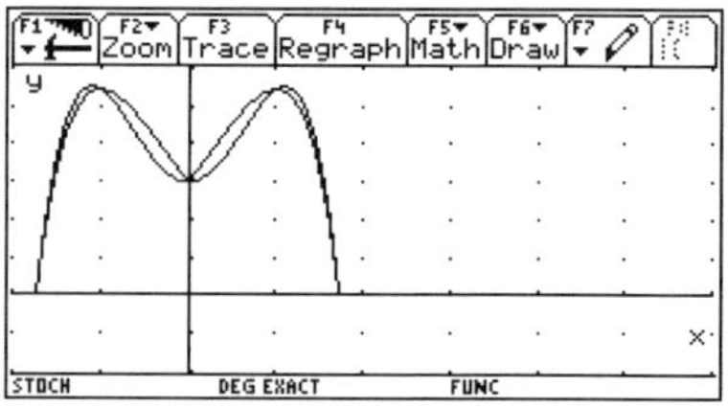

$$\Rightarrow \quad \underline{\underline{h(x) = (1-e)\cdot x^4 + (3e-4)\cdot x^2 + 3}}$$

$$\text{mit } -\sqrt{3} < x < \sqrt{3}$$

f) **Parameterabhängige Anzahl der Nullstellen**

Die Funktion k_a besitzt eine Nullstelle, wenn die Gleichung $k_a(x) = 0$ eine Lösung besitzt.

$$0 = k_a(x) = (-x^2 + 3) \cdot e^{-x} + a$$

$(x^2 - 3) \cdot e^{-x} = a$

Diese Gleichung ist aber rechnerisch nicht elementar lösbar.

Der Graph von k_a entsteht jedoch aus dem Graphen G_f durch eine Verschiebung in y-Achsen-Richtung um a.

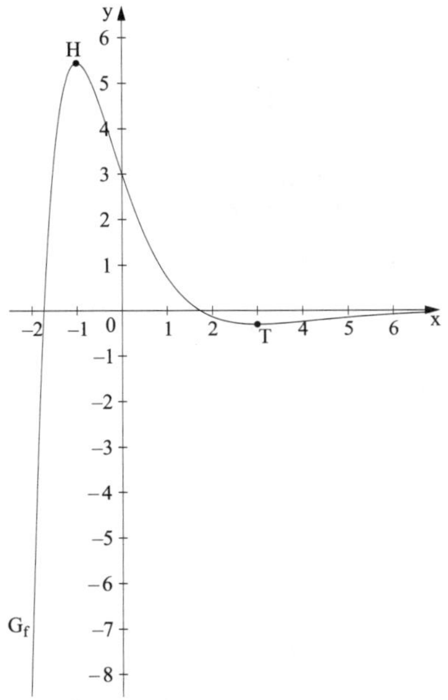

- Wenn ein $a < -y_H = -2e$ gewählt wird, verläuft demzufolge der Graph von k_a stets unterhalb der x-Achse, d. h., k_a besitzt keine Nullstelle.

- Wenn $a = -y_H = -2e$, so liegt H auf der x-Achse und der Graph von k_a ansonsten unterhalb der x-Achse, demzufolge besitzt k_{-2e} nur eine Nullstelle. Wenn ein $a > |y_T| = 6e^{-3}$ gewählt wird, liegt der lokale Tiefpunkt des Graphen von k_a oberhalb der x-Achse und k_a besitzt nur eine Nullstelle.

- Wenn ein a mit $0 < a < |y_T| = 6e^{-3}$ gewählt wird, besitzt der Graph von k_a außer einer negativen Nullstelle x_{01} und einer Nullstelle $0 < x_{02} < x_T$ „rechts" von x_T noch eine dritte Nullstelle $x_{03} > x_T$, d. h. genau drei Nullstellen.

- Wenn $a = |y_T| = 6e^{-3}$ oder ein a mit $-2e = -y_H < a \leq 0$ gewählt wird, liegt der lokale Tiefpunkt des Graphen von k_a auf der x-Achse oder die Extrempunkte H_a und T_a des Graphen von k_a liegen wie bei G_f im II. und IV. Quadranten mit $k_a(x) < 0$ für $x > x_{T_a}$, d. h., k_a besitzt genau zwei Nullstellen.

Damit sind alle Möglichkeiten zur Wahl von $a \in \mathbb{R}$ betrachtet.

Kernfach Mathematik (Thüringen): Abiturprüfung 2012
Aufgabe A2: Analysis

Gegeben sind die Funktion f durch

$$y = f(x) = \frac{1}{3}(9x - x^3)$$

und für jede reelle Zahl a mit $a \neq 0$ eine quadratische Funktion p_a durch

$$y = p_a(x) = ax(x-3) \quad (x \in \mathbb{R}).$$

a) Untersuchen Sie den Graphen von f auf Symmetrie, auf Schnittpunkte mit den Koordinatenachsen, auf lokale Extrempunkte und Wendepunkte.
Geben Sie gegebenenfalls die Koordinaten dieser Punkte an.
Skizzieren Sie den Graphen von f in einem geeigneten Intervall.
Ermitteln Sie eine Gleichung für die Tangente t an den Graphen von f im Punkt P(0; 0).
Berechnen Sie die Größe des Anstiegswinkels der Tangente t. (11 BE)

b) Der Punkt R(r; f(r)) mit $0 < r < 3$ und $r \in \mathbb{R}$ liegt auf dem Graphen von f.
Die Punkte P(0; 0), Q(r; 0) und R bilden ein Dreieck.
Berechnen Sie r so, dass der Flächeninhalt des Dreiecks PQR maximal wird. (4 BE)

c) Gegeben ist die Gleichung $\int_{-1}^{c} f(x)\,dx = 0.$
Geben Sie ohne Rechnung eine Lösung dieser Gleichung an.
Geben Sie an, wie viele Lösungen diese Gleichung besitzt. (2 BE)

d) Skizzieren Sie den Graphen von p_a für $a = -2$ in das Koordinatensystem aus Teilaufgabe a.
Geben Sie jeweils einen Wert für a so an, dass der Graph von p_a im Vergleich zum Graphen von p_{-2}
– in Richtung der y-Achse gestreckt ist.
– in Richtung der y-Achse gestaucht und an der x-Achse gespiegelt ist. (3 BE)

e) Bestimmen Sie jeweils einen Wert für a so, dass
– der Extrempunkt von p_a auf dem Graphen von f liegt.
– sich die Graphen von f und p_a im Punkt B(3; f(3)) berühren. (5 BE)

f) Der Graph von f begrenzt im I. Quadranten mit der x-Achse eine Fläche vollständig. Der Graph von p_a begrenzt ebenfalls mit der x-Achse eine Fläche vollständig.
Bestimmen Sie einen Wert für a so, dass beide Flächen den gleichen Inhalt besitzen. (5 BE)

(30 BE)

Hinweise und Tipps

Aufgabe a

Symmetrie

- Überlegen Sie, welche Symmetriearten für Funktionsgraphen Sie kennengelernt haben.
- Ziehen Sie Rückschlüsse aus der Tatsache, dass die Funktion f eine ganzrationale Funktion dritten Grades mit nur ungeraden Exponenten ist.
- Untersuchen Sie, ob eine der Gleichungen $f(-x)=f(x)$ oder $f(-x)=-f(x)$ für die gegebene Funktion erfüllt ist. Welchen Schluss kann man daraus bezüglich der Symmetrie ziehen?
- Ist die Gleichung $f(-x)=f(x)$ für alle $x \in D_f$ erfüllt, handelt es sich um eine gerade Funktion. Es liegt dann Achsensymmetrie zur y-Achse vor.
- Gilt für alle $x \in D_f$ die Gleichung $f(-x)=-f(x)$, handelt es sich um eine ungerade Funktion. Es liegt dann Punktsymmetrie bezüglich des Koordinatenursprungs vor.

Schnittpunkte mit den Koordinatenachsen

- Schnittpunkte mit der x-Achse ergeben sich für $0=f(x)$.
- Schnittpunkte mit der y-Achse erhalten Sie durch den Ansatz f(0).

Lokale Extrempunkte

- Bilden Sie die ersten drei Ableitungen der Funktion f.
- Lösen Sie die Gleichung $f'(x)=0$, um mögliche Extremstellen x_e von f zu finden.
- Untersuchen Sie für jedes x_e, welches Vorzeichen $f''(x_e)$ besitzt, und schließen Sie daraus auf die Existenz und die Art der lokalen Extrema.
- Für $f''(x_e)<0$ liegt ein lokales Maximum, für $f''(x_e)>0$ ein lokales Minimum vor.
- Berechnen Sie für jedes x_e den zugehörigen Funktionswert $f(x_e)$ und geben Sie die lokalen Extrempunkte als geordnete Paare an.

Wendepunkt

- Lösen Sie die Gleichung $f''(x)=0$, um mögliche Wendestellen x_w von f zu finden.
- Untersuchen Sie, ob $f'''(x_w)\neq 0$ gilt und schließen Sie daraus auf die Existenz des Wendepunktes.
- Berechnen Sie den zugehörigen Funktionswert $f(x_w)$ und geben Sie den Wendepunkt als geordnetes Paar an.

Graph von f

- Verwenden Sie die bisher berechneten Punkte und die Symmetrieeigenschaft sowie einige weitere berechnete Werte, um den Graphen zu skizzieren.
- Achten Sie darauf, die Achsen zu beschriften, die Einheiten anzugeben und sauber zu arbeiten.

Tangente t im Punkt P(0; 0)

- Da die Tangente durch den Ursprung gehen soll, hat sie eine Gleichung von der Form $y=f(x)=m\cdot x$.
- Der Anstieg m der Tangente entspricht dem Wert der 1. Ableitung von f an der Stelle $x_0=0$.

Anstiegswinkel der Tangente t

- Für den Anstiegswinkel α einer Geraden $y=mx+n$ gilt $\tan(\alpha)=m$.
- Beachten Sie, bei der Winkelberechnung mit dem Taschenrechner das Gradmaß einzustellen.

Aufgabe b

- Skizzieren Sie den Sachverhalt.
- Der Punkt R liegt auf dem Graphen von f.
- Beachten Sie, dass der Punkt Q senkrecht unter dem Punkt R liegt.
- Beachten Sie, dass das Dreieck PQR ein rechtwinkliges Dreieck ist, dessen Flächeninhalt sich durch $A = \frac{1}{2} \cdot a \cdot b$ berechnen lässt. Dabei sind a und b die Kathetenlängen des Dreiecks.
- Geben Sie den Flächeninhalt A(r) in Abhängigkeit von r an.
- Berechnen Sie das Maximum von A(r) für $0 < r < 3$ mithilfe des Ableitungskalküls.

Aufgabe c

- Nutzen Sie Eigenschaften des bestimmten Integrals.
- Das bestimmte Integral hat den Wert null, wenn untere und obere Grenze übereinstimmen.
- Das bestimmte Integral kann als Flächeninhalt interpretiert werden, wenn die Funktion f in dem betrachteten Intervall nur nichtnegative Funktionswerte besitzt.
- Liegt der Graph von f in einem Intervall unterhalb der x-Achse, so ergibt das zugehörige bestimmte Integral einen negativen Wert, dessen Betrag dem Inhalt der Fläche entspricht, die im betrachteten Intervall zwischen dem Graphen von f und der x-Achse liegt.
- Ein bestimmtes Integral hat auch dann den Wert null, wenn die „Flächenbilanz" null ist. Das bedeutet, dass sich die von der x-Achse und dem Graphen der Funktion vollständig eingeschlossenen vorzeichenbehafteten Teilflächeninhalte in der Summe aufheben.

Aufgabe d

Skizze

- Setzen Sie $a = -2$ in die Funktionsgleichung von $y = p_a(x)$ ein.
- Ist eine quadratische Funktion in der Form $y = f(x) = a \cdot (x - x_1) \cdot (x - x_2)$ gegeben, so sind x_1 und x_2 die Nullstellen der Funktion. Der Faktor a gibt darüber Auskunft, ob die zugehörige Parabel gestreckt oder gestaucht bzw. nach oben oder nach unten geöffnet ist.
- Um den Graphen von p_{-2} zu skizzieren, können Sie aus der faktorisierten Darstellung die Nullstellen ablesen. Die Abszisse des Scheitelpunkts muss dann wegen der Achsensymmetrie der Parabel in der Mitte zwischen den Nullstellen liegen. Der zugehörige Funktionswert kann durch Einsetzen in die Funktionsgleichung berechnet werden.
- Die Skizze der Parabel kann nun mithilfe der bekannten Eigenschaften erfolgen, ggf. kann auch eine Schablone genutzt werden.

Streckung/Stauchung in Richtung der y-Achse; Spiegelung an der x-Achse

- Berücksichtigen Sie, dass der Faktor a in der Funktion $y = a \cdot f(x)$ für Streckung, Stauchung und auch Spiegelung des Graphen an der x-Achse verantwortlich ist.
- Für $|a| > 1$ geht der Graph von $y = a \cdot f(x)$ durch Streckung aus dem Graphen von $y = f(x)$ hervor.
- Für $|a| < 1$ geht der Graph von $y = a \cdot f(x)$ durch Stauchung aus dem Graphen von $y = f(x)$ hervor.
- Für $a = -1$ geht der Graph von $y = a \cdot f(x)$ durch Spiegelung an der x-Achse aus dem Graphen von $y = f(x)$ hervor.

Aufgabe e

Extrempunkt von p_a auf dem Graphen von f

- Die Nullstellen von p_a sind unabhängig von a.
- Der Extrempunkt von p_a ist der Scheitelpunkt der Parabel.
- Die Abszisse des Scheitelpunkts liegt in der Mitte zwischen beiden Nullstellen. Sie ist deshalb auch von a unabhängig und hat den Wert $x_s = 1{,}5$.
- Wenn der Scheitelpunkt von p_a auf dem Graphen von f liegen soll, dann müssen die Funktionswerte beider Funktionen an der Stelle x_s übereinstimmen.
- Aus dem Ansatz $p_a(x_s) = f(x_s)$ können Sie den gesuchten Wert für a ermitteln.

Berührung von p_a und f im Punkt B(3; f(3))

- Die Graphen zweier Funktionen berühren sich an einer Stelle x_0, wenn dort die Funktionswerte und die Anstiege beider Funktionen übereinstimmen.
- Da $x = 3$ eine gemeinsame Nullstelle von p_a und f ist, gilt B(3; 0), und B ist gemeinsamer Punkt beider Graphen.
- Bestimmen Sie die 1. Ableitung jeder der Funktionen f und p_a, setzen Sie die beiden Terme gleich und berechnen Sie für $x_0 = 3$ den gesuchten Wert von a.

Aufgabe f

- Machen Sie sich anhand der Skizze von Teilaufgabe a klar, welche Fläche im I. Quadranten vollständig vom Graphen von f und der x-Achse begrenzt ist.
- Berechnen Sie den Inhalt dieser Fläche mithilfe der Integralrechnung.
- Der Graph von p_a schließt mit der x-Achse im Intervall $0 \leq x \leq 3$ eine Fläche vollständig ein.
- Diese Fläche kann in Abhängigkeit vom Vorzeichen des Faktors a oberhalb oder unterhalb der x-Achse liegen.
- Beachten Sie, dass Sie bei Berechnung dieser Fläche mithilfe der Integralrechnung deshalb den Betrag des Integrals berücksichtigen müssen.
- Die Integrationsgrenzen sind nicht von a abhängig.
- Vereinfachen Sie vor dem Integrieren den Funktionsterm von p_a durch Ausmultiplizieren.
- Setzen Sie die Ergebnisse der beiden Flächenberechnungen gleich und bestimmen Sie die zugehörigen Werte für die Variable a.
- Geben Sie einen dieser Werte als Ergebnis an.

Lösungen

a) **Symmetrie**

Da die Funktion f eine ganzrationale Funktion dritten Grades mit nur ungeraden Exponenten ist, ist ihr Graph punktsymmetrisch zum Ursprung.

Eine weitere Erklärung ist durch die Untersuchung der Gleichung f(–x) = –f(x) möglich:

$$f(-x) = \frac{1}{3} \cdot (9 \cdot (-x) - (-x)^3) = \frac{1}{3} \cdot (-9 \cdot x + x^3) = -\frac{1}{3} \cdot (9x - x^3) = -f(x)$$

Jede reelle Zahl x erfüllt für die gegebene Funktion f diese Gleichung, also ist der Graph von f punktsymmetrisch bezüglich des Koordinatenursprungs.

Schnittpunkte mit den Koordinatenachsen

Der Schnittpunkt mit der y-Achse wird für x = 0 berechnet:

$$y = f(0) = \frac{1}{3} \cdot (9 \cdot 0 - 0^3) = 0$$

$\underline{\underline{S_y}}$ (0; 0) ist der Schnittpunkt mit der y-Achse.

Die Schnittpunkte mit der x-Achse ergeben sich für y = 0:

$$0 = \frac{1}{3} \cdot (9x - x^3) \qquad | \text{ x ausklammern}$$

$$0 = \frac{1}{3} \cdot x \cdot (9 - x^2) \qquad | \text{ Ein Produkt ist null, wenn ein Faktor null ist.}$$

$$0 = \frac{1}{3} \cdot x \qquad \Rightarrow \quad x_1 = 0$$

$$0 = 9 - x^2 \qquad \Rightarrow \quad x_2 = 3 \text{ oder } x_3 = -3$$

Die Punkte $\underline{\underline{S_1(0; 0)}} = S_y$, $\underline{\underline{S_2(-3; 0)}}$ und $\underline{\underline{S_3(3; 0)}}$ sind die Schnittpunkte mit der x-Achse.

Lokale Extrempunkte

Ableitungen von f ermitteln:

$$f(x) = \frac{1}{3} \cdot (9x - x^3) = 3x - \frac{1}{3}x^3$$

$$f'(x) = 3 - x^2$$

$$f''(x) = -2x$$

$$f'''(x) = -2$$

Notwendige Bedingung: $f'(x) = 0$

$0 = f'(x) = 3 - x^2 \quad \Rightarrow \quad x^2 = 3 \quad \Rightarrow \quad |x| = \sqrt{3}$

Es gibt zwei mögliche Extremstellen $x_{e_1} = \sqrt{3}$ und $x_{e_2} = -\sqrt{3}$.

Hinreichende Bedingung: $f''(x_e) \neq 0$

$f''(\sqrt{3}) = -2 \cdot \sqrt{3} < 0 \quad \Rightarrow \quad$ lokales Maximum

$f''(-\sqrt{3}) = -2 \cdot (-\sqrt{3}) = 2 \cdot \sqrt{3} > 0 \quad \Rightarrow \quad$ lokales Minimum

Koordinaten

$$y = f(\sqrt{3}) = 3 \cdot \sqrt{3} - \frac{1}{3} \cdot (\sqrt{3})^3 = 3 \cdot \sqrt{3} - \frac{1}{3} \cdot (\sqrt{3})^2 \cdot (\sqrt{3})^1 = 3 \cdot \sqrt{3} - 1 \cdot \sqrt{3} = 2 \cdot \sqrt{3}$$

$$y = f(-\sqrt{3}) = \ldots = -2 \cdot \sqrt{3}$$

Hochpunkt $\underline{\underline{H(\sqrt{3}; 2 \cdot \sqrt{3}) \approx H(1{,}73; 3{,}46)}}$

Tiefpunkt $\underline{\underline{T(-\sqrt{3}; -2 \cdot \sqrt{3}) \approx T(-1{,}73; -3{,}46)}}$

Aus der Punktsymmetrie des Graphen von f kann man ebenfalls auf die Existenz und die Koordinaten des zweiten Extrempunktes schließen.

Wendepunkt

Notwendige Bedingung für den Wendepunkt: $f''(x) = 0$
$-2x = 0 \;\Rightarrow\; x_w = 0$ ist ein möglicher Wendepunkt.

Hinreichende Bedingung für den Wendepunkt: $f'''(x_w) \neq 0$
Wegen $f'''(x) = -2 < 0$ ist die hinreichende Bedingung erfüllt.

Koordinaten des Wendepunktes:

$$f(0) = 3 \cdot 0 - \frac{0^3}{3} = 0 \;\Rightarrow\; \underline{\underline{W(0; 0)}}$$

Graph von f

Die oben berechneten Punkte werden in einer Tabelle zusammengefasst (hier fett gedruckt) und durch einige weitere ergänzt. Das Intervall sollte wegen der Schnittpunkte mit der x-Achse etwas größer sein als [–3; 3].
Man kann sich die Punktsymmetrie zunutze machen, um Rechenarbeit zu sparen.

x	–3,5	**–3**	**–1,7**	–1	**0**
y	3,8	**0**	**–3,5**	–2,7	**0**

x	1	**1,7**	**3**	3,5
y	2,7	**3,5**	**0**	–3,8

Mithilfe dieser Wertepaare wird der Graph von f skizziert.

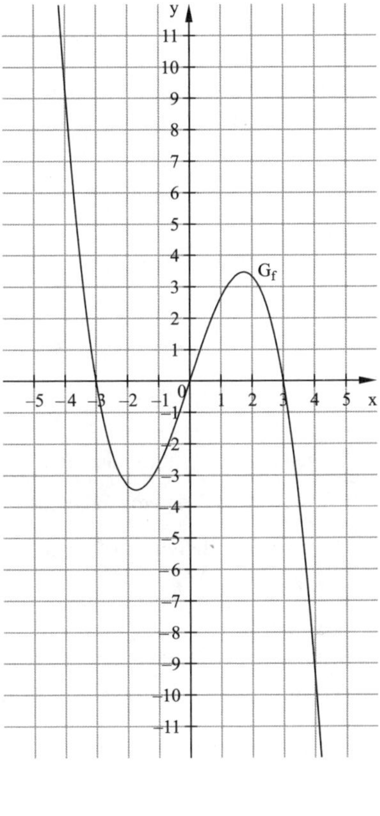

Tangente t im Punkt P(0; 0)

Eine Tangente an den Graphen einer Funktion hat allgemein die Form $y = t(x) = m \cdot x + n$.
Da hier die Tangente durch den Ursprung gehen soll, gilt $n = 0$.
Der Anstieg m von t ist $m = f'(x_0)$.

Wegen $f'(x) = 3 - x^2$ ist $m = f'(0) = 3$.

Die Tangente hat die Gleichung $\underline{\underline{y = 3x}}$.

Anstiegswinkel der Tangente t

Mit $\tan(\alpha) = m$ und $m = 3$ folgt $\tan(\alpha) = 3 \;\Rightarrow\; \alpha = \tan^{-1}(3)$.

Der Anstiegswinkel der Tangente ist $\underline{\underline{\alpha \approx 71{,}6^\circ}}$.

b) Das nebenstehende Bild veranschaulicht den Sachverhalt.

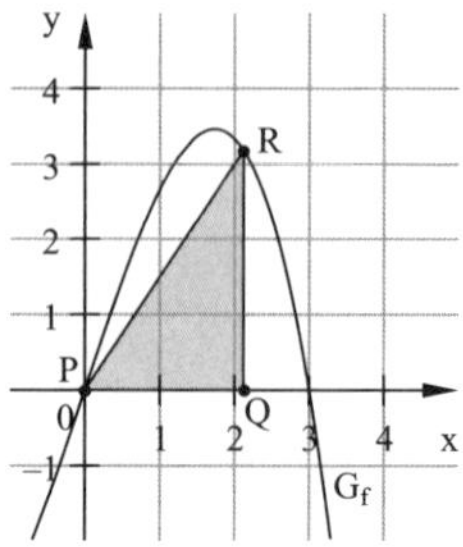

Mit $A = \frac{1}{2} \cdot a \cdot b$ ergibt sich hier

$a = \overline{PQ} = r$ und $b = \overline{QR} = f(r)$ mit $0 < r < 3$.

Der Flächeninhalt des Dreiecks PQR lässt sich in Abhängigkeit von r angeben:

$$A(r) = \frac{1}{2} \cdot r \cdot f(r) = \frac{1}{2} \cdot r \cdot \left(3r - \frac{1}{3}r^3\right) = \frac{3}{2}r^2 - \frac{1}{6}r^4 \quad \text{mit } 0 < r < 3$$

Zur Ermittlung des maximalen Flächeninhalts werden die ersten beiden Ableitungen von A(r) gebildet:

$$A'(r) = 3r - \frac{2}{3}r^3, \quad A''(r) = 3 - 2r^2$$

Notwendige Bedingung für ein lokales Maximum: $A'(r) = 0$

$$3r - \frac{2}{3}r^3 = 0 \qquad | \text{ r ausklammern}$$

$$r \cdot \left(3 - \frac{2}{3}r^2\right) = 0 \qquad | \text{ Ein Produkt ist null, wenn ein Faktor null ist.}$$

$$r = 0 \qquad | \text{ entfällt wegen } 0 < r < 3$$

$$3 - \frac{2}{3}r^2 = 0 \qquad \left| + \frac{2}{3}r^2 \right.$$

$$3 = \frac{2}{3}r^2 \qquad \left| \cdot \frac{3}{2} \right.$$

$$r^2 = \frac{9}{2} \qquad | \sqrt{\;}$$

$$|r| = \sqrt{\frac{9}{2}} = \frac{\sqrt{9}}{\sqrt{2}} = \frac{3}{\sqrt{2}} = \frac{3 \cdot \sqrt{2}}{2} \approx 2{,}12$$

$$r = \pm\frac{3 \cdot \sqrt{2}}{2} \approx \pm 2{,}12$$

Wegen $0 < r < 3$ entfällt die negative Lösung.

$r_e = \frac{3 \cdot \sqrt{2}}{2} \approx 2{,}12$ ist eine mögliche Extremstelle.

Hinreichende Bedingung für ein lokales Maximum: $A''(r_e) < 0$

$$A''\left(\frac{3 \cdot \sqrt{2}}{2}\right) = 3 - 2 \cdot \left(\frac{3 \cdot \sqrt{2}}{2}\right)^2 = 3 - 2 \cdot \frac{9 \cdot 2}{4} = -6 < 0$$

Die hinreichende Bedingung ist erfüllt.

Der Wert $r_e = \frac{3 \cdot \sqrt{2}}{2} \approx 2{,}12$ liegt im Intervall $0 < r < 3$.

Das Dreieck PQR hat maximalen Flächeninhalt für $\underline{\underline{r = \frac{3 \cdot \sqrt{2}}{2} \approx 2{,}12}}$.

c) Die Gleichung $\int_{-1}^{c} f(x)dx = 0$ ist z. B. dann erfüllt, wenn $c = -1$ ist. In diesem Fall stimmen untere und obere Integrationsgrenze überein.

Eine weitere sofort ersichtliche Lösung ist für $c = 1$ gegeben. Wegen der Punktsymmetrie des Graphen von f bezüglich des Ursprungs sind die beiden Teilflächen, die durch den Graphen von f in den Teilintervallen [–1; 0] und [0; 1] begrenzt werden, gleich groß, die zugehörigen bestimmten Integrale haben aber entgegengesetzte Vorzeichen, sodass die Flächenbilanz null wird (siehe Bild rechts).

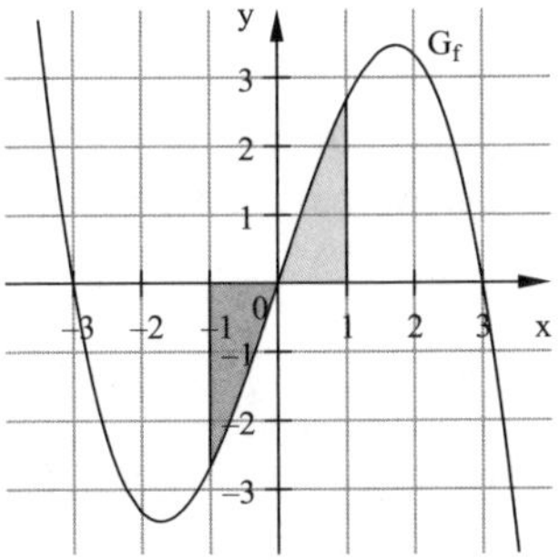

Ein ähnlicher Fall tritt ein, wenn die obere Integrationsgrenze c so weit nach rechts verschoben wird, dass die oberhalb der x-Achse liegende Teilfläche im Intervall [0; 3] den gleichen Inhalt hat wie die beiden unterhalb der x-Achse liegenden Teilflächen in den Intervallen [–1; 0] und [3; c] zusammen (siehe linkes Bild unten).

Schließlich gibt es noch den Fall, dass die obere Integrationsgrenze kleiner als die untere Grenze ist ($c < -1$). Auch hier gibt es eine Teilfläche im Intervall [–3; –1], die unterhalb der x-Achse liegt und eine gleichgroße Teilfläche im Intervall [c; –3] mit $c < -3$, die oberhalb der x-Achse liegt. Beide Teilflächen können bei geeigneter Wahl von c die gleichen Inhalte haben, die zugehörigen Integrale haben dann jedoch entgegengesetzte Vorzeichen, sodass die Flächenbilanz null ergibt (siehe rechtes Bild unten).

Insgesamt gibt es also vier Lösungen dieser Gleichung.

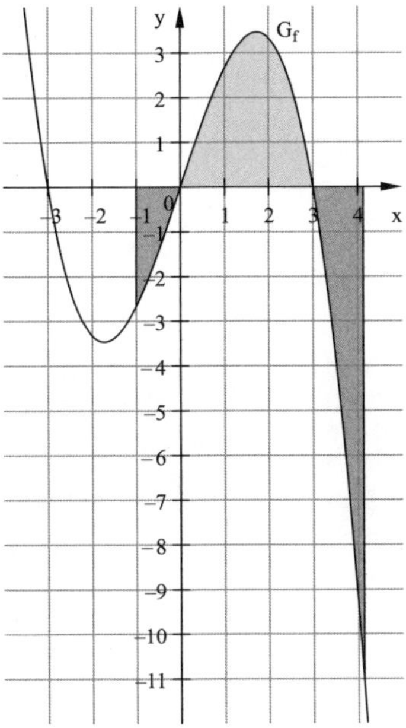

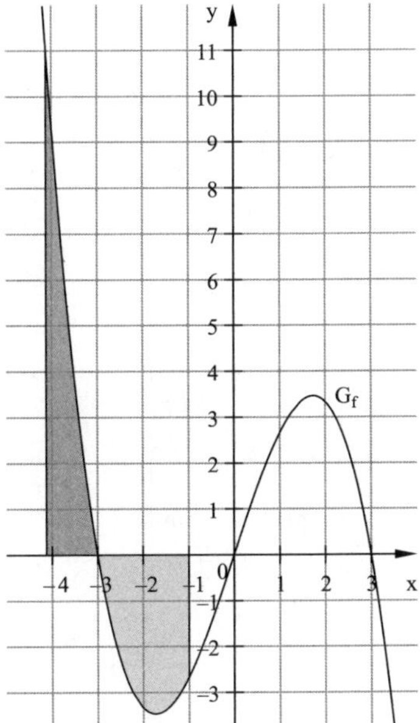

d) **Skizze**

Mit $a=-2$ ergibt sich aus $y=p_a(x)=a\cdot x\cdot(x-3)$ $(a, x\in\mathbb{R}; a\neq 0)$ die quadratische Funktion

$y=p_{-2}(x)=-2\cdot x\cdot(x-3)$.

Die Nullstellen werden abgelesen:

$p_{-2}(x)$ wird null für $x_1=0$ und $x_2=3$.

Die Abszisse x_s des Scheitelpunktes S ist:

$$x_s=\frac{x_1+x_2}{2}=\frac{0+3}{2}=1{,}5$$

Die Ordinate y_s des Scheitelpunktes wird durch Einsetzen von x_s in die Gleichung von $p_{-2}(x)$ berechnet:

$y_s=p_{-2}(1{,}5)=-2\cdot 1{,}5\cdot(1{,}5-3)=2\cdot 1{,}5^2=2\cdot 2{,}25=4{,}5 \quad\Rightarrow\quad S(1{,}5;\,4{,}5)$

Skizze der Parabel:

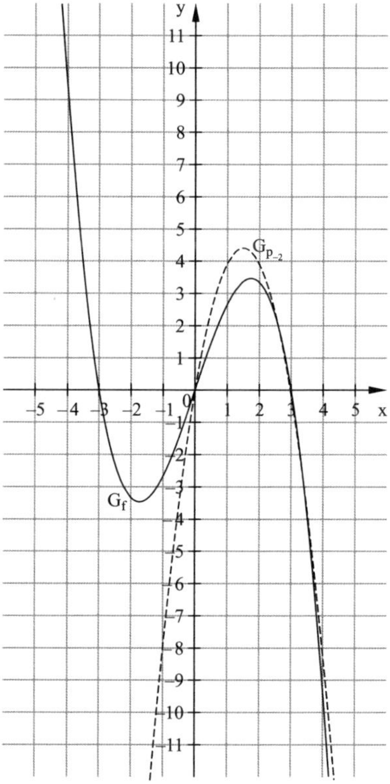

Streckung/Stauchung in Richtung der y-Achse; Spiegelung an der x-Achse

Um den Graphen von $y = p_a(x) = a \cdot x \cdot (x-3)$ $(a, x \in \mathbb{R};\ a \neq 0)$ im Vergleich zum Graphen von $y = p_{-2}(x) = -2 \cdot x \cdot (x-3) = -2x^2 + 6x$ in Richtung der y-Achse

- zu strecken, muss der Faktor $a = -2$ dem Betrage nach größer werden. Dies wird für alle Zahlen $|a| > 2$ erreicht. Eine dieser Zahlen, z. B. $a = -3$ sollte laut Aufgabenstellung angegeben werden.
  Gibt man für a eine Zahl $a > 2$ an, so wird ebenfalls eine Streckung in Richtung der y-Achse bei gleichzeitiger Spiegelung des ursprünglichen Graphen an der x-Achse erzeugt.
- zu stauchen, muss der Faktor $a = -2$ dem Betrage nach kleiner werden. Dies wird für alle Zahlen $|a| < 2$ erreicht. Da hier ausdrücklich noch eine Spiegelung an der x-Achse erfolgen soll, muss a das Vorzeichen wechseln, also als Ergebnis eine Zahl a mit $0 < a < 2$ angegeben werden.
  Zum Beispiel ist $a = 1$ eine solche Zahl.

e) **Extrempunkt von p_a auf dem Graphen von f**

Aus dem Ansatz $p_a(x_s) = f(x_s)$ ergibt sich folgende Gleichung:

$$a \cdot x_s \cdot (x_s - 3) = \frac{1}{3} \cdot (9 \cdot x_s - x_s^3) \qquad \Big|\ x_s = 1{,}5 = \tfrac{3}{2} \text{ einsetzen}$$

$$a \cdot \frac{3}{2} \cdot \left(\frac{3}{2} - 3\right) = \frac{1}{3} \cdot \left(9 \cdot \frac{3}{2} - \left(\frac{3}{2}\right)^3\right) \qquad \Big|\ \text{vereinfachen}$$

$$a \cdot \frac{3}{2} \cdot \left(-\frac{3}{2}\right) = 3 \cdot \frac{3}{2} - \frac{1}{3} \cdot \left(\frac{3}{2}\right)^3$$

$$-\frac{9}{4} \cdot a = \frac{27}{8} \qquad \Big|\ \cdot\left(-\tfrac{4}{9}\right)$$

$$\underline{\underline{a = -\frac{3}{2}}}$$

Für $a = -\frac{3}{2}$ liegt der Extrempunkt von p_a auf dem Graphen von f.

Berührung von p_a und f im Punkt B(3; f(3))

Beide Graphen sollen einander im Punkt B(3; 0) berühren.

Die 1. Ableitung von f wurde in Teilaufgabe a bestimmt: $f'(x) = 3 - x^2$

Um die 1. Ableitung von $y = p_a(x) = a \cdot x \cdot (x-3)$ zu ermitteln, ist es zweckmäßig, den Funktionsterm auszumultiplizieren: $y = p_a(x) = a \cdot x^2 - 3a \cdot x$

Damit ergibt sich $p_a'(x) = 2a \cdot x - 3a$.

Für $x = 3$ sollen die beiden Ableitungen übereinstimmen:

$$f'(3) = p_a'(3)$$

$$3 - x^2 = 2a \cdot x - 3a \qquad \Big|\ x = 3 \text{ einsetzen}$$

$$3 - 3^2 = 2a \cdot 3 - 3a \qquad \Big|\ \text{zusammenfassen und ordnen}$$

$$-6 = 3a \qquad \Big|\ :3$$

$$\underline{\underline{a = -2}}$$

Für $a = -2$ berühren sich die Graphen von f und p_a im Punkt B(3; f(3)).

f) Die Fläche A, die f im I. Quadranten mit der x-Achse vollständig begrenzt, kann durch

$$A = \int_0^3 f(x)\,dx \text{ bestimmt werden:}$$

$$A = \int_0^3 \frac{1}{3}\cdot(9x - x^3)\,dx = \frac{1}{3}\cdot\int_0^3 (9x - x^3)\,dx = \frac{1}{3}\cdot\left[\frac{1}{2}\cdot 9x^2 - \frac{1}{4}\cdot x^4\right]_0^3$$

$$= \frac{1}{3}\cdot\left(\left(\frac{1}{2}\cdot 9\cdot 3^2 - \frac{1}{4}\cdot 3^4\right) - \left(\frac{1}{2}\cdot 9\cdot 0^2 - \frac{1}{4}\cdot 0^4\right)\right) = \frac{1}{2}\cdot 3\cdot 3^2 - \frac{1}{4}\cdot 3^3 = \frac{1}{4}\cdot 3^3 = \frac{27}{4}$$

Die Fläche A(a), die p_a im I. Quadranten oder im IV. Quadranten mit der x-Achse vollständig begrenzt, kann durch

$$A(a) = \left|\int_0^3 p_a(x)\,dx\right|$$

bestimmt werden:

$$A(a) = \left|\int_0^3 a\cdot x\cdot(x-3)\,dx\right| = \left|\int_0^3 (a\cdot x^2 - 3a\cdot x)\,dx\right| = \left|\left[\frac{1}{3}a\cdot x^3 - \frac{3}{2}a\cdot x^2\right]_0^3\right|$$

$$= \left|\left(\frac{1}{3}a\cdot 3^3 - \frac{3}{2}a\cdot 3^2\right) - \left(\frac{1}{3}a\cdot 0^3 - \frac{3}{2}a\cdot 0^2\right)\right| = \left|\left(a\cdot 3^2 - \frac{27}{2}a\right)\right| = \left|-\frac{9}{2}a\right| = \frac{9}{2}\cdot|a|$$

Gleichsetzen ergibt:

$$\frac{9}{2}\cdot|a| = \frac{27}{4} \quad\Rightarrow\quad \underline{\underline{|a| = \frac{3}{2}}}$$

Die beiden Flächen besitzen den gleichen Inhalt für $a = \frac{3}{2}$ oder $a = -\frac{3}{2}$.

Kernfach Mathematik (Thüringen): Abiturprüfung 2012
Aufgabe A2: Analysis (mit CAS)

Für jede reelle Zahl t mit $t \neq 0$ ist eine Funktion f_t gegeben durch

$$y = f_t(x) = \frac{1}{t} \cdot (t^2 x - x^3) \quad (x \in \mathbb{R}).$$

a) Untersuchen Sie für $t = 3$ den Graphen der Funktion f_t auf Symmetrie.
Berechnen Sie gegebenenfalls die Koordinaten der lokalen Extrempunkte und der Wendepunkte des Graphen von f_3.
Der Graph von f_3 soll so im Koordinatensystem verschoben werden, dass ein Extrempunkt auf der x-Achse, ein Extrempunkt auf der y-Achse und der Wendepunkt im IV. Quadranten liegen.
Geben Sie eine Gleichung an, die diesen Graphen beschreibt. (7 BE)

b) Jeder Graph der Funktion f_t begrenzt mit der x-Achse zwei Flächen vollständig.
Berechnen Sie einen Wert für t so, dass der Gesamtinhalt dieser Flächen 864 FE beträgt.
Ermitteln Sie die Anzahl der Extremstellen von f_t in Abhängigkeit von t.
Durch einen Eingabefehler wird die Funktionsgleichung zu

$$y = g_t(x) = \frac{1}{t} \cdot (t^3 x - x^3)$$

verändert.
Geben Sie an, wie sich diese Änderung auf die Anzahl der Extremstellen von f_t auswirkt. (6 BE)

c) Der Graph von f_3 soll im Intervall $0 \leq x \leq 3$ durch den Graphen einer quadratischen Funktion angenähert werden.
Beschreiben Sie Ihren Ansatz und geben Sie eine Gleichung einer solchen Funktion an.
Begründen Sie, dass im Intervall $0 \leq x \leq 3$ keine Parabel existiert, die den Graphen von f_3 exakt beschreibt. (4 BE)

d) Der Koordinatenursprung O, der Punkt R(3; 0) und ein Punkt $Q(q; f_3(q))$ mit $0 < q < 3$ bilden ein Dreieck ORQ.
Untersuchen Sie, ob die Seiten $\overline{OR}$, $\overline{QR}$ bzw. $\overline{OQ}$ jeweils Basis eines gleichschenkligen Dreiecks ORQ sein können.
Bestimmen Sie gegebenenfalls für jede Möglichkeit näherungsweise die Stellen q. (4 BE)

e) Auf dem Graphen von f_3 liegt für $0 < p < 3$ ein Punkt $P(p; f_3(p))$. Die Punkte P, S(p; 0) und R(3; 0) bilden ein Dreieck.
Berechnen Sie p so, dass der Flächeninhalt des Dreiecks PSR maximal wird.
Geben Sie den maximalen Flächeninhalt an. (4 BE)

f) Durch die Gleichung $y = mx + n$ ($x \in \mathbb{R}$; $m, n \in \mathbb{R}$) werden alle Tangenten an den Graphen von f_3 beschrieben.
Für $m = -1$ existieren zwei Tangenten an den Graphen von f_3.
Bestimmen Sie die Gleichungen dieser Tangenten.
Berechnen Sie den Abstand der beiden Tangenten.
Ermitteln Sie die Anzahl der Tangenten an den Graphen von f_3 in Abhängigkeit vom Anstieg m. (5 BE)

(30 BE)

Hinweise und Tipps

Aufgabe a

Symmetrie

- Definieren Sie die Funktion f_t auf Ihrem Rechner.
- Setzen Sie in der Funktionsgleichung für den Parameter t den Wert $t = 3$ ein.
- Zeichnen Sie den Graphen der Funktion f_3 mit Ihrem Rechner.
- Welche Symmetrieart lässt sich vermuten?
- Ziehen Sie Rückschlüsse aus der Tatsache, dass die Funktion f eine ganzrationale Funktion dritten Grades mit nur ungeraden Exponenten ist.
- Untersuchen Sie, ob eine der Gleichungen $f(-x) = f(x)$ oder $f(-x) = -f(x)$ für die gegebene Funktion erfüllt ist. Welchen Schluss kann man daraus bezüglich der Symmetrie ziehen?
- Ist die Gleichung $f(-x) = f(x)$ für alle $x \in D_f$ erfüllt, handelt es sich um eine gerade Funktion. Es liegt dann Achsensymmetrie zur y-Achse vor.
- Gilt für alle $x \in D_f$ die Gleichung $f(-x) = -f(x)$, handelt es sich um eine ungerade Funktion. Es liegt dann Punktsymmetrie bezüglich des Koordinatenursprungs vor.

Extrempunkte und Wendepunkt

- Bilden Sie die 1., 2. und 3. Ableitung der Funktion f_3.
- Speichern Sie die Ableitungsfunktionen unter geeigneten Bezeichnungen ab.
- Extrempunkte:
  - Berechnen Sie für die notwendige Bedingung die Nullstellen x_e der 1. Ableitungsfunktion.
  - Stellen Sie für die Überprüfung der hinreichenden Bedingung die Vorzeichen der 2. Ableitung an den Stellen x_e fest.
  - Berechnen Sie die Funktionswerte an den Stellen x_e und geben Sie die Koordinaten der Extrempunkte als geordnete Paare an.

  Hinweis: Durch Nutzung der Ergebnisse der Symmetrieuntersuchung können Sie sich Rechenarbeit ersparen.
- Wendepunkt:
  - Berechnen Sie für die notwendige Bedingung die Nullstellen x_w der 2. Ableitungsfunktion.
  - Stellen Sie für die Überprüfung der hinreichenden Bedingung die Vorzeichen der 3. Ableitung an den Stellen x_w fest.
  - Berechnen Sie die Funktionswerte an den Stellen x_w und geben Sie die Koordinaten des Wendepunktes als geordnetes Paar an.
- Kontrollieren Sie die berechneten Werte auf grafischem Wege mit dem Rechner.
- Achten Sie auf eine ausreichende Dokumentation des Lösungsweges.

Graph verschieben

- Eine Verschiebung des Graphen einer Funktion f(x) um d Einheiten in y-Richtung lässt sich erreichen durch Addition von d zum Funktionsterm $(y = f(x) + d)$.
- Eine Verschiebung des Graphen einer Funktion f(x) um +c Einheiten in x-Richtung entsteht durch Addition von −c zum Argument x im Funktionsterm $(y = f(x - c))$.
- Beachten Sie die Forderung, dass der Wendepunkt nach der Verschiebung im IV. Quadranten liegen soll.

Aufgabe b

Flächeninhalt

- Um eine Vorstellung von dem zu untersuchenden Sachverhalt zu bekommen, können Sie zunächst unter Bezug auf Ergebnisse von Teilaufgabe a den Inhalt dieser Flächen für einige Werte von t grafisch veranschaulichen.
- Für die Berechnung der Flächen benötigen Sie als Integrationsgrenzen die Nullstellen der Funktion f_t.
- Beachten Sie, dass eine der beiden Teilflächen unterhalb der x-Achse liegt. Das zugehörige Integral hat ein negatives Vorzeichen.
- Die Berücksichtigung der Punktsymmetrie des Graphen von f_t vereinfacht die Berechnung des Gesamtinhalts der beiden Teilflächen.
- Berechnen Sie den Inhalt der Flächen mithilfe der Integralrechnung für allgemeines t.
- Setzen Sie das Integral gleich dem gegebenen Wert für den Flächeninhalt und lösen Sie diese Gleichung nach t auf.

Anzahl der Extremstellen von f_t

- Untersuchen Sie die notwendige und die hinreichende Bedingung für lokale Extremstellen für f_t.
- Achten Sie auf den Definitionsbereich der 1. Ableitungsfunktion von f_t.

Auswirkung des Eingabefehlers

- Untersuchen Sie die notwendige Bedingung für lokale Extremstellen der Funktion $g_t(x)$.
- Achten Sie auf den Definitionsbereich der 1. Ableitungsfunktion von g_t.
- Bedenken Sie, dass Wurzeln nur für nichtnegative Radikanden definiert sind.

Aufgabe c

Näherungsparabel

- Es gibt verschiedene Möglichkeiten, diese Näherung durchzuführen, z. B.:
  (1) Nutzen Sie den Satz des Vieta für quadratische Funktionen (Linearfaktorzerlegung).
  (2) Legen Sie drei geeignete Punkte fest, die der Graph von f_3 und die Näherungsparabel gemeinsam haben sollen. Lösen Sie das dadurch entstehende lineare Gleichungssystem für die Koeffizienten in der Gleichung der Näherungsparabel.
  (3) Erzeugen Sie mithilfe einer Wertetabelle für f_3 im angegebenen Intervall eine Näherungsparabel durch quadratische Regression.

Begründung

- Nutzen Sie Symmetrieeigenschaften von Parabeln.
- Überlegen Sie, ob der Graph von f_3 im Intervall $0 \leq x \leq 3$ über solche Symmetrieeigenschaften verfügt oder nicht.

Aufgabe d

Gleichschenklige Dreiecke ORQ

- Veranschaulichen Sie diesen Sachverhalt in einer Skizze.
- Man kann solche Stellen q näherungsweise sowohl durch geometrische Konstruktion mit der dynamischen Geometriesoftware des Rechners als auch durch Berechnung bestimmen. In einer Prüfungssituation ist jedoch die rechnerische Variante vorzuziehen, weil sie sich schneller realisieren lässt.
- Für eine Berechnung der Werte für q nehmen Sie eine Fallunterscheidung vor: Jeweils zwei der Seiten des Dreiecks müssen die gleiche Länge besitzen.
- Fassen Sie die Seiten als Vektoren auf, sodass Sie für die Ermittlung der Seitenlängen mit dem Befehl für die Berechnung des Vektorbetrages arbeiten können.
- Die Beträge der entsprechenden Vektoren werden gleichgesetzt. Aus dieser Gleichung werden die zugehörigen Werte für q berechnet.
- Schränken Sie den Definitionsbereich gemäß der Aufgabenstellung ein.
- Bei Verwendung der dynamischen Geometriesoftware muss das Dreieck streckenweise konstruiert werden. Die Länge der Dreieckseiten kann man anzeigen lassen. Man verändert die Lage des Punktes Q mit dem Zugmodus so lange, bis zwei der Dreieckseiten annähernd gleiche Länge haben.

Aufgabe e

Flächeninhalt Dreieck PSR maximieren

- Skizzieren Sie den Sachverhalt.
- Beachten Sie, dass das Dreieck PSR ein rechtwinkliges Dreieck ist, dessen Flächeninhalt sich durch $A = \frac{1}{2} \cdot a \cdot b$ berechnen lässt. Dabei sind a und b die Kathetenlängen des Dreiecks.
- Geben Sie den Flächeninhalt A(p) in Abhängigkeit von p an.
- Berechnen Sie das Maximum von A(p) für $0 < p < 3$ mithilfe des Ableitungskalküls.
- Mit der dynamischen Geometriesoftware des CAS-Rechners können Sie den maximalen Flächeninhalt auch durch den Zugmodus näherungsweise bestimmen. Das kann hier aber nur zur Kontrolle dienen, denn es ist ausdrücklich eine Berechnung verlangt.
- Das Maximum im Intervall $0 < p < 3$ kann auch mit dem Befehl fMax() bestimmt werden.

Aufgabe f

Tangentengleichungen bestimmen

- Der Anstieg der Tangente an den Graphen von f an der Stelle x_0 entspricht dem Wert der 1. Ableitung der Funktion f an der Stelle x_0.
- Ermitteln Sie aus diesem Ansatz die Berührstellen der Tangenten mit dem Graphen von f_3.
- Mithilfe der Berührstellen können die Tangentengleichungen mit dem Befehl tangentline(f(x),x,x_0) bestimmt werden.

Abstand der Tangenten berechnen

- Begründen Sie, weshalb beide Tangenten parallel zueinander sind.
- Der Abstand zweier Parallelen ist die Länge einer Strecke $\overline{P_1P_2}$, die senkrecht zu den Parallelen verläuft und diese in den beiden Punkten P_1 und P_2 trifft.
- Die beiden Tangenten schneiden die Achsen in vier Punkten. Überlegen Sie, welche besonderen Eigenschaften das aus diesen Punkten gebildete Viereck hat.

- Begründen Sie, dass jede Seite dieses Vierecks gerade die Länge des gesuchten Abstands hat.
- Berechnen Sie die Seitenlänge mit dem Satz des Pythagoras.
- Schließen Sie auf den Abstand der Tangenten.

Abstand der Tangenten berechnen: Alternative Lösung 1

- Ermitteln Sie die Gleichung einer zu den beiden parallelen Tangenten senkrechten Geraden g.
- Für die Anstiege m_1 und m_2 zweier zueinander senkrechter Geraden gilt $m_1 \cdot m_2 = -1$.
- Bestimmen Sie die Schnittpunkte P_1 und P_2 von g mit den beiden Tangenten.
- Berechnen Sie den Abstand der beiden Schnittpunkte.

Abstand der Tangenten berechnen: Alternative Lösung 2

- Stellen Sie eine der Tangentengleichungen in Parameterform $\vec{x}(s)$ dar.
- Wählen Sie einen Punkt P der zweiten Tangente aus und geben Sie seinen Ortsvektor $\overrightarrow{OP}$ an.
- Berechnen Sie für den gesuchten Abstand mit fMin() das Minimum des Betrages des Differenzvektors, also $|\vec{x}(s) - \overrightarrow{OP}| \to$ Minimum.

Anzahl der Tangenten in Abhängigkeit vom Anstieg

- Der Anstieg m an der Stelle x_0 entspricht der 1. Ableitung von f_3 an der Stelle x_0.
- Setzen Sie $m = f_3'(x)$.
- Stellen Sie diese Gleichung nach x um.
- Diskutieren Sie den Definitionsbereich der umgestellten Gleichung und schließen Sie daraus auf die Existenz und Anzahl von Tangenten.

Lösungen

a) Symmetrie

Weisen Sie dem Funktionsterm eine Variable zu, z. B. f(t, x). Setzen Sie t = 3 in den Funktionsterm ein und multiplizieren Sie aus. Lassen Sie sich den Funktionsterm für t = 3 anzeigen. Ergebnis:

$$f_3(x) = \frac{1}{3} \cdot (3^2 \cdot x - x^3) = 3x - \frac{x^3}{3}$$

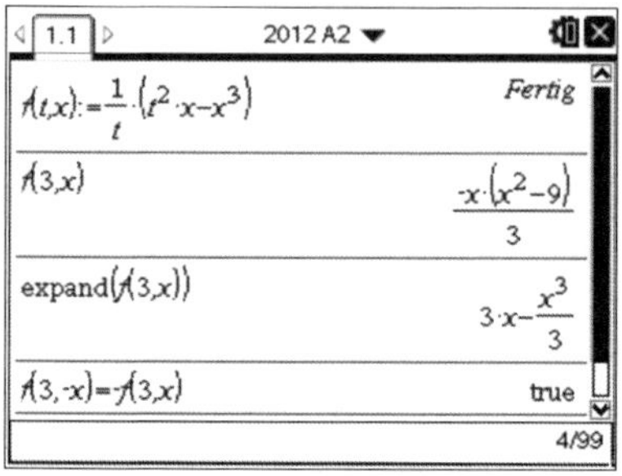

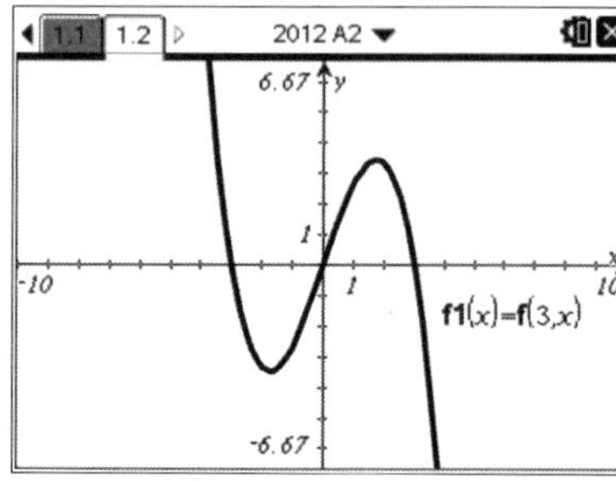

Die grafische Darstellung der Funktion f_3 lässt Punktsymmetrie zum Koordinatenursprung vermuten. Der Symmetrienachweis lässt sich mit dem CAS-Rechner führen: Die Eingabe f(3, –x) = – f(3, x) führt zur Ausgabe „true“.
Der Graph ist daher punktsymmetrisch zum Koordinatenursprung.

Rechnung ohne CAS

$$f_3(-x) = 3 \cdot (-x) - \frac{(-x)^3}{3} = -3x + \frac{x^3}{3} = -\left(3x - \frac{x^3}{3}\right) = -f_3(x)$$

Für alle reellen Zahlen x ist also $f_3(-x) = -f_3(x)$ wahr, d. h., die Funktion f_3 ist punktsymmetrisch zum Koordinatenursprung.
Die Punktsymmetrie lässt sich auch durch die Tatsache begründen, dass f_3 eine ganzrationale Funktion mit nur ungeraden Exponenten in der Variablen x ist.

Extrempunkte und Wendepunkt

Achten Sie darauf, dass Sie Ansätze, Zwischenschritte und Ergebnisse in einer nachvollziehbaren Form notieren.

Ableitungsfunktionen bilden und abspeichern:

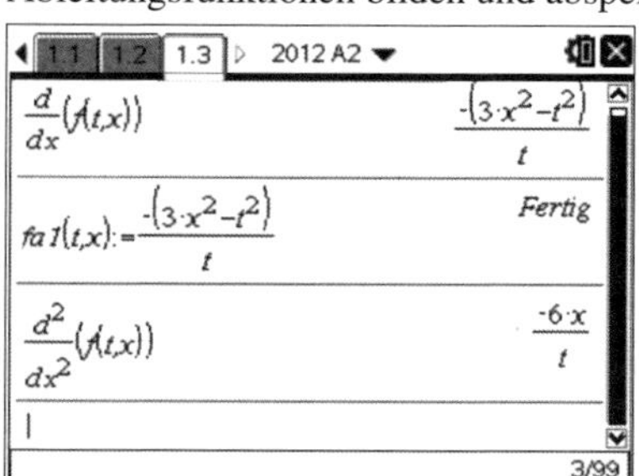

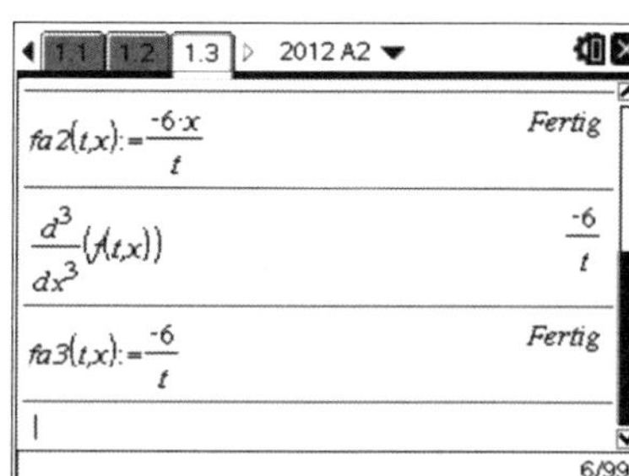

Achtung: Vermeiden Sie dynamische Definitionen. Speichern Sie den Term der Ableitungsfunktion und nicht nur das Ableitungssymbol. (Vergleichen Sie Seite XIII.)

Notieren der Ergebnisse für t = 3:

$f_3'(x) = 3 - x^2$

$f_3''(x) = -2x$

$f_3'''(x) = -2$

Notwendige Bedingung für Extrempunkte:

$f_3'(x) = 0$

$x_{e1} = -\sqrt{3}$ und $x_{e2} = \sqrt{3}$ sind mögliche Extremstellen.

Hinreichende Bedingung für Extrempunkte:

$f_3''(x) \neq 0$

$f_3''(x_{e1}) = 2 \cdot \sqrt{3} > 0 \quad \Rightarrow$ lokales Minimum

$f_3''(x_{e2}) = -2 \cdot \sqrt{3} < 0 \quad \Rightarrow$ lokales Maximum

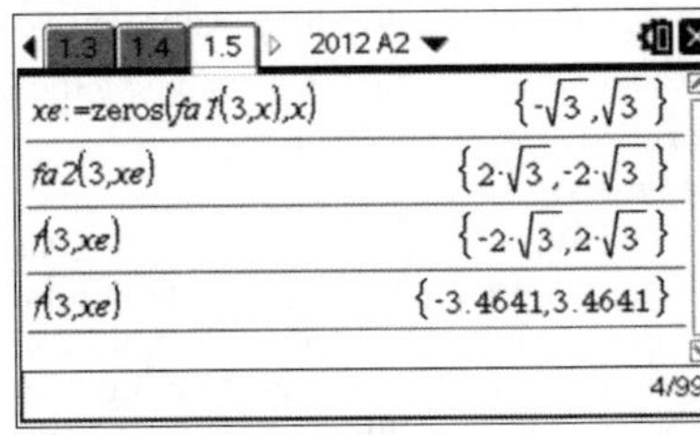

Koordinaten der Extrempunkte:

$\underline{\underline{H(\sqrt{3}; 2 \cdot \sqrt{3}) \approx H(1,73; 3,46)}}$

$\underline{\underline{T(-\sqrt{3}; -2 \cdot \sqrt{3}) \approx T(-1,73; -3,46)}}$

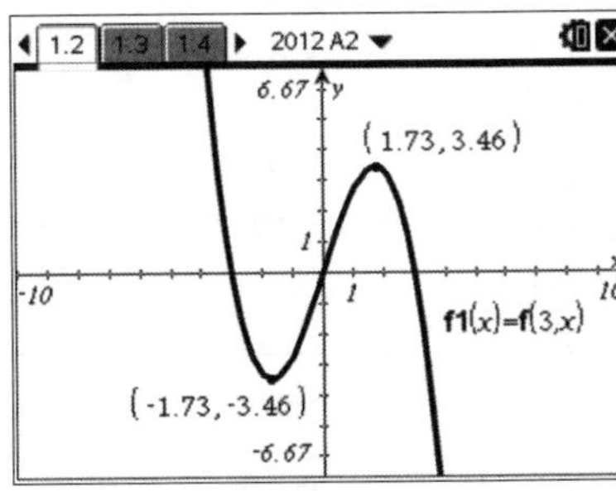

Eine grafische Kontrolle für die Berechnung der Extrempunkte bestätigt die Resultate.

Auf den Nachweis der notwendigen und hinreichenden Bedingung sowie die Berechnung der y-Koordinate für den **zweiten** Extrempunkt kann man verzichten, wenn man auf die Punktsymmetrie hinweist, die weiter oben nachgewiesen wurde. Damit muss der zweite Extrempunkt punktsymmetrisch bezüglich des Ursprungs zum ersten Extrempunkt liegen.

Notwendige Bedingung für den Wendepunkt:

$f_3''(x) = 0$

$-2x = 0 \quad \Rightarrow \quad x_w = 0$ ist eine mögliche Wendestelle.

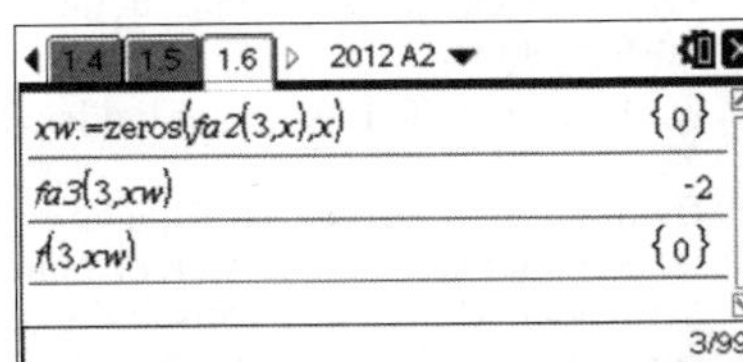

Hinreichende Bedingung für den Wendepunkt:

$f_3'''(x) \neq 0$

Wegen $f_3'''(x) = -2 < 0$ ist die hinreichende Bedingung erfüllt.

Koordinaten des Wendepunktes:

$f_3(x) = 3x - \frac{x^3}{3} \quad \Rightarrow \quad f_3(0) = 0 \quad \Rightarrow \quad \underline{\underline{W(0; 0)}}$

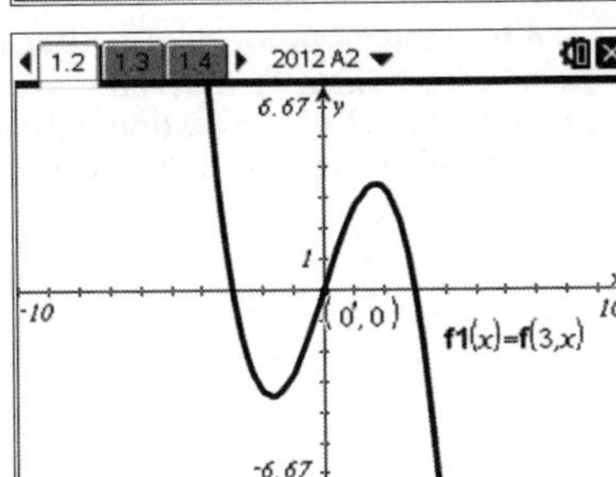

Eine grafische Kontrolle für die Berechnung des Wendepunkts bestätigt das Resultat.

Die Rechnungen sind sehr einfach und lassen sich auch ohne CAS-Rechner realisieren. Sie finden diese Rechnungen im Lösungsteil für die Abituraufgabe 2012, A2 ohne CAS, Teilaufgabe a.

Verschiebung des Graphen

Wird der Graph einer Funktion $y = f(x)$ in y-Richtung um d Einheiten verschoben, so hat der verschobene Graph die Gleichung $y = f(x) + d$.
Eine Verschiebung in x-Richtung um $+c$ Einheiten erreicht man durch die Veränderung des Funktionsgraphen in $y = f(x - c)$.

Der Graph von f_3 wird um $2 \cdot \sqrt{3}$ nach unten verschoben, sodass der Hochpunkt auf der x-Achse liegt. Außerdem erfolgt eine Verschiebung um $\sqrt{3}$ Einheiten nach rechts, damit der Tiefpunkt auf die y-Achse zu liegen kommt.

Der verschobene Graph hat also die Gleichung:

$$\underline{\underline{y = g(x) = f_3(x - \sqrt{3}) - 2 \cdot \sqrt{3}}}$$

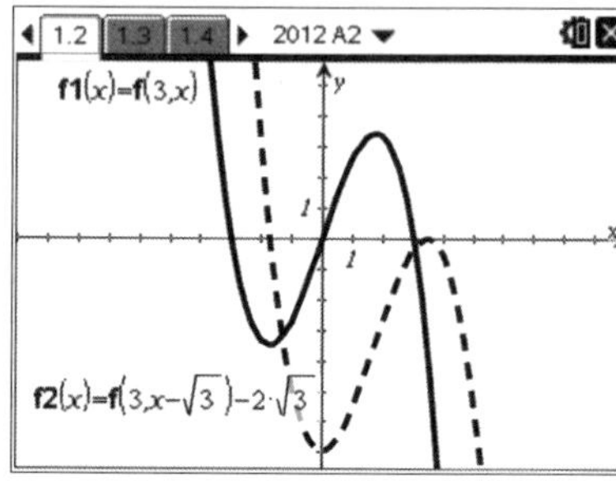

Der Wendepunkt wird bei diesen Verschiebungen vom Ursprung nach unten und nach rechts verschoben, also in den IV. Quadranten gelangen. Damit sind alle Bedingungen der Aufgabenstellung erfüllt.

Eine grafische Kontrolle bestätigt diese Überlegungen.

Die Gleichung des verschobenen Graphen kann auch explizit angegeben werden durch:

$$\underline{\underline{g(x) = -\frac{1}{3}x^3 + \sqrt{3} \cdot x^2 - 4 \cdot \sqrt{3}}}$$

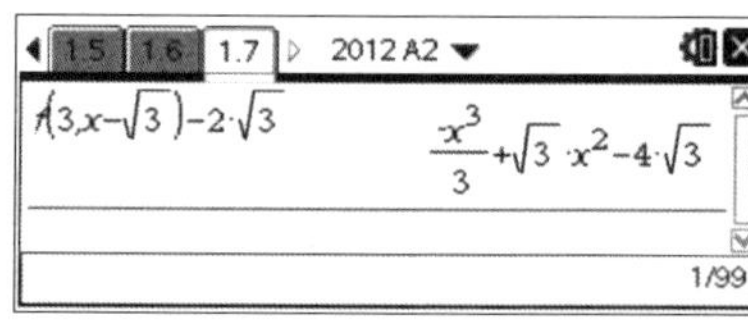

b) **Wert für t berechnen**

Für jeden Wert von t ist der Graph von f_t punktsymmetrisch zum Ursprung, denn es gilt stets $f_t(-x) = -f_t(x)$.

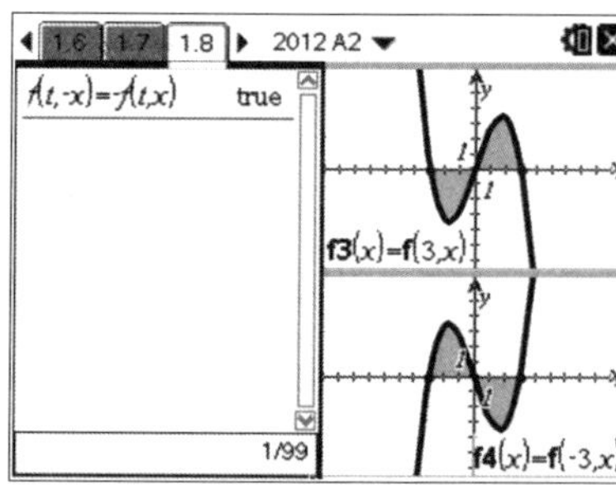

Deshalb sind die Inhalte der beiden Teilflächen gleich groß.
Beim Integrieren jeder Teilfläche ergeben sich jedoch unterschiedliche Vorzeichen, weil eine der beiden Teilflächen vollständig unterhalb der x-Achse, die andere darüber liegt.

Die Integrationsgrenzen für die Berechnung der Inhalte der beiden Teilflächen werden durch jeweils zwei Nullstellen bestimmt. Die Nullstellen sind die Lösungen der Gleichung $f_t(x) = 0$:

$$\frac{1}{t} \cdot (t^2 \cdot x - x^3) = 0 \quad \Rightarrow \quad x \cdot (t^2 - x^2) = 0$$

$$\Rightarrow \quad x_{01} = 0; \; x_{02} = t; \; x_{03} = -t$$

Unter Nutzung der Punktsymmetrie kann der Inhalt der beiden Flächen berechnet werden durch $A = 2 \cdot \left| \int_0^t f_t(x)\,dx \right|$. Mit $A = 864$ FE folgt:

$$864 = 2 \cdot \left| \int_0^t f_t(x)\,dx \right|$$

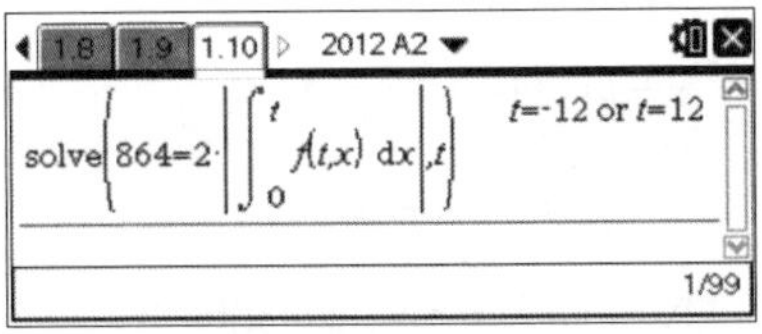

Die Lösungen dieser Gleichung werden mit dem CAS berechnet zu $t = -12$ oder $t = 12$.

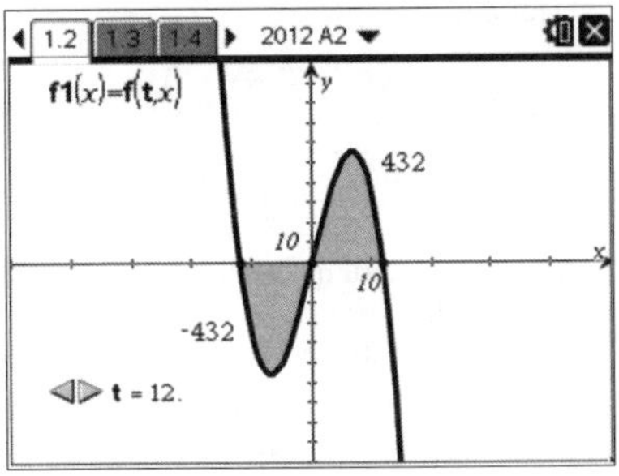

Die Ergebnisse können in der grafischen Darstellung verifiziert werden.

Damit ergibt sich als Ergebnis:

Für $\underline{\underline{t = -12}}$ und für $\underline{\underline{t = 12}}$ beträgt der Gesamtinhalt der zwei Flächen 864 FE.

Laut Aufgabenstellung genügt die Angabe eines dieser Werte.

Anzahl der Extremstellen

Die Ableitungen von f_t sind:

$$y = f_t(x) = \frac{1}{t} \cdot (t^2 \cdot x - x^3)$$

$$y = f_t'(x) = \frac{1}{t} \cdot (t^2 - 3 \cdot x^2) = t - \frac{3}{t} \cdot x^2$$

$$y = f_t''(x) = \frac{1}{t} \cdot (-6 \cdot x) = \frac{-6}{t} \cdot x$$

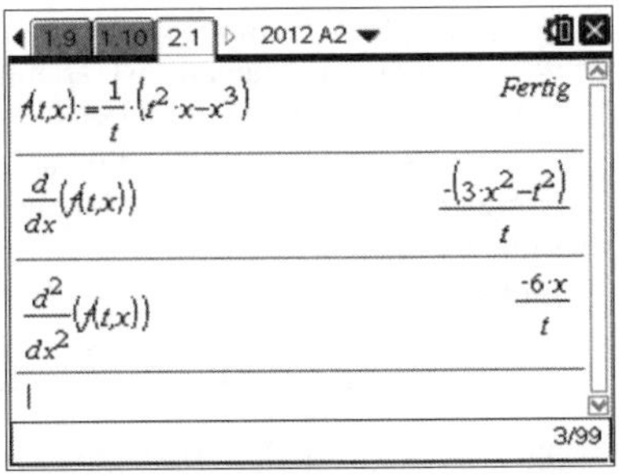

Notwendige Bedingung:

Die Lösung der Gleichung $f_t'(x) = 0$ ergibt zwei mögliche Extremstellen:

$$x_{e1} = \frac{1}{3} \cdot \sqrt{3} \cdot t \text{ und } x_{e2} = -\frac{1}{3} \cdot \sqrt{3} \cdot t$$

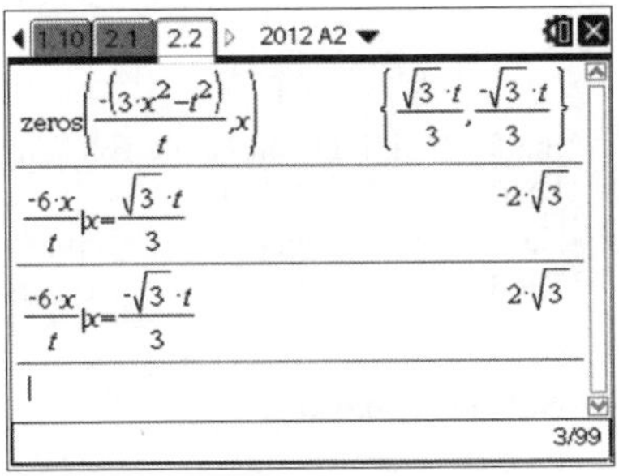

Hinreichende Bedingung:

$f_t''(x_{e1}) = -2 \cdot \sqrt{3} < 0 \quad \Rightarrow$ lokales Maximum

$f_t''(x_{e2}) = 2 \cdot \sqrt{3} > 0 \quad \Rightarrow$ lokales Minimum

Die Funktion f_t besitzt (für $t \neq 0$) stets zwei lokale Extremstellen.

Eine Berechnung der zugehörigen y-Werte ist laut Aufgabenstellung nicht notwendig.

Auswirkung des Eingabefehlers

$$y = g_t(x) = \frac{1}{t} \cdot (t^3 \cdot x - x^3) = t^2 \cdot x - \frac{1}{t} \cdot x^3$$

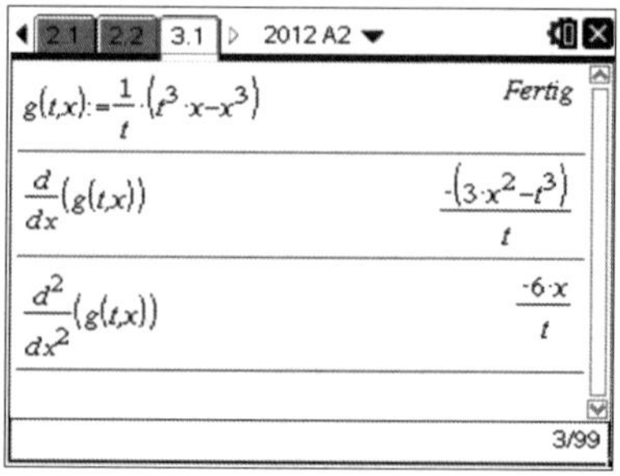

Ableitungen:

$$y = g_t'(x) = t^2 - \frac{3}{t} \cdot x^2$$

$$y = g_t''(x) = -\frac{6}{t} \cdot x$$

Notwendige Bedingung für lokale Extremstellen:

$$y = g_t'(x) = t^2 - \frac{3}{t} \cdot x^2 = 0$$

$$\Rightarrow \quad |x| = \frac{\sqrt{3} \cdot t^{\frac{3}{2}}}{3} \quad \text{mit } t^3 > 0$$

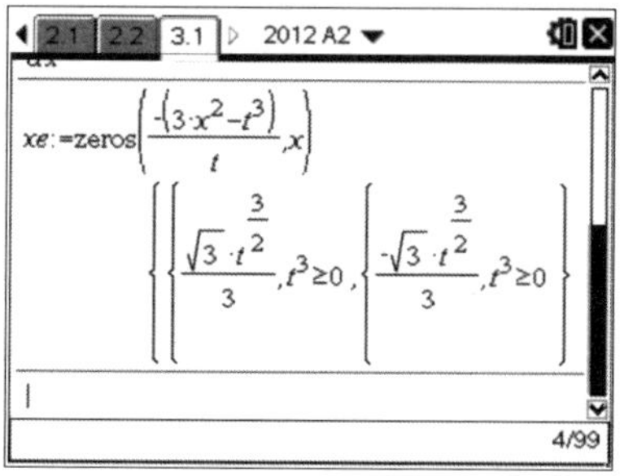

($t = 0$ ist aus dem Definitionsbereich von f_t ausgeschlossen.)
Für $t > 0$ ist dieser Term also definiert.

Es gibt zwei mögliche Extremstellen:

$$x_{e1} = \frac{\sqrt{3} \cdot t^{\frac{3}{2}}}{3} \quad \text{und} \quad x_{e2} = -\frac{\sqrt{3} \cdot t^{\frac{3}{2}}}{3}$$

Für $t < 0$ ist der Term $t^{\frac{3}{2}} = \sqrt{t^3}$ nicht definiert, weil der Radikand negativ ist. Damit ist die notwendige Bedingung nicht erfüllt, d. h., für $t < 0$ gibt es keine Extremstellen.

Hinreichende Bedingung für lokale Extremstellen:

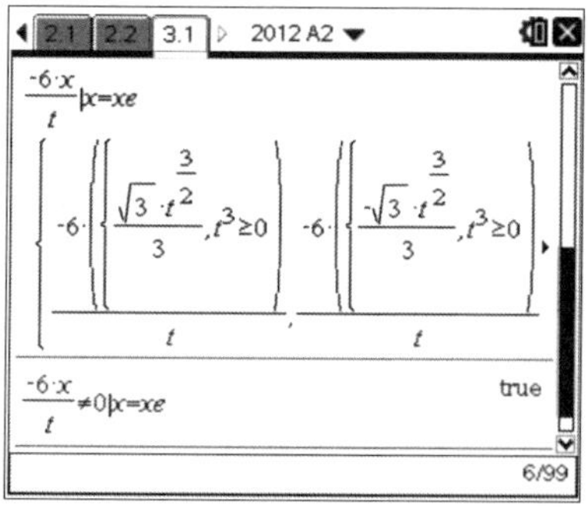

Im Fall $t > 0$ ist für

$$x_{e1} = \frac{\sqrt{3} \cdot t^{\frac{3}{2}}}{3} = \sqrt{\frac{t^3}{3}} \quad \text{und} \quad x_{e2} = -\sqrt{\frac{t^3}{3}}$$

die zweite Ableitung

$$y = g_t''(x_e) = -\frac{6}{t} \cdot \left(\pm\sqrt{\frac{t^3}{3}} \right)$$

ungleich null. Damit ist die Existenz von zwei Extremstellen für $t > 0$ gesichert.

Zusammen ergibt sich als Ergebnis:

Die Funktion g_t besitzt <u>für $t > 0$ genau zwei</u> und <u>für $t < 0$ keine Extremstellen.</u>

c) **Näherungsparabel**

Es gibt verschiedene Möglichkeiten, diese Näherung durchzuführen. Drei dieser Möglichkeiten werden im Folgenden vorgestellt.
In der Prüfungssituation genügt es, genau eine Möglichkeit zu beschreiben und die zugehörige Gleichung anzugeben.

1. Möglichkeit: Satz von Vieta

Nach den Ergebnissen aus den Teilaufgaben a und b hat die Funktion f_3 im Intervall $0 \le x \le 3$ den Extrempunkt $H(\sqrt{3}; 2 \cdot \sqrt{3})$ sowie die Nullstellen $x_1 = 0$ und $x_2 = 3$. Möchte man die Parabel z. B. so legen, dass sie durch die Nullstellen geht und sich ihr Scheitel in der Höhe des Extrempunktes von f_3 befindet, so lässt sich folgender Ansatz für die Parabel h(x) aufstellen:

$h(x) = a \cdot (x - x_1) \cdot (x - x_2)$ (Satz von Vieta)

Dabei sind x_1 und x_2 die Nullstellen von h, also auch die Nullstellen von f_3. Wegen der Achsensymmetrie der Parabel muss dann der Scheitelpunkt S der Parabel in der Mitte zwischen den beiden Nullstellen liegen:

$x_s = 1{,}5$

Wählt man wie oben angegeben $y_s = 2 \cdot \sqrt{3}$, so hat S die Koordinaten $S(1{,}5; 2 \cdot \sqrt{3})$. Setzt man die Koordinaten von S und die Nullstellen in die Gleichung für h ein, so kann man den Koeffizienten a in der Gleichung von h(x) berechnen:

$$2 \cdot \sqrt{3} = a \cdot (1{,}5 - 0) \cdot (1{,}5 - 3) \quad \Rightarrow \quad a = -\frac{2 \cdot \sqrt{3}}{1{,}5^2}$$

Damit hat die Näherungsparabel die Gleichung:

$$h(x) = -\frac{2 \cdot \sqrt{3}}{1{,}5^2} \cdot x \cdot (x - 3)$$

Eine grafische Darstellung dient zur Veranschaulichung und Kontrolle der Lösung.

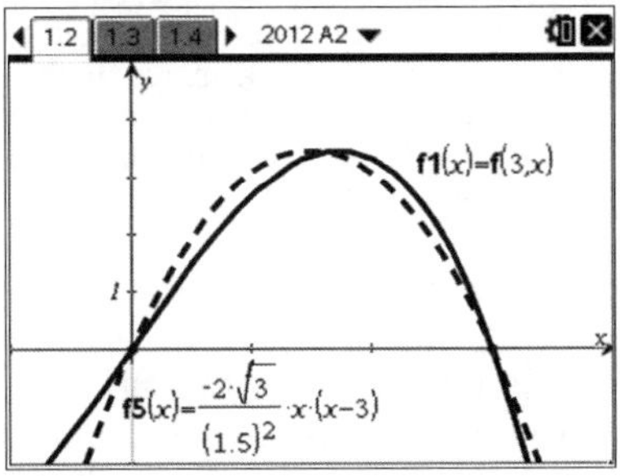

2. Möglichkeit: lineares Gleichungssystem

Man wählt aus dem Intervall $0 \le x \le 3$ drei (möglichst gleichmäßig über das Intervall verteilte) Punkte aus, die auf dem Graphen von f_3 liegen. Die Koordinaten dieser Punkte werden in die Gleichung $h(x) = a \cdot x^2 + b \cdot x + c$ eingesetzt. Aus dem damit entstehenden linearen Gleichungssystem werden die Koeffizienten a, b und c bestimmt.

Im folgenden Beispiel wurden die Schnittpunkte von f_3 mit der x-Achse im Intervall $0 \le x \le 3$ sowie der Hochpunkt ausgewählt. Die Gleichung der Näherungsparabel lautet:

$$y = h(x) = -\frac{\sqrt{3} + 3}{3} \cdot x^2 + (\sqrt{3} + 3) \cdot x$$

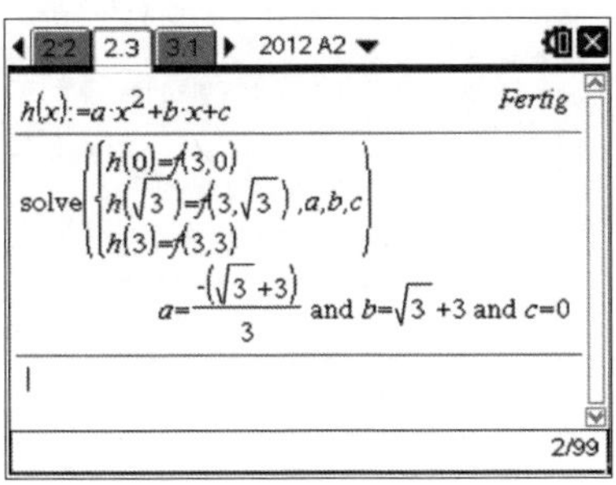

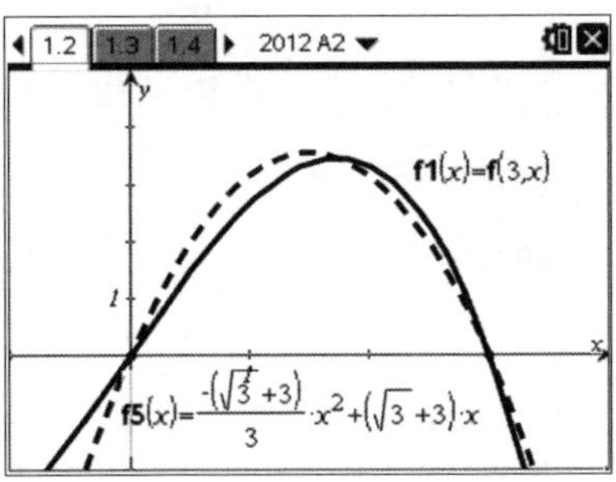

3. Möglichkeit: quadratische Regression

Die Gleichung der quadratischen Funktion wird durch eine quadratische Regression ermittelt. In der Tabellenkalkulation sind in der Spalte A x-Werte im Intervall $0 \le x \le 3$ mit der Schrittweite 0,2 tabelliert. In der Spalte B wurden die zugehörigen Funktionswerte der Funktion f_3 berechnet. Die Punkte wurden grafisch dargestellt und eine Ausgleichsparabel durch quadratische Regression bestimmt.

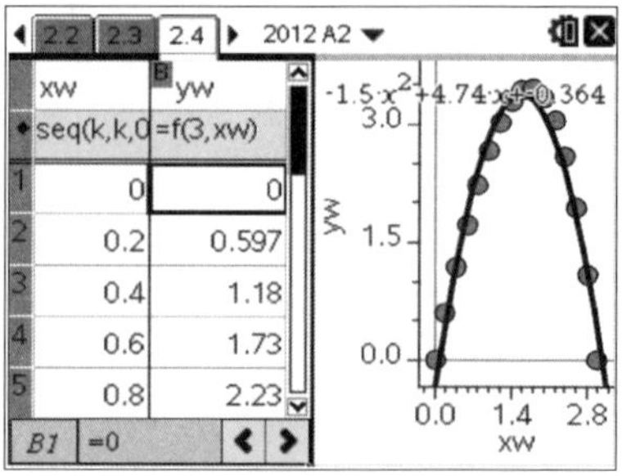

Die Gleichung der Näherungsparabel ist:

$\underline{\underline{h(x) = -1{,}5x^2 + 4{,}74x - 0{,}36}}$

Begründung, dass keine Parabel den Graphen von f_3 exakt beschreiben kann

Der Graph einer quadratischen Funktion ist stets achsensymmetrisch bezüglich der Parallelen zur y-Achse durch den Scheitelpunkt. Diese Eigenschaft hat der Graph von f_3 im Intervall $0 \le x \le 3$ nicht, denn der Hochpunkt liegt nicht an der Stelle $x = 1{,}5$, also in der Mitte des Intervalls. Dies wäre aber eine Voraussetzung, um eine exakte Beschreibung des Graphen von f_3 durch eine quadratische Funktion zu erreichen, weil dann sowohl der Hochpunkt als auch die Nullstellen zu den Graphen beider Funktionen gehören müssten.

d) **Gleichschenklige Dreiecke ORQ**

Eine grafische Veranschaulichung zeigt der nebenstehende Bildschirmabdruck.

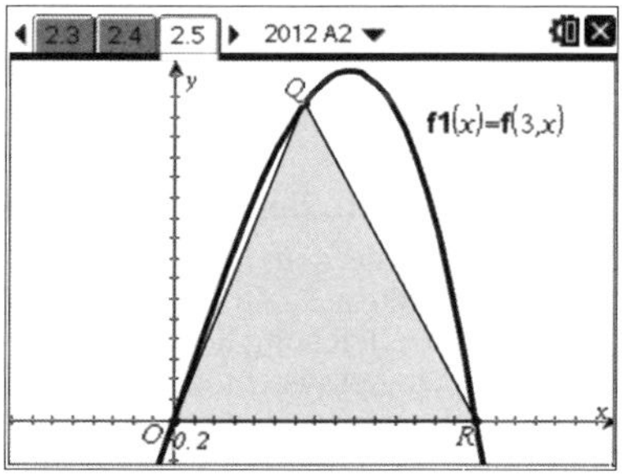

Um gleichschenklige Dreiecke ORQ zu erhalten, müssen jeweils zwei der Dreieckseiten gleich groß sein.
Die zugehörigen Vektoren werden gleichgesetzt und diese Gleichungen nach q aufgelöst. Für die Berechnung werden die Ortsvektoren der Eckpunkte R und Q definiert und unter Variablenbezeichnungen abgespeichert:

$\overrightarrow{OR} = \begin{pmatrix} 3 \\ 0 \end{pmatrix}; \quad \overrightarrow{OQ} = \begin{pmatrix} q \\ f_3(q) \end{pmatrix}$

Beim Vektor $\overrightarrow{OQ}$ kann man nicht ein und dieselbe Variable für die Vektorbezeichnung und die Koordinate verwenden.

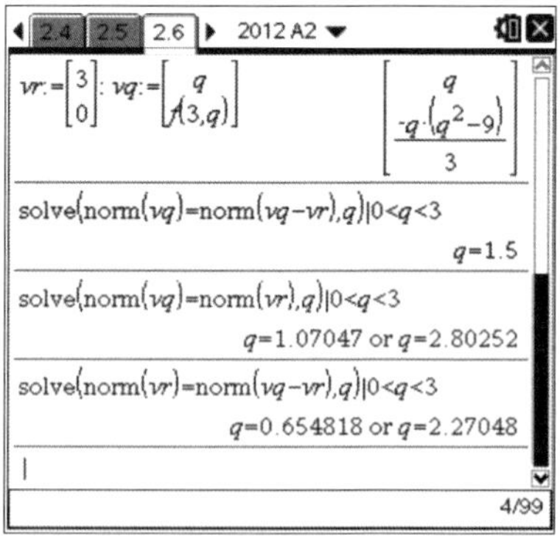

Es wird eine Fallunterscheidung vorgenommen:

$|\overrightarrow{OQ}| = |\overrightarrow{RQ}| \quad \Rightarrow \quad \underline{\underline{q_1 = 1{,}5}}$

$|\overrightarrow{OQ}| = |\overrightarrow{OR}| \quad \Rightarrow \quad \underline{\underline{q_2 \approx 1{,}07}}$ und $\underline{\underline{q_3 \approx 2{,}80}}$

$|\overrightarrow{OR}| = |\overrightarrow{RQ}| \quad \Rightarrow \quad \underline{\underline{q_4 \approx 0{,}65}}$ und $\underline{\underline{q_5 \approx 2{,}27}}$

Es gibt insgesamt fünf Werte für q mit $0 < q < 3$, für die das Dreieck ORQ gleichschenklig ist.

e) **Flächeninhalt Dreieck PSR maximieren**

Der Inhalt des rechtwinkligen Dreiecks PSR wird berechnet durch:

$$A = \frac{1}{2} \cdot \overline{SR} \cdot \overline{SP}$$

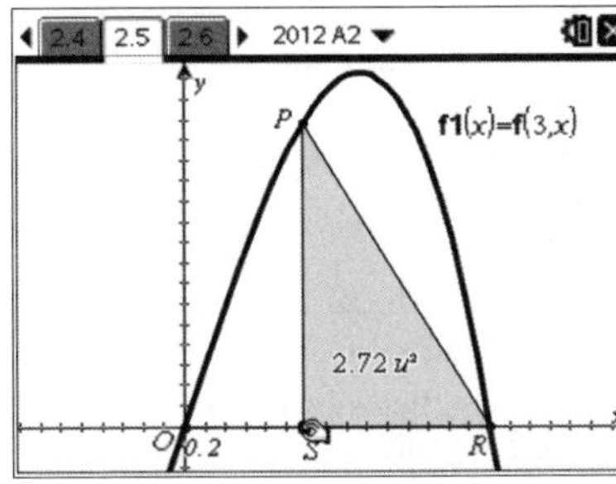

Wegen $\overline{SR} = 3 - p$ und $\overline{SP} = f_3(r)$ mit $0 < p < 3$ kann der Flächeninhalt A in Abhängigkeit von p angegeben werden:

$$A(p) = \frac{1}{2} \cdot (3 - p) \cdot f_3(r) = \frac{1}{2} \cdot (3 - p) \cdot \left(3p - \frac{1}{3} \cdot p^3\right)$$

In diesem Bildschirmausdruck ist auch angedeutet, wie man den Zugmodus am Punkt S verwenden kann, um eine Näherungslösung zu finden.

Die Zielfunktion

$$a(p) = \frac{1}{2} \cdot (3 - p) \cdot \left(3p - \frac{1}{3} \cdot p^3\right)$$

wird definiert und unter der Bezeichnung a(p) abgespeichert.

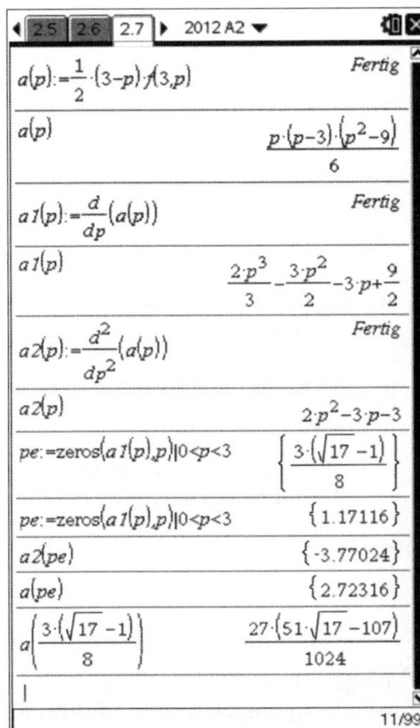

Die erste und zweite Ableitung von a(p) wird gebildet und unter geeigneten Bezeichnungen abgespeichert:

$$a'(p) = \frac{2}{3}p^3 - \frac{3}{2}p^2 + \frac{9}{2}$$

$$a''(p) = 2p^2 - 3p - 3$$

Notwendige Bedingung:
$a'(p) = 0$ mit $0 < p < 3 \Rightarrow p_e = \frac{3}{8} \cdot (\sqrt{17} - 1) \approx 1{,}17$ ist eine mögliche Extremstelle.

Hinreichende Bedingung:
$a''(p_e) < 0$, denn $a''(1{,}17) \approx -3{,}77 < 0$

Für $\underline{\underline{p = \frac{3}{8} \cdot (\sqrt{17} - 1) \approx 1{,}17}}$ liegt ein Maximum für den Flächeninhalt des Dreiecks PSR vor.

Durch Einsetzen dieses Wertes in die Formel für den Flächeninhalt wird dieses Maximum berechnet: $\underline{\underline{a(1{,}17) \approx 2{,}72 \text{ FE}}}$

Die Maximumstelle und der maximale Flächeninhalt können auch mit dem Befehl fMax() bestimmt werden.

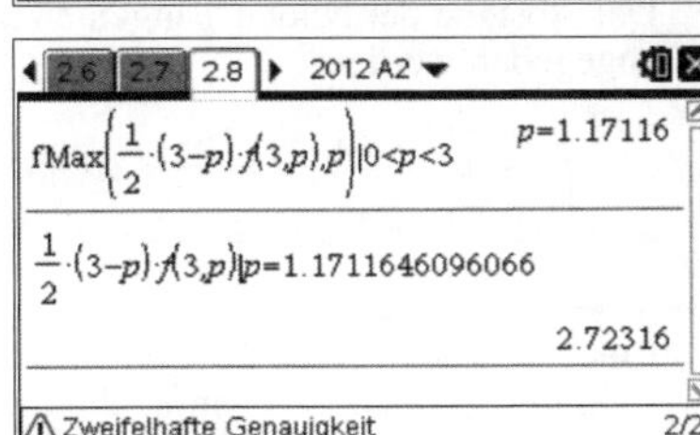

Allerdings lässt der Hinweis *„zweifelhafte Genauigkeit"* das oben dargestellte Verfahren mit dem Ableitungskalkül angeraten erscheinen.

f) **Tangentengleichungen bestimmen**

In der Teilaufgabe a wurde die erste Ableitung von $f_3(x)$ bestimmt:

$f_3'(x) = 3 - x^2$

Aus $m = -1$ ergibt sich damit wegen $m = f_3'(x)$ der Ansatz:

$-1 = 3 - x^2$

Lösungen dieser Gleichung sind:

$x_1 = 2$ und $x_2 = -2$

Diese Stellen sind die Berührstellen der gesuchten Tangenten.

Die Tangentengleichungen werden mit der Anweisung tangentline() bestimmt:

$$y = t_1(x) = -x + \frac{16}{3}$$

$$y = t_2(x) = -x - \frac{16}{3}$$

Das rechnerische Ergebnis kann grafisch kontrolliert werden, wie die nebenstehende Abbildung zeigt.

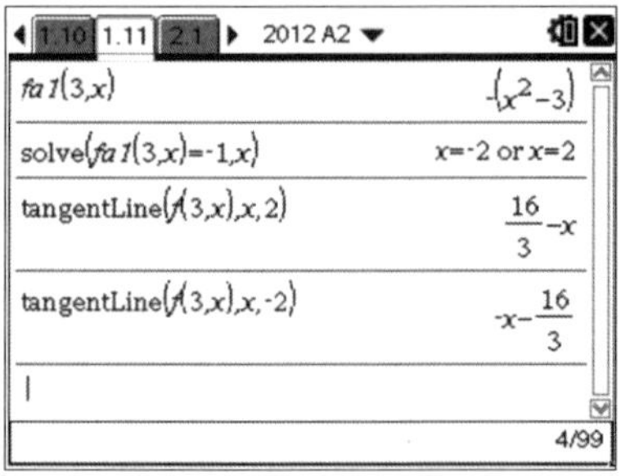

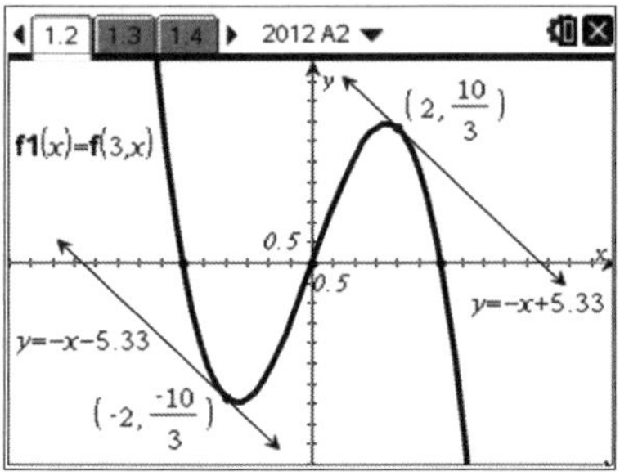

Abstand der Tangenten berechnen

Aus den beiden Tangentengleichungen kann man entnehmen:

(1) Die beiden Tangenten sind wegen $m = -1$ parallel zueinander.

(2) Die x-Achse wird von jeder Tangente wegen $\tan(\alpha) = m$ unter einem Winkel von 135° geschnitten.

(3) Wegen (2) und weil die Achsen senkrecht aufeinander stehen, bildet jede Tangente mit den Achsen ein rechtwinklig-gleichschenkliges Dreieck.

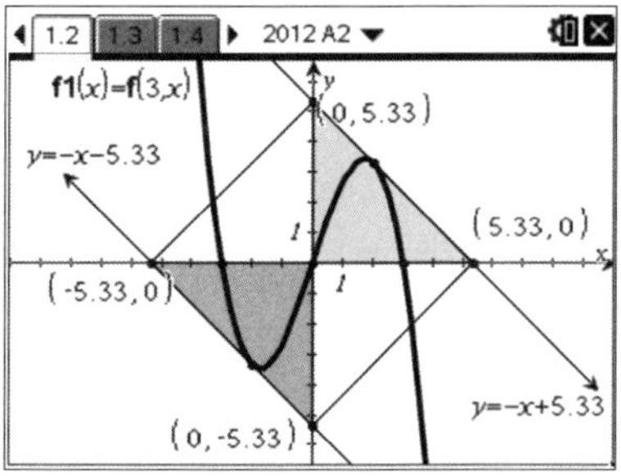

Wegen (1) und (3) und weil die Schnittpunkte der Tangenten mit den Achsen gleich weit vom Ursprung entfernt sind (Entfernung $\frac{16}{3}$), bilden diese Schnittpunkte ein Quadrat.

Der Abstand der beiden Tangenten kann deshalb durch eine Seitenlänge dieses Quadrates angegeben werden:

$$d = \sqrt{\left(\frac{16}{3}\right)^2 + \left(\frac{16}{3}\right)^2} = \frac{16}{3} \cdot \sqrt{2} \quad \text{(Satz des Pythagoras)}$$

Alternative Lösung 1:

Eine zu diesen beiden Tangenten senkrechte Gerade g muss wegen $m_1 \cdot m_2 = -1$ den Anstieg $m = 1$ haben. Der Einfachheit wählt man g so, dass g durch den Koordinatenursprung geht. Deshalb hat g die Gleichung $y = x$.

Der Schnittpunkt von g mit der Tangente t_1 ergibt sich aus:

$$x = -x + \frac{16}{3}$$

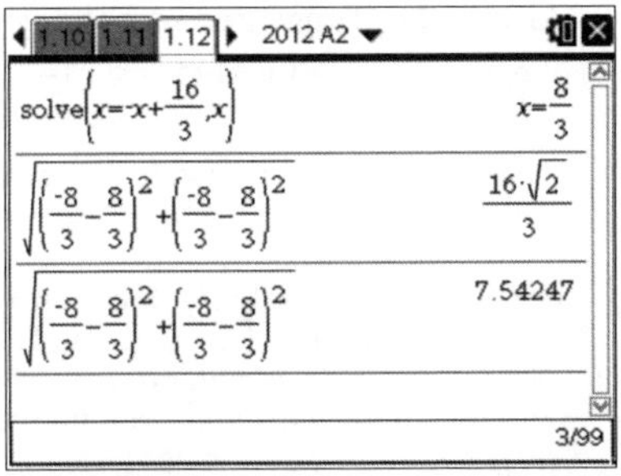

Als Lösung dieser Gleichung erhält man $x = \frac{8}{3}$ und damit wegen $y = x$ den Schnittpunkt $S_1\left(\frac{8}{3};\ \frac{8}{3}\right)$. Wegen der Punktsymmetrie von f_3 und g hat der Schnittpunkt S_2 von g und t_2 die Koordinaten $S_2\left(-\frac{8}{3};\ -\frac{8}{3}\right)$.

Mit $\overline{S_1S_2} = \sqrt{(x_2 - x_1)^2 + (y_2 - y_1)^2}$ wird der Abstand der beiden Punkte mit dem CAS berechnet. Der Abstand der beiden Tangenten beträgt:

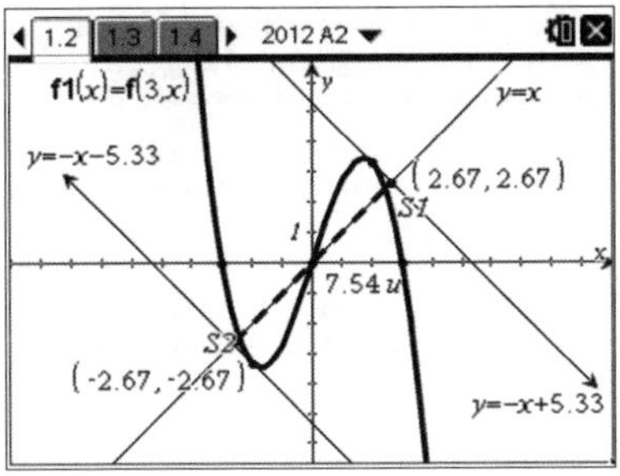

$$d = \frac{16 \cdot \sqrt{2}}{3} \approx 7{,}54 \text{ LE}$$

Zur Kontrolle kann diese Entfernung auch näherungsweise in der grafischen Darstellung bestimmt werden. Eine Berechnung ist hier aber zwingend vorgeschrieben.

Alternative Lösung 2:
Eine der Tangentengleichungen wird in Parameterform aufgestellt:

$$y = -x + \frac{16}{3} \quad \Rightarrow \quad \begin{cases} x = s + 0 \\ y = -s + \frac{16}{3} \end{cases}$$

$$\Rightarrow \quad \vec{x} = \begin{pmatrix} 0 \\ \frac{16}{3} \end{pmatrix} + s \cdot \begin{pmatrix} 1 \\ -1 \end{pmatrix}$$

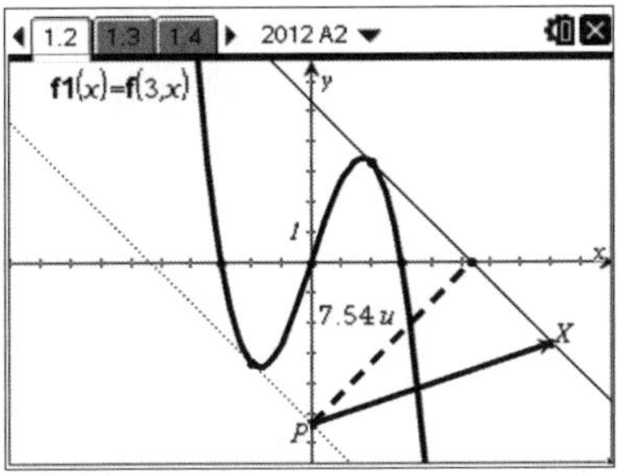

Die Gleichung $\vec{x}(s)$ beschreibt nun einen beliebigen Punkt X der Tangente.

Die Entfernung eines beliebigen Punktes der anderen Tangente, z. B. des Punktes $P\left(0; -\frac{16}{3}\right)$ von einem Punkt X der ersten Tangente kann nun angegeben werden durch: $|\overline{PX}| = |\vec{x}(s) - \overline{OP}|$

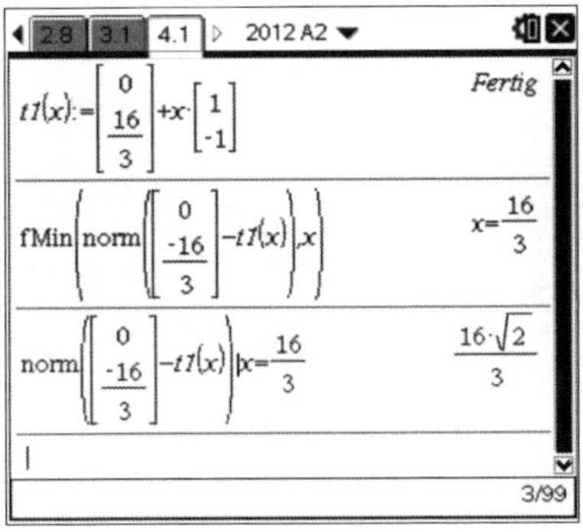

Das Minimum dieser Entfernung entspricht dem gesuchten Abstand beider Tangenten. Es kann mit dem Befehl fMin() bestimmt werden.

Auch hier erhält man als Abstand der beiden Tangenten:

$$d = \frac{16 \cdot \sqrt{2}}{3} \approx 7{,}54 \text{ LE}$$

Anzahl der Tangenten in Abhängigkeit vom Anstieg

Wegen $m = f_3'(x)$ und $f_3'(x) = 3 - x^2$ ist
$m = 3 - x^2$

Diese Gleichung wird nach x umgestellt:

$|x| = \sqrt{3-m}$

Die Variable x beschreibt hier den Wert bzw. die Werte möglicher Berührstellen von Tangenten mit dem Graphen von f_3 in Abhängigkeit vom Anstieg m.
Der Ausdruck $3 - m$ unter der Wurzel muss größer oder gleich null sein, damit Lösungen der Gleichung existieren. Damit ergeben sich folgende Fälle:

$3 - m > 0 \quad \Rightarrow \quad m < 3$
Es gibt zwei verschiedene Lösungen $x_0 = \pm\sqrt{3-m}$ für die Berührstellen, demzufolge zwei Tangenten für $m < 3$.

$3 - m = 0 \quad \Rightarrow \quad m = 3$
Es gibt genau eine Lösung, also eine Berührstelle $x_0 = 0$, demzufolge genau eine Tangente für $m = 3$.

$3 - m < 0 \quad \Rightarrow \quad m > 3$
Es gibt keine reelle Lösung, also keine Berührstellen, demzufolge keine Tangenten für $m < 3$.

Kernfach Mathematik (Thüringen): Abiturprüfung 2012
Aufgabe B1: Analytische Geometrie/Vektorrechnung

Gegeben sind die Punkte A(10; 1; 1) und B(0; 7; –7) sowie die Gerade

$$g:\ \vec{x} = \begin{pmatrix} 0 \\ 9 \\ 7 \end{pmatrix} + t \cdot \begin{pmatrix} -5 \\ -3 \\ 4 \end{pmatrix} \quad (t \in \mathbb{R}).$$

a) Zeigen Sie, dass der Mittelpunkt M der Strecke $\overline{AB}$ nicht auf der Geraden g liegt. (2 BE)

b) Die Ebene ε enthält den Punkt M und die Gerade g.
Ermitteln Sie eine parameterfreie Gleichung dieser Ebene.
(Kontrollergebnis: $5x - 3y + 4z = 1$)

Weisen Sie nach, dass die Punkte A und B symmetrisch bezüglich der Ebene ε liegen. (5 BE)

c) Der Abstand der Punkte A und B beträgt $d = \sqrt{200}$ LE.
Auf der Geraden g liegen zwei Punkte C und D, die vom Punkt A ebenfalls den Abstand $d = \sqrt{200}$ LE haben.
Ermitteln Sie die Koordinaten dieser beiden Punkte.
(Kontrollergebnis: C(0; 9; 7), D(10; 15; –1))

Berechnen Sie die Größe des Winkels ∡CAD. (6 BE)

d) Die Punkte A, B, C und D sind die Eckpunkte eines Tetraeders. Bei regulären Körpern sind alle Kanten gleich lang.
Weisen Sie nach, dass es sich bei dem Körper ABCD um ein reguläres Tetraeder handelt. (3 BE)

e) Eine Ebene η verläuft parallel zur Ebene ε und wird von den Koordinatenachsen in den Punkten S_x, S_y und S_z durchstoßen.
Ermitteln Sie eine Gleichung einer Ebene η, sodass die Koordinaten aller drei Durchstoßpunkte ganzzahlig sind.
Diese drei Punkte S_x, S_y und S_z und der Koordinatenursprung bilden eine dreiseitige Pyramide.
Berechnen Sie das Volumen dieser Pyramide. (4 BE)

(20 BE)

Hinweise und Tipps

Allgemeines für CAS-Nutzer

- Die Aufgabe B1 für das Abitur ohne CAS ist identisch mit der Aufgabe B1 im CAS-Abitur. Aus diesem Grunde wurde auf eine getrennte Darstellung verzichtet. Hinweise zum Einsatz des CAS-Rechners sind eingefügt worden.

Aufgabe a

Mittelpunkt

- Bestimmen Sie die Koordinaten des Mittelpunktes M der Strecke $\overline{AB}$.
- Die Koordinaten des Mittelpunktes einer Strecke sind das arithmetische Mittel der entsprechenden Koordinaten der Endpunkte der Strecke.
- Alternativ kann der Mittelpunkt M einer Strecke $\overline{AB}$ auch über die Vektorgleichung $\overrightarrow{OM} = \overrightarrow{OA} + \frac{1}{2} \cdot \overrightarrow{AB}$ bestimmt werden.

Mittelpunkt: zusätzliche Hinweise für CAS-Nutzer

- Geben Sie die Ortsvektoren der Punkte A und B ein und weisen Sie diesen Vektoren geeignete Variable zu.
- Sie können dann stets mit diesen Variablen arbeiten und brauchen nicht jedes Mal die Koordinaten neu einzugeben.

Nachweis, dass M nicht auf g liegt

- Setzen Sie den Ortsvektor von M in die Geradengleichung ein.
- Überprüfen Sie, ob jede der drei Gleichungen ein und denselben Wert für den Parameter t ergibt. Wenn das nicht der Fall ist, dann liegt M nicht auf g.

Nachweis, dass M nicht auf g liegt: zusätzliche Hinweise für CAS-Nutzer

- Geben Sie die Gleichung für die Gerade g ein und weisen Sie ihr eine Funktion, z. B. g(t) zu.
- Sie können diese Gleichung unter Verwendung der Variablen für die Gerade und den Punkt M aufstellen und lösen.

Aufgabe b

Ebene ε

- Stellen Sie zunächst eine Parametergleichung der Ebene auf.
- Als Stützvektor der Ebene kommen z. B. der Stützvektor der Geraden g oder der Ortsvektor des Punktes M infrage.
- Für die Richtungsvektoren der Ebene können Sie beispielsweise den Richtungsvektor der Geraden g und den Vektor, der durch den festen Punkt (0; 9; 7) der Geraden g sowie den Punkt M festgelegt ist, verwenden.
- Überzeugen Sie sich davon, dass die von Ihnen gewählten Richtungsvektoren für die Ebene linear unabhängig sind.
- Schreiben Sie die Vektorgleichung der Ebene zeilenweise und eliminieren Sie die Parameter.
- Nutzen Sie das Additionsverfahren.
- Alternativ können Sie auch das Vektorprodukt nutzen, um eine koordinatenfreie Ebenengleichung aufzustellen.
- Bestimmen Sie anhand zweier linear unabhängiger Richtungsvektoren (siehe oben) einen Normalenvektor der Ebene mithilfe des Vektorprodukts.

- Die Koordinaten des Normalenvektors sind die Koeffizienten a, b und c in der Ebenengleichung $ax + by + cz = d$.
- Setzen Sie für x, y und z die Koordinaten eines zur Ebene gehörenden Punktes ein und bestimmen Sie das Absolutglied d.
- Formulieren Sie die vollständige Ebenengleichung.

Ebene ε: zusätzliche Hinweise für CAS-Nutzer
- Sie können das Gleichungssystem mit dem Rechner lösen.
- Verwenden Sie den alternativen Lösungsweg, so können Sie den Normalenvektor mit dem Rechner bestimmen.

Punkte A und B symmetrisch zur Ebene ε
- Für den Symmetrienachweis sind zwei Bedingungen zu untersuchen:
  - Die Strecke $\overline{AB}$ ist orthogonal zur Ebene ε.
  - Die Punkte A und B sind gleich weit von der Ebene ε entfernt.
- Bestimmen Sie die Gleichung der durch die Punkte A und B bestimmten Geraden h.
- Zeigen Sie, dass die Gerade h senkrecht zur Ebene ε ist.
- Eine Gerade steht senkrecht zu einer Ebene, wenn der Richtungsvektor der Geraden parallel zum Normalenvektor der Ebene ist.
- Bestimmen Sie den Durchstoßpunkt F der Geraden h durch die Ebene ε.
- Zeigen Sie, dass die Strecken $\overline{AF}$ und $\overline{BF}$ gleich lang sind.

Punkte A und B symmetrisch zur Ebene ε: alternativer Lösungsweg
- Zeigen Sie, dass der Vektor $\overrightarrow{AB}$ parallel zum Normelenvektor der Ebene ε ist.
- Nutzen Sie die Eigenschaften von M zur weiteren Argumentation.

Punkte A und B symmetrisch zur Ebene ε: zusätzlicher Hinweis für CAS-Nutzer
- Übertragen Sie die Rechnungen weitgehend an den Rechner.

Aufgabe c

Punkte C und D ermitteln
- Die nicht maßstäbliche Skizze veranschaulicht den Sachverhalt.

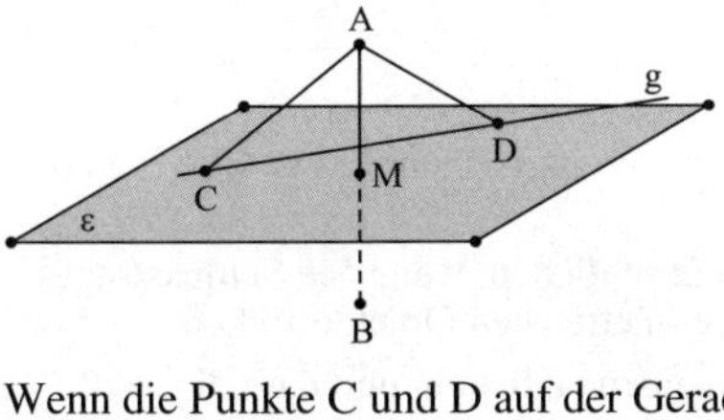

- Wenn die Punkte C und D auf der Geraden g liegen, müssen ihre Koordinaten die Geradengleichung erfüllen.
- Verwenden Sie die Forderung für die Längen der Strecken $\overline{AC}$ bzw. $\overline{AD}$.
- Der Abstand zweier Punkte kann über die Koordinaten der Punkte berechnet werden. Entnehmen Sie ggf. die Formel dem Tafelwerk.
- Setzen Sie in die Formel die gegebenen Werte ein und setzen Sie diesen Term gleich dem Abstand $\sqrt{200}$.
- Lösen Sie die entstandene Gleichung.

- Sie können die Rechnung vereinfachen, wenn Sie nur die Radikanden der Wurzelausdrücke untersuchen.
- Setzen Sie die für t gefundenen Werte in die Gleichung der Geraden g ein.
- Berechnen Sie die Koordinaten der Punkte C und D.
- Vergleichen Sie mit dem Kontrollergebnis.

Punkte C und D ermitteln: zusätzliche Hinweise für CAS-Nutzer

- Die Rechnung mit dem CAS verkürzt sich auf wenige Zeilen, wenn Sie die vorher definierten Variablen für die Geradengleichung von g und den Ortsvektor des Punktes A nutzen.
- Verwenden Sie für die Berechnung der Seitenlänge den Befehl für die Berechnung des Betrages eines Vektors.
- Beachten Sie, dass der Rechner ggf. auch die vektoriellen Gleichungen löst.
- Speichern Sie die Ergebnisse für die Ortsvektoren der Punkte C und D mit Blick auf die weitere Rechnung unter geeigneten Variablen ab.

Winkel ∡CAD berechnen

- Beachten Sie, dass die Schreibweise impliziert, dass A der Scheitelpunkt des Winkels ist.
- Der gesuchte Winkel wird von den Vektoren $\overrightarrow{AC}$ und $\overrightarrow{AD}$ eingeschlossen.
- Sie können die Winkelberechnung zurückführen auf bereits bekannte Ergebnisse wie den Abstand der Punkte C und D vom Punkt A.
- Verwenden Sie die Formel für die Berechnung des Winkels zwischen zwei Vektoren.

Winkel ∡CAD berechnen: alternativer Lösungsweg

- Beachten Sie, dass Sie bereits zwei der Längen der Dreieckseiten des Dreiecks CAD kennen.
- Berechnen Sie die dritte Dreiecksseite.
- Vergleichen Sie die Längen der Dreieckseiten. Es liegt ein spezielles Dreieck vor, sodass Sie ohne weitere Rechnung die Größe des gesuchten Winkels angeben können.

Winkel ∡CAD berechnen: zusätzlicher Hinweis für CAS-Nutzer

- Wenn Sie die für die Winkelberechnung benötigten Vektoren in den vorangegangenen Rechnungen als Variable gespeichert haben, können Sie damit ohne großen Eingabeaufwand die Winkelberechnung durchführen.

Aufgabe d

Nachweis reguläres Tetraeder

- Überdenken Sie, welche Kantenlängen des Tetraeders Sie bereits kennen und welche Sie noch nicht wissen.
- Sie können auf unbekannte Kantenlängen ohne Rechnung schließen, wenn Sie Schlussfolgerungen aus den Eigenschaften der bisher untersuchten geometrischen Objekte ziehen.
- Beachten Sie, dass die Punkte A und B symmetrisch zur Ebene ε liegen, und dass die Punkte C und D in dieser Ebene liegen.

Nachweis reguläres Tetraeder: alternativer Lösungsweg

- Die Ihnen noch unbekannten Kantenlängen können Sie auch mithilfe der Punktkoordinaten berechnen.

Nachweis reguläres Tetraeder: zusätzliche Hinweise für CAS-Nutzer

- Wenn Sie die für die Längenberechnungen benötigten Vektoren in den vorangegangenen Rechnungen als Variable gespeichert haben, können Sie damit ohne großen Eingabeaufwand die Längenberechnungen durchführen.
- Beachten Sie, dass Sie die Seitenlängen als Beträge der zugehörigen Vektoren ermitteln können.

Aufgabe e

Gleichung der parallelen Ebene η

- Zueinander parallele Ebenen kann man z. B. daran erkennen, dass sich ihre Gleichungen $ax + by + cz = d$ nur im Absolutglied d unterscheiden.
- Berechnen Sie die Durchstoßpunkte der Koordinatenachsen durch die Ebene ε.
- Setzen Sie dazu stets zwei der drei Variablen x, y oder z gleich null.
- Überlegen Sie, unter welchen Bedingungen diese Koordinaten ganze Zahlen sein können.
- Die in den Schnittpunktkoordinaten auftretenden Brüche werden ganzzahlig, wenn der Zähler ein gemeinsames Vielfaches aller auftretenden Nenner ist.
- Wählen Sie ein solches gemeinsames Vielfache für das Absolutglied d aus und lassen Sie die Koeffizienten a, b und c von x, y und z unverändert.
- Formulieren Sie die Gleichung der Ebene η.
- Berechnen Sie zur Probe und für die folgende Volumenberechnung die Durchstoßpunkte der Koordinatenachsen durch die Ebene η.

Volumen der Pyramide $OS_xS_yS_z$

- Skizzieren Sie den Sachverhalt.
- Beachten Sie, dass man jede Seitenfläche der Pyramide als Grundfläche wählen kann.
- Wählen Sie eine der Seitenflächen als Grundfläche, die vollständig in einer der Koordinatenebenen liegt. Eine solche Seitenfläche hat zwei der Durchstoßpunkte und den Ursprung als Eckpunkte.
- Bei dieser Wahl ergibt sich ein rechtwinkliges Dreieck als Grundfläche.
- Der Flächeninhalt eines rechtwinkligen Dreiecks kann mit $A = \frac{1}{2} \cdot a \cdot b$ berechnet werden, wobei a und b die Längen der Katheten sind.
- Für die Höhe der Pyramide können Sie nun die Kante wählen, die senkrecht zu Ihrer Grundfläche steht. Die Länge der Höhe entspricht also dem Abstand des dritten Durchstoßpunktes vom Ursprung.

Lösungen

a) **Mittelpunkt**

Mit A(10; 1; 1) und B(0; 7; –7) ergeben sich die Koordinaten des Mittelpunktes M der Strecke $\overline{AB}$ als arithmetisches Mittel der einander entsprechenden Koordinaten der Endpunkte A und B:

$$M\left(\frac{10+0}{2};\frac{1+7}{2};\frac{1-7}{2}\right) \;\Rightarrow\; M(5;4;-3)$$

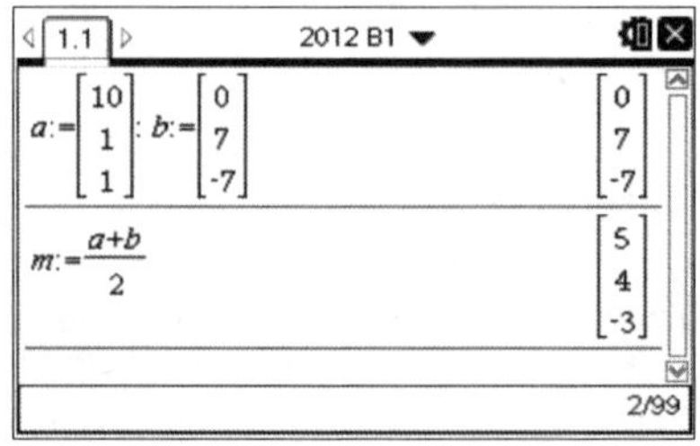

Alternativ erhält man dasselbe Ergebnis über die Vektorgleichung $\overrightarrow{OM} = \overrightarrow{OA} + \frac{1}{2}\cdot\overrightarrow{AB}$:

$$\overrightarrow{OM} = \begin{pmatrix}10\\1\\1\end{pmatrix} + \frac{1}{2}\cdot\begin{pmatrix}0-10\\7-1\\-7-1\end{pmatrix} = \begin{pmatrix}10\\1\\1\end{pmatrix} + \begin{pmatrix}-5\\3\\-4\end{pmatrix}$$

$$= \begin{pmatrix}5\\4\\-3\end{pmatrix} \;\Rightarrow\; M(5;4;-3)$$

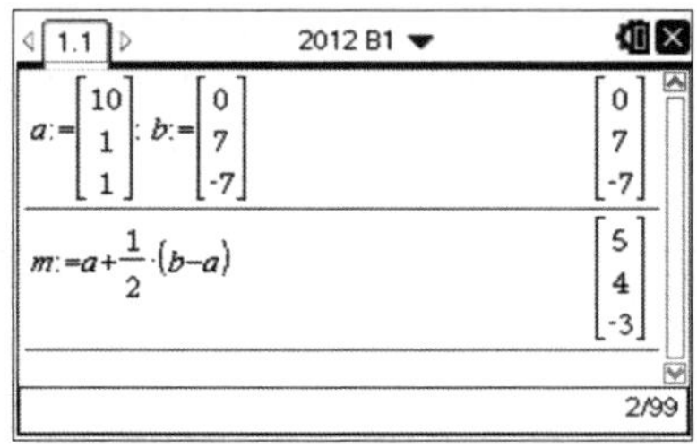

Nachweis, dass M nicht auf g liegt

Ortsvektor von M in die Geradengleichung einsetzen:

$$\begin{pmatrix}5\\4\\-3\end{pmatrix} = \begin{pmatrix}0\\9\\7\end{pmatrix} + t\cdot\begin{pmatrix}-5\\-3\\4\end{pmatrix}$$

Gleichung zeilenweise schreiben und jede Gleichung nach t auflösen:

$$5 = 0-5t \;\Rightarrow\; t=-1$$

$$4 = 9-3t \;\Rightarrow\; t=\frac{5}{3}$$

$$-3 = 7+4t \;\Rightarrow\; t=-\frac{10}{4}$$

Es ergibt sich jedes Mal ein anderer Wert für t, also liegt M nicht auf g.

Schon wenn bereits der zweite berechnete Wert für t vom ersten Wert abweicht, ist dieser Nachweis erbracht.

Lösungshinweis für das CAS-Abitur

Die Anzeige false weist darauf hin, dass das Gleichungssystem nicht lösbar ist, also liegt M nicht auf g.

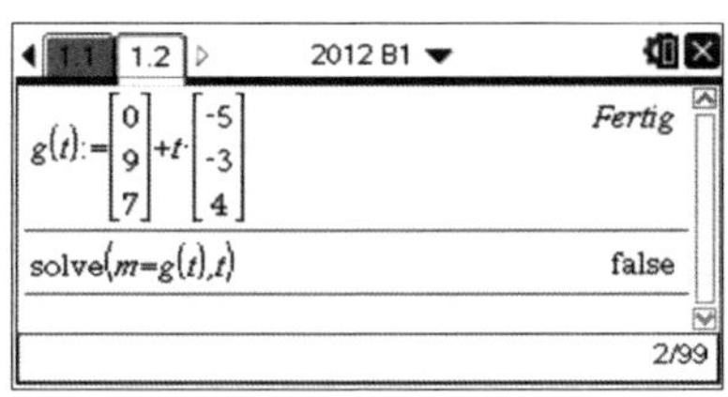

b) **Ebene ε**
Stützvektor $\vec{s}$ der Ebene sei der Ortsvektor der Geraden g:

$$\vec{s} = \begin{pmatrix} 0 \\ 9 \\ 7 \end{pmatrix}$$

Als Richtungsvektoren der Ebene werden der Richtungsvektor der Geraden g und der Vektor $\vec{m} - \vec{s}$ gewählt, wobei $\vec{m}$ der Ortsvektor des Punktes M ist. Diese beiden Vektoren sind linear unabhängig, denn in Teilaufgabe a wurde gezeigt, dass M nicht auf g liegt.

$$\varepsilon\colon \vec{x} = \begin{pmatrix} 0 \\ 9 \\ 7 \end{pmatrix} + t \cdot \begin{pmatrix} -5 \\ -3 \\ 4 \end{pmatrix} + r \cdot \begin{pmatrix} 5-0 \\ 4-9 \\ -3-7 \end{pmatrix} \text{ mit } t, r \in \mathbb{R}$$

$$\varepsilon\colon \vec{x} = \begin{pmatrix} 0 \\ 9 \\ 7 \end{pmatrix} + t \cdot \begin{pmatrix} -5 \\ -3 \\ 4 \end{pmatrix} + r \cdot \begin{pmatrix} 5 \\ -5 \\ -10 \end{pmatrix} \text{ mit } t, r \in \mathbb{R}$$

Diese Parametergleichung wird zeilenweise geschrieben:

(1) $x = 0 - 5t + 5r$

(2) $y = 9 - 3t - 5r$

(3) $z = 7 + 4t - 10r$

Durch Addition der Zeilen (1) und (2) kann der Parameter r eliminiert werden. Die dadurch entstandene neue Zeile erhält die Nummer (4).
Die Zeile (5) ist das Ergebnis der Addition des Doppelten von Zeile (1) mit Zeile (3), weil dadurch auch hier der Parameter r eliminiert wird:

(4) $x + y = 9 - 8t$

(5) $2x + z = 7 - 6t$

Um den Parameter t zu eliminieren, muss so multipliziert werden, dass das kleinste gemeinsame Vielfache der Koeffizienten von t, also das kgV von 8 und 6, mit unterschiedlichen Vorzeichen entsteht, damit es beim anschießenden Addieren „herausfällt". Deshalb wird Gleichung (4) mit 3 und Gleichung (5) mit -4 multipliziert, sodass man die Gleichungen (6) und (7) erhält:

(6) $3x + 3y = 27 - 24t$

(7) $-8x - 4z = -28 + 24t$

Durch Addition von (6) und (7) ergibt sich die gesuchte parameterfreie Ebenengleichung:
$-5x + 3y - 4z = -1$

Wird diese Gleichung noch mit -1 multipliziert, so hat die Ebenengleichung die Form, die als Kontrollergebnis angegeben ist:
$\underline{\underline{5x - 3y + 4z = 1}}$

Alternativer Lösungsweg

Mit den oben bereits bestimmten linear unabhängigen Richtungsvektoren wird der Normalenvektor der Ebene mithilfe des Vektorprodukts bestimmt:

$$\begin{pmatrix} -5 \\ -3 \\ 4 \end{pmatrix} \times \begin{pmatrix} 5 \\ -5 \\ -10 \end{pmatrix} = \begin{pmatrix} 50 \\ -30 \\ 40 \end{pmatrix} = 10 \cdot \begin{pmatrix} 5 \\ -3 \\ 4 \end{pmatrix}$$

Als Normalenvektor wird $\vec{n} = \begin{pmatrix} 5 \\ -3 \\ 4 \end{pmatrix}$ gewählt.

Die Koordinaten des Normalenvektors werden in die allgemeine Koordinatengleichung für die Koeffizienten eingesetzt:

$5 \cdot x - 3 \cdot y + 4 \cdot z = d$

Der Punkt M(5; 4; –3) soll in der Ebene liegen, seine Koordinaten müssen also die Ebenengleichung erfüllen.

$5 \cdot 5 - 3 \cdot 4 + 4 \cdot (-3) = d \quad \Rightarrow \quad d = 1$

$\underline{\underline{5 \cdot x - 3 \cdot y + 4 \cdot z = 1}}$

Lösungshinweis für das CAS-Abitur

Die oben aufgestellte Parametergleichung wird eingegeben und das damit gegebene lineare Gleichungssystem gelöst.
Unter den angezeigten Lösungen findet sich auch die Ebenengleichung (zweite Zeile von oben, grau unterlegt):

$$x = \frac{3y - 4z + 1}{5}$$

Diese muss nur etwas umgeformt werden, um sie leichter mit dem Kontrollergebnis vergleichen zu können.

Für den alternativen Lösungsweg wurde die Normalenform $\vec{n} \circ (\vec{x} - \vec{x}_0) = 0$ der Ebenengleichung genutzt (letzte Zeile).

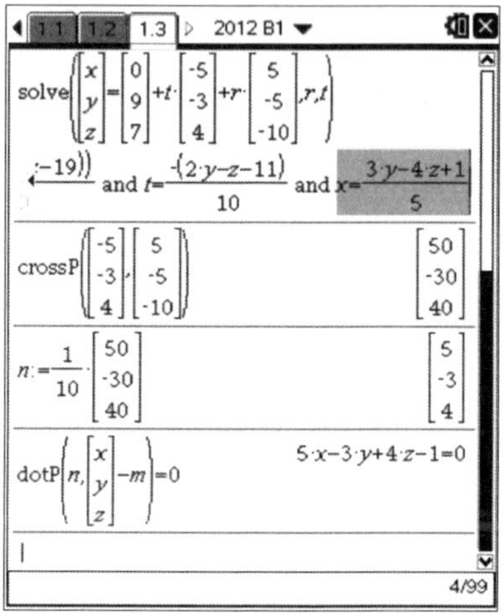

Punkte A und B symmetrisch zur Ebene ε

Die Gleichung der Geraden h durch die Punkte A und B kann z. B. beschrieben werden durch $\vec{x} = \overrightarrow{OA} + s \cdot \overrightarrow{AB}$ mit $s \in \mathbb{R}$:

$$h\colon \vec{x} = \begin{pmatrix} 10 \\ 1 \\ 1 \end{pmatrix} + s \cdot \begin{pmatrix} 0-10 \\ 7-1 \\ -7-1 \end{pmatrix} = \begin{pmatrix} 10 \\ 1 \\ 1 \end{pmatrix} + s \cdot \begin{pmatrix} -10 \\ 6 \\ -8 \end{pmatrix}$$

Der Richtungsvektor $\overrightarrow{AB} = \begin{pmatrix} -10 \\ 6 \\ -8 \end{pmatrix} = -2 \cdot \begin{pmatrix} 5 \\ -3 \\ 4 \end{pmatrix}$ der Geraden h ist ein Vielfaches des Normalenvektors $\vec{n} = \begin{pmatrix} 5 \\ -3 \\ 4 \end{pmatrix}$. Die Gerade h verläuft deshalb senkrecht zur Ebene ε.

Durch Einsetzen der Koordinaten der Geradengleichung in die Ebenengleichung kann der Durchstoßpunkt bestimmt werden:

$$\begin{aligned} 5 \cdot (10 - 10s) - 3 \cdot (1 + 6s) + 4 \cdot (1 - 8s) &= 1 \\ 50 - 50s - 3 - 18s + 4 - 32s &= 1 \\ -100s &= -50 \\ s &= 0{,}5 \end{aligned}$$

Dieser Wert s = 0,5 wird in die Gleichung für h eingesetzt:

$$\vec{x} = \begin{pmatrix} 10 \\ 1 \\ 1 \end{pmatrix} + 0{,}5 \cdot \begin{pmatrix} -10 \\ 6 \\ -8 \end{pmatrix} = \begin{pmatrix} 5 \\ 4 \\ -3 \end{pmatrix}$$

Der Durchstoßpunkt hat die Koordinaten (5; 4; –3), d. h., der Durchstoßpunkt ist identisch mit dem in Teilaufgabe a bestimmten Mittelpunkt M der Strecke $\overline{AB}$. Aus dieser Tatsache folgt, dass der Durchstoßpunkt gleiche Entfernung von den Punkten A und B hat.

Damit ist nachgewiesen, dass A und B symmetrisch zur Ebene ε liegen.

Alternative Argumentation

Der Vektor $\overrightarrow{AB} = \begin{pmatrix} -10 \\ 6 \\ -8 \end{pmatrix} = -2 \cdot \begin{pmatrix} 5 \\ -3 \\ 4 \end{pmatrix}$ ist ein Vielfaches des Normalenvektors $\vec{n}$ der Ebene ε, also steht $\overrightarrow{AB}$ senkrecht zu dieser Ebene.

Weiter oben wurde M als Mittelpunkt der Strecke $\overline{AB}$ berechnet. M liegt nach Aufgabenstellung in der Ebene ε, also sind die Punkte A und B symmetrisch zu ε.

Lösungshinweis für das CAS-Abitur

Die folgenden Bildschirme bilden die oben erläuterte Rechnung ab. Die Kommentare sind der besseren Übersichtlichkeit wegen eingefügt worden. Sie sind bei der Nutzung des Rechners in der Prüfungssituation nicht notwendig.

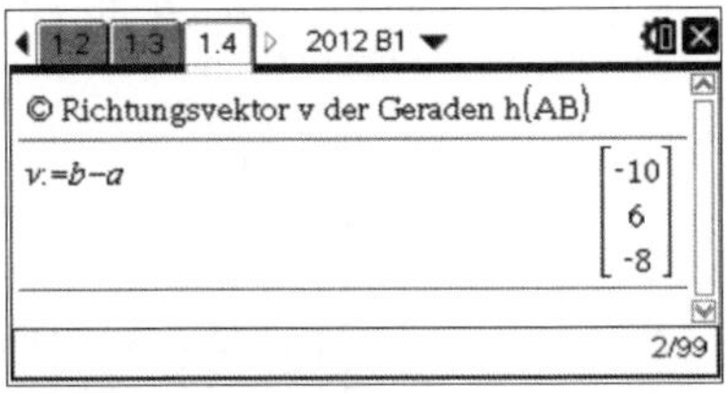

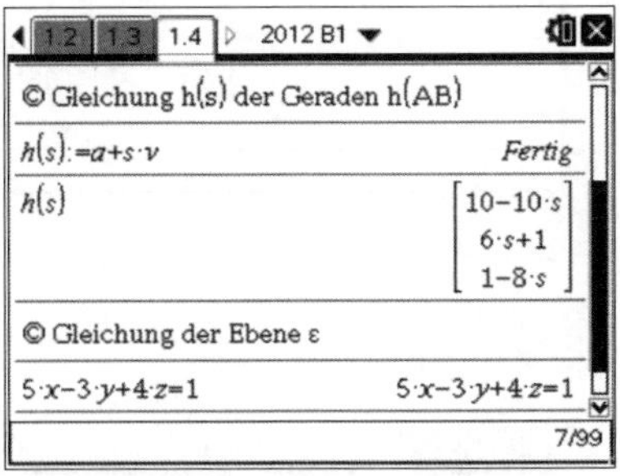

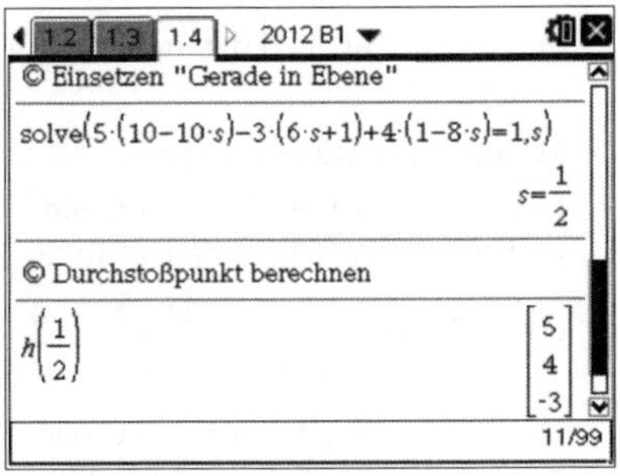

c) **Punkte C und D ermitteln**

Weil die Punkte C und D auf der Geraden g liegen, gibt es Werte für den Parameter t, die den Punkten C bzw. D zugeordnet werden können:

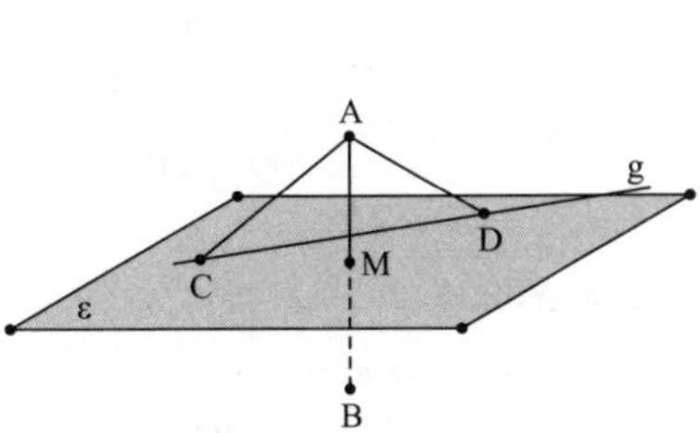

$$\vec{x}_{C,D} = \begin{pmatrix} 0 \\ 9 \\ 7 \end{pmatrix} + t_{C,D} \cdot \begin{pmatrix} -5 \\ -3 \\ 4 \end{pmatrix}$$

Der Punkt A hat die Koordinaten A(0; 1; 1).

Die Längen der Strecken $\overline{AC}$ und $\overline{AD}$ sollen $\sqrt{200}$ LE betragen.

Die Länge einer Strecke $\overline{AB}$ wird berechnet durch:

$$|\overline{AB}| = \sqrt{(a_x - b_x)^2 + (a_y - b_y)^2 + (a_z - b_z)^2}$$

Daraus folgt hier für die Strecke $\overline{AC}$ unter Beachtung, dass sie eine Länge von $\sqrt{200}$ LE haben soll:

$$|\overline{AC}| = \sqrt{(10-(-5t))^2 + (1-(9-3t))^2 + (1-(7+4t))^2} = \sqrt{200}$$

Da der gleiche Ansatz auch für die Strecke $\overline{AD}$ gilt, braucht der Ansatz nur einmal weiter verfolgt zu werden.
Die Wurzeln auf beiden Seiten der Gleichung sind gleich, wenn die Radikanden gleich sind. Deshalb wird die folgende Gleichung betrachtet:

$$\begin{aligned}(10-(-5t))^2 + (1-(9-3t))^2 + (1-(7+4t))^2 &= 200\\ (10+5t)^2 + (-8+3t)^2 + (-6-4t)^2 &= 200\\ 100+100t+25t^2+64-48t+9t^2+36+48t+16t^2 &= 200\\ 200+100t+50t^2 &= 200\\ 100t+50t^2 &= 0\\ 50t\cdot(2+t) &= 0\end{aligned}$$

Diese Gleichung hat die Lösungen $t_1 = 0$ und $t_2 = -2$.

Setzt man diese Lösungen in die Gleichung der Geraden g ein, so ergeben sich die Ortsvektoren der Punkte C und D:

$$\vec{x}_C = \begin{pmatrix}0\\9\\7\end{pmatrix} + 0\cdot\begin{pmatrix}-5\\-3\\4\end{pmatrix} = \begin{pmatrix}0\\9\\7\end{pmatrix} \Rightarrow \underline{\underline{C(0;9;7)}}$$

$$\vec{x}_D = \begin{pmatrix}0\\9\\7\end{pmatrix} - 2\cdot\begin{pmatrix}-5\\-3\\4\end{pmatrix} = \begin{pmatrix}10\\15\\-1\end{pmatrix} \Rightarrow \underline{\underline{D(10;15;-1)}}$$

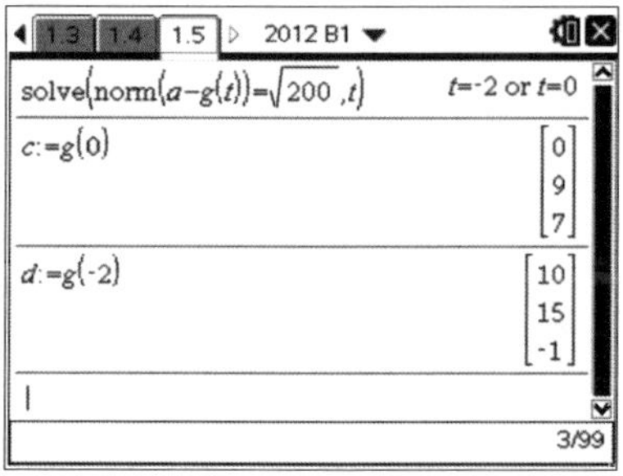

Das entspricht auch den in der Aufgabe gegebenen Kontrollergebnissen.

Winkel ∡CAD berechnen

Der Winkel ∡CAD wird von den Vektoren $\overrightarrow{AC}$ und $\overrightarrow{AD}$ eingeschlossen. Es gilt die Formel:

$$\cos(\measuredangle CAD) = \frac{\overrightarrow{AC}\circ\overrightarrow{AD}}{|\overrightarrow{AC}|\cdot|\overrightarrow{AD}|}$$

Die Beträge der Vektoren $\overrightarrow{AC}$ und $\overrightarrow{AD}$ sind aus der Aufgabenstellung bekannt:

$$\cos(\measuredangle CAD) = \frac{\begin{pmatrix}0-10\\9-1\\7-1\end{pmatrix}\circ\begin{pmatrix}10-10\\15-1\\-1-1\end{pmatrix}}{\sqrt{200}\cdot\sqrt{200}} = \frac{100}{200} = \frac{1}{2}$$

$\Rightarrow\quad \underline{\underline{\measuredangle CAD = 60°}}$

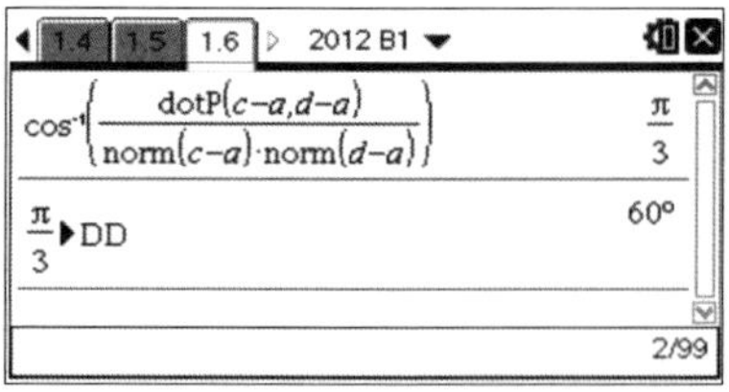

Der Winkel ∡CAD ist 60° groß.

Alternative Lösung

Im Dreieck CAD sind die Längen der Seiten $\overline{AC}$ und $\overline{AD}$ bekannt. Sie betragen jeweils $\sqrt{200}$ LE. Die Länge der Strecke $\overline{CD}$ kann berechnet werden:

$$|\overline{CD}| = \sqrt{(10-0)^2 + (15-9)^2 + (-1-7)^2} = \sqrt{100+36+64} = \sqrt{200}\text{ LE}$$

Das Dreieck CAD ist also gleichseitig, d. h., der Winkel ∡CAD ist 60° groß.

d) **Nachweis reguläres Tetraeder**

Aus den vorigen Teilaufgaben sind die Längen folgender Seiten bekannt:

$\overline{AB} = \overline{AC} = \overline{AD} = \sqrt{200}$

Für die Seite $\overline{CD}$ gilt ebenfalls $\overline{CD} = \sqrt{200}$. Der Nachweis wurde in der Alternativlösung zu Teilaufgabe c geführt.

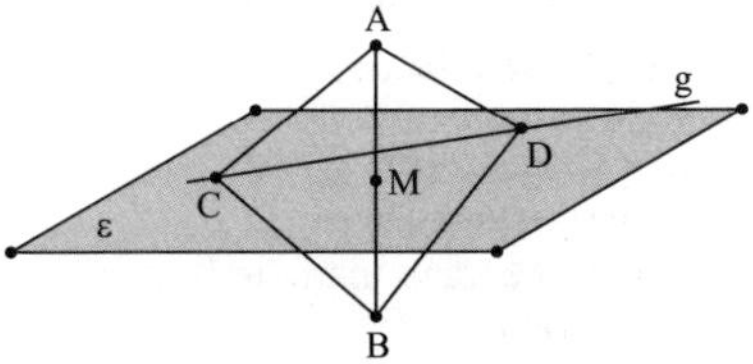

Da der Punkt B bezüglich der Ebene ε spiegelsymmetrisch zum Punkt A liegt (siehe Teilaufgabe b) und die Punkte C und D zur Gerade g gehören, die ihrerseits in der Ebene ε liegt, sind die Strecken $\overline{CB}$ und $\overline{DB}$ spiegelsymmetrisch zu den Strecken $\overline{AC}$ und $\overline{AD}$ und deshalb genauso lang wie diese.

Alle sechs Kantenlängen des Tetraeders ABCD sind also gleich lang, deshalb handelt es sich um ein reguläres Tetraeder.

Alternative Lösung

Berechnung der Seitenlängen $\overline{CB}$ und $\overline{DB}$:

$$|\overline{CB}| = \sqrt{(0-0)^2 + (7-9)^2 + (-7-7)^2}$$
$$= \sqrt{0+4+196} = \sqrt{200}$$

$$|\overline{DB}| = \sqrt{(0-10)^2 + (7-15)^2 + (-7+1)^2}$$
$$= \sqrt{100+64+36} = \sqrt{200}$$

Alle Kanten haben die gleiche Länge:

$\sqrt{200} = \sqrt{100 \cdot 2} = 10 \cdot \sqrt{2}$ LE

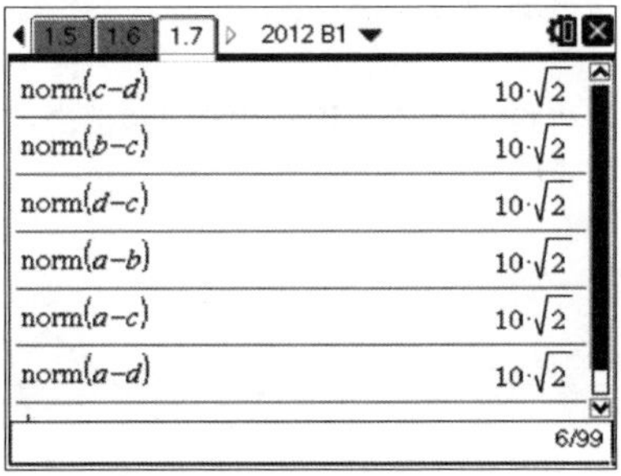

e) **Gleichung der parallelen Ebene η**

Es werden die Durchstoßpunkte der Koordinatenachsen durch die Ebene ε: $5x - 3y + 4z = 1$ berechnet.

Durchstoßpunkt der x-Achse für $y = z = 0$:

$$5x - 3 \cdot 0 + 4 \cdot 0 = 1 \quad \Rightarrow \quad x = \frac{1}{5} \quad \Rightarrow \quad E_x\left(\frac{1}{5};\ 0;\ 0\right)$$

Durchstoßpunkt der y-Achse für $x = z = 0$:

$$5 \cdot 0 - 3y + 4 \cdot 0 = 1 \quad \Rightarrow \quad y = -\frac{1}{3} \quad \Rightarrow \quad E_y\left(0;\ -\frac{1}{3};\ 0\right)$$

Durchstoßpunkt der z-Achse für $x = y = 0$:

$$5 \cdot 0 - 3 \cdot 0 + 4z = 1 \quad \Rightarrow \quad z = \frac{1}{4} \quad \Rightarrow \quad E_z\left(0;\ 0;\ \frac{1}{4}\right)$$

In diesen Durchstoßpunkten kommen neben den Nullen immer Brüche mit dem Zähler 1 und den Nennern 3, 4 und 5 vor.

Diese Brüche entstehen durch die Division des Absolutgliedes $d = 1$ auf der rechten Seite der Gleichung für Ebene ε. Wenn statt $d = 1$ dort eine ganze Zahl steht, die ein gemeinsames Vielfaches der Nenner 3, 4 und 5 ist, so müssen bei der Berechnung der Durchstoßpunkte immer ganze Zahlen entstehen.

Wählt man z. B. für das Absolutglied d in $ax + by + cz = d$ das kleinste gemeinsame Vielfache von 3, 4 und 5, also die Zahl $D = 3 \cdot 4 \cdot 5 = 60$, so wäre dieses Ziel erreicht.

Die Koeffizienten a, b und c werden nicht verändert, damit die Parallelität der Ebenen gewährleistet ist.

η: $\underline{\underline{5x - 3y + 4z = 60}}$

Zur Probe kann man die Durchstoßpunkte der Koordinatenachsen durch diese Ebene η berechnen.
Durchstoßpunkt der x-Achse für $y = z = 0$:

$$5x - 3 \cdot 0 + 4 \cdot 0 = 60 \quad \Rightarrow \quad x = \frac{60}{5} = 12 \quad \Rightarrow \quad S_x(12;\ 0;\ 0)$$

Durchstoßpunkt der y-Achse für $x = z = 0$:

$$5 \cdot 0 - 3y + 4 \cdot 0 = 60 \quad \Rightarrow \quad y = -\frac{60}{3} = -20 \quad \Rightarrow \quad S_y(0;\ -20;\ 0)$$

Durchstoßpunkt der z-Achse für $x = y = 0$:

$$5 \cdot 0 - 3 \cdot 0 + 4z = 60 \quad \Rightarrow \quad z = \frac{60}{4} = 15 \quad \Rightarrow \quad S_z(0;\ 0;\ 15)$$

Volumen der Pyramide $OS_xS_yS_z$

Skizze:

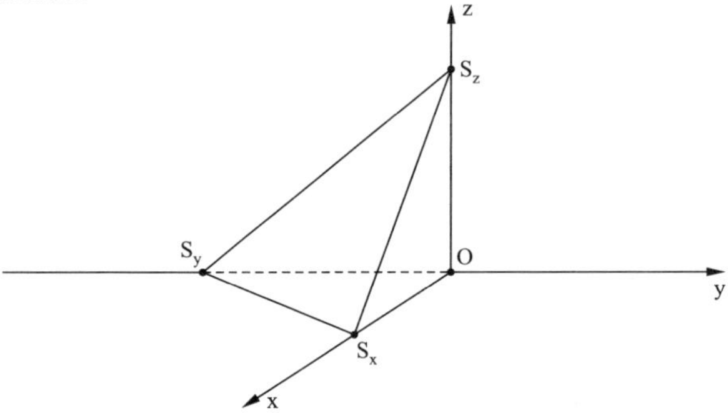

Für die Volumenberechnung der dreiseitigen Pyramide kann z. B. die Seitenfläche OS_xS_y als Grundfläche und die Strecke $\overline{OS_z}$ als Höhe mit der Länge $h = 15$ LE gewählt werden.

Mit dieser Wahl können die Koordinaten der oben berechneten Durchstoßpunkte S_x, S_y und S_z für die Volumenberechnung verwendet werden.

Die Grundfläche OS_xS_y ist ein rechtwinkliges Dreieck mit den Kathetenlängen

$|\overline{OS_y}| = 20$ LE und $|\overline{OS_x}| = 12$ LE.

Der Flächeninhalt dieses Dreiecks beträgt:

$$A = \frac{1}{2} \cdot |\overline{OS_y}| \cdot |\overline{OS_x}| = \frac{1}{2} \cdot 20 \text{ LE} \cdot 12 \text{ LE} = 120 \text{ FE}$$

Das Pyramidenvolumen ergibt sich dann zu:

$$V = \frac{1}{3} \cdot A \cdot h = \frac{1}{3} \cdot 120 \text{ FE} \cdot 15 \text{ LE} = \underline{\underline{600 \text{ VE}}}$$

Kernfach Mathematik (Thüringen): Abiturprüfung 2012
Aufgabe B2: Stochastik

Ein Internethändler hat festgestellt, dass jeder versendete Artikel mit einer Wahrscheinlichkeit von 30 % zurückgegeben wird.

a) An einem bestimmten Tag werden 1 Fernseher, 3 Kameras, 5 Blu-Ray-Player und 6 Handys versendet.
Bestimmen Sie die Wahrscheinlichkeiten folgender Ereignisse.
A := „Es werden genau zwei Artikel zurückgegeben."
B := „Die einzigen zurückgegebenen Artikel sind zwei Kameras."
C := „Es werden mindestens 13 Artikel behalten." (4 BE)

b) Berechnen Sie, wie viele Artikel der Händler pro Tag versenden muss, um mit einer Wahrscheinlichkeit von mindestens 90 % mindestens einen Artikel zu verkaufen. (3 BE)

c) Bei der Bezahlung der Artikel bietet der Händler den Kauf auf Rechnung und die Zahlung mit der Kreditkarte an. Mit Kreditkarte bezahlen 70 % der männlichen Kunden. Bei den weiblichen Kunden sind es nur 20 %. Insgesamt zahlen 50 % der Kunden mit Kreditkarte.
Berechnen Sie den prozentualen Anteil der weiblichen Kunden bei diesem Händler. (2 BE)

Der Händler verkauft unter anderem auch Laptoptaschen, die er zu einem Preis von 13,00 € pro Stück bezieht. Erfahrungsgemäß sind 20 % der Taschen mit kleinen Fehlern behaftet.

d) Eine einwandfreie Tasche verkauft er zum Preis von 18,00 €. Fehlerhafte Taschen bietet er 10 % billiger an.
Berechnen Sie den Gewinn des Händlers, wenn er 500 Taschen verkauft. (3 BE)

e) Ermitteln Sie den Preis für eine einwandfreie Tasche, wenn er pro verkaufter Tasche einen Gewinn von mindestens 7,00 € machen möchte. (3 BE)

f) Der Händler möchte seinen Umsatz erhöhen, indem er jedem verschickten Artikel ein kostenloses Werbegeschenk beilegt. Diese Aktion lohnt sich allerdings nur, wenn der Anteil der zurückgegebenen Artikel nicht über 30 % ansteigt. Er führt deshalb eine Testaktion mit 100 Kunden durch.
Stellen Sie eine Entscheidungsregel auf, bei der die Irrtumswahrscheinlichkeit höchstens 10 % beträgt.
Wie groß ist dann die Wahrscheinlichkeit dafür, dass er die Aktion startet, obwohl die Rückgabequote auf 40 % angestiegen ist? (5 BE)

(20 BE)

Binomialverteilung

n	k	p = 0,30		p = 0,35		p = 0,40	
		$B(n; p; k)$	$\sum_{i=0}^{k} B(n; p; i)$	$B(n; p; k)$	$\sum_{i=0}^{k} B(n; p; i)$	$B(n; p; k)$	$\sum_{i=0}^{k} B(n; p; i)$
100	15	0,00025	0,00040	0,00000	0,00001		
	16	0,00056	0,00097	0,00001	0,00002		
	17	0,00119	0,00216	0,00003	0,00005		
	18	0,00236	0,00452	0,00009	0,00014		
	19	0,00436	0,00889	0,00020	0,00034	0,00000	0,00001
	20	0,00758	0,01646	0,00044	0,00078	0,00001	0,00002
	21	0,01237	0,02883	0,00090	0,00169	0,00003	0,00004
	22	0,01903	0,04787	0,00175	0,00343	0,00006	0,00011
	23	0,02767	0,07553	0,00319	0,00662	0,00014	0,00025
	24	0,03804	0,11357	0,00551	0,01213	0,00031	0,00056
	25	0,04956	0,16313	0,00901	0,02114	0,00063	0,00119
	26	0,06127	0,22440	0,01400	0,03514	0,00121	0,00240
	27	0,07197	0,29637	0,02066	0,05581	0,00220	0,00460
	28	0,08041	0,37678	0,02901	0,08482	0,00383	0,00843
	29	0,08556	0,46234	0,03878	0,12360	0,00634	0,01478
	30	0,08678	0,54912	0,04942	0,17302	0,01001	0,02478
	31	0,08398	0,63311	0,06009	0,23311	0,01507	0,03985
	32	0,07761	0,71072	0,06977	0,30288	0,02166	0,06150
	33	0,06854	0,77926	0,07741	0,38029	0,02975	0,09125
	34	0,05788	0,83714	0,08214	0,46243	0,03908	0,13034
	35	0,04678	0,88392	0,08340	0,54584	0,04913	0,17947
	36	0,03620	0,92012	0,08109	0,62692	0,05914	0,23861
	37	0,02683	0,94695	0,07552	0,70245	0,06820	0,30681
	38	0,01907	0,96602	0,06742	0,76987	0,07538	0,38219
	39	0,01299	0,97901	0,05771	0,82758	0,07989	0,46208
	40	0,00849	0,98750	0,04739	0,87498	0,08122	0,54329
	41	0,00532	0,99283	0,03734	0,91232	0,07924	0,62253
	42	0,00321	0,99603	0,02825	0,94057	0,07421	0,69674
	43	0,00185	0,99789	0,02052	0,96109	0,06673	0,76347
	44	0,00103	0,99891	0,01431	0,97540	0,05763	0,82110
	45	0,00055	0,99946	0,00959	0,98499	0,04781	0,86891
	46	0,00028	0,99974	0,00617	0,99116	0,03811	0,90702
	47	0,00014	0,99988	0,00382	0,99498	0,02919	0,93621
	48	0,00007	0,99995	0,00227	0,99725	0,02149	0,95770
	49	0,00003	0,99998	0,00130	0,99855	0,01520	0,97290
	50	0,00001	0,99999	0,00071	0,99926	0,01034	0,98324
	51	0,00001	1,00000	0,00038	0,99964	0,00676	0,98999
	52			0,00019	0,99983	0,00424	0,99424
	53			0,00009	0,99992	0,00256	0,99680
	54			0,00004	0,99997	0,00149	0,99829
	55			0,00002	0,99999	0,00083	0,99912
	56			0,00001	0,99999	0,00044	0,99956
	57				1,00000	0,00023	0,99979
	58					0,00011	0,99990
	59					0,00005	0,99996
	60					0,00002	0,99998
	61					0,00001	0,99999
	62					0,00000	1,00000

Hinweise und Tipps

Aufgabe a

- Jeder versendete Artikel besitzt dieselbe Rückgabewahrscheinlichkeit. Demzufolge ist die zufällige Anzahl der zurückgegebenen Artikel eine binomialverteilte Zufallsgröße.
- Diese Zufallsgröße X_n ist binomialverteilt mit den Parametern:
  n = Anzahl der versendeten Artikel und
  p = Rückgabewahrscheinlichkeit = 0,30
- Die Bernoulliformel für genau k zurückgegebene Artikel bei n versendeten lautet:
  $P(X_n = k) = \binom{n}{k} \cdot p^k \cdot (1-p)^{n-k}$

Aufgabe b

- Versuchen Sie, die beschriebene Wahrscheinlichkeit mit der im Aufgabenteil a definierten Zufallsgröße X_n zu beschreiben.
- P(„mindestens einen der n versendeten Artikel verkaufen")
  = P(„weniger als n Artikel werden bei n versendeten zurückgegeben")
- Es soll $P(X_n < n) \geq 0{,}90$ gelten.
- Um diese Ungleichung rechnerisch zu lösen, ist es sinnvoll, zum Gegenereignis $\overline{E}$ von E = „$X < n$" mit $P(E) = 1 - P(\overline{E})$ überzugehen.
  Die Ungleichung $P(X_n < n) \geq 0{,}90$ könnte man auch durch systematisches Probieren für n = 1, n = 2, … lösen.

Aufgabe c

- Das Kaufen durch einen männlichen bzw. weiblichen Kunden und das Bezahlen mit bzw. ohne Kreditkarte kann man als einen zweistufigen Vorgang auffassen.
- Obwohl dieser Vorgang kein Zufallsexperiment ist, lässt er sich wie bei einem zweistufigen Zufallsexperiment durch ein zweistufiges Baumdiagramm veranschaulichen, an dessen Ästen statt der jeweiligen Übergangswahrscheinlichkeiten die jeweiligen Anteile stehen.
- Der Anteil der mit Kreditkarte zahlenden Kunden berechnet sich nach der für Zufallsexperimente bekannten Summenregel.

Aufgabe d

- Wenn Sie den gegebenen Prozentsatz 20 % als eine relative Häufigkeit betrachten und zwar als einen Näherungswert für die Wahrscheinlichkeit, mit der jede der betrachteten Laptoptaschen einen kleinen Fehler aufweist, so können Sie den zufälligen Gewinn als eine Zufallsgröße G definieren.
- Die zwei möglichen Werte der Zufallsgröße ergeben sich als die zwei möglichen Gewinne (ohne Maßeinheit Euro) des Händlers pro Laptoptasche.
- Das n-Fache des Erwartungswertes EG ist (abgesehen von der noch fehlenden Maßeinheit Euro) als zu erwartender und damit durchschnittlicher Gewinn des Händlers bei n verkauften Laptoptaschen zu interpretieren. (Der laut Aufgabenstellung zu berechnende „Gewinn des Händlers" lässt sich aufgrund der gegebenen Daten jedoch nicht berechnen.)

Aufgabe e

- Hinterfragen Sie die in der Aufgabenstellung benutzte Formulierung „pro verkaufter Tasche einen Gewinn von mindestens 7,00 Euro“.
- Dieser Aufgabenteil lässt zwei Interpretationen als sinnvoll erscheinen.
- Man kann sowohl den tatsächlichen Mindestgewinn als auch den zu erwartenden Gewinn jeweils für jede verkaufte Tasche betrachten.
- Man kann also sowohl fordern, dass selbst jede billigere Tasche mit kleinen Fehlern einen Gewinn von mindestens 7 Euro abwirft, als auch, dass der Erwartungswert des zufälligen Gewinns einer jeden Tasche mindestens 7 Euro beträgt.

Aufgabe f

- Konstruieren Sie einen Signifikanztest mit der Nullhypothese $p \leq 0{,}30$ und der Gegenhypothese $p > 0{,}30$ für das Signifikanzniveau $\alpha = 0{,}1$.
- Wählen Sie als binomialverteilte Testgröße X die zufällige Anzahl der zurückgegebenen Artikel in der Zufallsstichprobe.
- Wählen Sie als Ablehnungsbereich $\overline{A}$ die Werte von X, die gegen H_0 und damit für H_1 sprechen.
- Ein Fehler 1. Art tritt auf, wenn H_0 wahr ist, aber aufgrund des Testergebnisses abgelehnt wird.
- Bestimmen Sie den Ablehnungsbereich $\overline{A} = \{k; k+1; \ldots; 100\}$ so, dass $B_{100;\,0,30}(X \geq k) \leq 0{,}10$ gilt.
- Formulieren Sie eine (gesuchte) Entscheidungsregel, indem Sie angeben, bei wie vielen Rückgaben während der Testaktion der Händler davon ausgehen kann, dass sich seine Aktion für ihn nicht lohnt bzw. für ihn lohnt.

Lösungen

a) Werden n Artikel versendet, so gebe die Zufallsgröße X_n die zufällige Anzahl der davon zurückgegebenen Artikel an.
X_n ist binomialverteilt mit einer Erfolgswahrscheinlichkeit von $p = 0{,}30$:

$X_n \sim B_{n;\,0{,}30}$, d. h. $P(X_n = k) = \binom{n}{k} \cdot 0{,}30^k \cdot 0{,}70^{n-k}$

Wahrscheinlichkeit P(A)

$$P(A) = P(X_{15} = 2) = \binom{15}{2} \cdot 0{,}30^2 \cdot 0{,}70^{13} = 0{,}091560\ldots$$

$\underline{\underline{P(A) \approx 0{,}092}}$

Wahrscheinlichkeit P(B)

P(B) = P(„von den 12 versendeten Nicht-Kameras wird kein Artikel zurückgegeben und von den drei versendeten Kameras werden genau zwei zurückgegeben“)

$$P(B) = P(X_{12} = 0) \cdot P(X_3 = 2)$$

$$P(B) = \binom{12}{0} \cdot 0{,}30^0 \cdot 0{,}70^{12} \cdot \binom{3}{2} \cdot 0{,}30^2 \cdot 0{,}70^1 = 0{,}002616\ldots$$

$\underline{\underline{P(B) \approx 0{,}0026}}$

Wahrscheinlichkeit P(C)

$$P(C) = P(X_{15} \le 2) = \sum_{k=0}^{2} \binom{15}{k} \cdot 0{,}30^k \cdot 0{,}70^{15-k}$$

$$= 0{,}126827\ldots$$

$\underline{\underline{P(C) \approx 0{,}13}}$

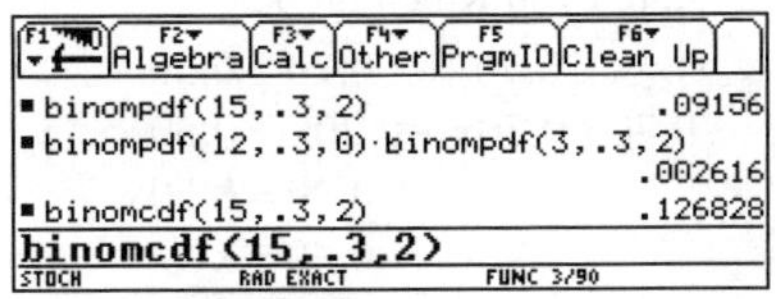

b) **Dreimal-Mindestens-Aufgabe**

Die Wahrscheinlichkeit, dass nicht alle versendeten Artikel zurückgegeben werden, soll mindestens 0,90 betragen. Es sei wieder $X_n \sim B_{n;\,0{,}30}$ (vgl. Aufgabenteil a).

$$P(X_n < n) \ge 0{,}90$$

$$1 - P(X_n = n) \ge 0{,}90$$

$$0{,}10 \ge P(X_n = n)$$

$$0{,}10 \ge \binom{n}{n} \cdot 0{,}30^n \cdot 0{,}70^0$$

$$0{,}10 \ge 0{,}30^n$$

$$\ln 0{,}10 \ge n \cdot \ln 0{,}30 \qquad \Big|: \ln 0{,}30 \text{ mit } \ln 0{,}30 < 0$$

$$\frac{\ln 0{,}10}{\ln 0{,}30} \le n$$

$$1{,}912\ldots \le n \text{ und } n \in \mathbb{N}$$

$\Rightarrow \underline{\underline{n \ge 2}}$

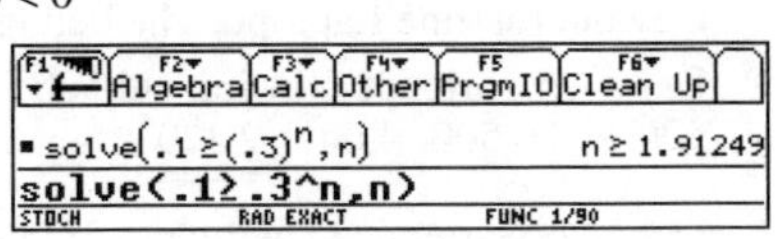

Alternativ zu diesem Lösungsweg könnte man die Ungleichung $P(X_n < n) \geq 0{,}90$ auch besonders einfach durch systematisches Probieren lösen.

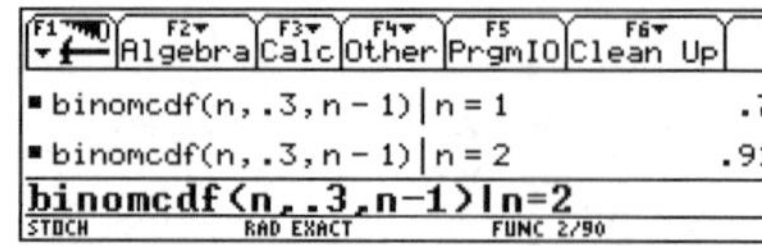

$$n=1:\ P(X_1=0)=\binom{1}{0}\cdot 0{,}30^0\cdot 0{,}70^1=0{,}70<0{,}90$$

$$n=2:\ P(X_2=0)+P(X_2=1)=\binom{2}{0}\cdot 0{,}30^0\cdot 0{,}70^2+\binom{2}{1}\cdot 0{,}30^1\cdot 0{,}70^1$$

$$=0{,}70^2+2\cdot 0{,}30\cdot 0{,}70$$

$$=0{,}91\geq 0{,}90 \ \Rightarrow\ \underline{\underline{n\geq 2}}$$

Der Händler muss mindestens zwei Artikel an einem Tag versenden, um für diesen Tag mit einer Wahrscheinlichkeit von mindestens 0,90 mindestens einen Artikel zu verkaufen.

c) **Prozentualer Anteil**

Obwohl hier ein reines *Anteilsproblem* und kein stochastisches Problem zu lösen ist, bietet sich ein Baumdiagramm zum Veranschaulichen an, bei dem statt Übergangswahrscheinlichkeiten Anteile eingetragen werden. Der zu bestimmende Anteil x der weiblichen Kunden berechnet sich nach der „Summenregel" für das Ereignis K.

m: männliche Kunden
w: weibliche Kunden
K: Kunden, die mit Kreditkarte bezahlen

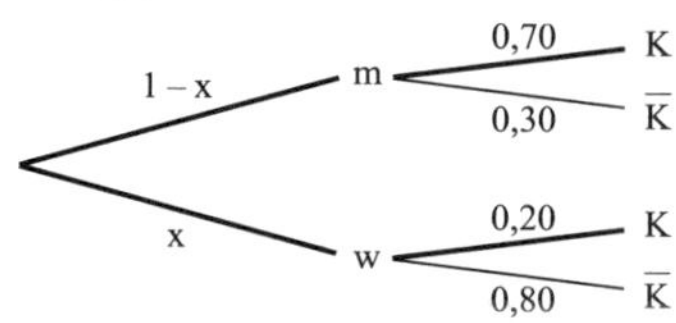

Anteil von K beträgt 0,50.

$$(1-x)\cdot 0{,}70+x\cdot 0{,}20=0{,}50$$

$$0{,}70-0{,}70x+0{,}20x=0{,}50$$

$$0{,}20=0{,}50x$$

$$\underline{\underline{0{,}40=x}}$$

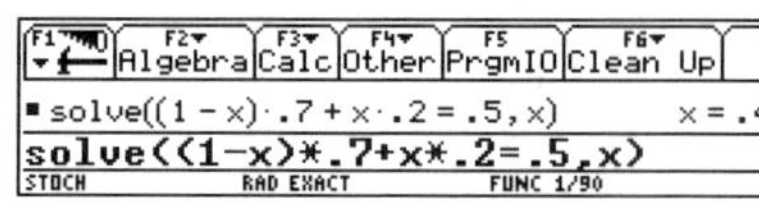

Der prozentuale Anteil der weiblichen Kunden beträgt demzufolge 40 %.

d) **Zu erwartender Gewinn**

Modellannahme: Jede der betrachteten Laptoptaschen weist mit der Wahrscheinlichkeit $p=0{,}20$ einen kleinen Fehler auf.

Die Zufallsgröße $G \triangleq \begin{pmatrix} 5{,}00 & 3{,}20 \\ 0{,}80 & 0{,}20 \end{pmatrix}$ beschreibt den zufälligen Gewinn pro Laptoptasche.

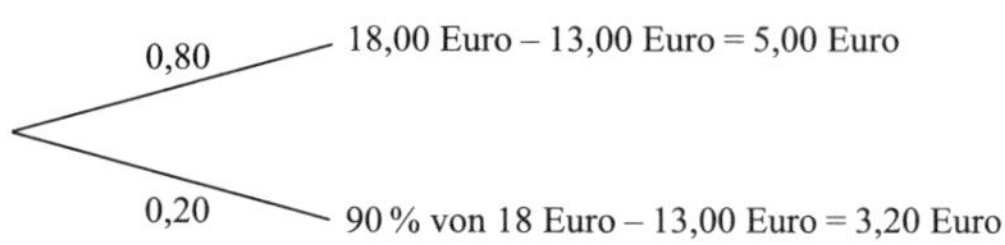

Für jede Laptoptasche erzielt der Händler mit einer Wahrscheinlichkeit von 0,80 einen Gewinn von 5,00 Euro und ansonsten einen Gewinn von 3,20 Euro. Der zu erwartende Gewinn für eine Laptoptasche beträgt (in Euro) $EG=5{,}00\cdot 0{,}80+3{,}20\cdot 0{,}20=4{,}64$.

Der zu erwartende Gewinn bei 500 Laptoptaschen beträgt (in Euro):
$500\cdot EG=500\cdot 4{,}64=\underline{\underline{2\,320}}$

Der zu erwartende Gewinn des Händlers beim Verkauf von 500 Laptoptaschen beträgt 2 320 Euro. (Den laut Aufgabenstellung zu berechnenden „Gewinn des Händlers" kann man jedoch nicht berechnen.)

e) **Gewinn und Verkaufspreis**

Aufgrund der nicht eindeutigen Aufgabenstellung sind zwei Interpretationsvarianten zu betrachten. Dabei betrage der Verkaufspreis einer einwandfreien Laptoptasche jeweils x Euro.

Interpretationsvariante 1: Jede verkaufte Laptoptasche soll einen **tatsächlichen** Gewinn von 7,00 Euro abwerfen.

Damit jede verkaufte Tasche einen Gewinn von 7,00 Euro abwirft, müssen dies auch die billigeren verkauften Taschen mit kleinen Fehlern ermöglichen.

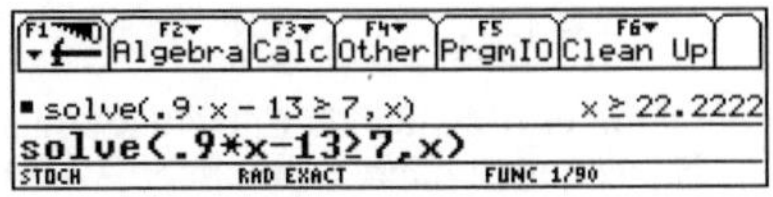

$$90\,\% \text{ von } x - 13 \geq 7$$

$$0{,}90 \cdot x - 13 \geq 7$$

$$x \geq \frac{20}{0{,}90} = 22{,}\overline{2}$$

$$\Rightarrow \quad \underline{\underline{x \geq 22{,}23}}$$

Der Verkaufspreis für eine einwandfreie Laptoptasche müsste bei dieser Interpretationsvariante mindestens 22,23 Euro betragen.

Interpretationsvariante 2: Jede verkaufte Laptoptasche soll einen zu **erwartenden** Gewinn von mindestens 7,00 Euro abwerfen.

Die Zufallsgröße $G_2 \triangleq \begin{pmatrix} x-13 & 0{,}90x-13 \\ 0{,}80 & 0{,}20 \end{pmatrix}$ beschreibt den zufälligen Gewinn pro Laptoptasche.

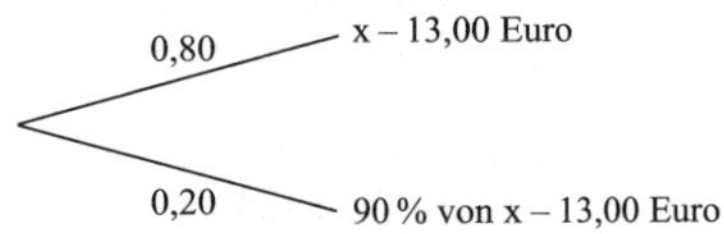

Der zu erwartende Gewinn EG_2 in Euro soll mindestens 7,00 Euro betragen.

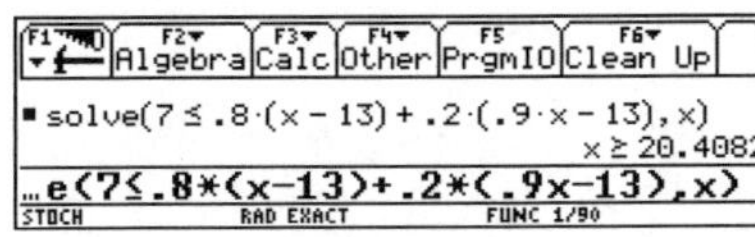

$$EG_2 = 0{,}80 \cdot (x-13) + 0{,}20 \cdot (0{,}90x - 13)$$

$$7 \leq 0{,}80x - 10{,}4 + 0{,}18x - 2{,}6$$

$$20 \leq 0{,}98x$$

$$20{,}4081\ldots \leq x$$

$$\Rightarrow \quad \underline{\underline{x \geq 20{,}41}}$$

Der Verkaufspreis für eine einwandfreie Laptoptasche müsste mindestens 20,41 Euro betragen.

f) **Entscheidungsregel für einen einseitigen Signifikanztest**

Modellannahme:
- Die „100 Kunden“ sind als eine Zufallsstichprobe zu interpretieren.
- Aufgrund der veränderten Versandbedingungen (beiliegendes Werbegeschenk) kann man nicht mehr von einer Rückgabewahrscheinlichkeit von 0,30 ausgehen.

Testgröße X: zufällige Anzahl der zurückgegebenen Artikel in der Zufallsstichprobe $X \sim B_{100;\,p}$

Nullhypothese: H_0: $p \leq 0{,}30$; Gegenhypothese H_1: $p > 0{,}30$

Ablehnungsbereich: $\overline{A} = \{k; k+1; \ldots; 100\}$

Annahmebereich: $A = \{0; 1; \ldots; k-1\}$

Die Wahrscheinlichkeit für einen Fehler 1. Art soll höchstens 0,10 betragen.

$$B_{100;\,\underset{p \le 0,30}{p}}(X \ge k) \le B_{100;\,0,30}(X \ge k) \le 0,10$$

$$1 - B_{100;\,0,30}(X \le k-1) \le 0,10$$

$$0,90 \le B_{100;\,0,30}(X \le k-1)$$

$$36 \le k-1$$

$$37 \le k$$

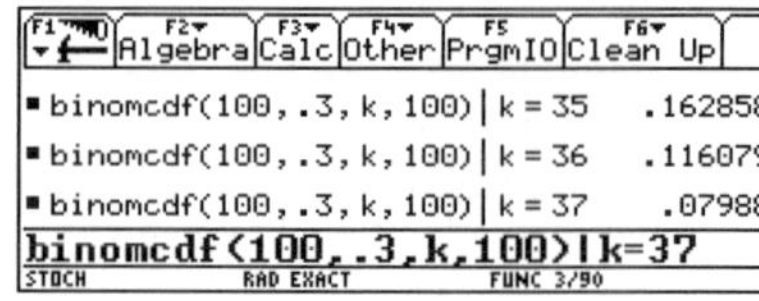

$$\Rightarrow \quad \overline{A} = \{37; 38; \ldots; 100\}$$

Damit ergibt sich als Entscheidungsregel:
H_0 ist genau dann abzulehnen, wenn mindestens 37 Rückgaben in der Zufallsstichprobe registriert werden. Bei mindestens 37 Rückgaben während der Testaktion hätte der Händler davon auszugehen, dass sich seine Aktion mit den kostenlosen Werbegeschenken für ihn nicht lohnt.

Wahrscheinlichkeit für einen Fehler 2. Art

Gesucht ist die Wahrscheinlichkeit dafür, dass höchstens 36 Rückgaben erfolgen, obwohl die Rückgabewahrscheinlichkeit 0,40 beträgt.

$$B_{100;\,0,40}(X \le 36) \approx \underline{\underline{0,24}}$$

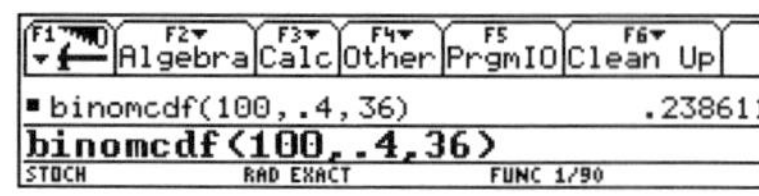

Die laut Aufgabenstellung gesuchte Wahrscheinlichkeit, dass der Händler „die Aktion **startet**, obwohl die Rückgabequote auf 40 % angestiegen ist“, kann man nicht berechnen: Auch wenn das Testergebnis für eine Aktion spricht, muss der Händler sie nicht starten.

Kernfach Mathematik (Thüringen): Abiturprüfung 2012
Aufgabe C: Themenübergreifend

a) Gegeben ist die Funktion f durch $y = f(x) = \dfrac{x^2+1}{x-1} \quad (x \in \mathbb{R}, x \neq 1)$.

Ermitteln Sie die Gleichungen aller Asymptoten des Graphen von f.
Geben Sie die Gleichung einer Stammfunktion von f an. (3 BE)

Formulierung für das CAS-Abitur
Gegeben ist die Funktion f durch $y = f(x) = \dfrac{x^2+1}{x-1}$.

Geben Sie den größtmöglichen Definitionsbereich und die Gleichungen aller Asymptoten des Graphen von f an.
Geben Sie die Gleichung derjenigen Stammfunktion von f an, deren Graph durch den Punkt P(2; 2 012) verläuft.

b) Gegeben sind die Funktion f durch $f(x) = \sin x$ und die Funktion g_a durch $g_a(x) = a + \cos x \quad (a, x \in \mathbb{R})$.

Bestimmen Sie einen Wert für a so, dass sich die Graphen der beiden Funktionen berühren. (3 BE)

Formulierung für das CAS-Abitur
Geben Sie die Bedingungen dafür an, dass sich die Graphen der beiden Funktionen berühren.
Für welche Werte von a sind diese Bedingungen erfüllt?

c) Gegeben ist das Parallelogramm ABCD.

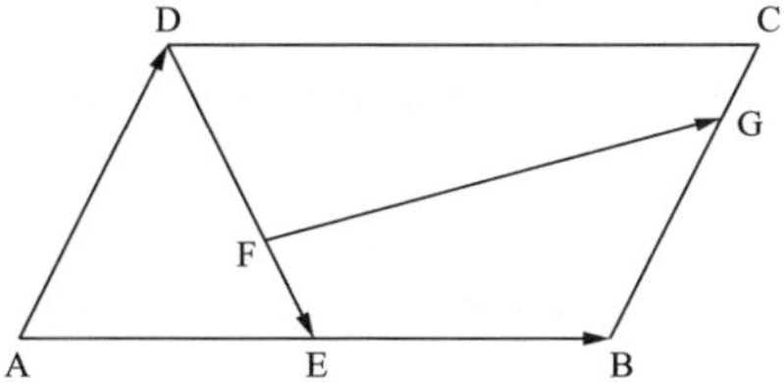

Skizze nicht maßstäblich

Der Punkt E ist der Mittelpunkt der Seite $\overline{AB}$.
Der Punkt F teilt die Strecke $\overline{DE}$ im Verhältnis 2 : 1 und der Punkt G teilt die Seite $\overline{BC}$ im Verhältnis 3 : 1.
Stellen Sie die Vektoren $\overrightarrow{DE}$ und $\overrightarrow{FG}$ mithilfe der Vektoren $\vec{a} = \overrightarrow{AB}$ und $\vec{b} = \overrightarrow{AD}$ dar. (2 BE)

d) Max weiß von seiner vierstelligen Geheimzahl, dass sie aus zwei Dreien und zwei Fünfen besteht.
Mit welcher Wahrscheinlichkeit kann er spätestens im dritten Versuch die richtige Zahl bestimmen? (2 BE)

(10 BE)

Hinweise und Tipps

Aufgabe a

CAS-Abitur: Größtmöglicher Definitionsbereich

- Ein Wert x gehört nur dann zum Definitionsbereich der Funktion f, wenn der zugehörige Funktionswert f(x) ein endlicher Wert ist.
- Eine gebrochenrationale Funktion f besitzt nur dann einen endlichen Funktionswert $f(x)=\frac{Z(x)}{N(x)}$, wenn $N(x) \neq 0$ gilt.

Asymptoten

- Um alle Asymptoten des Graphen G_f von f mit $f(x)=\frac{Z(x)}{N(x)}$ zu bestimmen, ist G_f auf schiefe, waagerechte und senkrechte Asymptoten zu untersuchen.
- G_f besitzt eine schiefe Asymptote, wenn der Grad der (ganzrationalen) Zählerfunktion Z um eins größer ist als der Grad der (ganzrationalen) Nennerfunktion N.
- G_f besitzt eine waagerechte Asymptote, wenn der Grad von Z gleich dem Grad von N ist.
- G_f besitzt eine senkrechte Asymptote, wenn G_f eine Polstelle besitzt.
- Den Funktionsterm der schiefen Asymptote kann man mittels Polynomdivision bestimmen.
- f besitzt die Polstelle x_P genau dann, wenn $N(x_P)=0$ und $Z(x_P) \neq 0$.

Abitur ohne CAS: Stammfunktion

- Eine Stammfunktion von f erhält man als unbestimmtes Integral der Funktion f mit einem fest gewählten Wert für die Integrationskonstante C.
- $\int f(x)\,dx = \int \frac{Z(x)}{N(x)}\,dx$ lässt sich nach durchgeführter Polynomdivision $Z(x):N(x)$ ermitteln.
- Bei der weiteren Integration ist zu beachten, dass $\int \frac{a}{x-b}\,dx = a \cdot \ln|x-b|$ mit $x \neq b$ gilt.

CAS-Abitur: Spezielle Stammfunktion

- Die Gesamtheit aller Stammfunktionen F_C von f erhält man als unbestimmtes Integral der Funktion f mit der Integrationskonstante C.
- $F_C(x)=\int f(x)\,dx = F(x)+C \quad (C \in \mathbb{R})$
- Damit der Punkt P(2; 2 012) auf dem Graphen von F_C liegt, muss $F_C(2)=2\,012$ erfüllt sein.

Aufgabe b

- Die Graphen G_f und G_{g_a} der Funktionen f und g_a berühren sich im Punkt $B(x_B; y_B)$ genau dann, wenn der Punkt B sowohl auf G_f als auch auf G_{g_a} liegt und beide Graphen im Punkt B denselben Anstieg besitzen.
- $B(x_B; f(x_B))$ ist ein Berührungspunkt von G_f und G_{g_a} genau dann, wenn x_B den beiden Gleichungen $f(x_B)=g_a(x_B)$ und $f'(x_B)=g_a'(x_B)$ genügt.
- Sinnvoll ist es, zuerst die Gleichung $f'(x_B)=g_a'(x_B)$, d. h. $\cos x = -\sin x$ zu lösen, weil sie den Parameter a nicht mehr enthält. (Beim *Nicht-CAS-Abitur* genügt es, eine Lösung zu ermitteln.)
- Setzt man die erhaltenen Lösungen in die Gleichung $f(x)=g(x)$ ein, kann man jeweils den zugehörigen Wert für a bestimmen. (Beim *Nicht-CAS-Abitur* genügt es, mit der einen Lösung den zugehörigen a-Wert zu ermitteln.)

Aufgabe c

- Versuchen Sie alle für das Viereck ABCD gegebenen Eigenschaften mithilfe von Vektoren durch vektorielle Gleichungen zu beschreiben.
- PQRS ist ein Parallelogramm. $\Rightarrow$ $\overrightarrow{PQ} = \overrightarrow{SR}$ und $\overrightarrow{PS} = \overrightarrow{QR}$
  T teilt die Strecke $\overline{UV}$ im Verhältnis k : 1. $\Rightarrow$ $\overrightarrow{UT} = \frac{k}{k+1} \cdot \overrightarrow{UV}$ (gebräuchlicherweise) bzw.
  $\overrightarrow{UT} = \frac{1}{k+1} \cdot \overrightarrow{UV}$ (nicht falsch)
- Für die Vektoren $\overrightarrow{DE}$ und $\overrightarrow{FG}$ werden Linearkombinationen der Art $\overrightarrow{DE} = p\vec{a} + q\vec{b}$, $\overrightarrow{FG} = r\vec{a} + s\vec{b}$ gesucht.
- Fassen Sie die Vektoren $\overrightarrow{DE}$ und $\overrightarrow{FG}$ jeweils als eine Vektorkette auf und zwar nur aus Vektoren, die in der Skizze (eventuell bis auf ihren Richtungssinn) vorgegeben sind.
- $\overrightarrow{DE}$ und $\overrightarrow{FG}$ lassen sich als Summe der Vektoren dieser jeweiligen Vektorkette darstellen.
- Diese Summen lassen sich mithilfe der anfangs bereitzustellenden vektoriellen Gleichungen zu den beiden gesuchten Linearkombinationen vereinfachen.

Aufgabe d

- Lösen Sie die Aufgabe unter der Annahme, dass Max von seiner Geheimzahl nur weiß, dass sie eine vierstellige natürliche Zahl ist, mit zwei Dreien und zwei Fünfen.
- Überlegen Sie, wie viele derartige Zahlen existieren.
- Bestimmen Sie die gesuchte Wahrscheinlichkeit unter der Annahme, dass Max aus den möglichen Geheimzahlen „auf gut Glück“ und „ohne Zurücklegen“ seine Zahl auswählt.
- Um die gesuchte Wahrscheinlichkeit zu berechnen, bietet sich ein dreistufiges Baumdiagramm an, das auf jeder Stufe dieselben zwei Ereignisse „Geheimzahl“ und „Nichtgeheimzahl“ enthält, deren Übergangswahrscheinlichkeiten sich aber von Stufe zu Stufe ändern.

Lösungen

a) **CAS-Abitur: größtmöglicher Definitionsbereich**

Die Funktion f ist für alle die x-Werte definiert, für die der Nenner des Funktionsterms ungleich null ist.

$D_f = \{x \mid x - 1 \neq 0\}$

$\underline{\underline{D_f = \mathbb{R} \setminus \{1\} = \{x \mid x \in \mathbb{R} \text{ und } x \neq 1\}}}$

Asymptoten

Der Graph der gebrochenrationalen Funktion f besitzt eine schiefe Asymptote a_1, wenn der Grad der Zählerfunktion von f um eins größer ist als der Grad der Nennerfunktion von f. Die Gleichung von a_1 könnte man dann mittels Polynomdivision bestimmen.

Der Grad der Zählerfunktion Z mit $Z(x) = x^2 + 1$ beträgt 2.
Der Grad der Nennerfunktion N mit $N(x) = x - 1$ beträgt 1.

$$f(x) = \frac{x^2+1}{x-1} = (x^2+1) : (x-1) = x + 1 + \frac{2}{x-1}$$

$$\begin{array}{l} -(x^2 - x) \\ \hline \quad x + 1 \\ \quad -(x-1) \\ \hline \qquad 2 \end{array}$$

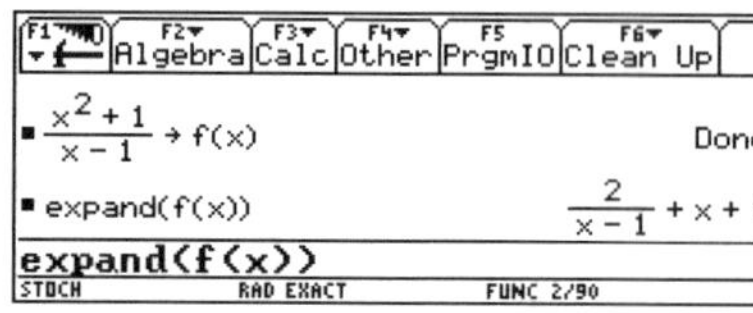

$\Rightarrow$ $\underline{\underline{a_1(x) = x + 1}}$ ist die Gleichung der schiefen Asymptote des Graphen von f.

Eine senkrechte Asymptote a_2 besitzt der Graph der gebrochenrationalen Funktion f, wenn f eine Polstelle hat.

$0 = N(x) = x - 1$

$x = 1$

$Z(1) \neq 0 \Rightarrow$ $x_P = 1$ ist die einzige Polstelle von f.

$\Rightarrow$ $\underline{\underline{a_2\!: x = 1}}$ ist die Gleichung der senkrechten Asymptote des Graphen von f.

Abitur ohne CAS: Stammfunktion F

Eine Stammfunktion von f erhält man über $F_C(x) = \int f(x)\,dx = F(x) + C$ für einen speziellen C-Wert, z. B. $C = 0$.

$$F_C(x) = \int f(x)\,dx = \int \frac{x^2+1}{x-1}\,dx = \int \left(x + 1 + \frac{2}{x-1}\right) dx = \frac{1}{2}x^2 + x + 2 \cdot \ln|x-1| + C$$

mit $x \neq 1$ und z. B. für $C = 0$

$\Rightarrow$ $\underline{\underline{F(x) = \frac{1}{2}x^2 + x + 2 \cdot \ln|x-1|}}$

CAS-Abitur: Spezielle Stammfunktion F

Die Gesamtheit aller Stammfunktionen F_C $(C \in \mathbb{R})$ von f erhält man über:

$F_C(x) = \int f(x)\,dx$

Die gesuchte spezielle Stammfunktion F muss zusätzlich noch der Bedingung $F_C(2) = 2\,012$ genügen.

$$F(x) = 2 \cdot \ln|x-1| + \frac{x^2}{2} + x + 2\,008$$

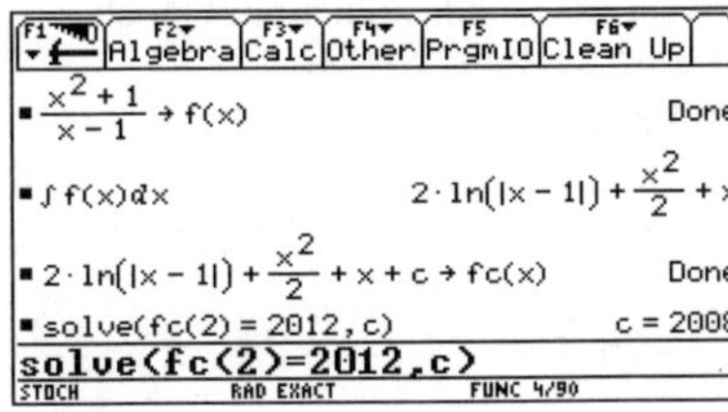

b) **Parameter a für Berührungspunkte**

Die Graphen der Funktionen f und g_a berühren sich im Punkt $B(x_B; f(x_B))$, wenn die beiden Gleichungen gelten:
$f(x_B) = g_a(x_B)$ und $f'(x_B) = g'_a(x_B)$

$f(x) = \sin x \quad \Rightarrow \quad f'(x) = \cos x$
$g_a(x) = a + \cos x \quad \Rightarrow \quad g'_a(x) = -\sin x$

I $\quad f'(x) = g'_a(x)$ $\qquad$ II $\quad f(x) = g_a(x)$
$\quad \cos x = -\sin x$ $\qquad\qquad \sin x = a + \cos x$

Lösungsweg 1: **Abitur ohne CAS**

Falls die Gleichung (I) eine Lösung x mit einem exakt tabellierten Funktionswert mit $\cos x = -\sin x$ besitzt, wäre sie im Tafelwerk erfasst.

x	$\frac{3}{4}\pi$
	135°
sin x	$\frac{1}{2}\sqrt{2}$
cos x	$-\frac{1}{2}\sqrt{2}$

$\Rightarrow \quad x = \frac{3}{4}\pi$ ist eine Lösung der Gleichung (I).

Lösungsweg 2:
Um die Gleichung (I) rechnerisch zu lösen, kann man cos x durch $\sqrt{1-\sin^2 x}$ substituieren.

$$\begin{aligned} \cos x &= -\sin x \\ \sqrt{1-\sin^2 x} &= -\sin x \qquad |()^2 \\ 1-\sin^2 x &= \sin^2 x \\ 1 &= 2\sin^2 x \\ 0{,}5 &= \sin^2 x \\ \pm\frac{\sqrt{2}}{2} &= \sin x \end{aligned}$$

ist mit dem TR im RAD-Modus zu lösen

$\sin x = \frac{\sqrt{2}}{2} \quad \Rightarrow \quad x_1 = \frac{\pi}{4} + 2k\pi \ (k \in \mathbb{Z})$ und $x_2 = \pi - x_1 = \frac{3}{4}\pi + 2k\pi \ (k \in \mathbb{Z})$

$\sin x = -\frac{\sqrt{2}}{2} \quad \Rightarrow \quad x_1 = -\frac{\pi}{4} + 2k\pi \ (k \in \mathbb{Z})$ und $x_2 = \pi - x_1 = \frac{5}{4}\pi + 2k\pi \ (k \in \mathbb{Z})$

Da das Quadrieren einer Gleichung keine äquivalente Umformung ist, muss eine Probe durchgeführt werden.

Probe:

$$\left.\begin{array}{ll} \cos\frac{\pi}{4} = \frac{\sqrt{2}}{2} & \cos\left(\frac{5}{4}\pi\right) = -\frac{\sqrt{2}}{2} \\ -\sin\frac{\pi}{4} = -\frac{\sqrt{2}}{2} & -\sin\left(\frac{5}{4}\pi\right) = \frac{\sqrt{2}}{2} \end{array}\right\} \Rightarrow \; x_B \neq \frac{\pi}{4} \text{ und } x_B \neq \frac{5}{4}\pi$$

$$\left.\begin{array}{ll} \cos\frac{3}{4}\pi = -\frac{\sqrt{2}}{2} & \cos\left(-\frac{1}{4}\pi\right) = \frac{\sqrt{2}}{2} \\ -\sin\frac{3}{4}\pi = -\frac{\sqrt{2}}{2} & -\sin\left(-\frac{1}{4}\pi\right) = \frac{\sqrt{2}}{2} \end{array}\right\} \Rightarrow \; x = \frac{3}{4}\pi \text{ und } x = -\frac{\pi}{4} \text{ sind Lösungen der Gleichung (I).}$$

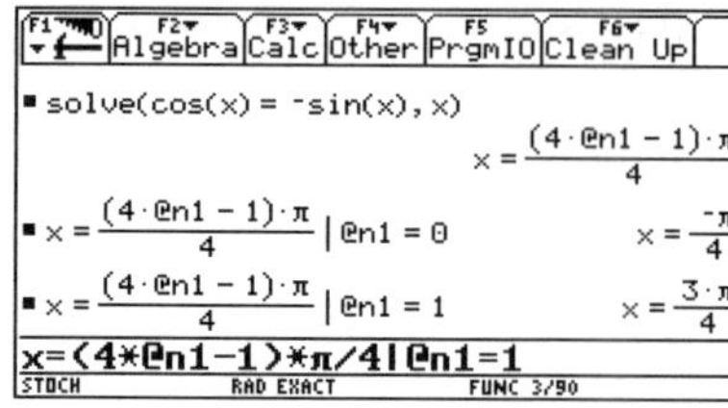

$x = \frac{3}{4}\pi + 2k\pi$ und $x = -\frac{\pi}{4} + 2k\pi$ $(k \in \mathbb{Z})$ sind nur dann Berührungsstellen der Graphen von f und g_a, wenn sie bei geeigneter Wahl von a jeweils auch eine Lösung von (II) sind.

$$\sin\left(\frac{3}{4}\pi + 2k\pi\right) = a + \cos\left(\frac{3}{4}\pi + 2k\pi\right) \qquad \sin\left(-\frac{\pi}{4} + 2k\pi\right) = a + \cos\left(-\frac{\pi}{4} + 2k\pi\right) \; (k \in \mathbb{Z})$$

$$\sin\left(\frac{3}{4}\pi\right) = a + \cos\left(\frac{3}{4}\pi\right) \qquad \sin\left(-\frac{\pi}{4}\right) = a + \cos\left(-\frac{\pi}{4}\right)$$

$$\frac{\sqrt{2}}{2} = a - \frac{\sqrt{2}}{2} \qquad -\frac{\sqrt{2}}{2} = a + \frac{\sqrt{2}}{2}$$

$$\underline{\underline{\sqrt{2} = a_1}} \qquad \underline{\underline{-\sqrt{2} = a_2}}$$

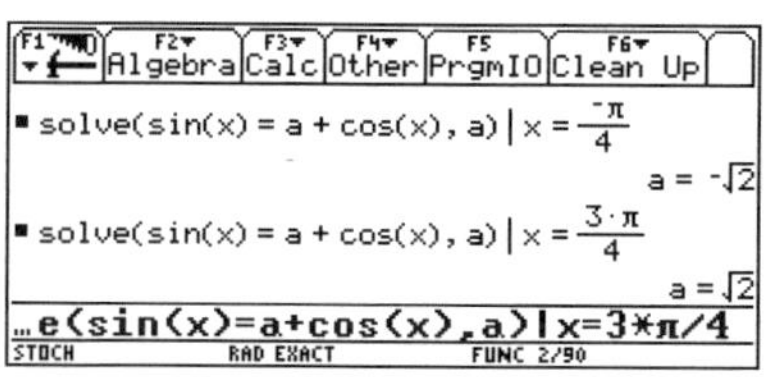

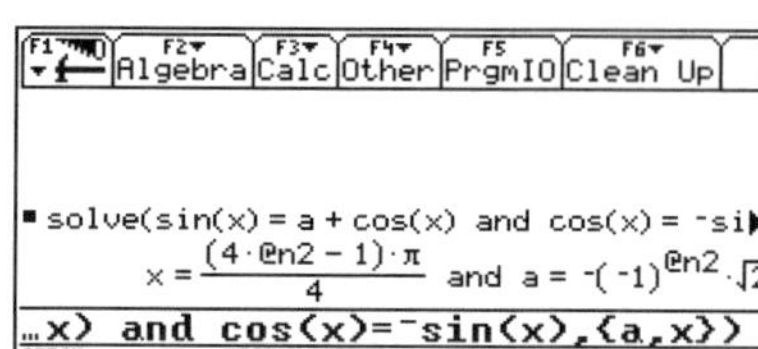

Für $\underline{\underline{a_{1,2} = \pm\sqrt{2}}}$ (und nur für $a_{1,2} = \pm\sqrt{2}$) berühren sich die Graphen von f und g_a.

Hinweis: Beim **Abitur ohne CAS** genügt es, einen a-Wert (und demzufolge einen x_B-Wert) zu ermitteln. Eine solche Lösung kann man auch mit einigen zugelassenen Nicht-CAS-Taschenrechnern ermitteln:

$\cos x = -\sin x \;\Rightarrow\; x = -45$ (im DEG-Modus) bzw. $x = -0{,}7853\ldots$ (im RAD-Modus)

$\sin(-45) = a + \cos(-45) \;\Rightarrow\; \underline{\underline{a = -1{,}4142\ldots}}$

c) Alle für das Viereck ABCD gegebenen Eigenschaften lassen sich vektoriell beschreiben.

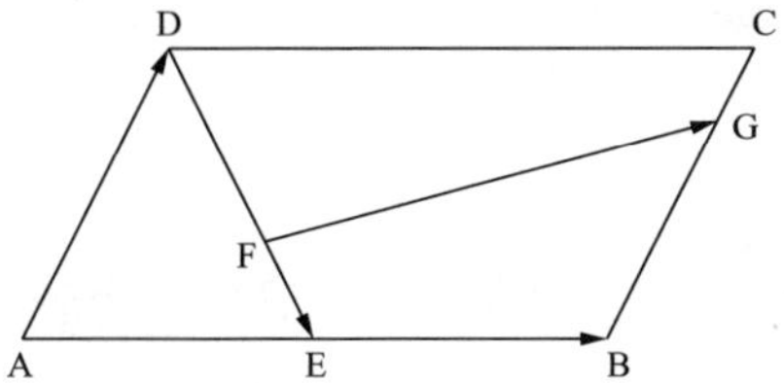

$\vec{a} = \overrightarrow{AB}$

$\vec{b} = \overrightarrow{AD}$

ABCD ist ein Parallelogramm. $\Rightarrow$ $\overrightarrow{AB} = \overrightarrow{DC}$ und $\overrightarrow{AD} = \overrightarrow{BC}$

E ist der Mittelpunkt von $\overline{AB}$. $\Rightarrow$ $\overrightarrow{AE} = \overrightarrow{EB} = \frac{1}{2}\overrightarrow{AB}$

F teilt $\overline{DE}$ im Verhältnis 2 : 1. $\Rightarrow$ $\overrightarrow{DF} = \frac{2}{3} \cdot \overrightarrow{DE},\ \overrightarrow{FE} = \frac{1}{3}\overrightarrow{DE}$

G teilt $\overline{BC}$ im Verhältnis 3 : 1. $\Rightarrow$ $\overrightarrow{BG} = \frac{3}{4}\overrightarrow{BC}$

Linearkombination $\overrightarrow{DE} = p\vec{a} + q\vec{b}$

$\overrightarrow{DE}$ lässt sich als eine Summe von Vektoren einer Vektorkette mit dem Anfangspunkt D und dem Endpunkt E darstellen. Diese Summe kann anschließend so weit vereinfacht werden, dass sie nur noch Vielfache der zwei Vektoren $\vec{a}$ und $\vec{b}$ enthält.

$$\begin{aligned}\overrightarrow{DE} &= \overrightarrow{DA} + \overrightarrow{AE}\\ &= -\overrightarrow{AD} + \frac{1}{2}\overrightarrow{AB}\\ &= -\vec{b} + \frac{1}{2}\vec{a}\\ \overrightarrow{DE} &= \frac{1}{2}\vec{a} - \vec{b}\end{aligned}$$

$$\begin{aligned}\overrightarrow{DE} &= \overrightarrow{DC} + \overrightarrow{CB} + \overrightarrow{BE}\\ &= \overrightarrow{AB} - \overrightarrow{AD} - \frac{1}{2}\overrightarrow{AB}\\ &= \frac{1}{2}\overrightarrow{AB} - \overrightarrow{AD}\\ \overrightarrow{DE} &= \frac{1}{2}\vec{a} - \vec{b}\end{aligned}$$

Linearkombination $\overrightarrow{FG} = r\vec{a} + s\vec{b}$

$$\begin{aligned}\overrightarrow{FG} &= \overrightarrow{FE} + \overrightarrow{EB} + \overrightarrow{BG}\\ &= \frac{1}{3}\overrightarrow{DE} + \frac{1}{2}\overrightarrow{AB} + \frac{3}{4}\overrightarrow{BC}\\ &= \frac{1}{3}(\overrightarrow{DA} + \overrightarrow{AE}) + \frac{1}{2}\overrightarrow{AB} + \frac{3}{4}\overrightarrow{AD}\\ &= \frac{1}{3}\left(-\overrightarrow{AD} + \frac{1}{2}\overrightarrow{AB}\right) + \frac{1}{2}\overrightarrow{AB} + \frac{3}{4}\overrightarrow{AD}\\ &= -\frac{1}{3}\overrightarrow{AD} + \frac{1}{6}\overrightarrow{AB} + \frac{1}{2}\overrightarrow{AB} + \frac{3}{4}\overrightarrow{AD}\\ &= \frac{5}{12}\overrightarrow{AD} + \frac{2}{3}\overrightarrow{AB}\\ \overrightarrow{FG} &= \frac{2}{3}\vec{a} + \frac{5}{12}\vec{b}\end{aligned}$$

d) **Wahrscheinlichkeit**

Da in der Aufgabenstellung nicht eindeutig angegeben ist, was Max über seine Geheimzahl alles weiß, müssen Sie eine zusätzliche Annahme formulieren.

Modellannahme: Max weiß von seiner Geheimzahl nur, dass sie eine vierstellige natürliche Zahl ist, die aus zwei Dreien und zwei Fünfen gebildet wird.

Die Anzahl derartiger Zahlen ist gleich der Anzahl der Möglichkeiten, zwei rote und zwei weiße Kugeln, die sich ansonsten nicht weiter voneinander unterscheiden, in einer Reihe anzuordnen.

Es gibt sechs derartige Anordnungsmöglichkeiten und damit sechs infrage kommende Zahlen.

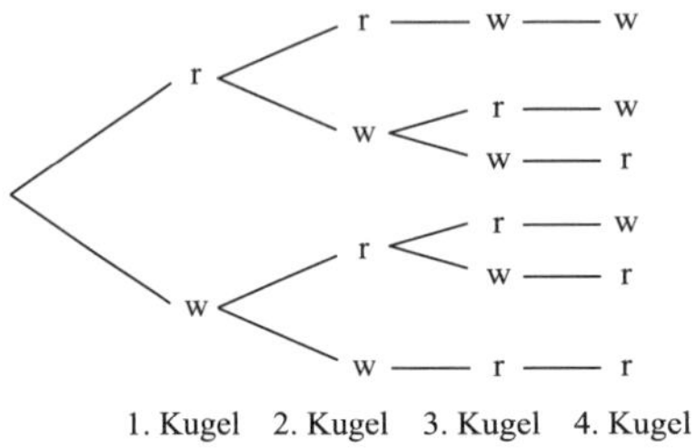

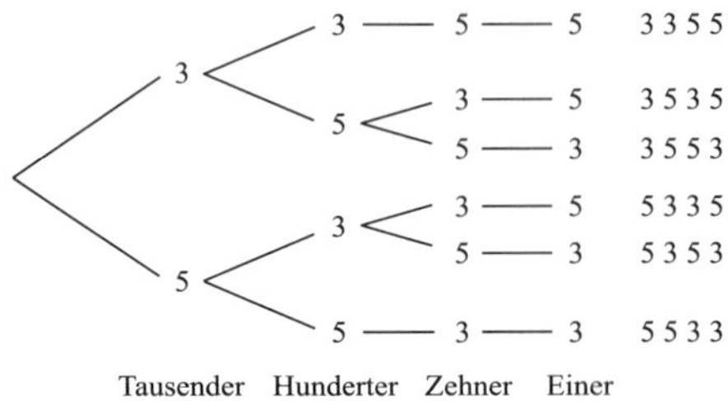

Da die Aufgabenstellung keine näheren Angaben über das von Max zu verwendende Auswahlverfahren enthält, müssen Sie dazu eine sinnvolle Modellannahme machen.

Modellannahme: Max zieht „auf gut Glück“ und „ohne Zurücklegen“ aus den sechs infrage kommenden Zahlen genau drei nacheinander.

P(„spätestens bei der dritten Ziehung erhält er seine Geheimzahl“)

$= \sum_{i=1}^{3} P(\text{„bei der i-ten Ziehung erhält er seine Geheimzahl“})$

$= \frac{1}{6} + \frac{5}{6} \cdot \frac{1}{5} + \frac{5}{6} \cdot \frac{4}{5} \cdot \frac{1}{4}$

$= \frac{1}{6} + \frac{1}{6} + \frac{1}{6} = \underline{\underline{0{,}5}}$

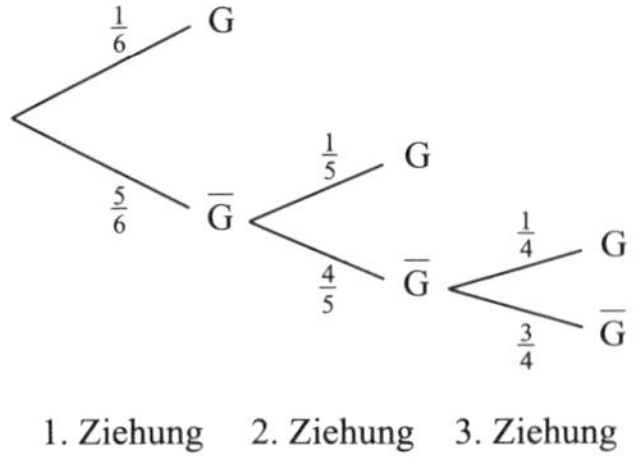

Leerseiten verbilligen in diesem Fall die Herstellung des Buches!

Ihre Meinung ist uns wichtig!

Ihre Anregungen sind uns immer willkommen. Bitte informieren Sie uns mit diesem Schein über Ihre Verbesserungsvorschläge!

Titel-Nr.	Seite	Vorschlag

Bitte hier abtrennen

Lernen • Wissen • Zukunft
STARK

Bitte hier abtrennen

Zutreffendes bitte ankreuzen!

Die Absenderin/der Absender ist:

- ☐ Lehrer/in in den Klassenstufen: ______
- ☐ Fachbetreuer/in
  Fächer: ______
- ☐ Seminarlehrer/in
  Fächer: ______
- ☐ Regierungsfachberater/in
  Fächer: ______
- ☐ Oberstufenbetreuer/in
- ☐ Schulleiter/in
- ☐ Referendar/in, Termin 2. Staatsexamen: ______
- ☐ Leiter/in Lehrerbibliothek
- ☐ Leiter/in Schülerbibliothek
- ☐ Sekretariat
- ☐ Eltern
- ☐ Schüler/in, Klasse: ______
- ☐ Sonstiges: ______

Unterrichtsfächer: **(Bei Lehrkräften!)**

______

22-VMN

Bitte ausfüllen und im frankierten Umschlag an uns einsenden. Für Fensterkuverts geeignet.

STARK Verlag
Postfach 1852
85318 Freising

Kennen Sie Ihre Kundennummer?
Bitte hier eintragen.

Absender (Bitte in Druckbuchstaben!)

Name/Vorname

Straße/Nr.

PLZ/Ort/Ortsteil

Telefon privat

Geburtsjahr

E-Mail

Schule/Schulstempel (Bitte immer angeben!)

(Bitte blättern Sie um)

Abitur-Prüfungsaufgaben

Von den Kultusministerien zentral gestellte Abitur-Prüfungsaufgaben der letzten Jahre.
Mit schülergerechten Lösungen.

Sachsen

Abiturprüfung Mathematik – LK Sachsen .... Best.-Nr. 145000
Abiturprüfung Mathematik – GK Sachsen .... Best.-Nr. 145100
Abiturprüfung Deutsch – GK/LK Sachsen .... Best.-Nr. 145400
Abiturprüfung Englisch – LK Sachsen .... Best.-Nr. 145460
Abiturprüfung Physik – LK Sachsen .... Best.-Nr. 145300
Abiturprüfung Chemie – GK/LK Sachsen .... Best.-Nr. 145730
Abiturprüfung Biologie – GK Sachsen .... Best.-Nr. 145700
Abiturprüfung Geschichte – GK/LK Sachsen ..... Best.-Nr. 145760

Sachsen-Anhalt

Abiturprüfung Mathematik – LKN Sachsen-Anhalt .... Best.-Nr. 155000
Abiturprüfung Mathematik – GKN Sachsen-Anhalt .... Best.-Nr. 155100
Abiturprüfung Deutsch – GKN/LKN Sachsen-Anhalt .... Best.-Nr. 155400
Abiturprüfung Englisch – GKN/LKN Sachsen-Anhalt .... Best.-Nr. 155460
Abiturprüfung Physik – LKN Sachsen-Anhalt .... Best.-Nr. 155300
Abiturprüfung Chemie – GKN/LKN Sachsen-Anhalt .... Best.-Nr. 155730
Abiturprüfung Biologie – GKN/LKN Sachsen-Anhalt .... Best.-Nr. 155700

Thüringen

Abiturprüfung Mathematik – Thüringen .... Best.-Nr. 165100
Abiturprüfung Deutsch – Thüringen .... Best.-Nr. 165400
Abiturprüfung Englisch – eA Thüringen mit Audio-Dateien zum Downloaden .... Best.-Nr. 165460
Abiturprüfung Physik – Thüringen .... Best.-Nr. 165300
Abiturprüfung Biologie – gA/eA Thüringen ...... Best.-Nr. 165700
Abiturprüfung Geschichte – eA Thüringen .... Best.-Nr. 165760

Mecklenburg-Vorpommern

Abiturprüfung Mathematik Mecklenburg-Vorpommern .... Best.-Nr. 135000
Abiturprüfung Englisch mit Audio-Dateien zum Downloaden – Mecklenburg-Vorpommern ...... Best.-Nr. 135460
Abiturprüfung Biologie Mecklenburg-Vorpommern .... Best.-Nr. 135700

Berlin/Brandenburg

Abiturprüfung Mathematik mit CD-ROM – LK Berlin/Brandenburg .... Best.-Nr. 125000
Abiturprüfung Mathematik mit CD-ROM – GK Berlin/Brandenburg .... Best.-Nr. 125100
Abiturprüfung Deutsch Berlin/Brandenburg .... Best.-Nr. 125400
Abiturprüfung Englisch Berlin/Brandenburg .... Best.-Nr. 125460
Abiturprüfung Biologie – GK/LK Berlin/Brandenburg .... Best.-Nr. 125700

Studi-Kompass

Wie geht es nach dem Abitur weiter?

Die Reihe **Studi-Kompass** gibt Antworten auf Fragen zum Studium:

- ➜ Detaillierte Informationen zu jeder Hochschule – und Hochschulstadt – in Deutschland sowie alle wichtigen Adressen und Ansprechpartner
- ➜ Zahlreiche Berufsbilder, mögliche Tätigkeitsfelder und Arbeitsmarktprognosen für Absolventen
- ➜ Online-SelfAssessment zur Unterstützung der Schülerinnen und Schüler bei der persönlichen Studienentscheidung

Wirtschaftswissenschaften und Wirtschaftsingenieurwesen, Ausgabe Nord .... Best.-Nr. 20088A
Wirtschaftswissenschaften und Wirtschaftsingenieurwesen, Ausgabe Süd .... Best.-Nr. 20088B
Ingenieurwissenschaften, Ausgabe Nord .... Best.-Nr. 20010A
Ingenieurwissenschaften, Ausgabe Süd .... Best.-Nr. 20010B
Psychologie und Pädagogik .... Best.-Nr. 20094
Biologie, Chemie, Pharmazie .... Best.-Nr. 20073
Mathematik und Physik, Ausgabe Nord .... Best.-Nr. 20030A
Mathematik und Physik, Ausgabe Süd .... Best.-Nr. 20030B
Rechtswissenschaften, Ausgabe Nord .... Best.-Nr. 20085A
Rechtswissenschaften, Ausgabe Süd .... Best.-Nr. 20085B
Sprach- und Literaturwissenschaften .... Best.-Nr. 20040
Kulturwissenschaften .... Best.-Nr. 20076
Politik- und Sozialwissenschaften .... Best.-Nr. 20020
Medien, Ethnologie und Journalistik .... Best.-Nr. 20080
„So finde ich das passende Studienfach!" Leitfaden zum Online-SelfAssessment inkl. Aktivierungs-Code .... Best.-Nr. 20000
Aktivierungs-Code zum Online-SelfAssessment ... Best.-Nr. 20000C

Bestellungen bitte direkt an:

STARK Verlagsgesellschaft mbH & Co. KG · Postfach 1852 · 85318 Freising
Tel. 0180 3 179000* · Fax 0180 3 179001* · www.stark-verlag.de · info@stark-verlag.de
*9 Cent pro Min. aus dem deutschen Festnetz, Mobilfunk bis 42 Cent pro Min.
Aus dem Mobilfunknetz wählen Sie die Festnetznummer: 08167 9573-0

Lernen • Wissen • Zukunft
STARK

22-VMN